有機化学特講

もくじ

●序

●序（続）

第1編　鎖式化合物

第1章…炭化水素

第2章…異性

第3章…炭化水素のハロゲン置換体

有機化学特講

……………………………〈序〉

■内容■

●有機化学はどんな学問か

●元素分析について

1. はじめに

大学入試化学において有機化学の出題率は高くかつ年を経るにつれて内容は高度化している。まして医歯薬系の大学においては化学の問題の中，半分は有機化学とみてよい。ところが高校によっては有機化学を満足に終わらないうちに卒業をむかえるところもあるようだから，余程頑張らないと合格圏には入れない。

さてこの講義では，現在の入試に必要な知識と理論を分かり易く述べたいと思っている。特に簡単な有機電子論，反応速度と反応の機構，基本法則等について諸君を仕込みたいと考えている。そして有機化学は無味乾燥な暗記の学科ではなく，如何に面白く楽しいものであるかを悟っていただきたい。

さて**有機化学** organic chemistry は有機化合物 organic compounds を研究の対象とする学問で，有機 organic という意味は organ すなわち器官から名付けられたものである。細胞が集まり組織をつくり，これが一定の働きをもつとき器官という。この生物の器官の中で作られた化合物を有機化合物と呼んだのである。たとえばみかんの中で作られるクエン酸，リンゴではリンゴ酸，ブドウでは酒石酸，植物体内ではでんぷん，タンパク質，油脂，アルカロイド等種々の有機化合物が合成され，また人体中でも尿素，タンパク質等がつくられている。したがって有機化合物は生体内でのみ作られるから，生体に存在する生命力 vital force があってはじめてつくられるものとして，人間がフラスコやビーカーなどを用いてつくることは不可能だと考えられていた。しかし1828年ドイツの化学者**ウェラー**はシアン酸アンモニウムの水溶液を加熱し水を蒸発したら尿素ができていることを偶然に発見した。すなわち

$$NH_4OCN \xrightarrow{\text{転移}} NH_2CONH_2$$

尿素は哺乳動物の肝臓という器官内でしか作られないと思っていたものが全くの無機化合物であるシアン酸アンモニウムから偶然にも人工的に合成してしまったのである。この時点から有機 organic という意味を失ってしまったのである。そして有機化合物が無機化合物 inorganic compounds に比してユニークな点は生命力ではなく，すべて炭素の化合物であるという事実が認識された。そして，その後化学者の手により次々と有機化合物が合成され，その数は優に500万を越えるし，毎日毎日世界中の化学者により数百種の有機化合物が合成されている。ところが有機という本来の意味を失った今日でも有機化合物という名称が用いられているのは，無機化合物とは違った共通の性質をもっているからである。次にその比較を示そう。

有機化合物	無機化合物
800万以上	約 20万
有機溶媒に可溶のものが多い	一般に水に可溶のものが多く有機溶媒には難溶または不溶である
構成元素はC，H，O，N，S，P，As，ハロゲン等少数である	構成元素は多種類である
溶融点低く 300℃ 以上のものはまれである	溶融点は高く 300℃ 以上のものが多い
一般に比重は小である	一般に比重は大である
一般に不安定である	一般に安定である
一般に非電解質であるためイオン反応がなくその特長は反応が緩慢且つ複雑で分子構造のいかん，反応条件の相違等によって反応の方向が種々変化する	一般に電解質でイオン反応を行う。その特長は反応が瞬間的に完結し反応単位が原子であるため分子構造のいかんにあまり関係しない

現在，有機化合物は炭素を含む化合物の化学と定義されている。ただし CO_2, CO, KCN, 炭酸塩等簡単な炭素化合物は無機化合物の性質をもっているから無機化学で取り扱う。さてこのように有機化合物は構成元素は少ないのにその種類は膨大な数にのぼるのはなぜであろうか。それは簡単，炭素原子どうしがどんどん結合していろいろな形の骨格をつくり，さらにそれに種々な原子や原子団（基）が結合するためである。だから諸君はまずこの炭素の骨組みをよく理解しなければならない。このように構成元素が少ないのにその数は非常に多いということは逆にいえば極めて系統的である。だから系統的な勉強をしなければならない。それを無秩序に暗記でもしようとすればそれは不可能というもの。また有機化学の理論も無機化学ほど多くなく，まして大学入試程度なら，そんなに困難なものはなく諸君はこの講義で容易に理解することになるだろう。そして1つ1つの反応(これを単位反応という)たとえば**還元**，**酸化**，**付加**，**置換**，**離脱**，**重合**，**加水分解等**を理解すればそれらを組合わせていろいろな有機化合物の合成が可能になる。諸君はこの12回の『有機化学特講』を完全にマスターするならば有機化学は何と面白い魅力的な学問であるかが分かるのみならず，如何なる大学の入試問題も容易に解けるようになるだろう。何度も繰り返し反復精読してもらいたい。

2. 元素分析

目的の有機化合物を知るにはまず化学式を知らなければならない。そのためにはどんな元素を含んでいるか（**元素の定性分析**）そしてそれらをどれだけ含んでいるか（**元素の定量分析**）をまず知り，それより組成式（実験式）を求め，次に分子量測定より分子式を求める。分子式が決まっても数多くの異性体があるから，化学的物理的手段によって構造式を決定することになる。

〔1〕 元素の定性分析

(a) 炭素と水素の検出

試料と酸化銅をまぜて試験管内で焼いて炭素を二酸化炭素に変える。CO_2は石灰水（$Ca(OH)_2$の水溶液）または水酸化バリウムの水溶液に通じると白色沈殿を生ずることで証明する。

$$C+O_2 \longrightarrow CO_2$$
$$CO_2+Ca(OH)_2 \longrightarrow CaCO_3\downarrow+H_2O$$
$$CO_2+Ba(OH)_2 \longrightarrow BaCO_3\downarrow+H_2O$$

水素はこの際 H_2O となり，試験管上部の冷い部分に水滴または曇りを生ずるのでその存在がわかる。有機化合物はほとんどすべてが水素を含むから実際には水素の検出は行わないのが普通である。

(b) 窒素の検出

試料をナトリウムとともに硬質試験管に入れ，直火で加熱する。試料が分解して生ずる炭素と窒素があればこれとナトリウムが結合して，シアン化ナトリウム NaCN を生じる。これを水に溶かす（Na-塩はすべて水に溶けると憶えよ）と電離して Na^+ と CN^- とになる。このシアン化物イオンを検出するには次の2種の方法が用いられている。1つは，フェロシアンイオン（ヘキサシアノ鉄(Ⅱ)酸イオン，黄血イオン）にかえ Fe^{3+} を加えてベルリン青を出す方法がある。これは CN^- を含む液に $FeSO_4$（硫酸第一鉄，硫酸鉄(Ⅱ)）の少量を加えて煮沸し，冷却後 $FeCl_3$(塩化第二鉄，塩化鉄(Ⅲ)) の溶液を加えた後，希塩酸を加えるとベルリン青を呈する(**ベルリン反応**)。

$$\text{試料}\ (C+N)+Na \longrightarrow NaCN$$
$$6NaCN+FeSO_4 \longrightarrow Na_4[Fe(CN)_6]+Na_2SO_4$$
$$Na_4[Fe(CN)_6]+FeCl_3 \longrightarrow \underset{\text{ベルリン青}}{\underline{NaFe[Fe(CN)_6]}}+3NaCl$$

もう一つの CN^- の検出はこれを含む液に二硫化アンモニウムを加えて加熱し，希塩酸を加えて酸性にした後 $FeCl_3$ 溶液を加えると血のような赤色を出す。

$$NaCN+(NH_4)_2S_2 \longrightarrow NaSCN+(NH_4)_2S$$
$$3NaSCN+FeCl_3 \longrightarrow \underset{\text{血赤色}}{\underline{Fe(SCN)_3}}+3NaCl$$

チオシアン酸イオンSCN^-を別名ロダンイオンというのでこの反応を**ロダン反応**と呼んでいる。

(c) ハロゲンの検出

(i) バイルシュタイン法：銅線の尖端をガスバーナーで焼いて緑色の炎がでないようにした銅線に少量の試料をつけ，再びバーナーの炎の中に入れる。ハロゲンがあれば，揮発性のハロゲン化銅を生じ緑色の炎色反応を示すことよりハロゲンを確認する方法である。銅の炎色反応がたとえ緑であってもそれが揮発しなければ炎に色がつかない。ハロゲン化銅が揮発性である性質を利用したものである。

(ii) 窒素の検出の場合と同様に，試料をナトリウムとともに加熱し，ハロゲンをハロゲン化ナトリウムとし，冷却後水に溶かし，ろ過しそのろ液を硝酸で酸性にして硝酸銀水溶液を加えるとハロゲン化銀の沈殿を生じる。

$$Ag^++Cl^- \longrightarrow AgCl\downarrow\ (\text{白色})$$
$$Ag^++Br^- \longrightarrow AgBr\downarrow\ (\text{淡黄色})$$
$$Ag^++I^- \longrightarrow AgI\downarrow\ (\text{黄色})$$

(d) イオウの検出

窒素の場合と同様に試料をナトリウムとともに加熱融解するとイオウは硫化ナトリウム Na_2S となるので冷却後水に溶かしてろ過し，ろ液について硫化物イオンS^{2-}を次のどれかの試験を行なって検出すればよい。

(i) 酢酸鉛の水溶液を加えると黒色の硫化鉛を沈殿する。

$$Pb^{2+}+S^{2-} \longrightarrow PbS\downarrow\ (\text{黒色})$$

(ii) 磨いた銀板上に落とすと硫化銀 Ag_2S の黒斑

を生じる。

$$4Ag+2H_2S+O_2(空気) \longrightarrow 2Ag_2S+2H_2O$$

(iii) ニトロプルシドナトリウム$Na_2[Fe(CN)_5(NO)]$を加えると赤紫色を呈する。

〔2〕 元素の定量分析

(a) 炭素および水素の定量

炭素と水素の定量は一つの装置を用いて同時に測定することができる。すなわち試料を燃焼管中で酸素または空気を送って完全燃焼させると，炭素および水素はそれぞれ二酸化炭素および水になるから，これらを適当な吸収剤に吸収させて炭素および水素を定量することができる。まず水を塩化カルシウム，五酸化二リン，過塩素酸マグネシウム（アンヒドロン）等を用いて吸収させる。また二酸化炭素は 50% 水酸化カリウムの水溶液，水酸化ナトリウム粒，ソーダ石灰（水酸化ナトリウムの濃い水溶液に酸化カルシウムを加え，乾燥した粒で水分も二酸化炭素も吸収する)，ナトロンアスベスト等が用いられている。さて生じた二酸化炭素が a(g)，水が b(g)であったとすれば，炭素および水素の量は次のようにして求められる。

$$\text{Cの量}: a\times\frac{12(C)}{44(CO_2)}\ (g)$$

$$\text{Hの量}: b\times\frac{2(H_2)}{18(H_2O)}\ (g)$$

(b) 窒素の定量

有機化合物中の窒素を定量するには窒素を N_2 ガスとしてその重さより求めるジューマ法と，NH_3 ガスとして中和滴定で定量するキエルダル法とがある。

(i) **ジューマ** (Dumas) 法

試料を酸化銅(II)と混ぜ，高温に加熱すると含まれていた窒素は N_2 ガスとなるから，これを気体ビュレットに捕集し，その圧力 p(atm)，体積 $v(l)$，温度T(K)を測定し理想気体の状態方程式 $pv=\frac{w}{M}RT$ (wは重さ，Mは分子量）を用いてその重さ w(g) を知ることができる。

$$w(g)=\frac{pvM}{RT}$$

(ii) **キエルダル** (Kjeldahl) 法

窒素を含む試料の一定量をキエルダル分解フラスコに入れ，これに濃硫酸と触媒（硫酸カリウム，硫酸銅が用いられる）を入れて強熱すると試料中の窒素は硫酸アンモニウム$(NH_4)_2SO_4$中の窒素になる。冷却後これに水酸化ナトリウムを加えて加熱すると弱塩基であるアンモニアが出てくるのでこれを一定量の硫酸の標準溶液に吸収せしめ，残っている硫酸をアルカリ標準溶液で滴定（指示薬はメチルオレンジ）して NH_3 の量と窒素の量を求める方法である。

(c) ハロゲンの定量

(i) **カリウス** (Carius) 法：試料を発煙硝酸および硝酸銀とともに硬質，肉厚ガラス管内に入れ鉄砲炉と呼ばれる加熱炉中で 300℃ で約 3 時間加熱すると炭素は CO_2，水素は H_2O，ハロゲン(X)はハロゲン化銀 (AgX) に変化するからこれをろ過し乾燥し，その重さを秤ってハロゲンの量を知る方法である。

Ag=108, Cl=35.5, Br=80, I=127

とすれば

$$\text{Cl}: 塩化銀の量\times\frac{35.5(Cl)}{143.5(AgCl)}$$

$$\text{Br}: シュウ化銀の量\times\frac{80(Br)}{188(AgBr)}$$

$$\text{I}: ヨウ化銀の量\times\frac{127(I)}{235(AgI)}$$

(iii) **プレーグル** (Pregl) 法：白金を触媒として酸素気流中で試料を熱して完全燃焼させ，発生した気体を亜硫酸水素ナトリウム ($NaHSO_3$) を含む炭酸ナトリウム液に吸収させるとハロゲンは還元されてハロゲン化物イオンとなるから，これに硝酸および硝酸銀を加えて沈殿するハロゲン化銀をカリウス法の場合と同様にろ過，乾燥して秤量するのである。

(d) イオウの定量

ハロゲンと同様カリウス法が用いられている。すなわち試料を発煙硝酸と塩化バリウムとともに封管に封入し，240～270℃ に約 5 時間加熱するとイオウは酸化されて硫酸イオン SO_4^{2-} となり，これがバリウムイオン Ba^{2+} と化合して硫酸バリウム $BaSO_4$ が沈殿するからこれをろ過してとり乾燥して秤量する。

$$\text{S}: 硫酸バリウムの量\times\frac{32(S)}{233(BaSO_4)}$$

またハロゲンと同様プレーグル法によっても定量できる。これは試料を白金を触媒とし酸素気流中で燃焼させ，生成物を過酸化水素水に吸収させて酸化し，硫酸とし，これに塩化バリウム溶液を加えて硫酸バリウムとしてろ過，乾燥，秤量する。

(e) 酸素の定量

酸素は直接定量しないで，試料の重さから酸素以外の元素の重さを差引いて酸素の量とする。しかし最近では試料を水素気流中で加熱し，酸素を含んでいるとH_2Oを生じるからこれを塩化カルシウムのような吸収剤に吸収せしめて酸素を定量したり，試料を窒素気流中で熱分解すると酸素は CO_2, CO, H_2O などの形になるが，これを約 900℃ に加熱した白金炭素触媒に触させると次の変化ですべて一酸化炭素になる。

$$CO_2+C \longrightarrow 2CO$$

$$H_2O+C \longrightarrow CO+H_2$$

これを 120℃ に保った五酸化二ヨウ素 I_2O_5 上に通じると次の反応によってヨウ素と二酸化炭素になる。

$$5CO+I_2O_5 \longrightarrow 5CO_2+I_2$$

ここで生じた二酸化炭素を吸収剤に吸収させその量から酸素の量を求める方法もある。

3. 組成式（実験式）の決定

元素分析によって各元素の重さまたはパーセントが求められると次は各元素の原子の個数の比を求めることになる。

【例題】 炭素，水素および酸素だけからなる化合物がある。この化合物 3.80mg を燃焼させて，二酸化炭素 7.30mg と水 4.50mg を得た。この実験の結果からこの化合物の実験式を求めよ。（原子量：C＝12, H＝1, O＝16 とする）。
岩手大

試料 3.80mg 中に含まれていた炭素および水素の量を求めよう。

$$C : 7.30\times\frac{12}{44}\fallingdotseq 2.0\ (mg)$$

$$H : 4.50\times\frac{2}{18}=0.5\ (mg)$$

したがって酸素の量は試料全体の量からCとHの重さを差し引いて求める。

$$O : 3.80-(2.0+0.5)=1.3\ (mg)$$

そこでこの試料の組成式を $C_mH_nO_p$ とすれば各元素の重さの比は

$$C : H : O = 12m : n : 16p = 2.0 : 0.5 : 1.3$$

$$\therefore\ m : n : p=\frac{2.0}{12} : \frac{0.5}{1} : \frac{1.3}{16} \fallingdotseq 0.17 : 0.50 : 0.08 \fallingdotseq 2 : 6 : 1$$

となる。すなわち各元素の重さをそれぞれの原子量で割って原子の個数の比を求めればよい。

この例のようにC，H，Oの場合はこれでよいが，C，H，Oの他にNを含む場合は，C，Hの元素分析を行い，別に試料をとってNを分析し，C，H分析のときにとった試料の量とNを分析するときとった試料の量が一般に異なるから，試料の量からC, H, Nの量を差し引いてOの量とするわけにはいかない。そのときは，各元素の含有量をパーセント（試料100に対する量）で求め，100より各元素のパーセントの和を差し引いてOのパーセントを求め，ついでそれぞれを原子量で割って比をとり組成式を求めることになる。

【例題】 炭素，水素，窒素および酸素からなる化合物 5.960mg を燃焼させて CO_2 15.840mg, H_2O 3.960mg を得た。また別に試料 4.120mg の燃焼ガス中の窒素化合物を還元して N_2 0.310 ml (0℃, 760mmHg) が得られた。この化合物の組成式を求めよ。
静岡薬大

$$C : 15.840\times\frac{12}{44}=4.320\ (mg)$$

$$H : 3.960\times\frac{2}{18}=0.440\ (mg)$$

$$\therefore\ Cの\% : \frac{4.320}{5.960}\times 100=72.48\%$$

$$Hの\% : \frac{0.440}{5.960}\times 100=7.38\%$$

N_2 は標準状態で 0.310 ml である。1モル(＝28g)は標準状態では 22400 ml であるからNの量は

$$\frac{0.310}{22400}\times 28\times 1000=0.3875\ (mg)$$

$$\therefore\ Nの\% : \frac{0.3875}{4.120}\times 100=9.41\%$$

したがって

$$Oの\% : 100-(72.48+7.38+9.41)=10.73\%$$

組成式は

$$C : H : N : O=\frac{72.48}{12} : \frac{7.38}{1} : \frac{9.41}{14} : \frac{10.73}{16} = 6.04 : 7.38 : 0.67 : 0.67 = 9 : 11 : 1 : 1$$

すなわち，$C_9H_{11}NO$ となる。

組成式（実験式）は原子の数の比のみを示しているに過ぎない。たとえば組成式が CH_2O であっても分子式はわからない。ホルムアルデヒド (CH_2O)，酢酸 ($C_2H_4O_2$)，乳酸 ($C_3H_6O_3$)，ブドウ糖 ($C_6H_{12}O_6$) はすべて CH_2O という組成式をもっている。したがって次に示す分子量を求めてはじめて分子式が決まる。

4. 分子量の測定

(1) 気体または簡単に気体になるものは気体に換えて気体の法則を用いて分子量を測定する。その主なものを次に示そう。

(a) アボガドロの法則より求める法：同温，同圧，同体積は同数の分子を含むから，分子量を測定したい気体と同温，同圧，同体積の分子量のわかっている気体の重さの比はとりもなおさず互いに1個の分子の重さの比，したがって分子量の比になる。これを図解すると次のようになる。

分子量を測定する気体（分子量M_1）	同温 同圧 同体積	分子量がわかっている気体（分子量M_2）
この気体の重さ：ag		この気体の重さ：bg

$$\therefore\ M_1 : M_2 = a : b$$

$$\therefore\ M_1=\frac{a}{b}\times M_2$$

となる。M_2 はわかっているから M_1 を求めることができる。

ここで a/b を分子量を測定する気体の分子量のわかっている気体に対する比重という。たとえば，その気体の二酸化炭素に対する比重に 44 (CO_2 の分子量) をかければその気体の分子量を求めることができる。また空気に対する比重を 29（空気の平均分子量）倍すれば得られる。

【例題】 ある気体の炭化水素 0.123g を燃焼させ

たところ，0.386 g の CO_2 と 0.159 g の H_2O がえられた。またこの炭化水素の空気に対する比重は約 2.0 であった。この炭化水素の分子量と分子式を求めよ。

$$C : 0.386\times\frac{12}{44}=0.105\ (g)$$

$$H : 0.159\times\frac{2}{18}=0.018\ (g)$$

$$C : H=\frac{0.105}{12} : \frac{0.018}{1}=0.0088 : 0.018$$

$=1 : 2$　　組成式：CH_2

(この気体の分子量)$=2.0\times29=58.0$

$\therefore\ (CH_2)_n=58\quad\therefore\ n=4$

したがって分子式は C_4H_8 となる。ここで大切なことは実験で得られた分子量は 58 だが C_4H_8 という分子式より原子量の和として求めると 56 となり，正しい分子量はこの56である。そこで，分子量測定の実験で得られる分子量は実験誤差もあり大体の分子量で，これは，分子式＝(組成式)$_n$ の n (正整数) を求めるためのもので正しい分子量はあくまで分子式より求めたものであることに注意したい。

(b) 標準状態ではどんな気体でも 1 モルは 22.4l を占めるという性質を用いて求める法：したがってその気体の標準状態で 22.4l の重さより分子量を求める。

(c) 理想気体の状態方程式 $pv=\frac{w}{M}RT$ より求める法：その気体の重さを w(g)，圧力 p(atm)，体積 $v(l)$，温度 T(K) を測定しこの式より分子量 M を求めることができる。

【例題】 組成式 $C_4H_{10}O$ の物質 0.0620 g を気化させたところ，50℃，720 mmHg で 23.20 ml を占めた。この物質の分子量を求めよ。

$w=0.0620\ g$，$p=\frac{720}{760}$ atm，$v=\frac{23.20}{1000}\ l$，

$T=(273+50)$ K

より分子量 M は次のようにして求められる。

$$\frac{720}{760}\times\frac{23.20}{1000}=\frac{0.0620}{M}\times0.082\times(273+50)$$

$\therefore\ M=74.7$

$(C_4H_{10}O)_n=74.7\quad\therefore\ n=1$　となり分子式と組成式は一致する。したがって分子量は 74。

(d) 理想気体の状態方程式 $pM=dRT$ より求める法：その気体の圧力 p，分子量 M，密度 d，温度 T の関係より分子量 M を求める。

【例題】 気体の有機化合物を元素分析したら C：24.25%，H：4.05%，Cl：71.80% の値を得た。この気体の 1 atm，110℃における密度は 3.14 g/l であった。この気体の分子式を求めよ。

各元素の%の和は 100 とみてよいから O を含んでいない。

$$C : H : Cl=\frac{24.25}{12} : \frac{4.05}{1} : \frac{71.80}{35.5}$$

$=1 : 2 : 1$

したがって，組成式は CH_2Cl。次に $p=1$ atm，$T=(273+110)$ K，$d=3.14$ g/l より

$1\times M=3.14\times0.082\times(273+110)\quad\therefore\ M=98.6$

$(CH_2Cl)_n=98.6\quad\therefore\ n=2$　分子式：$C_2H_4Cl_2$

(2) 不揮発性物質の分子量を求めるには適当な溶媒に溶かして次のような方法で求めることができる。

(a) 蒸気圧降下を測定しラウルの法則を用いて求める法：溶媒の蒸気圧を p_0，それに試料を溶かしてできた溶液の蒸気圧を p とし，溶媒 n_1 モルに溶質(試料)を n_2 モル溶かしたとすればラウルの法則は次のように表わされる。

$$\frac{p_0-p}{p_0}=\frac{n_2}{n_1+n_2}$$

溶媒 w_1 g に試料 w_2 g 溶かしたとし，それぞれの分子量を M_1 および M_2 とすれば $n_1=w_1/M_1$，$n_2=w_2/M_2$ で表わされ，これを上式に代入すればよい。

【例題】 ある不揮発性物質 3.08 g を 35 g の水に溶かし，その蒸気圧を 100℃ で測定したら 756.5 mmHg であった。この物質の分子量を求めよ。

溶媒である水の 100℃ での蒸気圧が 760 mmHg(＝1 atm) であることは常識。したがって $p_0=760$ mmHg，$p=756.5$ mmHg，$n_1=35/18$ モル，この物質の分子量を M とすれば $n_2=3.08/M$ モルで表わされるから，ラウルの法則より

$$\frac{760-756.5}{760}=\frac{\frac{3.08}{M}}{\frac{35}{18}+\frac{3.08}{M}}$$

$\therefore\ M=342$　となる。

(b) 沸点上昇，凝固点降下を測定して分子量を求める法：溶媒 1 kg に溶質 1 モル溶かすと溶かす溶質に関係なくその溶媒に特有な値だけが沸点上昇したり，凝固点が降下する。それが**モル沸点上昇** K_b であり**モル凝固点降下** K_f である。ただし溶質がその溶媒に溶けて解離や会合をしないことが必要である。いま溶媒 w_1 g に溶質を w_2 g 溶かしたら沸点(または凝固点)が ΔT K 上昇(または降下)したとすれば溶媒 1 kg 当りに溶かした溶質の量 x g は $w_1 : w_2=1000 : x$

$\therefore\ x=\frac{1000w_2}{w_1}$，この溶質の分子量を M とすれば

溶媒	溶　質	沸点上昇(凝固点降下)
1 kg	1 モル	K_b (K_f)
	$\frac{1000w_2}{w_1M}$ モル	ΔT

$$\therefore \quad \Delta T = K_b \frac{1000w_2}{w_1 M},\ \Delta T = K_f \frac{1000w_2}{w_1 M}$$

$$\therefore \quad M = K_b \frac{1000w_2}{w_1 \Delta T},\ M = K_f \frac{1000w_2}{w_1 \Delta T}$$

【例題】 炭素，水素，酸素からなる化合物Xがある。X 1.98 mgを完全燃焼させると，二酸化炭素4.84 mg，水 1.98 mgが得られた。次に化合物X 717 mgをベンゼン 10.0 gに溶解し，凝固点を測定したところ 2.97℃ であった。ベンゼンの凝固点は 5.53℃，ベンゼンのモル凝固点降下は 5.12 Kである。Xの分子量として最も適当な値はいくつか。　　埼玉大

$$C : 4.84 \times \frac{12}{44} = 1.32\ (\text{mg})$$

$$H : 1.98 \times \frac{2}{18} = 0.22\ (\text{mg})$$

$$O : 1.98 - (1.32 + 0.22) = 0.44\ (\text{mg})$$

$$C : H : O : \frac{1.32}{12} : \frac{0.22}{1} : \frac{0.44}{16} = 4 : 8 : 1$$

よって組成式は C_4H_8O

ベンゼン 1000 g当りに溶かしたXは

$\frac{717}{1000} \times \frac{1000}{10} = 71.7\,\text{g}$，Xの分子量を$M$とすれば，そのモル数 $m = 71.7/M$(モル/g)である。

この溶液の凝固点降下 $\Delta T = 5.53 - 2.97 = 2.56$，ベンゼンのモル凝固点降下 $K_f = 5.12$ より

$$M = 5.12 \times \frac{71.7}{2.56} = 143.4$$

$C_4H_8O = 72$ であるから $(C_4H_8O)_n = 143.4$ より $n = 2$，分子式は $C_8H_{16}O_2$ となり分子量は144となる。

(c)　浸透圧測定より分子量を求める方法：溶液のモル濃度を C(モル/l)，浸透圧 p(atm)，温度 T(K) とすれば $p = CRT$ という関係がある。ただしこの場合も溶質が溶けたとき解離も会合もしないことが必要。浸透圧測定は特に高分子の分子量測定に適している。

【例題】 ポリビニルアルコール 1.00 g を溶媒に溶かし 100 ml とし，この溶液の浸透圧を27℃で測定したところ 3.28×10^{-3} atm を示した。この高分子物質の分子量を求めよ。　　島根大

この高分子の分子量を M とすれば濃度 C(モル/l) は $C = \frac{1.00}{M} \times \frac{1000}{100}$ であるから

$$3.28 \times 10^{-3} = \frac{1.00}{M} \times \frac{1000}{100} \times 0.082 \times (273 + 27)$$

$M = 7.5 \times 10^4$　となる。

(3)　有機化合物に特有な分子量の測定法

(a)　銀塩法：カルボン酸の分子量測定に用いられる方法で，カルボン酸たとえば酢酸 CH_3COOH に硝酸銀溶液を加えると白色の銀塩である酢酸銀 CH_3COOAg が沈殿する。これを精製し，その一定量をルツボに入れて焼くと C，H，O は CO_2 や H_2O となって燃焼し，Ag を残す。いま CH_3COOAg の分子量を M' とすれば次のような量的関係がある。とった銀塩の量を a g，これを熱分解して生じた銀の量を b gとすれば，

$$\begin{array}{ccccc} CH_3COOH & \xrightarrow{Ag^+} & CH_3COOAg & \xrightarrow{\text{やく}} & Ag \\ M & & M' & & 108 \\ & & a\,\text{g} & & b\,\text{g} \end{array}$$

$$M' : 108 = a : b \qquad M' = \frac{a}{b} \times 108$$

求める酢酸の分子量を M とすれば，M は銀塩の分子量 M' から銀の原子量108を差し引き水素の原子量1を加えばよいから $M = M' - 108 + 1 = M' - 107$。

この方法で酸の分子量が求められるためにはその酸1分子の中にカルボキシル基をいくつ含んでいるか,すなわち塩基度がわかっていなければならない。ところが有機化合物では合成の過程からそれがわかる。そこで一般に n 塩基酸$A(COOH)_n$についてまとめておこう。

$$\begin{array}{ccccc} \text{酸} & & \text{銀塩} & & \text{銀} \\ A(COOH)_n & \longrightarrow & A(COOAg)_n & \longrightarrow & nAg \\ M & & M' & & 108 \times n \\ & & a\,\text{g} & & b\,\text{g} \end{array}$$

$$M' = \frac{a}{b} \times 108n$$

$$\therefore \quad M = M' - 108n + n = M' - 107n$$

【例題】 ある3塩基カルボン酸の銀塩 0.607 gを完全に熱分解し 0.370 gの銀を得た。この有機酸の分子量を求めよ。

$a = 0.607$(g)，$b = 0.370$(g)より有機酸の銀塩の分子量 $M' = (0.607/0.370) \times 108 \times 3 = 532$ したがってこのカルボン酸の分子量 $M = 532 - 107 \times 3 = 211$ となる。

(b)　塩化白金法：これは有機塩基はアンモニアと同様に塩化白金酸（ヘキサクロロ白金(Ⅳ)酸）H_2PtCl_6 と化合して結晶性の塩化白金酸塩を生ずる。この一定量をとり熱分解すると白金を残すからその量を測定して有機塩基の分子量を求めることができる。

例：	塩　基	塩化白金酸塩
アンモニア	NH_3	$(NH_3)_2 \cdot H_2PtCl_6$
メチルアミン	CH_3NH_2	$(CH_3NH_2)_2 \cdot H_2PtCl_6$
エチルアミン	$C_2H_5NH_2$	$(C_2H_5NH_2)_2 \cdot H_2PtCl_6$
アニリン	$C_6H_5-NH_2$	$(C_6H_5-NH_2)_2 \cdot H_2PtCl_6$

有機塩基の分子式をB，その分子量をM，その白金酸塩 $B_2 \cdot H_2PtCl_6$ の分子量をM'とすれば Pt＝195 であるから $H_2PtCl_6 = 410$，したがって $M' = 2M + 410$ となる。

$$\begin{array}{ccccc} \text{有機塩基} & & & & \text{白金} \\ 2B & \longrightarrow & B_2 \cdot H_2PtCl_6 & \xrightarrow{\text{やく}} & Pt \\ & & M' & & 195 \\ & & a\,\text{g} & & b\,\text{g} \end{array}$$

いま白金酸塩 a gを熱分解して b gの白金を生じたと

すれば白金酸塩の分子量 M' は

$$M'=\frac{a}{b}\times195=2M+410 \quad \therefore \quad M=\frac{M'-410}{2}$$

> **【例題】** ある一酸有機塩基の塩化白金酸塩 0.352 gを熱分解したら白金 0.137 gを得た。この塩基の分子量を求めよ。

$a=0.352$(g), $b=0.137$(g)であるから白金酸塩の分子量 M' は $M'=\frac{0.352}{0.137}\times195=501$

したがって有機塩基の分子量 M は

$$M=\frac{M'-410}{2}=\frac{501-410}{2}=45.5$$

(c) 滴定法：有機酸および有機塩基をアルカリ標準液および酸標準液を用いて中和滴定しそれぞれの当量を知ることができる。したがってその有機酸の塩基度および有機塩基の酸度がわかっていればそれらの分子量を求めることができる。

> **【例題】** ある脂肪酸(一塩基酸)の元素分析の結果その 0.2345 g から CO_2 0.4183 g，H_2O 0.1712 g を得た。またこの酸の 0.185 g を中和するのに，0.1N—NaOH 溶液 25 ml を要した。この酸の分子式と分子量を求めよ。

$$\mathrm{C}: 0.4183\times\frac{12}{44}=0.1141(\mathrm{g})$$

$$\mathrm{H}: 0.1712\times\frac{2}{18}=0.0190(\mathrm{g})$$

$$\mathrm{O}: 0.2345-(0.1141+0.0190)=0.1014(\mathrm{g})$$

$$\mathrm{C}:\mathrm{H}:\mathrm{O}=\frac{0.1141}{12}:\frac{0.0190}{1}:\frac{0.1014}{16}=3:6:2$$

したがって組成式は $C_3H_6O_2$

次にこの一塩基酸（1モル＝1グラム当量）0.185 g を中和するのに 0.1N—NaOH, 25 mlを要した。酸と塩基は同じグラム当量ずつで中和するから，この NaOH のグラム当量は(0.1/1000)×25グラム当量である。したがってこの酸 0.185 gは(0.1/1000)×25グラム当量である。だからその1グラム当量すなわち1モルは

$$0.185\div\frac{2.5}{1000}=74$$

したがって $C_3H_6O_2=74$ だから組成式と分子式は等しく一塩基酸すなわちモノカルボン酸だからその示性式は C_2H_5COOH（プロピオン酸またはプロパン酸）であることもわかる。

(d) 沈殿法：有機塩基（アミン）はアンモニアと同様に塩酸を作用すると塩酸塩を形成するから，その一定量をとって水に溶かし，それに硝酸銀水溶液を加えると塩化銀 AgCl の白色沈殿を生じるからその重さを測定して有機塩基の分子量を測定することができる。

すなわち $R{-}NH_2 \xrightarrow{HCl} [RNH_3]^+Cl^- \xrightarrow{AgNO_3} AgCl$

また，アミンの硫酸塩の一定量を水に溶かし塩化バリウム水溶液を加えて生じる硫酸バリウム $BaSO_4$ の量を秤量してそのアミンの分子量を求めることもできる。

> **【例題】** ある一酸（性）塩基の塩酸塩 0.2950 g に過剰の硝酸銀溶液を加えたら 0.2870 g の塩化銀を生じた。この塩基の分子量を求めよ。ただし，Ag＝108

有機塩基	$\xrightarrow{HCl}$	塩酸塩	$\xrightarrow{AgNO_3}$	塩化銀
B		B・HCl		AgCl
M		M＋36.5		108＋35.5
		0.2950 g		0.2870 g

この塩基の分子量を M とすれば

$$(M+36.5):(108+35.5)=0.2950:0.2870$$

$$\therefore \quad M=111$$

> **【例題】** ある二酸塩基の硫酸塩0.2001gを水に溶かし，過剰の塩化バリウム溶液を加えたら 0.2107 g の硫酸バリウムを生じた。この塩基の分子量を求めよ。ただし，Ba＝137，S＝32 とする。

二酸塩基であるから塩基1モルと硫酸1モルが反応して塩を形成する

有機塩基	$\xrightarrow{H_2SO_4}$	硫酸塩	$\xrightarrow{BaCl_2}$	硫酸バリウム
B		$B\cdot H_2SO_4$		$BaSO_4$
M		M＋98		233
		0.2001 g		0.2107 g

$$(M+98):233=0.2001:0.2107 \quad \therefore \quad M=123.3$$

5. 化 学 式

元素分析から組成式が決まり，分子量測定から分子量がわかり，この2つから分子式が決まる。しかし分子式が決まってもそれがどんな化合物であるかはわからない。メタン CH_4，エタン C_2H_6，プロパン C_3H_8 のように簡単な物質は分子式だけで決まる。すなわち**異性体** (isomer) がないからである。しかし一般に分子式が同じで性質の異なる異性体が存在する。したがって分子式が決定されるとさらに物理的および化学的方法を用いてその構造を知り，その物質が何であるかがわかる。たとえば分子式が C_2H_6O という物質について炭素は4価，水素は1価，酸素は2価という条件を満足する結合をかいてみると次の2種が可能になる。

```
  H H           H     H
  | |           |     |
H-C-C-O-H     H-C-O-C-H
  | |           |     |
  H H           H     H
  (I)            (II)
```

このように価標をつけてかいた化学式を**構造式**といい，これを略してかいた次のような化学式を**示性式**という。

$CH_3{-}CH_2{-}OH$（I）　$CH_3{-}O{-}CH_3$（II）

（I）は沸点78℃のエタノール(エチルアルコール)であり(II)は沸点−25℃(常温では気体)のジメチルエーテルであり，いずれも実在するものである。さて C_2H_6O という物質がエタノールなのかジメチルエーテルなの

かはナトリウム（これを有機化学者は金属ナトリウムという。非金属ナトリウムがあったら見せてもらいたいものだ。）を作用してみればすぐわかる。炭素に直接結合している水素は Na と置換しないが酸素と結合している水素は Na と置換して水素ガスを発生することで容易に知ることができる。すなわちエーテルでは6個のHはすべてCと結合しているがエタノールでは6個の中の5個はCと結合しているけれども，1個のHはOと結合している。このため Na を作用すると H_2 を発生するがエーテルは反応しない。

$$2C_2H_5OH+2Na \longrightarrow 2C_2H_5ONa+H_2$$

また，各結合を原子の最外殻電子（原子価電子または価電子ともいう）を点で表わしたものを電子(点)式という。たとえば(Ⅰ)および(Ⅱ)を電子式で表わすと，

```
  H H          H   H
H:C:C:O:H    H:C:O:C:H
  H H          H   H
   (Ⅰ)          (Ⅱ)
```

となる。その物質の組成式（実験式），分子式，構造式，示性式，電子式をまとめてその物質の**化学式**と呼んでいる。だから入試問題である物質の化学式を書けと知ってか知らないか出す先生がいる。本来ならば上記5種を書かなければならないが，要するにその物質が何であるかがはっきり分かればよいから構造式または示性式をかけばよい。また構造式を略したのが示性式で有機化学者は示性式と構造式を同じと考えている人も多く例にしたがって構造式をかけという問題で例としてかかれているものが示性式の場合が多い。そういう場合は示性式をかけばよいが，何のことわりもまた例もなく構造式をかけといわれたら一本も価標を省略してはならない(特に東大はこの点うるさい)。たとえばエタノールの構造式を次のようにかく人が多いから注意せよ。

```
  H H
H-C-C-OH
  H H
```

すなわち —O—H と書かなければならない。

次に酢酸の化学式を示す。

1. 組成式(実験式)：CH_2O
2. 分子式：$C_2H_4O_2$
3. 構造式：
```
  H
H-C-C-O-H
  H O
```
4. 示性式：CH_3COOH
5. 電子式：
```
  H     ..
H:C:C:O:H
  H :O:
```

6. 有機化合物の分類

有機化合物を分類する方法は炭素骨格による分類と，官能基による分類の2種がある。

(1) 炭素骨格による分類

(a) 鎖式化合物：炭素が結合し鎖状またはそれから枝があっても環状構造をもっていないもので天然の脂肪が，この形式なので**脂肪族化合物** aliphatic compound といわれる。

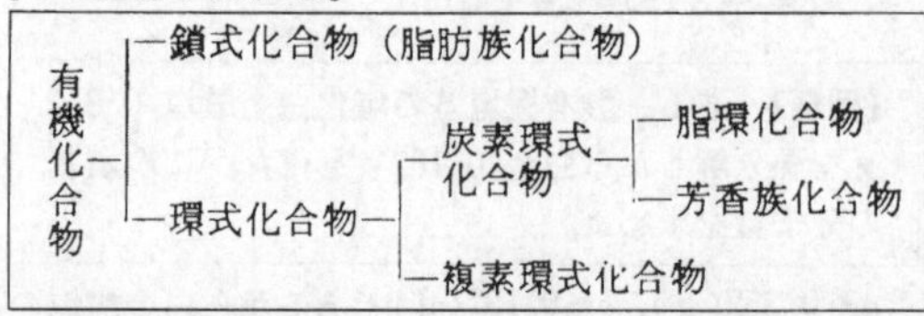

(b) 環式化合物：原子が環状結合をしたものであるが環をつくっている原子が炭素だけであるものを炭素環式化合物といい，炭素以外の原子が環形成にあずかっている化合物を複素環式化合物（異節環状化合物，異項環化合物）heterocyclic compound という。炭素環式化合物は，ベンゼンの骨格を有する芳香族化合物 aromatic compound と炭素の環状骨格はもっているがベンゼンの骨格をもっていない化合物で脂肪族化合物に性質が似ているので脂環化合物(脂肪環式化合物) alicyclic compound といわれる化合物に分類される。

(2) 官能基による分類

(a) 炭化水素：C，Hのみからなる化合物
- i) 飽和炭化水素：C—C結合だけからなるもの
- ii) 不飽和炭化水素：C＝C，C≡C結合などを含むもの
- iii) 芳香族炭化水素：ベンゼン構造を有するもの

(b) 水酸基化合物
- i) アルコール：—OH基を有する脂肪族および脂環化合物，芳香族化合物でベンゼン環の側鎖に —OH 基を有するもの
- ii) フェノール：ベンゼン核に直接 —OH が結合した化合物

(c) エーテル：C—O—C 結合を有するもの

(d) アルデヒド：—C(＝O)—H 基を有するもの

(e) ケトン：C—C(＝O)—C 結合を有するもの

(f) カルボン酸：—C(＝O)—O—H 基を有するもの

(g) アミン：C—N<(H)(H)，(C)(C)>N—H，(C)(C)>N—C などの基を有するもの

(h) ニトロ化合物：C—N<(O)(O) を有するもの

(i) ニトリル：—C≡N 基を有するもの

この講義では(1)の骨格による分類にしたがって大きく分類し，それぞれをさらに(2)の官能基によって分類しながら進める

有機化学特講

……………………………〈序〉

■内容■

●原子の構造と化学結合について
―おもに電子軌道を中心に―

J. Dalton（ドルトン）は，化学反応は原子の離合集散に過ぎないといっている。すなわち化学反応とは原子の結合の仕方の組替えであって原子そのものは不生不滅である。そうするとAという原子はBという原子とは結合するがCという原子とは結合しないのはなぜだろうか。またA原子とB原子が結合する結合の仕方とA原子とD原子が結合するときの結合の仕方は同じなのか異なるものか。また原子が結合してつくり上げた分子，イオン等はどんな性質のものかなどを考える場合，我々はまず原子そのものを知らなければならない。原子そのものを知らずして化学を論ずるのは，人間そのものを知らずして人間が形成した社会，国家を論ずるようなものでおよそ的外れなものになり真の理解はできない。

昔は原子は，固い球のような粒でそれから手（結合手）が出ていて互いに手をつないで結合して物質ができ上っていると考えていた。水素原子は他の原子と結合する場合，水素原子数個と他の原子1個と結合できるが，水素原子1個に他の原子が2個以上結合することはないことが実験よりわかり，水素原子は結合手が1本しかなく炭素原子は水素原子4個と結合できるから手は4本出ていて互いに手をつないでメタンという安定な分子を形成していると考えた。また同様に水やアンモニアの分子もOは手が2本，Nは手が3本だからH 2個および3個と結合してそれぞれ H_2O, NH_3 という分子を形成すると考えた。ところが19世紀の後半頃より原子そのものの構造が研究され，原子は固い球から手がニョキニョキとび出した形のものではなく正に帯電した原子核を中心に負に帯電した電子が回っているという長岡－ラザフォードの原子模型が考えられるようになったのである。

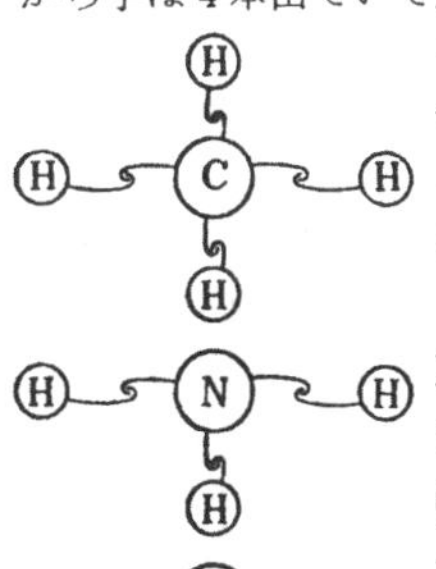

1. 原子の構造と化学結合

1906年ラザフォードはα線（$^4_2$Heの原子核）を薄い金属箔に当て，透過したα線を写真乾板に当てて感光させたところ，その像がぼけることより，α線が著しく散乱されることがわかり，原子は中心に正電荷をもつ原子核とそのまわりをまわる負電荷をもつ電子から成っていることを発見した。原子核は小さな2種類の粒子から成り，それらを核子という。核子のうち正電荷をもつものは**陽子**（プロトン），電気的に中性なものは**中性子**（ニュートロン）と呼ぶ。陽子と中性子の重さはほとんど同じである。また，その原子の原子核内の陽子の数が原子番号であり，陽子の数と中性子の数の和，すなわち核子の総数を**質量数**（または**核子数**）という。また陽子と電子のもつ電荷は絶対値が等しく符号が逆で，その電荷を e とすれば，

$e = 4.8 \times 10^{-10}$esu

$= 1.6 \times 10^{-19}$ クーロン　である。

```
        ┌─原子核──核子──┬─陽　子
原子─┤                  └─中性子
        └─電　子
```

電子1個の重さは陽子1個の重さの約1/1836であるからその重さは無視してよい。だから Na 原子と Na^+ イオンの重さは同じとみてよい。同様に Cl 原子と Cl^- イオンは同じ重さとみてよい。次にその大きさは原子を1つの球と考えるとその半径は約 10^{-8}～10^{-7}cm であり原子核の半径は 10^{-13}～10^{-12}cm である。たとえば原子核を半径 1cm の球とすれば原子は半径 10^5cm すなわち実に 1km の球になり，如何に原子核が小さいものであるかがわかる。しかもそこに原子の重さが集中しているのだからその密度は大変大きなものであることがわかる。実に 1cm³ の重さが2億4千万トン

というから想像を絶するものである。そのように原子はその中心に極めて小さく極めて密度の大きい原子核があり，それ以外は電子から成っているということをよく頭にたたき込んでおこう。

特に我々化学者が興味あるのは核外電子の配置である。とくに原子と原子とが結合したりするとき一番表面にある電子（**最外殻電子**，**原子価電子**，**価電子**ともいう）が問題となる。それではどのようにして核外電子の配列が分かってきたかというと，その原子の出す**原子スペクトル**から解明されたのである。原子の出す光である原子スペクトルはネオンサイン，Na, K, Ca, Sr, Ba... 等の炎色反応の光がみなこれである。すなわち原子に電子線（陰極線）を当てるか，加熱して熱エネルギーを与えて核外電子を励起させると，これが安定化するとき余分のエネルギーを光として放出するのが原子スペクトルである。

1884年，バルマーが水素の原子スペクトルの光の波長を分光器でしらべ規則性を発見し，それから次のような事実が判明してきた。原子核を中心として電子が一定の軌道半径をもつ軌道上をまわっている。原子核に近い軌道からK殻，L殻，M殻，N殻，O殻，P殻，Q殻と名付けた。また，K，L，M，……殻という代わりに主量子数nが 1，2，3……なる軌道ともいう。一般に右の図のように殻をかいているが，この形は誤っている。というのはK殻の半径をr_1，L殻の半径をr_2，M殻の半径をr_3………とすれば

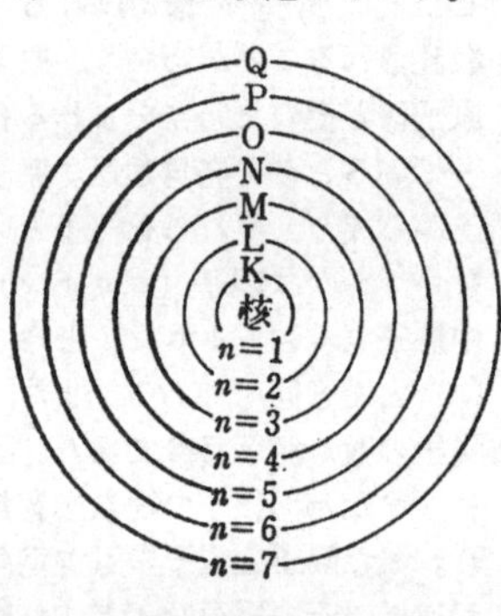

$r_2=2^2\times r_1=4r_1$

$r_3=3^2\times r_1=9r_1$

$r_4=4^2\times r_1=16r_1$

$\vdots \qquad \vdots$

となり，一般に量子数がnなる軌道の半径 r_nは

$r_n = n^2 \times r_1$ で表わされ，殻の軌道半径は主量子数nの二乗に比例して大きくなることがわかった。またnが大きい程すなわち原子核より遠い軌道ほどその上でもつ電子のエネルギーは大きいことがわかってきた。さらに，1925年 Goudsmit および Uhlenbeck が電子は原子核のまわりを自転しながら公転していることをつきとめた。電子が自転すると一種の円電流を生じ右ネジの法則にしたがって磁場を生じる。（電子の自転の向きと電流の向きは逆であることに注意。）

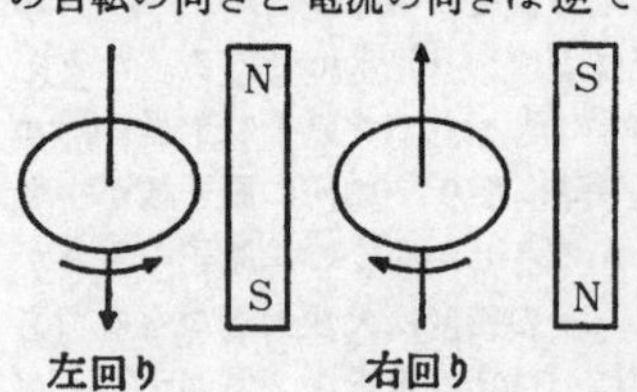

だから右回りの電子と左回りの電子は互いに磁気的に引き合って近づこうとするが，余り近づくと互いに負の電荷をもっているため，クーロンの反発力が働き一定の間隔を置いて結合するようになる。この右回りの電子と左回りの電子（スピンを逆にする電子）が互いに引き合って結合するということは化学結合で重要な役割りを演ずる。電子はこの世の中で最も小さな磁石と考えられる。さて原子核に一番近いK殻（$n=1$）には電子は２個，次のL殻には電子が８個，M殻には電子が18個，N殻には32個……まで最高収容できることがわかってきた。すなわち主量子数がnなる殻には電子が最高 $2n^2$ 個まで入れることがわかってきた。

K殻　$n=1$　　$2\times1^2=2$

L殻　$n=2$　　$2\times2^2=8$

M殻　$n=3$　　$2\times3^2=18$

N殻　$n=4$　　$2\times4^2=32$

O殻　$n=5$　　$2\times5^2=50$

P殻　$n=6$　　$2\times6^2=72$

Q殻　$n=7$　　$2\times7^2=98$

ところが，電子には自転が右回りと左回りの２種しかなく，１つの軌道には自転を逆にする１対の電子しかはいれないことがわかってきた。もし自転が同方向の電子が近づけば電気的にも磁気的にも反発してすぐ遠ざかり結合などは生じない。そこでK殻は２個までしか入れないのは話がわかるが，次のL殻になぜ８個も入れるのであろうか。答は簡単，L殻は４個の軌道から成っているからなのだ。そして各軌道に２個（１対）まで電子が入れるから最高８個まで入れることになる。同様にしてM殻は９個の軌道より，N殻は16個の軌道から，O殻は25個の軌道から………成っていることがわかった。

すなわち主量子数がnなる軌道は n^2 個の軌道から成り，それにスピン（自転）を逆にする２個の電子が入れることができるため最高 $2n^2$ 個まで電子が入れることになる。すなわち主量子数n（$n=1, 2, 3$……）で大きく殻に分け，それぞれの殻がさらに n^2 個の軌道に細分されるのである。

すなわち

K殻は　$1^2=1$個の軌道

L殻は　$2^2=4$個の軌道

M殻は　$3^2=9$個の軌道

N殻は　$4^2=16$個の軌道

$\vdots \qquad \vdots$

から成っている。そこで各殻を更に細分化するために**方位量子数**：lが導入された。これは各軌道の方向性から出てきた量子数で，主量子数nなる軌道はlによって $l=0, 1, 2, 3,$ ………，$(n-1)$ のn個の軌道に分けられる。すなわちK殻は$n=1$，だから$l=0$しかなく軌道は１個だが，L殻は$n=2$だから，$l=0$と$l=1$ の２種類の軌道に分けられる。しかし前に述べたようにL殻は４個の軌道から成っているのに２種類の軌道にしか分けられないのはなぜだろう。実は $l=$

0なる軌道（**s-軌道**）は1個だが $l=1$ なる軌道（**p-軌道**）は3個の軌道から成り，同じ形と大きさだが原子核から伸びる方向が異なることを1896年，Zeeman という人が磁場を原子に作用することによって発見したのである。

すなわち $l=0$ というのは方向性がないというのであって外観上原子核を中心とした球のような形をしている。このような $l=0$ の方向性のない球形の軌道を**s-軌道**と呼ぶ。また $l=1$ なる軌道は原子核を原点として x 軸，y 軸，z 軸の3つの直交する方向に伸びた軌道で **p-軌道** という。

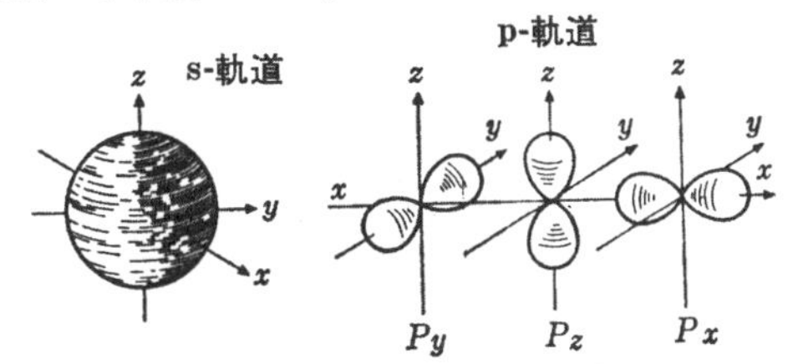

x 軸の方向に伸びた軌道を p_x，y 軸，及び z 軸の方向に伸びたp軌道を，それぞれ p_y，p_z **軌道**と呼んでいる。ここで大切なことはこの3つのp軌道はただ伸びている方向が異なるだけで形とそのエネルギーは皆同じであるということである。次にM殻（$n=3$）はさらに l によって，$l=0$，$l=1$，$l=2$ の3種に分けられるが，$l=0$ は1個のs-軌道で形は球形，$l=1$ は3個の p_x，p_y，p_z 軌道，$l=2$ なる軌道は **d-軌道**と呼び5個の軌道から成り，それ等の5つの軌道はすべて同じエネルギー状態にある。

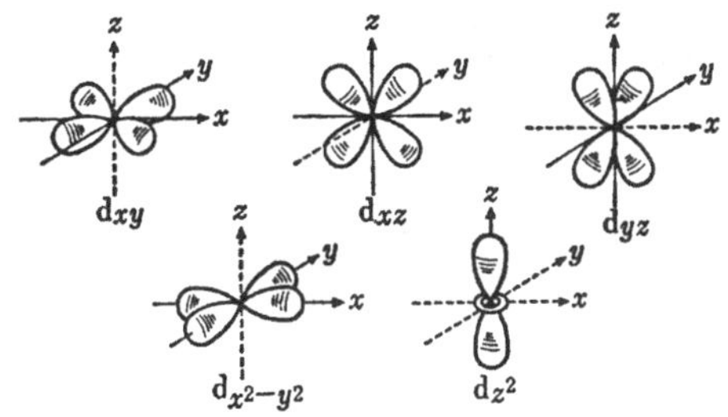

次のN殻（$n=4$）は $l=0$，$l=1$，$l=2$，$l=3$ の4種に分けられる。$l=0$ は1個の s 軌道，$l=1$ は3個のp軌道，$l=2$ は5個の d 軌道，$l=3$ は7個の f 軌道から成り合計 $1+3+5+7=16$ 個の軌道から成っている。このように $l=0$ なる軌道である s 軌道はK殻にもL殻にもすべての殻にあるのでK殻の s 軌道は主量子数 n が1である殻に属するので **1s 軌道**，L殻の s 軌道を **2s 軌道**，M殻の s 軌道を，**3s 軌道**，N殻の s 軌道を **4s 軌道**と呼び，それらの形は皆，球形であるが大きさは n が増加するにつれて大きくなっている。

p 軌道についても同様に，L殻に属する p 軌道を **2p 軌道**（K殻には p 軌道がない。したがって $1p$ 軌道というものはない。），M殻に属する p 軌道を **3p 軌道**，N殻の p 軌道を **4p 軌道**と呼び形は同じ（相似）だが大きさは次第に大きくなっている。これは d 軌道，f 軌道についてもいえることである。

ところが電子を粒と考え，それが軌道上を高速で運動しているという模型から電子は雲のように空間に広がっているという電子雲の考えが生じてきた。これは光と同様電子線も回折，屈折，干渉の現象を示し**波としての性質**をもっていることがわかってきたからである。さらに1927年ドイツの物理学者ハイゼンベルクにより**不確定性原理** Uncertainty principle が発表された。これによると電子のような極微な粒子の位置と速度を同時に正確に決めることはできないというのである。すなわち位置を正確に知ろうとすれば する程その時の速度はぼやけて同時に正確に知ることができずまた速度を正確に知ろうとするとその位置がぼやけてある領域内に存在するということしかわからないというのである。だから電子がある瞬間にどの軌道のどこをどんな速度で回っているかを知ることはできず，電子がどのような空間的な広がりをもって存在しているかという電子雲の考え方が生じた。

また1927年オーストリアの物理学者シュレージンガーは電子の波動性に目をつけ電子に対する波動方程式を作り，それを解くことによって，電子をその場所に見出す確率を求めた。その確率の大きい場所は従来の軌道に一致し，電子密度の高い場所である。そこで電子雲の拡がりと考えたとき，その場所を軌道（オービット）と呼ぶ代わりに**オービタル**と呼んでいる。

さて原子核を中心とする核外電子の配置を原子番号の順番に考えていく場合，3つの法則に従って電子を入れてゆけばよい。まず第一は電子はできるだけ**エネルギーレベルの低い安定な軌道**（またはオービタル）から入っていくというのである。さて各軌道のエネルギー準位は，$1s\to2s\to2p\to3s\to3p\to4s\to3d\to4p\to5s\to4d\to5p\to6s\to4f\to5d\to6p\to7s$ の順である。これを記憶するのは大変だが次のような図を書いてみればよくわかる。

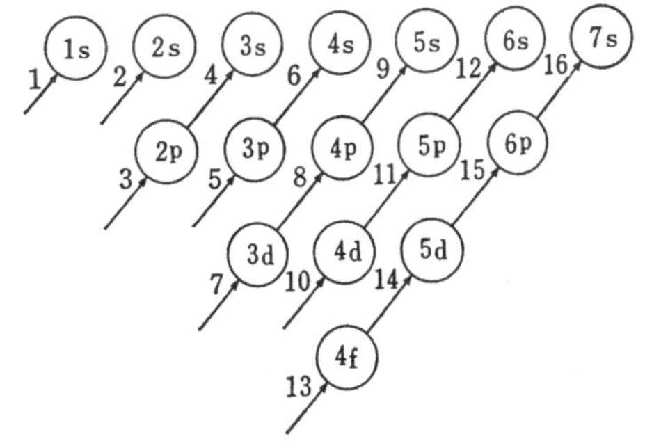

さて1つの軌道を□で表わしエネルギーの高低を示すと次のページのようになる。

第2の法則は**パウリの排他原理**（または**禁則**）といわれるもので，一つの軌道には自転（スピン）を逆にする一対の電子までしか入れないというものである。

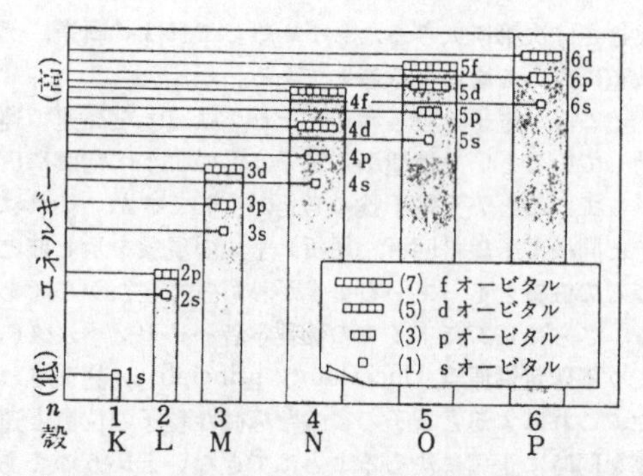

さてこの2つの法則にしたがって原子番号が1番のHから核外電子の配置を考えてみよう。まずHは1番エネルギーレベルの低い球状の 1*s* 軌道に1個電子がはいる。電子のスピンをたとえば右回りを↑，左回りを↓として表わしてみよう。1*s* 軌道に1個入っていることを $1s^1$ と表わすことにする。次に原子番号2番の He はもう1つ電子が 1*s* 軌道に入って対をなし安定な原子をつくっている。

H : $1s^1$ K (n=1) ↑

He : $1s^2$ K (n=1) ↑↓

上図をみてわかるようにエネルギー・レベルの差の最もはげしいのは 1*s* と 2*s* である。だから，He は安定なのである。主量子数 n が増加するほど，すなわち外の軌道ほどエネルギーレベルの差が少ないことは注意しておかなければならない。さて次の原子番号3番の Li は次にエネルギー・レベルの低い 2*s* 軌道にさらに電子が入ったものである。

$_3$Li : $1s^2\ 2s^1$

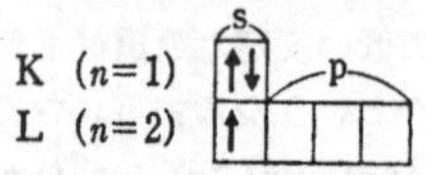

K (n=1) ↑↓
L (n=2) ↑

Li は $2s^1$ 電子を放出して安定な He と同じ電子配置になろうとするため1価の陽イオンになりやすい。次に原子番号4番の Be は 2*s* 軌道にさらに電子が入って対をなしている。

$_4$Be : $1s^2 2s^2$

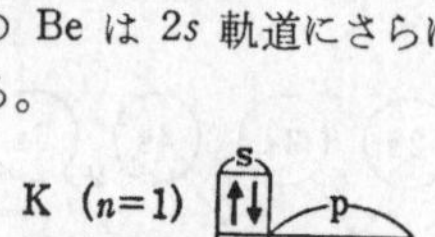

K (n=1) ↑↓
L (n=2) ↑↓

ところが Be は He と同様に *s* 軌道に 1対の電子対が入っていて電子構造からみると原子の化学的性質を決める最外殻電子が He と同じ s^2 構造をもっているにもかかわらず，希ガス元素の安定性をもたず，He とは性質が異なる。たとえば Be は塩化ベリリュウム $BeCl_2$ をつくるが He は他の原子と結合しない。その理由は 1*s* と 2*s* のエネルギー差が大きく 1*s* の電子が 2*s* 軌道へは飛び上ることは通常できないが，2*s* 軌道のそばにはエネルギー・レベルが少し高い 2*p* 軌道があるためである。詳しくは後で述べる軌道の混成の所で記すことにする。さて次の原子番号5番のBは，2*s* の次の 2*p* 軌道にさらに電子が1つ入った構造をもっている。

$_5$B : $1s^2 2s^2 2p^1$

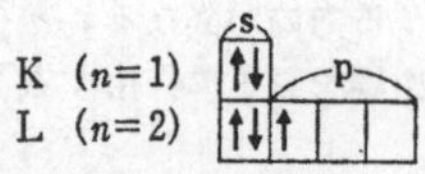

K (n=1) ↑↓
L (n=2) ↑↓ ↑

ホウ素はなぜ3価として作用しホウ酸 H_3BO_3 をつくるかは後で述べよう。さて次の原子番号6番の有機化学で最も大切なCの核外電子の配置はBの場合の上に 2*p* 軌道にもう1つ電子が入るのであるが，そのときの入り方は *p* 軌道の電子が対をなすA型か，対をなさないでしかもスピンを同じにして別の 2*p* 軌道に入るB型かが問題である。

$_6$C : $1s^2 2s^2 2p^2$

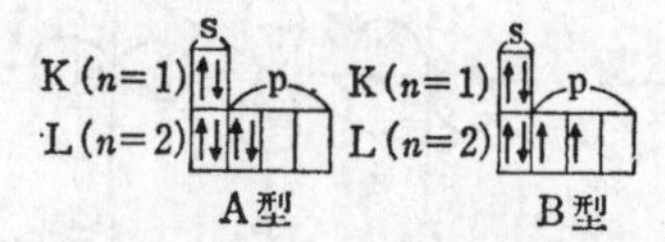

A型　B型

研究の結果はB型のように電子が入ることがわかった。これを法則にしたものが **Hund（フント）の法則**である。すなわち，同じエネルギーレベルの軌道に電子が入っていく場合，電子はできるだけ対をなさず，かつスピンを同じにするように入るというのである。これを**最小対偶の原理**ともいい，核外電子の配置を考えるときの第3法則がこれである。さて以上の法則にしたがって電子を更に入れていくと

$_7$N : $1s^2 2s^2 2p^3$　$_8$O : $1s^2 2s^2 2p^4$

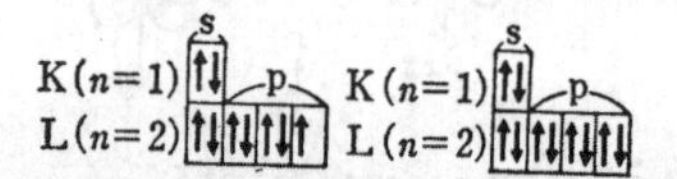

$_9$F : $1s^2 2s^2 2p^5$　$_{10}$Ne : $1s^2 2s^2 2p^6$

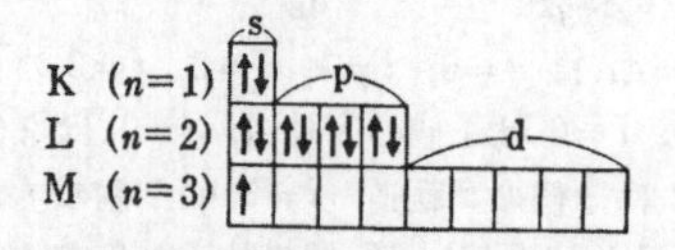

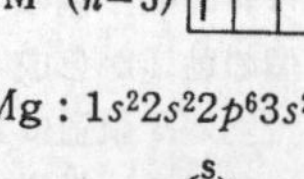

$_{11}$Na : $1s^2 2s^2 2p^6 3s^1$

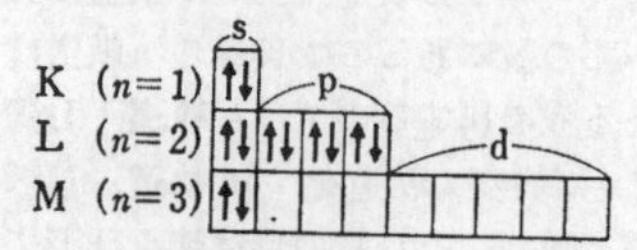

$_{12}$Mg : $1s^2 2s^2 2p^6 3s^2$

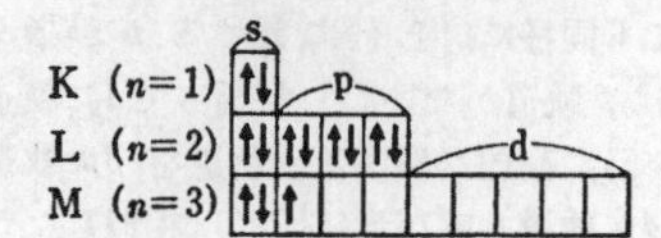

$_{13}$Al : $1s^2 2s^2 2p^6 3s^2 3p^1$

K (n=1) ↑↓
L (n=2) ↑↓ ↑↓ ↑↓ ↑↓
M (n=3) ↑↓ ↑

$_{14}$Si : $1s^2 2s^2 2p^6 3s^2 3p^2$

$_{15}$P : $1s^2 2s^2 2p^6 3s^2 3p^3$

$_{16}$S : $1s^2 2s^2 2p^6 3s^2 3p^4$

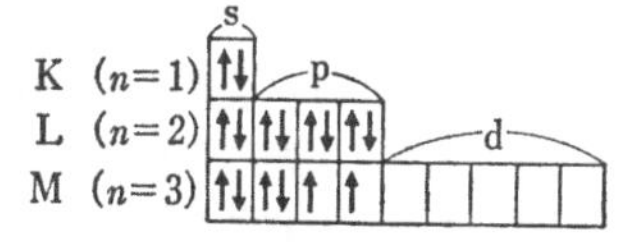

$_{17}$Cl : $1s^2 2s^2 2p^6 3s^2 3p^5$

$_{18}$Ar : $1s^2 2s^2 2p^6 3s^2 3p^6$

K (n=1) ↑↓
L (n=2) ↑↓ ↑↓ ↑↓ ↑↓
M (n=3) ↑↓ ↑↓ ↑↓ ↑↓

有機化学では以上の原子の電子配置を必要とするので述べたが諸君は $_{92}$U まで電子配置をやってみよう。これより周期表で縦に並んでいる元素の原子の最外殻電子の構造が同形であることがわかる。そして０族元素（希ガス元素，希有気体）の最外殻電子は He は例外で他は s^2p^6 構造をもち化学的に安定である。だからそうでない原子は他の原子と結合して安定な電子配置をとろうとする。まず H は１個の電子しかもたずもう１つとって He と同じ安定な形になろうとして H_2 分子を形成する。最外殻電子のみ書いて次のように表わそう。

H·＋·H⟶H:H

電子を共有し互いに He と同じ配列となり安定化する。共有に使用されている：を共有電子対といい一本の結合手で表わし H—H と書く。次に塩化水素 HCl の結合を考えてみよう。Cl 原子の最外殻電子は $3s^2$ $3p^5$ で，合計７個だが６個は対をなしている。すなわち

s　p
↑↓　↑↓↑↓↑

３対と１つは対をなしていない。対を成していない電子を**不対電子**という。対をなす電子を１本の棒で表わすとすれば Cl の最外殻電子は次のように表わされる。

·C̈l:　　·$\overline{\text{Cl}}$|　同様にF原子は　·$\overline{\text{F}}$|

O原子は ·$\overline{\text{O}}$·，S原子は ·$\overline{\text{S}}$·，N 及び P 原子は，·Ṅ| および ·Ṗ| で表わされる。さて H と Cl が結合すると

H·　·$\overline{\text{Cl}}$| ⟶ H:$\overline{\text{Cl}}$| または H—$\overline{\text{Cl}}$|

ところがHとH間の共有結合とHと Cl 間の共有結合とでは少し内容が違う。HとHは互いに同種の原子同士の結合であるがHと Cl では異なる。ハロゲン元素である Cl は電子１個とると安定な希ガス元素である Ar と同じ電子配置になるため電子をとろうとする性質が強い。化学結合をするとき互いに電子をとろうとする性質の強さを数値で表わしたものが元素の**電気陰性度**である。

元素の電気陰性度(ポーリングの値)

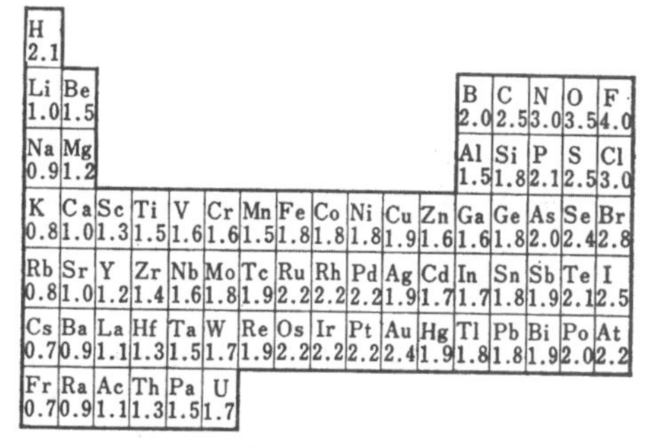

H 2.1																
Li 1.0	Be 1.5											B 2.0	C 2.5	N 3.0	O 3.5	F 4.0
Na 0.9	Mg 1.2											Al 1.5	Si 1.8	P 2.1	S 2.5	Cl 3.0
K 0.8	Ca 1.0	Sc 1.3	Ti 1.5	V 1.6	Cr 1.6	Mn 1.5	Fe 1.8	Co 1.8	Ni 1.8	Cu 1.9	Zn 1.6	Ga 1.6	Ge 1.8	As 2.0	Se 2.4	Br 2.8
Rb 0.8	Sr 1.0	Y 1.2	Zr 1.4	Nb 1.6	Mo 1.8	Tc 1.9	Ru 2.2	Rh 2.2	Pd 2.2	Ag 1.9	Cd 1.7	In 1.7	Sn 1.8	Sb 1.9	Te 2.1	I 2.5
Cs 0.7	Ba 0.9	La 1.1	Hf 1.3	Ta 1.5	W 1.7	Re 1.9	Os 2.2	Ir 2.2	Pt 2.2	Au 2.4	Hg 1.9	Tl 1.8	Pb 1.8	Bi 1.9	Po 2.0	At 2.2
Fr 0.7	Ra 0.9	Ac 1.1	Th 1.3	Pa 1.5	U 1.7											

この値はポーリングの出したものであるが，他の人の値もポーリングの値に比例している。要するに２つの原子が結合するとき，２つの原子の電気陰性度の差が問題になり，電気陰性度の大きい原子のほうがより強く電子を引くわけである。H—Hでは電気陰性度は共に等しく 2.1 でその差は０であるからHとHの間の共有電子対はとくに左のHとか右のHに片寄ることなく，通俗的にいえばHとHの丁度ど真中にある。そのため２つのHはともに電気的に中性である。（酸化・還元のところで出てくる**酸化数**が 0 である。）ところが H—Cl では，電気陰性度の差が 0.9 もありHと Cl 間の共有電子対は塩素のほうに片寄っている。そのため電子は負に帯電しているからHはいく分正に Cl は負に帯電していることになる。このいく分を δ で表わすと

H—$\overline{\text{Cl}}$|
2.1　3.0
差0.9

$^{+\delta}$H — $\overline{\text{Cl}}$|$^{-\delta}$ となり，電子がより Cl の方に引き寄せられていることを示すために，

H→—$\overline{\text{Cl}}$|　のように棒の中程に矢印をつけて表わす。このように電気陰性度の大きい元素の方に共有電子対が引き寄せられる作用を**I-効果**と呼んでいる。これは inductive effect の略で，誘起効果とか感応効果と訳されているが，今後 I-効果といい極めて大切なことである。（共有結合をしている化合物中の元素の酸化数は電気陰性度の大きい元素のほうに共有電子対が全部移動したとしてその荷電をいう。）ところが Na と Cl では電気陰性度の差が 3.0−0.9=2.1 もあり，こんなに異なると Na 原子の最外殻の１個の 3s

電子を Cl が取り込み，イオン結合をする。

Na• ⌒ •Cl ⟶ Na^+ Cl

一般にポーリングの値で電気陰性度の差がものによって異なるが 1.7～1.9 以上あればイオン結合になると思ってよい。そうすると完全な共有結合は同じ元素間にしか見られないわけである。例えば，H_2, N_2, O_2, O_3, F_2, Cl_2 などである。これに対して HF，HCl，HBr，HI などのハロゲン化水素ではいずれも I-効果のため電荷の片寄りを生じる。すなわちイオン結合性をもつ共有結合を形成している。エタンはナトリウムと反応しないがエタノールにナトリウムを入れると水素ガスの発生がみられるのも I-効果によって説明できる。

エタン　　エタノール

Cの電気陰性度は 2.5，Hは 2.1 で差は僅かに 0.4 だからその I-効果は小さく直接 C につくHはほんのわずかに正に帯電しているが，OにつくHはOの電気陰性度（すべての元素中Fについで2番目に大きい）は 3.5 と大きくHとの差は 3.5−2.1=1.4 とその I-効果はかなり大きく —OH の H はかなり正に帯電しているため Na より電子を取り H_2 ガスとなる。

次に軌道の混成について述べなければならない。さて塩化ベリリウム $BeCl_2$ は実在するが塩化ヘリウム $HeCl_2$ が実在しないのはなぜだろうか。He と Be の核外電子の配置を比較してみよう。

K (n=1) L (n=2) He　K (n=1) L (n=2) Be

He も Be も s 軌道に1対の電子対を有していて最外殻電子は同じ形をしている。ところがK殻は 1s 軌道しかないがL殻は 2s と少しエネルギーレベルの高い所に3個の 2p-軌道をもっているところに違いが生じる。また各オービタルのエネルギー差を前に示した図からみると，1s と 2s ほどエネルギー差の大きい場合はない。ところが 2s と 2p とでは 1s と 2s のような大きい差はなく外からエネルギーをもらうと 2s 電子の1つが 2p 電子に移動することがある。この移動をエネルギー・レベルの高い軌道に移ることより電子の**昇位**と呼んでいる。原子どうしが化学結合するときエネルギーのやり取りがあり，そのエネルギー程度では 1s から 2s に電子は昇位できないのでHeは安定で他のものとは結合しない。しかし Be は他の原子（ここでは塩素）が近づいてきてなぜ結合するかといえば，Be の中の 2s 電子の1つが 2p に昇位し（この状態はエネルギーをもらったから不安定）次に1個の 2s 軌道と1個の 2p 軌道がいったん混じり合い，あらためて安定な2個の軌道をつくるのである。これを**軌道の混成**（hybridation）といい，混成によってできた軌道を**混成軌道**または**混成オービタル**（hybrid orbital）という。Be の例では1個の s 軌道と1個の *p* 軌道から生じたから sp 混成といい，できた軌道を sp 混成軌道という。

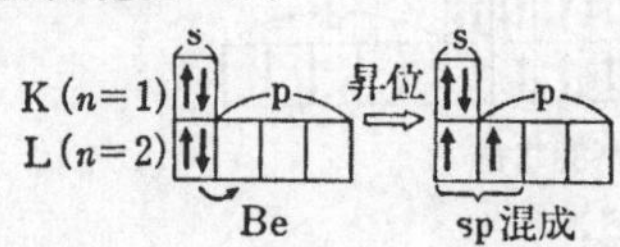

ここで混成について大切なことは混成によって軌道の数は変わらないということをまず頭に入れる。たとえば1個の *s* 軌道と1個の *p* 軌道の合計2個の軌道が混成してできた *sp* 混成軌道も2個であり，1個になったり3個以上になったりすることはない。次に混成することによって混成する前に比してエネルギー・レベルが低くなる。すなわち安定化するということである。一般に形が非対称的なものより対称的なもののほうが安定であることは常識として知っておくとよい。すなわち混成軌道は原子核を中心として空間的に対称な方向にのびるのである。2個の等価な sp 混成軌道が対称的（そのベクトル和が0）にのびるとすれば直線的になる。

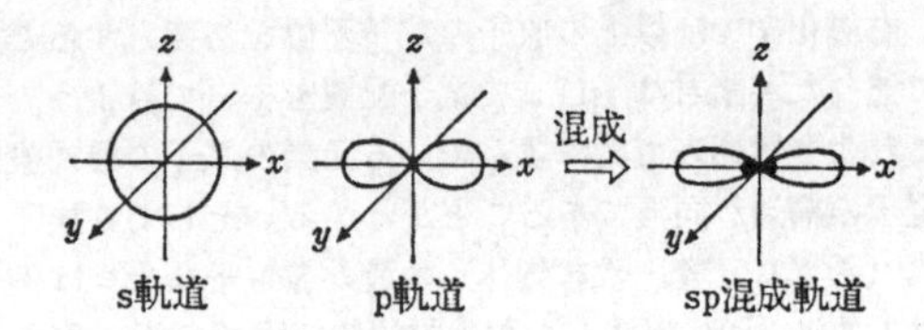

1個の混成軌道は次のような形をしている。さてこのように Be は2個の sp 混成軌道を出し，（その中には1個の電子がそれぞれはいっている）これと Cl 原子の 3p 軌道と共有結合して $BeCl_2$ を形成する。

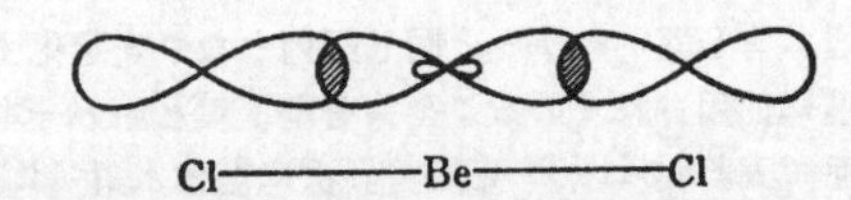

次に三塩化ホウ素 BCl_3 について考えてみよう。まずBの核外電子の配置は次のようである。

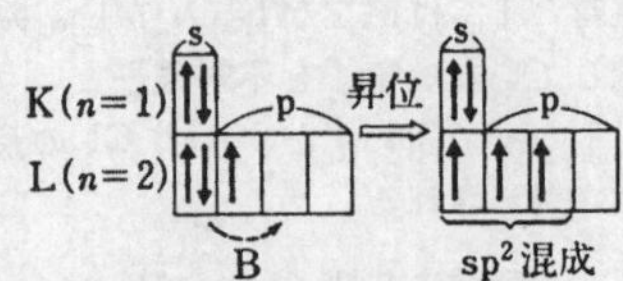

2s 電子の1個が p 軌道に昇位しついで1個の s 軌道と2個の *p* 軌道の合計3個の軌道が混成し3個の空間的に対称かつ等価な sp^2 混成軌道をつくる。

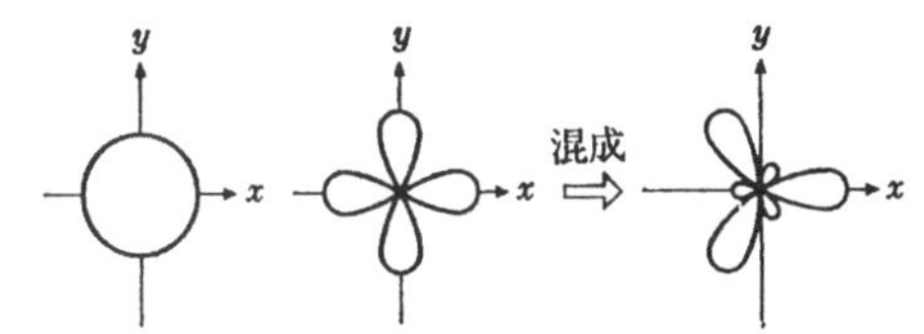

空間的に同じ軌道３つが対称に伸びるとすれば平面的で互いに 120° の角をなす方向に伸びることになる。そしてこの３つの sp^2 混成軌道と Cl の 3p 軌道を重ねて BCl_3 を形成する。

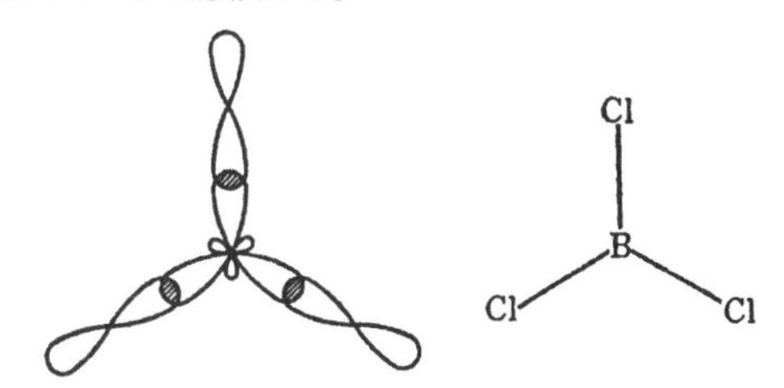

いよいよ次に出てくるのが炭素の場合である。Cの核外電子の配置は次のようである。

K (n=1) s ↑↓
L (n=2) ↑↓ ↑ ↑ p

Cの最外殻であるL殻には１対の電子を有する 2s 軌道と対を成していない１個の電子(不対電子)を有する２個の 2p 軌道から成っている。ところがCとHとからなる化合物中一番簡単なメタンCH_4は空間的に対称な正四面体構造をしていることは種々な実験事実が物語っている。これはL殻の 2s 軌道の電子がｐ軌道に昇位することによって１個のｓ軌道と３個のｐ軌道が混成し sp^3 混成軌道を形成するためである。

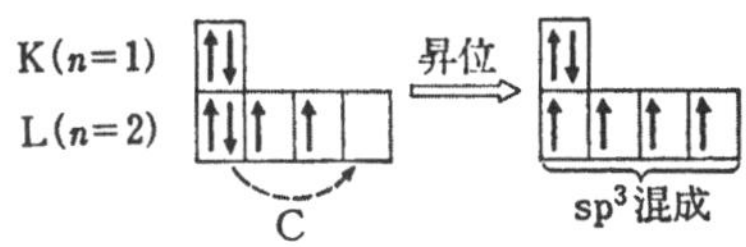

４つの等価な軌道が空間的に対称にのびるのび方は次の２種類がある。１つは平面的な正方形型で他方は正四面体型である。

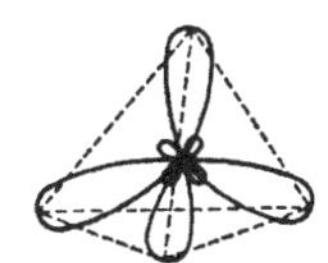

しかしメタンのHを２つ Cl で置き換えたジクロロメタンは一種類しかなく異性体が存在しないことより正方形型は考えられない。何となれば正方形型ならジクロロメタンには次の２種類が存在するからである。

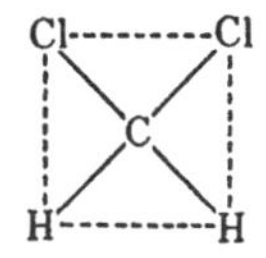

と

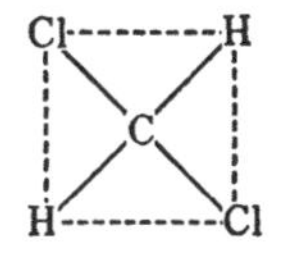

したがって sp^3 混成軌道は正四面体型でその軌道のなす角は 109°28′ である。次に炭素が２個の炭化水素にエタン C_2H_6, エチレン C_2H_4, アセチレン C_2H_2 と３種ある。エタンはメタンからHが１個とれたメチル基 CH_3- が２個結合したものと考えられ，２個の炭素は共に sp^3 混成軌道をして結合し，残りの６個の sp^3 混成軌道はHの 1s 軌道と共有結合を形成している。

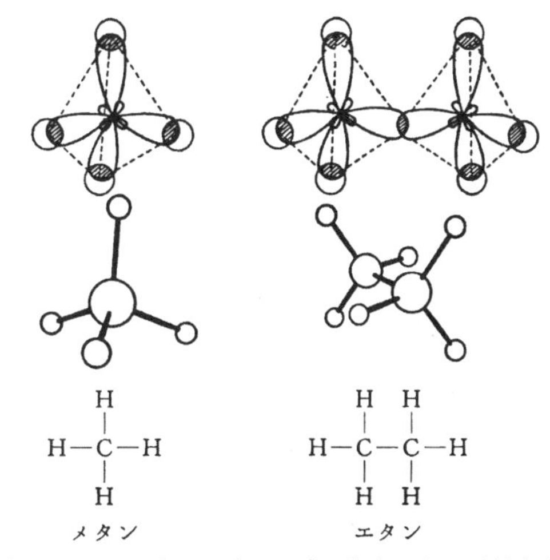

次にエチレン（エテン）は C=C という二重結合をもった炭化水素である。これはC原子が１個の 2p 電子を残して sp^2 混成軌道を形成する。すなわち

K(n=1) s ↑↓ → 昇位 → ↑↓
L(n=2) ↑↓ ↑ ↑ p → ↑ ↑ ↑ ↑
sp^2混成

前に述べた BCl_3 中の B の場合と同様 sp^2 混成軌道は平面的でかつ互いに120°の結合角を有する。そこでまず２個のCが sp^2 混成軌道で共有結合し，残りの４個の sp^2 混成軌道はHの 1s 電子と共有結合してその形ができ上がる。

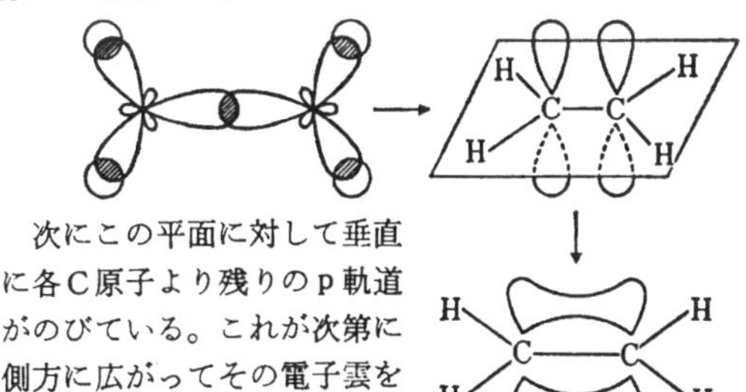

次にこの平面に対して垂直に各C原子より残りのｐ軌道がのびている。これが次第に側方に広がってその電子雲を重ね合わせてCとC間にもう１つの結合ができる。これを**π 結合**といい，それにつかわれている電子（もとのp電子）を**π電子**という。それに対しいままでに出てきた共有結合を**σ 結合**と呼び，この結合は２つの原子の原子核を結ぶ線のまわりに電子雲が拡がっている。π結合ではC・Cの原子核を結ぶ線と直交する平面にπ電子雲が拡がっているのが特徴である。σ 電子雲は＋

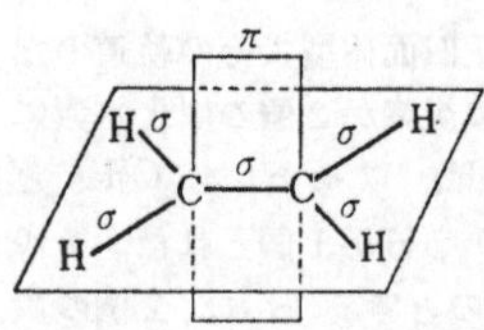

に帯電した原子核を結ぶ線のまわりに拡がっているということはその両端には＋電荷がありその電子雲はバッチリとおさえられ，両原子に電気陰性度の差があれば電気陰性度の大きい原子の方にいくらか引き寄せられるいわゆる I-効果が見られる。とくにπ電子雲はその方向性からみて移動しやすく，π電子雲が異なる原子間にあれば電気陰性度の大きい原子の方に移動する（いく分片寄るのではなく）性質がある。だからπ電子は自由電子的性質をもっている。たとえば黒鉛(石墨)が電気を伝えるのはπ電子によるものである。次にσ結合にみられる電子の片寄り（I-効果）とπ結合にみられるπ電子雲の移動の例をあげてみよう。

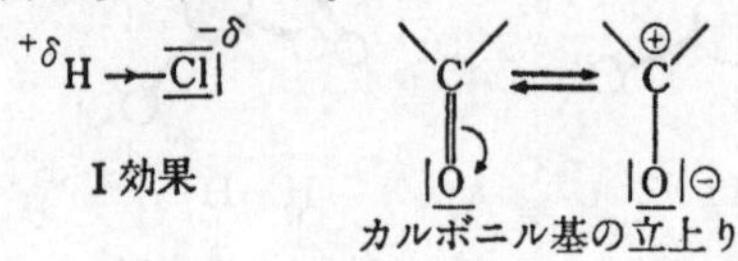

カルボニル基の立上り

CとOではOの電気陰性度が大きいのでC—O間のπ電子雲がOの方に移動しCは正にOは負に帯電することを**カルボニル基の立上り**（Anfrichtung）と呼ぶ。極めて重要なことであるのでよく記憶してほしい。

次にアセチレン（エチン）はC≡Cという三重結合をもった炭化水素である。これはC原子が2個の 2p 電子を残して sp 混成軌道を形成する。すなわち

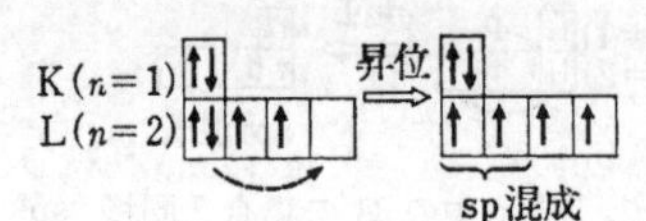

前に述べた $BeCl_2$ 中の Be の場合と同様 sp 混成軌道は直線的で互いに180°の結合角を有する。そこでまず2個のCが sp 混成軌道で共有結合し，のこりの2個の sp 混成軌道はH原子の 1s 電子と共有結合してその形ができる。この直線的 H—C—C—H に対して各2個の p 電子が垂直にかつ互いに直交してのびる。

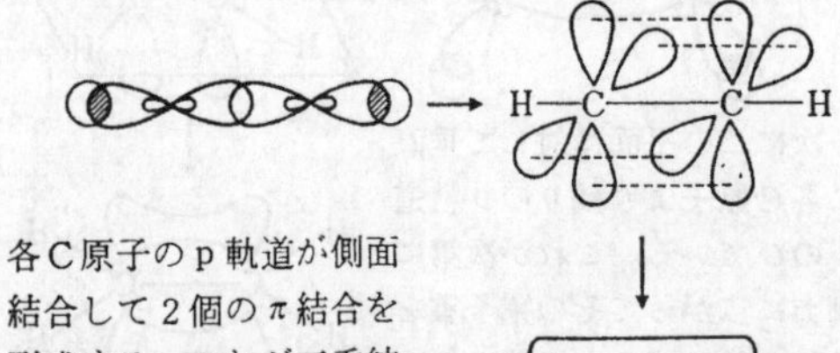

各C原子の p 軌道が側面結合して2個のπ結合を形成する。これが三重結合である。すなわち一個がσ結合で残りの2個がπ結合である。以上のことからσ結合は絶対にダブラないことがわかる。三重結合は動きやすいπ電子雲を多く含くむため二重結合以上に電子の移動ははげしい。

H—C　C—H

次の文の□に適する語句または数値を下記の語群より選び，その番号を記入せよ。

炭素原子が化学結合をつくった状態では，基底状態における イ□軌道の電子の ロ□個が ハ□軌道に移動している。メタンでは，残された ロ□個の電子のもつ イ□軌道と電子 ニ□個をもつ ハ□軌道のすべてが混成して，ホ□混成軌道とよばれる4個の等価な軌道をつくり，それらのおのおのと水素の ヘ□軌道が重なって4個のC-H結合を形成し ト□の分子となっている。

平面状構造をとっているエチレンでは チ□混成軌道をつくっている各炭素原子にはそれぞれ混成に関与していない ロ□個の ハ□軌道があり，それらが重なって リ□結合をつくっている。この リ□結合のため，C—C結合軸のまわりの回転が制限され，1，2-ジ置換エチレンでは ヌ□ができる。

(1) sp　(2) sp^2　(3) sp^3　(4) 1　(5) 2
(6) 3　(7) $1s$　(8) $2s$　(9) $2p$　(10) σ
(11) π　(12) 直線状　(13) 正四面体
(14) 幾何異性体　(15) 光学異性体　山口大

解答　イ—(8)，ロ—(4)，ハ—(9)，ニ—(6)，ホ—(3)，ヘ—(7)，ト—(13)，チ—(2)，リ—(11)，ヌ—(14)

有機化学特講  ……………〈鎖式化合物〉

■内容■

●炭化水素について
—メタン系炭化水素とエチレン系炭化水素—

鎖 式 化 合 物

第1章 炭 化 水 素

炭素と水素だけから成る化合物を**炭化水素** hydrocarbon といい，すべての有機化合物の母体とみるべきものであるからその形をよく理解する必要がある。炭化水素を分類すると次のようになる。

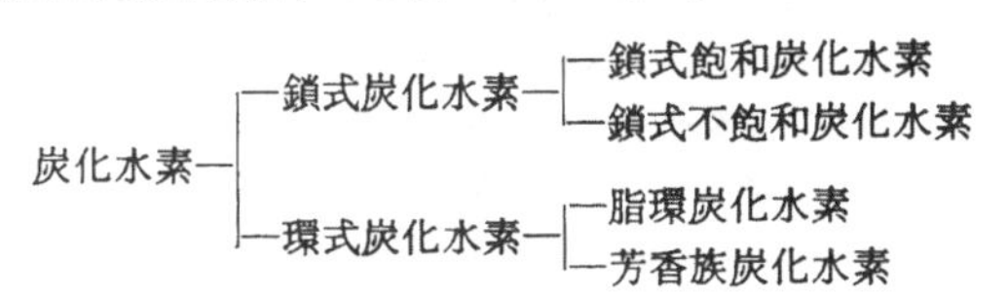

第1節 鎖式飽和炭化水素

【メタン系炭化水素，パラフィン系炭化水素 アルカン (alkane)】

1. 概 説

メタン CH_4，エタン C_2H_6，プロパン C_3H_8……は，炭素どうしが1重結合で共有結合し，余った結合にはすべて水素原子が結合したもので，C原子はすべて sp^3 混成軌道によって結合している。

```
    H          H  H           H  H  H
    |          |  |           |  |  |
 H—C—H    H—C—C—H    H—C—C—C—H
    |          |  |           |  |  |
    H          H  H           H  H  H
 methane      ethane          propane
```

エタンの構造はメタンのH1個を $—CH_3$ でおきかえたものと考えて $CH_3—CH_3$ という示性式で表される。また，プロパンはエタンのH（6個あるがどれも空間的に同等）1個を $—CH_3$ でおきかえたと考えて $CH_3—CH_2—CH_3$ という示性式で表される。したがってプロパンも1種類しか存在しない。すなわち，異性体 isomer はない。プロパンの式を次のようにもかけるが皆同じものを表す。

```
CH3—CH2—CH3, CH3—CH2  CH2—CH3, CH3
                 |       |         |
                CH3,    CH3       CH2—CH3
```

ところが，C_4H_{10} で表されるブタン butane には2種類の異性体が存在する。その理由はプロパンの両端の炭素につく6個のH原子は全く同等であるから，この6個のHのどれを $—CH_3$ でおきかえても1種しかできないが，真中のC原子につく2個の水素原子は空間的に両端のCにつく6個のHとは異なるので，この2個のうちの1個のHを $—CH_3$ でおきかえると別の化合物になる。すなわちブタンには次の2種類の異性体が存在する。

```
    H   H   H
    |   |   |
H—C—C—C—H
    |   |   |
    H   H   H
```

```
CH3—CH2—CH2—CH3,     CH3—CH—CH3
                              |
                             CH3
      (I)                          (II)
```

このことから4個のCが鎖式に結合する方法は

```
C—C—C—C  と  C—C—C
                   |
                   C
```

の2種類があることをしっかり頭に入れておこう。

次に C_5H_{12} なる分子式で表されるペンタン pentane について考えてみよう。この構造を考える場合，炭素数の1個少ないブタンからC1個増加さす方法は何通りあるか考えてみよう。このときHは省略して，C原子の結合のみについて考えたほうが分かりやすい。さてブタンのうち（I）の形で示されるものを *n*-ブタン（ノルマル・ブタン），IIのように枝分かれしたブタンをイソブタンと呼んでいる。さて（I）の形よりもう1つC原子を増加さす場合，これらの炭素に左から番号をつけてみよう。

```
1  2  3  4
C—C—C—C
```

1と4の炭素は空間的に同格であり，2と3も空間的に同格である。だから1または4の炭素につくHを1つ $—CH_3$ でおきかえるとC—C—C—C—Cの骨格ができ，また2または3の炭素につくHを1つの $—CH_3$ でおきかえると

```
C—C—C—C
   |
   C
```

の骨格ができ上がる。すなわち示性式で表すと，

```
CH3—CH2—CH2—CH2—CH3
        (III)
CH3—CH—CH2—CH3
     |
    CH3      (IV)
```

また(Ⅱ)のイソブタンでは1，3，4の3つのC原子は全く空間的に対等であるから，これらの3つのCにつく9個のH原子のどれを $—CH_3$ でおきかえても同じものになる。すなわち(Ⅳ)になることが分からなければならない。また2のCにつくHを $—CH_3$ ておきかえると次のようになる。これを示性式で表すと，

$$\overset{1}{C}-\overset{2}{\underset{\underset{4}{C}}{C}}-\overset{3}{C}$$

$$C-\underset{C}{\overset{C}{C}}-C \rightarrow CH_3-\underset{CH_3}{\overset{CH_3}{C}}-CH_3$$ となる。 (Ⅴ)

以上まとめると，

$$C \rightarrow C-C \rightarrow C-C-C \begin{cases} \rightarrow C-C-C-C \ (\mathrm{I}) \begin{cases} \rightarrow C-C-C-C-C \ (\mathrm{III}) \\ \rightarrow C-\underset{C}{C}-C-C \ (\mathrm{IV}) \end{cases} \\ \rightarrow C-\underset{C}{C}-C \ (\mathrm{II}) \begin{cases} \rightarrow C-\underset{C}{C}-C-C \ (\mathrm{IV}) \\ \rightarrow C-\underset{C}{\overset{C}{C}}-C \ (\mathrm{V}) \end{cases} \end{cases}$$

(Ⅲ)は *n*-ペンタン (Ⅳ)はイソペンタン(Ⅴ)はネオペンタンと呼んでいる。ネオ neo とは新しいという意味である。この3つのペンタンの異性体を図示すると次のようになる。（右上図）

n-ペンタン 沸点 36℃ 融点 −129℃

イソペンタン 沸点 28℃ 融点 −160℃

ネオペンタン 沸点 9.5℃ 融点 −16.5℃

3つのペンタンの異性体の沸点は*n*-ペンタン＞イソペンタン＞ネオペンタンの順に低くなっている。

炭化水素は無極性な分子から成り，分子間力はその分子の大きさ（または質量）や分子の形によって異なる。同じ大きさの分子ではその表面積が大きいほど分子間引力は大きい。したがって体積が一定で表面積の最も小さいものは球であるから球状に近いものほど沸点は低い。また球は対称性が最も大きく，分子が近づいたとき互いに相互作用を受けて一時的に極性ができるが，その極性も球に近いほど少ないのである。ネオペンタンが最も球形に近いので沸点は最も低い。したがって一般に炭化水素の異性体中 *n*-型が一番沸点が高く，それに対して枝分かれが多く，分子全体の形が球状に近いものほど沸点は低くなることは記憶しておこう。

次に融点はネオペンタン＞*n*-ペンタン＞イソペンタンの順に低くなっている。分子性結晶は分子間の引力すなわち格子エネルギーで結合しているからそれが大きいものほど結晶は安定であり融点も高い。一般に分子が大きいほど分子間の引力が大きくなるので結晶が安定となり融点が高い。分子の形からみると対称性の大きい分子ほど安定な結晶をつくる。したがって一番対称性の高いネオペンタンが一番高く，次に対称性の高い*n*-ペンタンの融点が高く，一番対称性の少ないイソペンタンの融点が最も低い。

さて初学者は示性式を書く場合，同じものを異なるものと勘違いをする場合が多いから注意しなければならない。たとえば次に示すものはみなイソペンタンを

n-飽和炭化水素の融点，沸点，比重

名称	式	融点	沸点	比重(液体)	大気圧下の状態
メタン	CH_4	−183	−162	0.4240	気体
エタン	C_2H_6	−183	−89	0.5462	気体
プロパン	C_3H_8	−187	−42	0.5824	気体
n-ブタン	C_4H_{10}	−138	0	0.5788	気体
n-ペンタン	C_5H_{12}	−130	36	0.6264	液体
n-ヘキサン	C_6H_{14}	−95	69	0.6594	液体
n-ヘプタン	C_7H_{16}	−91	98	0.6837	液体
n-オクタン	C_8H_{18}	−57	126	0.7028	液体
n-ノナン	C_9H_{20}	−54	151	0.7179	液体
n-デカン	$C_{10}H_{22}$	−30	174	0.7298	液体
n-ウンデカン	$C_{11}H_{24}$	−26	196	0.7404	液体
n-ドデカン	$C_{12}H_{26}$	−10	216	0.7493	液体
n-トリデカン	$C_{13}H_{28}$	−6	235	0.7568	液体
n-テトラデカン	$C_{14}H_{30}$	6	254	0.7636	液体
n-ペンタデカン	$C_{15}H_{32}$	10	271	0.7688	液体
n-ヘキサデカン	$C_{16}H_{34}$	18	287	0.7749	液体
n-ヘプタデカン	$C_{17}H_{36}$	22	302	0.7767	液体
n-オクタデカン	$C_{18}H_{38}$	28	316	0.7767	固体
n-ノナデカン	$C_{19}H_{40}$	32	330	0.7776	固体
n-イコサン	$C_{20}H_{42}$	36	343	0.7777	固体
n-ヘンエイコサン	$C_{21}H_{44}$	40	356	0.7782	固体
n-ドコサン	$C_{22}H_{46}$	44	369	0.7778	固体
n-トリコサン	$C_{23}H_{48}$	48	380	0.7797	固体
n-テトラコサン	$C_{24}H_{50}$	51	391	0.7786	固体
n-ペンタコサン	$C_{25}H_{52}$	53	402	0.7979	固体
n-トリアコンタン	$C_{30}H_{62}$	66	450	0.8064	固体
n-ペンタトリアコンタン	$C_{35}H_{72}$	75	490	0.8126	固体
n-テトラコンタン	$C_{40}H_{82}$	81	525	0.8172	固体
n-ペンタコンタン	$C_{50}H_{102}$	92		0.7940	固体
n-ヘキサコンタン	$C_{60}H_{122}$	104			固体
n-ドヘキサコンタン	$C_{62}H_{126}$	101			固体
n-テトラヘキサコンタン	$C_{64}H_{130}$	102			固体
n-ヘプタコンタン	$C_{70}H_{142}$	105			固体

示す示性式で同じものである。

$$\begin{array}{ccc} CH_3-CH_2-&CH&-CH_3 \\ &|& \\ &CH_3& \end{array} \qquad \begin{array}{ccc} CH_3-&CH&-CH_3 \\ &|& \\ &CH_2-CH_3& \end{array}$$

$$CH_3-CH_2-CH\!\begin{array}{l} \diagup CH_3 \\ \diagdown CH_3 \end{array} \qquad \begin{array}{ccc} CH_3-&CH&-CH_3 \\ &|& \\ &CH_2& \\ &|& \\ &CH_3& \end{array}$$

$$\begin{array}{ccc} CH_3-&CH_2& \\ &|& \\ CH_3-&CH&-CH_3 \end{array} \qquad \begin{array}{l} CH_3 \diagdown \\ \qquad\quad CH-CH_2-CH_3 \\ CH_3 \diagup \end{array}$$

$$\begin{array}{ccc} CH_2-&CH&-CH_3 \\ |&|& \\ CH_3&CH_3& \end{array} \qquad \begin{array}{cccc} CH_3-&CH&-CH_2-CH_3 \\ &|& \\ &CH_3& \end{array}$$

しかし，これらも国際命名法で命名すれば，みな同じ名称になり同一物であることが分かる。

次にヘキサン C_6H_{14} の異性体について考えてみよう。例によってペンタンより次のように誘導してみよう。

$$C-C-C-C-C \longrightarrow C-C-C-C-C-C \quad ①$$

$$\begin{array}{ccccc} C-&C&-C-C-C \\ &|& \\ &C& \end{array} \quad ②$$

$$\begin{array}{ccccc} C-C-&C&-C-C \\ &|& \\ &C& \end{array} \quad ③$$

$$\begin{array}{cccc} C-&C&-C-C \\ &|& \\ &C& \end{array} \longrightarrow \begin{array}{cccc} C-&C&-&C&-C \\ &|&&|& \\ &C&&C& \end{array} \quad ④$$

$$\begin{array}{ccc} &C& \\ &|& \\ C-&C&-C \\ &|& \\ &C& \end{array} \longrightarrow \begin{array}{cccc} &C&& \\ &|&& \\ C-&C&-C-C \\ &|&& \\ &C&& \end{array} \quad ⑤$$

以上の5種類の異性体が生じる。このように多くの異性体が生じると名称をつけるのに *n*-，イソ，ネオぐらいでは間に合わなくなってきた。

2. 命　名　法

最初に述べたように有機化合物は構成元素は少なくその数は膨大であるだけに，名称のつけ方も系統的である。現在用いられている命名法は，1892年欧州9カ国の化学者がジュネーブに集まり万国共通の基準のもとに有機化合物の組織的な名称を制定したものが始まりであって，その後 **IUPAC** (international union of pure and applied chemistry 国際純正および応用化学連合）が結成され，その命名法委員会で各種の化合物の組織的命名法が検討制定された。現在用いられている有機化合物の命名規則はその後の IUPAC 有機化学命名法規則によるものでそれによる名称を**国際名**または**組織名** (systematic name) という。ところがこの制定の前にすでに古くから慣用的に多くの文献に統一的に使われていた名称があり，ごくありふれた化合物については，構造とは何の関係もないこの名称がすっかり定着してしまい IUPAC 規則ではこれを**慣用名** (trivial name) として認めている。まず個数を表わすには one, two などを用いないで次のギリシャ数詞を用いる。

数とその接頭語

数	接　頭　語	数	接　頭　語
1	モ　ノ (mono—)	6	ヘキサ (hexa—)
2	ジ (di—)	7	ヘプタ (hepta—)
3	ト　リ (tri—)	8	オクタ (octa—)
4	テトラ (tetra—)	9	ノ　ナ (nona—)
5	ペンタ (penta—)	10	デ　カ (deca—)

鎖式飽和炭化水素はアルカン alkane といい語尾の —ane は飽和炭化水素を表す。慣用名では直鎖構造（枝のないもの）を示すのに *n*-をつけて *n*-ブタン，*n*-ペンタンのような名称が使われるが，国際名では *n*-をつけない。だから単にブタンとかペンタンといえばそれぞれ *n*-ブタン，*n*-ペンタンをさす。

直鎖アルカンの名称

n	名　称		*n*	名　称	
1	methane	(メタン)	15	pentadecane	(ペンタデカン)
2	ethane	(エタン)	16	hexadecane	(ヘキサデカン)
3	propane	(プロパン)	17	heptadecane	(ヘプタデカン)
4	butane	(ブタン)	18	octadecane	(オクタデカン)
5	pentane	(ペンタン)	19	nonadecane	(ノナデカン)
6	hexane	(ヘキサン)	20	icosane	(イコサン)
7	heptane	(ヘプタン)	21	heneicosane	(ヘンエイコサン)
8	octane	(オクタン)	22	docosane	(ドコサン)
9	nonane	(ノナン)	23	tricosane	(トリコサン)
10	decane	(デカン)	24	tetracosane	(テトラコサン)
11	undecane	(ウンデカン)	30	triacontane	(トリアコンタン)
12	dodecane	(ドデカン)	40	tetracontane	(テトラコンタン)
13	tridecane	(トリデカン)	50	pentacontane	(ペンタコンタン)
14	tetradecane	(テトラデカン)	60	hexacontane	(ヘキサコンタン)

この名称の最初の4種はメタン methane，エタン ethane，プロパン propane，ブタン butane と命名し，炭素数5以上には炭素原子数を表すギリシャ数詞（一部ラテン数詞）に接尾語 —ane(アン)をつけて表す。

次に側鎖（枝）のある炭化水素は直鎖炭化水素の誘導体として命名する。すなわち分子内の最も長い直鎖の部分に相当する名称の前に，側鎖の基名とその数とを接頭語として加える。

さてここで主な基の紹介をしておこう。アルカンより1個のH原子を取り除いてできる基をアルキル (alkyl) 基という。たとえばメタンよりHを1個とると

$$\begin{array}{ccc} &H& \\ &|& \\ H-&C&-H \\ &|& \\ &H& \end{array} \;\text{methane} \quad \Rightarrow \quad \begin{array}{ccc} &H& \\ &|& \\ H-&C&-, \\ &|& \\ &H& \end{array} \; CH_3- \quad \text{methyl 基}$$

といい，エタンからHが1つとれた基をエチル基という。

$$\begin{array}{ccccc} &H&&H& \\ &|&&|& \\ H-&C&-&C&-H \\ &|&&|& \\ &H&&H& \end{array} \Rightarrow \begin{array}{ccccc} &H&&H& \\ &|&&|& \\ H-&C&-&C&-, \\ &|&&|& \\ &H&&H& \end{array} CH_3-CH_2-,\; C_2H_5-$$

ethane　　　　　　　　ethyl 基

ここでわかるようにもとの炭化水素の語尾 —aneをと

って —yl をつければよい。だから一般に alkane の —ane をとり —yl をつけて alkyl 基というのである。アルカンの一般式は C_nH_{2n+2} で表されるからアルキル基は C_nH_{2n+1}— で表される。

n	アルキル基 C_nH_{2n+1}—		
1	CH_3—	メチル基	methyl group
2	C_2H_5—	エチル基	ethyl group
3	C_3H_7—	プロピル基	propyl group
4	C_4H_9—	ブチル基	butyl group
5	C_5H_{11}—	ペンチル基 (アミル基)	pentyl group (amyl group)
6	C_6H_{13}—	ヘキシル基	hexyl group
7	C_7H_{15}—	ヘプチル基	heptyl group
8	C_8H_{17}—	オクチル基	octyl group
9	C_9H_{19}—	ノニル基	nonyl group
10	$C_{10}H_{21}$—	デシル基	decyl group

ところがプロピル基には2種の異性基が生じる。すなわち，プロパンの両端の炭素につくHのうちの1つがとれてできる基と中のCにつくHのうちの1つがとれてできる基とである。

CH_3—CH_2—CH_2—

CH_3—CH—CH_3（CH から下へ結合手）　または　CH_3>CH—（上下に CH_3）

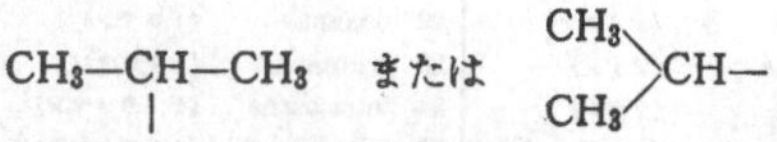

前者は *n*-プロピル基，後者をイソプロピル基と呼んでいる。ところがブチル基になると次の4種の異性基が生じる。

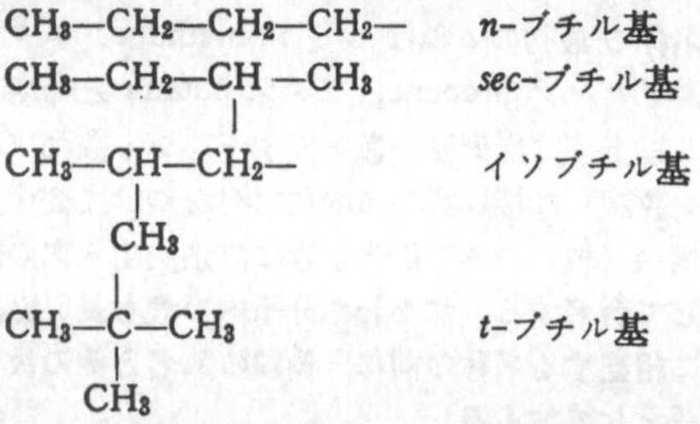

CH_3—CH_2—CH_2—CH_2—　*n*-ブチル基

CH_3—CH_2—CH—CH_3（CH から下へ結合手）　*sec*-ブチル基

CH_3—CH—CH_2—（CH の下に CH_3）　イソブチル基

CH_3—C—CH_3（C の上に結合手，下に CH_3）　*t*-ブチル基

さて，ここで *sec*- とか *t*- という接頭語について述べなければならない。これは炭素の級からつけられたものである。炭化水素を構成している炭素には，**1級の炭素** primary carbon atom，**2級の炭素** secondary carbon atom，**3級の炭素** tertiary carbon atom，**4級の炭素** quaternary carbon atom の4種がある。まず，1級の炭素とはその炭素が他の1個の炭素と結合しているもので，2級の炭素とはその炭素が他の2個の炭素と結合しているものである。同様に3級および4級の炭素とは，その炭素が他の3個および4個の炭素と結合しているものである。次の例はCの級を○で囲んで示したものである。(右上図)

飽和炭化水素では1級の炭素にはH原子が3個，2級の炭素にはH原子が2個，3級の炭素にH原子が1個結合している。4級の炭素は4本の手が全部他の4個のC原子でふさがっているのでH原子と結合していない。この炭素の級は大切で，アルコールの級もその —OH が何級の炭素についているかで決まる。また炭化水素は安定で反応しにくいが，例えば Cl_2 を作用してHと置換するときは，級の高いCにつくHほど置換しやすいこともわかっている。さて前述の4つのブチル基をみてみると，どのCのHがとれた基であるかをしらべ，1級のCから手がでているものが2つあり，これを区別すべく側鎖のないのが *n*-ブチル基，側鎖のあるものをイソブチル基という。他は2級のCから手が出ているから *sec*-ブチル基（第2ブチル基），3級のCから手が出ているから *t*-ブチル基（第3ブチル基）という。この4つのブチル基はその形と名称をよくおぼえていなければならない。

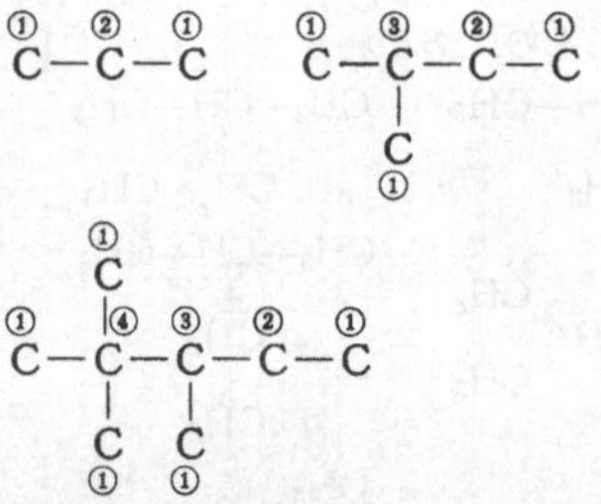

C①—C②—C①

C①—C③—C②—C①（C③ の下に C①）

C①—C④—C③—C②—C①（C④ の上に C①，下に C①；C③ の下に C①）

再び側鎖のある飽和炭化水素の名称のつけ方に戻ると，まず主鎖をできるだけ長くとり，主鎖に相当するアルカンの名称の前に側鎖の基名を接頭語として加える。

〔例〕 CH_3—CH—CH_2—CH_3 →主鎖（CH の下に CH_3）

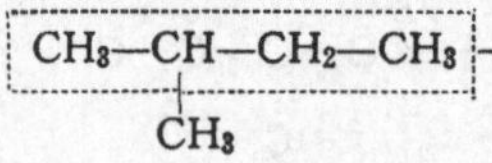

この化合物はペンタン C_5H_{12} であるが，主鎖は炭素数が4個のブタンのHが1つメチル基（—CH_3）で置換されているから，メチルブタン (methyl butane) と命名する。同じ基がいくつも存在するときは基の名称の前に2個ならジ (di—)，3個ならトリ (tri—)，4個ならテトラ (tetra—)，5個ならペンタ (penta—)，6個ならヘキサ (hexa—)，7個ならヘプタ (hepta—)，8個ならオクタ (octa—)，9個ならノナ (nona—)，10個ならデカ (deca—)，11個ならウンデカ (undeca—)……などの倍数接頭語をつけて示す。構造異性体を区別するため，主鎖の一端から他端まで1，2，3，……と炭素原子に番号をつけ，側鎖の結合する位置を番号で示す。番号をつける方向は，側鎖の位置を示す番号が小さくなるように選ぶ。

〔例〕 $\overset{1}{CH_3}$—$\overset{2}{CH}$—$\overset{3}{CH_2}$—$\overset{4}{CH_2}$—$\overset{5}{CH_3}$,（2 の CH の下に CH_3）

$\overset{5}{CH_3}$—$\overset{4}{CH}$—$\overset{3}{CH_2}$—$\overset{2}{CH_2}$—$\overset{1}{CH_3}$（4 の CH の下に CH_3）

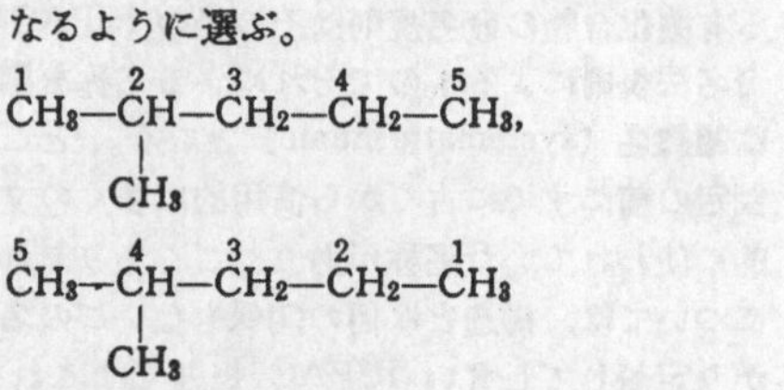

上方のように主鎖に番号をつけると

2-メチルペンタン (2-methyl pentane)。もし下方のように主鎖に番号をつけると，

4-メチルペンタン (4-methyl pentane) となり，4は2より大きいから用いる数が小さくなるように番号をつけた上方の2-メチルペンタンが正しく，4-メチルペンタンは誤りとなる。

〔例〕
```
           CH3
 1       2 |   3       4       5
 CH3 — C — CH2 — CH2 — CH3
           |
           CH3
```

メチル基が2つペンタンについているから，ジメチルでよいが，それについている位置を示す数字は略せない。したがってこれは 2, 2-ジメチルペンタン (2, 2-dimethyl pentane) であって2-ジメチルペンタンといってはいけない。2個以上の側鎖があるとき，2通りの位置番号のつけ方のうち，同じでない最初の数が小さくなるような方向を選ぶ。

〔例〕
```
 1       2      3       4      5      6
 CH3 — CH — CH2 — CH — CH2 — CH3
        |             |
        CH3           CH3
```
2, 4-ジメチルヘキサン (2, 4-dimethyl hexane)……正
```
 6       5      4       3      2      1
 CH3 — CH — CH2 — CH — CH2 — CH3
        |             |
        CH3           CH3
```
3, 5-ジメチルヘキサン (3, 5-dimethyl hexane)……誤

〔例〕
```
 1       2      3       4       5       6      7
 CH3 — CH — CH — CH2 — CH2 — CH — CH3
        |     |                    |
        CH3   CH3                  CH3
```
2, 3, 6-トリメチルヘプタン

(2, 3, 6-trimethyl heptane)……正
```
 7       6      5       4       3       2      1
 CH3 — CH — CH — CH2 — CH2 — CH — CH3
        |     |                    |
        CH3   CH3                  CH3
```
2, 5, 6-トリメチルヘプタン

(2, 5, 6-trimethyl heptane)……誤

2種以上の種類の違う側鎖があるとき，それらの側鎖の名称を化合物名の中に並べる順序は，(a)簡単なものから複雑なものへ，または(b)アルファベットの順とする。

〔例〕
```
 1       2      3       4       5      6
 CH3 — CH — CH — CH2 — CH2 — CH3
        |     |
        CH3   CH2
              |
              CH3
```

(a)の法則にしたがえば，エチル基 $CH_3—CH_2—$ のほうがメチル基 $CH_3—$ より複雑だから

2-メチル-3-エチルヘキサン (2-methyl-3-ethyl hexane) となり(b)の法則にしたがうと，メチル methyl は m で始まり，エチル ethyl は e で始まるのでアルファベット順から，

3-エチル-2-メチルヘキサン (3-ethyl-2-methyl hexane) となる。

(a)の複雑さの順はメチルやエチルのような比較的簡単な基の場合はよいが，もっと複雑な枝のある置換基などでは複雑さの順序を決めるのは容易ではないので(b)のアルファベット順を採用する場合が多く，我が国でも最近は(b)の方法を用いているのでこの講座でも(b)の方法を用いることにする。

基名をアルファベット順に並べるときは，数を示す接頭語は考慮に入れないで基名だけで順序をきめる。たとえばメチル基が2個あって dimethyl となってもほかにエチル基があれば ethyl が dimethyl に優先する。

```
                  CH3
       1       2       3|   4      5       6       7
〔例〕 CH3 — CH2 — C — CH — CH2 — CH2 — CH3
                      |    |
                      CH3  CH2 — CH3
```
4-エチル-3, 3-ジメチルヘプタン

(4-ethyl-3, 3-dimethyl heptane)

枝分れしたアルキル基は，手の出ている炭素原子の番号を1とし，この炭素原子から始まる炭素鎖の中で最も長い直鎖に相当するアルキル基の前に側鎖のアルキル基の位置番号と名称をつけて命名する。

〔例〕
```
 4       3       2       1
 CH3 — CH2 — CH2 — CH —        1-メチルブチル基
                      |
                      CH3      (1-methyl butyl group)
```
```
 1    2    3    4    5    6   7    8    9    10   11
 CH3·CH2·CH2·CH2·CH2·CH·CH2·CH2·CH2·CH2·CH3
                      |
               CH3·CH·CH2·CH2·CH3
```
6-(1-メチルブチル)ウンデカン

6-(1-methyl butyl)undecane

このように枝分れのある アルキル基の名称は化合物の名称の前にカッコに入れて示す。

特に次の基はその慣用名が用いられる。

```
CH3\
    CH—        isopropyl
CH3/

CH3—CH2\
        CH—    sec-butyl
    CH3/

CH3\
    CH—CH2—    isobutyl
CH3/

CH3\
CH3—C—         tert-butyl
CH3/

CH3\
    CH—CH2—CH2—    isopentyl
CH3/

CH3—CH2\
    CH3—C—     tert-pentyl
    CH3/

CH3\
    CH—CH2—CH2—CH2—    isohexyl
CH3/

CH3\
CH3—C—CH2—     neopentyl
CH3/
```

【問題】 次の化合物を国際命名法によって命名せよ
(1) $CH_3CH(CH_3)CH_2CH_2CH(CH_3)CH_2CH_3$
(2) $(CH_3)_2CHCH_3$
(3) $CH_3CH_2CH_2CH(C_2H_5)CH_3$
(4) $(CH_3)_2CHCH(C_2H_5)CH_2CH(CH_3)_2$

【解】 (1)まず最長炭素鎖を見出さなければならない。このようなときは，Hを省略してCのみの骨格をかいてみる。

```
1   2   3   4   5   6   7
C—C—C—C—C—C—C
    |           |
    C           C
```

母体はヘプタンとなり，2および5の炭素にメチル基CH_3— が結合しているから2, 5-ジメチルヘプタン(2, 5-dimethyl heptane) と命名する。

(2)は
```
1   2   3
C—C—C
    |
    C
```
であるから2-メチルプロパン (2-methyl propane)

となる。これを1, 1-ジメチルエタンなどと間抜けな答をした人は1人もいないと信じている。

(3)は
```
6   5   4   3
C—C—C—C—C
            2|
            C
            1|
            C
```
エチル基を側鎖と考えて2-エチルペンタンなどと答えてはいけない。主鎖はヘキサンで点線で示す。

したがって，3-メチルヘキサン (3-methyl hexane) である。主鎖はできるだけ長くとることを忘れてはいけない。 (↗)

(4)は
```
1   2   3   4   5   6
C—C—C—C—C—C
    |   |       |
    C   C       C
        |
        C
```
3-エチル-2, 5-ジメチルヘキサン (3-ethyl-2, 5-dimethyl hexane)

【問題】 次の化合物の示性式をかけ。
(1) 2, 2, 4-trimetyl pentane
(2) 4-ethyl-2-methyl hexane
(3) 4-ethyl-6-methyl nonane
(4) 2, 2-dimethyl propane

【解】 まず名称の最後にくるものが母体である。(1)ではペンタンであるからその骨格をかき番号をつける。
```
1   2   3   4   5
C—C—C—C—C
```
次に2番のCに2個4番のCに1個合計3個のメチル基をつけるから次のようになる。

(1)
```
       CH3
       |
CH3—C—CH2—CH—CH3
       |          |
       CH3        CH3
```

(2)
```
CH3—CH—CH2—CH—CH2—CH3
     |          |
     CH3        CH2—CH3
```

(3)
```
CH3—CH2—CH2—CH—CH2—CH—CH2—CH2—CH3
              |          |
              CH2—CH3    CH3
```

(4)
```
       CH3
       |
CH3—C—CH3
       |
       CH3
```

さて，以上から国際命名法が分かったのでアルカンについてその名称，示性式，融点，沸点を示すと次のようになる。

メタン CH_4

示性式	名称	融点(℃)	沸点(℃)
CH_4	メタン	− 184	− 164

エタン C_2H_6

示性式	名称	融点(℃)	沸点(℃)
$CH_3—CH_3$	エタン	− 171.4	− 89

プロパン C_3H_8

示性式	名称	融点(℃)	沸点(℃)
$CH_3—CH_2—CH_3$	プロパン	− 190	− 45

ブタン C_4H_{10}

	示性式	慣用名	国際名	融点(℃)	沸点(℃)
1	$CH_3—CH_2—CH_2—CH_3$	*n*-ブタン	ブタン	− 135	− 0.5
2	$CH_3—CH(CH_3)—CH_3$	イソブタン	2-メチルプロパン	− 159.6	− 11.7

ペンタン C_5H_{12}

	示性式	慣用名	国際名	融点(℃)	沸点(℃)
1	$CH_3—CH_2—CH_2—CH_2—CH_3$	*n*-ペンタン	ペンタン	− 129.7	36.1

2	$CH_3-CH-CH_2-CH_3$ | CH_3	イソペンタン	2-メチルブタン	− 159.9	27.9
3	CH_3 | CH_3-C-CH_3 | CH_3	ネオペンタン	2,2-ジメチルプロパン	− 16.6	9.5

ヘキサン C_6H_{14}

	示　性　式	国　際　名	融点 (℃)	沸点 (℃)
1	$CH_3-CH_2-CH_2-CH_2-CH_2-CH_3$	ヘキサン	− 94.0	68.7
2	$CH_3-CH-CH_2-CH_2-CH_3$ | CH_3	2-メチルペンタン	− 153.7	60.3
3	$CH_3-CH_2-CH-CH_2-CH_3$ | CH_3	3-メチルペンタン	− 118	63.3
4	$CH_3-CH-CH-CH_3$ |　| CH_3 CH_3	2,3-ジメチルブタン	− 128.8	58.0
5	CH_3 | $CH_3-C-CH_2-CH_3$ | CH_3	2,2-ジメチルブタン	− 98.2	49.7

ヘプタン C_7H_{16}

	示　性　式	国　際　名	融点 (℃)	沸点 (℃)
1	$CH_3-CH_2-CH_2-CH_2-CH_2-CH_2-CH_3$	ヘプタン	− 90.5	98.4
2	$CH_3-CH-CH_2-CH_2-CH_2-CH_3$ | CH_3	2-メチルヘキサン	− 118.2	90.0
3	$CH_3-CH_2-CH-CH_2-CH_2-CH_3$ | CH_3	3-メチルヘキサン	− 119.0	92.0
4	CH_3 | $CH_3-C-CH_2-CH_2-CH_3$ | CH_3	2,2-ジメチルペンタン	− 125.0	78.9
5	$CH_3-CH-CH-CH_2-CH_3$ |　| CH_3 CH_3	2,3-ジメチルペンタン	——	89.7
6	$CH_3-CH-CH_2-CH-CH_3$ |　　| CH_3　CH_3	2,4-ジメチルペンタン	− 119.3	80.8
7	CH_3 | $CH_3-CH_2-C-CH_2-CH_3$ | CH_3	3,3-ジメチルペンタン	− 134.9	86.0
8	$CH_3-CH_2-CH-CH_2-CH_3$ | CH_2 | CH_3	3-エチルペンタン	− 119.0	93.3
9	CH_3 | $CH_3-C-CH-CH_3$ |　| CH_3 CH_3	2,2,3-トリメチルブタン	− 25.0	80.8

さらにアルカンの構造異性体の数は次のようになる。

炭素の数	構造異性体の数
C_1	0
C_2	0
C_3	0
C_4	2
C_5	3
C_6	5
C_7	9
C_8	18
C_9	35
C_{10}	75
C_{11}	159
C_{12}	355
C_{13}	802
C_{14}	1858
C_{15}	4347
C_{20}	366319
C_{25}	36797588
C_{30}	4111846763
C_{40}	62491178805831

3. 合成法

アルカンは，天然にはかなり広く分布し，低級なものは沼気として湖沼の汚泥中で植物等の繊維質が腐敗するとき CO_2 とともに発生する。また石油油田地方で発生する天然ガスの70～80％はメタンである。また，石油中には高級なものと低級なものとが複雑な割合で混合して存在している。ここで高級とか低級という言葉は決して買いにいって値段が高いとか安いという意味ではなく炭素数の多いものが高級，少ないのが低級というのである。石油を沸点の差により分留して次のように区分する。

名称	温度	製品
揮発油	40～150℃	40～ 70℃……石油エーテル 70～120℃……石油ベンジン 120～135℃……リグロイン 135～150℃……洗浄油 70～140℃……ガソリン
灯油	150～300℃	灯火用，熱用，動力用，機械洗浄用
軽油	200～350℃	溶剤用，殺虫用
重油	300℃ 以上	潤滑油，絶縁油
石油ピッチ	残渣	石油アスファルト，電極

パラフィンは重油を冷却して得られる無色（白色）の固体で C_{17}～C_{60} の高級アルカンである。**ワセリン**は重油を更に冷却して分離する軟質のアルカンである。

低沸点の低級炭化水素は自動車や航空機などの燃料や高分子化合物の原料として需要が多いので，軽油や重油を高温で熱分解して低分子量のものに変える操作を，**クラッキング**（熱分解，cracking）という。また低分子炭化水素に Al_2O_3 と金属（Mo, Pt など）の混合物を触媒として高温（500℃ぐらい），高圧（30～50atm）で処理するとベンゼンやトルエンなどの種々の芳香族化合物に変化する。この操作を**リホーミング**（接触改質法，reforming）といい，改質ガソリンや芳香族炭化水素の供給に重要な役割りをはたしている。さて天然のものは複雑な混合物であるから単一なアルカンを得るためには合成によるのが便利である。合成法を大別するとハロゲンアルキル（アルキル基とハロゲンの結合したもの）を原料とする方法と脂肪酸を原料とする方法がある。

（a） ハロゲンアルキル（RX）よりの方法

（i）ハロゲンアルキルの還元

たとえばヨウ化メチル CH_3I を発生期の水素で還元すると

$$CH_3I + 2H \longrightarrow CH_4 + HI$$

のようにメタンを発生する。一般にナトリウムとアルコール，ナトリウムアマルガム，亜鉛と塩酸などにより生じる発生期の水素が用いられる。この反応を一般式で表すと

$$C_nH_{2n+1}X + 2H \longrightarrow C_nH_{2n+2} + HX$$

またアルキル基 $C_nH_{2n+1}-$ を $R-$ で表すと

$$R-X + 2H \longrightarrow RH + HX$$

（ii）**ウルツ**（Wurtz）の反応

たとえばヨウ化メチル CH_3-I を無水エーテルまたは無水ベンゼンに溶解し，これにナトリウムを作用させるとエタンを生ずる。

$$CH_3-I + 2Na + I-CH_3 \longrightarrow CH_3-CH_3 + 2NaI$$

金属と非金属はよく結合（イオン結合）して，安定な塩を形成することは有機合成でよく用いられる性質である。このウルツの反応を一般式で表すと，

$$2C_nH_{2n+1}-X + 2Na \longrightarrow C_nH_{2n+1}-C_nH_{2n+1} + 2NaX$$

または　$C_nH_{2n+1}-$ を $R-$ で表せば

$$2RX + 2Na \longrightarrow R-R + 2NaX$$

さて，ウルツの反応を用いてプロパン $CH_3-CH_2-CH_3$ を作れといわれたら，CH_3I と CH_3-CH_2-I とナトリウムから合成できる，と簡単に考えてはならない。すなわち

$$CH_3-I + 2Na + I-CH_2-CH_3 \longrightarrow CH_3-CH_2-CH_3 + 2NaI$$

ヨウ化メチルの分子１個とヨウ化エチル分子１個にナトリウムを作用することができればよいが，１滴のヨウ化メチルやヨウ化エチルの中には膨大な数の分子を含んでいるから，上の反応の他に，

$$2CH_3-I + 2Na \longrightarrow CH_3-CH_3 + 2NaI$$

$2CH_3—CH_2—I+2Na \longrightarrow CH_3—CH_2—CH_2—CH_3 + 2NaI$

という反応が同時に起こり，プロパンの他にエタンやブタンが副生し，後で分離が困難になるのでR—R型の炭化水素の合成にのみ使用される。

(b) 脂肪酸 R—COOH よりの合成

(i)脂肪酸のアルカリ塩をソーダ石灰または水酸化アルカリと加熱分解する法

たとえば酢酸に水酸化ナトリウムを加え，酢酸ナトリウムをつくる。

$CH_3COOH + NaOH \longrightarrow CH_3COONa + H_2O$

この酢酸ナトリウムの結晶にソーダ石灰（酸化カルシウム CaO を濃厚な水酸化ナトリウム溶液に浸したものを熱して得られる白色粒状の固体）あるいは水酸化ナトリウムと加熱すると炭酸ナトリウムがとれてメタンを生じる。

$CH_3—COONa + NaOH \longrightarrow CH_4 + Na_2CO_3$

これを一般式で表すと

$C_nH_{2n+1}—COONa+NaOH \longrightarrow C_nH_{2n+2}+Na_2CO_3$

または

$R—COONa + NaOH \longrightarrow RH + Na_2CO_3$

Na 塩の代わりに Ca 塩あるいは Ba 塩を用い，それぞれ $Ca(OH)_2$ あるいは $Ba(OH)_2$ と熱する方法もある。

(ii)コルベ (Kolbe) の電解法

脂肪酸のアルカリ塩の水溶液を電解すると炭化水素が得られ，これは Hermann Kolbe により発見されたものでコルベ電解という。たとえば酢酸ナトリウムの水溶液を電解すると陽極からエタンを生じる。まず酢酸ナトリウムを水に溶かすと電離して酢酸イオンとナトリウムイオンに分かれる。

$CH_3—COONa \longrightarrow CH_3COO^- + Na^+$

Na^+ は陰極へ移動するが，陰極面では

$2H^+ + 2e^- \longrightarrow H_2$

なる反応（還元）で水素を発生し，陽極では

$CH_3COO^- \longrightarrow CH_3COO\cdot + e^-$

$CH_3COO\cdot \longrightarrow CH_3\cdot + CO_2$

$2CH_3\cdot \longrightarrow CH_3—CH_3$

となってエタンを生じる。一般式でかくと

$$2RCOONa — \begin{cases} \rightarrow 2Na^+ : 2H^+ + 2e^- \longrightarrow H_2 \\ \rightarrow 2RCOO^- \longrightarrow 2RCOO + 2e^- \\ \qquad\qquad\qquad\qquad \downarrow \\ \qquad\qquad\qquad R—R + 2CO_2 \end{cases}$$

4. 性　　質

(a) 物理的性質

アルカンは極性がなく，沸点，融点は分子量が大きくなるほど高くなり C_1～C_4 までは常温で気体，C_5～C_{16} まで液体，C_{17}～ は固体である。炭素が1個増加するにつれて沸点は約19℃上昇する。前述のように炭素数が同じ異性体では *n*-化合物が最高沸点を有す。

(b) 化学的性質

アルカンは全有機化合物中化学的に最も安定で反応性に乏しい。パラフィン Paraffine というのはギリシャ語の parum (僅か) + affinis (親和力) からできたもので親和力に乏しい，すなわち，他の試薬と反応性がほとんどないという意味からつけられたものである。ことに側鎖のない *n*-化合物は側鎖を有するものよりさらに安定である。たとえば *n*-ヘキサンは濃硫酸，濃硝酸と反応せず，水酸化ナトリウムと加熱しても変化しない。また過マンガン酸カリウムや二(重)クロム酸カリウムのような強力な酸化剤を作用しても酸化されない。これに対し側鎖を有するものは条件によっては酸化されることもある。これを前に述べたように一級の炭素につくHが一番反応しにくく，2級3級のCにつくHは次第に反応しやすくなるからである。このように，アルカンは反応性に乏しいが，フッ素とははげしく反応する。たとえば，メタンとフッ素を混合するだけで爆発的に反応して炭素を遊離する。

$CH_4 + 2F_2 \longrightarrow C + 4HF$

塩素とは光を照射しながら作用すると比較的容易に反応する。たとえばメタンと塩素の混合気体は暗い所では反応しないが，日光直射のもとでは容易に反応を起こし，メタンの水素原子は塩素で置き換えられる。

$CH_4 + Cl_2 \longrightarrow CH_3Cl + HCl$

$CH_3Cl + Cl_2 \longrightarrow CH_2Cl_2 + HCl$

$CH_2Cl_2 + Cl_2 \longrightarrow CHCl_3 + HCl$

$CHCl_3 + Cl_2 \longrightarrow CCl_4 + HCl$

このようにある原子または原子団を他の原子または原子団で置き換える反応を**置換反応** substitution reaction といい，塩素で置換することを**塩素化**またはクロル化 chlorination という。さてこの塩素化反応の機構 mechanism は連鎖反応 chain reaction であるので，この反応についてここで詳しく述べてみよう。

まず，暗い所では起こらないで光をあてるというのはどういう意味があるのであろうか。これは Cl—Cl の共有結合を切り，2個の塩素原子に解離させるのに光のエネルギーが使用されるのである。Cl—Cl の結合エネルギーは1モル当り 243000 J (ジュール) である。光のもつエネルギー E はアインシュタインの式により

$E = h\nu$ であり，h はプランクの定数で 6.6262×10^{-34} J·sec である。これは1個の光量子当りの値であるから1モル当りは，これにアボガドロ数をかけて

$6.6262\times10^{-34}\times\nu\times6.022\times10^{23}$
$=39.90\times10^{-11}\nu$ J/mol

となる。このエネルギーにより1モルの Cl_2 が解離するから，この値が結合エネルギー(解離エネルギー)である 24300 J に等しいとおけば，その光の振動数 ν は 6.090×10^{14}/sec である。その光の波長を λ，光速を $c(=2.998\times10^8 m/sec)$ とすれば

$$\lambda=\frac{c}{\nu}=\frac{2.998\times10^8}{6.090\times10^{14}}=4.923\times10^{-7}m$$

すなわちこの光の波長は 4923Å（オングストローム，1Å$=10^{-8}$cm）で可視光線でよい。かくして Cl_2 は活性な塩素原子 Cl・に解離する。これを塩素ラジカルと呼んでいる。これを式でかくと

$$Cl_2 \xrightarrow{h\nu} 2Cl\cdot \cdots\cdots ①$$

ここで生じた活性な塩素ラジカルが CH_4 を攻撃し，メタンのH原子を引き抜き安定な HCl になる。

$$CH_4 + Cl\cdot \longrightarrow CH_3\cdot + HCl \cdots\cdots ②$$

ここで生じたメチルラジカル $CH_3\cdot$ は Cl_2 分子を攻撃して Cl・を引き抜き安定な CH_3Cl 分子となる。

$$CH_3\cdot + Cl_2 \longrightarrow CH_3Cl + Cl\cdot \cdots\cdots ③$$

ここで生じた Cl・は CH_4 を攻撃して $CH_3\cdot$ を生じ，これが Cl_2 を攻撃して Cl・を生じる。すなわち②と③の反応が交互に繰り返えされる。また Cl・が CH_3Cl から H・を引き抜き，$ClCH_2\cdot$ と HCl となり $ClCH_2\cdot$ ラジカルは Cl_2 を攻撃して CH_2Cl_2 と Cl・となり，この2つの反応が繰り返されることもある。すなわち

$$CH_3Cl + Cl\cdot \longrightarrow ClCH_2\cdot + HCl \cdots\cdots ④$$

$$ClCH_2\cdot + Cl_2 \longrightarrow CH_2Cl_2 + Cl\cdot \cdots\cdots ⑤$$

また，Cl・は CH_2Cl_2 を攻撃して $Cl_2CH\cdot$ と HCl になり，$Cl_2CH\cdot$ は Cl_2 を攻撃して $CHCl_3$ と Cl・となる反応が繰り返すこともある。すなわち

$$CH_2Cl_2 + Cl\cdot \longrightarrow Cl_2CH\cdot + HCl \cdots\cdots ⑥$$

$$Cl_2CH\cdot + Cl_2 \longrightarrow CHCl_3 + Cl\cdot \cdots\cdots ⑦$$

また，Cl・は $CHCl_3$ を攻撃して $Cl_3C\cdot$ と HCl になり，$Cl_3C\cdot$ は Cl_2 を攻撃して CCl_4 と Cl・となる反応も繰り返されるようになる。すなわち

$$CHCl_3 + Cl\cdot \longrightarrow Cl_3C\cdot + HCl \cdots\cdots ⑧$$

$$Cl_3C\cdot + Cl_2 \longrightarrow CCl_4 + Cl\cdot \cdots\cdots ⑨$$

このように光によって①の反応が起こって Cl・が一度できると，それにつづいて②〜⑨の反応が連続的につぎからつぎへと起こるので，このような反応を連鎖反応と呼び，そのきっかけになる①の反応を**起鎖反応** (chain starting reaction) という。

第2節

【エチレン系炭化水素，オレフィン系炭化水素 アルケン (alkene) : C_nH_{2n}】

1. 概　説

アルカン C_nH_{2n+2} に二重結合が1つできたため，水素原子が2個少ない炭化水素で一番簡単なものがエチレン C_2H_4 であるので**エチレン系炭化水素**ともいう。また後で述べるが，これに触媒を用いて H_2 を作用すると二重結合が開いて，それに水素がくっついて飽和炭化水素になる。たとえばエチレンに Ni を触媒として H_2 を作用するとエタンになる。

$$CH_2{=}CH_2 + H_2 \longrightarrow CH_3{-}CH_3$$

これは水素に限らず他の物質でも二重結合が開裂して結合する。たとえばエチレンに Cl_2 を作用すると二重結合が開いて一重結合になり塩素と結合する。

$$CH_2{=}CH_2 + Cl_2 \longrightarrow \underset{\displaystyle Cl}{CH_2}{-}\underset{\displaystyle Cl}{CH_2}$$

これらの反応はメタンの塩素化のように H がとれ Cl で置き換わる置換反応に対し**付加反応** addition reaction という。この付加という現象はそれ自身が不飽和なため，飽和化合物になろうとする傾向によって起こるものであるから，二重結合や三重結合をもつ炭化水素を不飽和炭化水素といい，二重結合や三重結合を**不飽和結合** unsaturated bond という。二重結合を1個有する鎖式炭化水素は，アルカン C_nH_{2n+2} よりHが2個少ないから一般式は C_nH_{2n} で表される。しかし逆は必ずしも真ではなく C_nH_{2n} で表される炭化水素には環状構造をもったシクロアルカン（脂環炭化水素の1つ）がある。たとえば C_3H_6 で示される分子式をもつ炭化水素には二重結合を1つもつプロピレン（またはプロペン）と環状構造をもつシクロプロパンの2種がある。

$CH_2{=}CH{-}CH_3$,　　　（$CH_2{-}CH_2$ と CH_2 が環をつくる構造）

プロピレン　　　　　シクロプロパン

後者は不飽和結合をもたず，飽和炭化水素である。

そこでアルカン C_nH_{2n+2} より水素が2個少なくなる理由は二重結合が1つ（したがって π 結合が1つ）あるか，環が1つあるかの2つである。そこで環は不飽和結合ではないが，アルカンよりHが2個少ないとき**不飽和度U＝1**ということにする。U＝1である理由は上述のように π 結合が1個か環が1個かであるからだ。π 結合が1個増加するごとに，また環が1個増えるごとに不飽和度Uが1つ増加することは，よく憶えておいてもらいたい。

2. 命 名 法

二重結合を示す語尾は —ene である。二重結合を1個もつ不飽和直鎖炭化水素は相当する飽和炭化水素名の接尾語 —ane を —ene に変えて命名する。二重結合が2個あれば接尾語 —ane を —adiene，3個あれば —ane を —atriene と換えて命名する。たとえば $CH_2{=}CH_2$ は $CH_3{-}CH_3$ (ethane) に二重結合が1つできたものだから ethane（エタン）が ethene（エテン）となる。また ethylene（エチレン）という名は ethane の —ane を ylene に換えたもので慣用名として用いられている。つぎに $CH_2{=}CH{-}CH_3$ は $CH_3{-}CH_2{-}CH_3$ より 2H がとれて二重結合が1つ生じたものと考え，propane の —ane を —ene に換えて propene（プロペン）という。また —ane を —ylene に換え propylene（プロピレン）ともいうが，このプロピレンは国際名としては採用されていない。次に C_4H_8 で示されるアルケンを考えてみよう。まずCが4つ結合する骨格は次の2通りである。

$$C{-}C{-}C{-}C \quad (A) \qquad\qquad C{-}\underset{\displaystyle C}{C}{-}C \quad (B)$$

つぎにC—Cの間に二重結合を入れる方法は(A)のタイプからは2種，(B)のタイプでは3つのC—C結合は皆対等だからどれを二重結合に換えても同じである。すなわち

C—C—C—C— →C=C—C—C………(1)
　　　　　 →C—C=C—C………(2)

C—C—C（中央のCにC）　⟶　C=C—C（中央のCにC）　………(3)

そこでこの3種の構造異性体を区別するため，まず結合に番号をつける。(1)は1の結合が二重結合になったbutane（ブタン）であるから1-butene（1-ブテン）といい，(2)は2の結合が二重結合になっているから，2-butene(2-ブテン)という。もちろん用いる数は最小になるように選ぶから(1)を3-ブテンというのは誤りである。

1　2　3　4
C—C—C—C
↑　↑　↑
結1 結2 結3
合の 合の 合の

次に側鎖のあるアルケンは二重結合を含む直鎖のうち最も長いものを主鎖として選び，それに相当するアルケンの名称の前に側鎖の基名とその数，位置番号を加える。すなわち(3)は主鎖はプロペンであるから2-メチルプロペンという。

1　2　3
C=C—C（2位にC）

次にペンテン pentene C_5H_{10} の異性体について考えてみよう。Cが5個結合する方法には次の3種がある。

C—C—C—C—C，　C—C—C—C（2位にC），　C—C—C（中央のCの上下にC）
(A)　　(B)　　(C)

(A)のタイプからは2種類，(B)のタイプから3種類，(C)のタイプからはできない。すなわち

C—C—C—C—C— →C=C—C—C—C（1 2 3 4 5）1-ペンテン
↑1の結合 ↑2の結合 ↑3の結合 ↑4の結合
　　　　　 →C—C=C—C—C（1 2 3 4 5）2-ペンテン

C—C—C—C（2位にC）— →C=C—C—C（2位にC）2-メチル-1-ブテン
　　　　　 →C—C=C—C（2位にC）2-メチル-2-ブテン
　　　　　 →C—C—C=C（2位にC）3-メチル-1-ブテン

アルケン alkene という名称もアルカン alkane に二重結合が1つできたという意味で —ane を —ene (↗)に換えたものである。またエチレン系炭化水素というのはこれらのうち一番簡単なものがエチレン(エテン)であることから名付けられたものであり，オレフィン系炭化水素といわれるのは，エチレンに塩素を付加させてえられるジクロルエチレン(1,2-ジクロロエタン)をオレフィアンガス（oleum 油＋facio 作る）と呼ばれたことからつけられた古い用語である。だから炭素と炭素の間の二重結合をエチレン結合とかオレフィン結合ということもある。

3. 合成法

二重結合をつくるにはアルカンの誘導体から原子または基をとってつくることができる。このような反応を**脱離反応** elimination reaction という。

—C(X)—C(Y)—　⟶　—C=C—　＋　XY

(1) ジハロゲン化炭化水素よりハロゲンの脱離（X=Y=ハロゲン）

隣接する炭素原子にそれぞれ1個ずつのハロゲンを有する化合物に Na, Zn, Mg 等を作用する。たとえば1,2-ジブロムエタンをアルコールに溶かし，これに亜鉛末を作用すると，ハロゲンは金属と結合して除かれ，そのあとに二重結合を生成してエチレンを生じる。同様に1,2-ジブロムプロパンからはプロペン（プロピレン）を生じる。

$CH_2(Br)—CH_2(Br)$ ＋ Zn　⟶　$CH_2{=}CH_2$ ＋ $ZnBr_2$

$CH_2(Br)—CH(Br)—CH_3$ ＋ Zn ⟶ $CH_2{=}CH—CH_3$ ＋ $ZnBr_2$

(2) ハロゲンアルキルよりハロゲン化水素の脱離（X=H，Y=ハロゲン）

ハロゲンアルキルに KOH のアルコール(エタノール)溶液を作用しハロゲン化水素（HX：酸）が中和的に脱離されて二重結合を生じる。ハロゲンアルキルは水に溶けないがエタノールに溶け，よく KOH と反応する。たとえば臭化エチルにアルコール性 KOH を作用するとエチレンを生じる。

H—C(H)(H)—C(H)(Br)—H　$\xrightarrow{KOH}$　$CH_2{=}CH_2$＋KBr＋H_2O

次に2-ブロムブタンにアルコール性 KOH を作用させると次の2つの反応(**a**)，(**b**)が考えられる。

(**a**)　H—C(H)(H)—C(H)(Br)—C(H)(H)—C(H)(H)—H（1 2 3 4）　$\xrightarrow{アルコール性\ KOH}$　H—C(H)=C(H)—C(H)(H)—C(H)(H)—H　1-ブテン

(b)

$$H-\overset{H}{\underset{H}{C}}-\overset{H}{\underset{Br}{C}}-\overset{H}{\underset{H}{C}}-\overset{H}{\underset{H}{C}}-H \xrightarrow{\text{アルコール性 KOH}} H-\overset{H}{\underset{H}{C}}-\overset{H}{C}=\overset{H}{C}-\overset{H}{\underset{H}{C}}-H \quad \text{2-ブテン}$$

このとき1の炭素につくHがとれやすいのか，3の炭素につくHのほうがとれやすいのかと考えてみると，前に述べたように級の高い炭素につくHほどとれやすいという事を思い出せば3の炭素は2級，1の炭素は1級の炭素であるから3の炭素のHのほうがとれやすい。実験によると，2-ブロムブタンにアルコール性KOHを作用すると1-ブテンが19%，2-ブテンが81%生成することがわかった。同様に2-ブロムペンタンにアルコール性KOHを作用すると

$$CH_3\text{-}\underset{Br}{CH}\text{-}CH_2\text{-}CH_2\text{-}CH_3 \rightarrow \begin{cases} CH_2\text{=}CH\text{-}CH_2\text{-}CH_2\text{-}CH_3 & \text{1-ペンテン：29\%} \\ CH_3\text{-}CH\text{=}CH\text{-}CH_2\text{-}CH_3 & \text{2-ペンテン：71\%} \end{cases}$$

また，2-ブロム-2-メチルブタンでは

$$CH_3-\overset{CH_3}{\underset{Br}{C}}-CH_2-CH_3 \rightarrow \begin{cases} CH_2=\overset{CH_3}{C}-CH_2-CH_3 & \text{2-メチル-1-ブテン：29\%} \\ CH_3-\overset{CH_3}{C}=CH-CH_3 & \text{2-メチル-2-ブテン：71\%} \end{cases}$$

特に3級の炭素につくHがハロゲンのついている炭素の隣りにある場合は極めて反応性が高く，その反応速度も極めてはやい。たとえば

$$CH_3-CH_2-Br \xrightarrow{-HBr} CH_2=CH_2$$

$$CH_3-\overset{CH_3}{CH}-\underset{Br}{CH}-CH_3 \xrightarrow{-HBr} CH_3-\overset{CH_3}{C}=CH-CH_3$$

では後者の反応速度は前者に比して極めてはやい。ここで注意しておきたいことは，水酸化アルカリの水溶液を作用したときは，

$$R-X + NaOH \longrightarrow R-OH + NaX$$

となり，主としてアルコール ROH を生ずる。またハロゲンXとしては —Cl, —Br, —I があるが Cl は一番活性でCとの結合力は C—Cl>C—Br>C—I の順である。したがって結合の切れやすさは逆になって，C—Cl<C—Br<C—I の順でありヨウ素が一番とれ易いことも知っておいてもらいたい。

(3) アルコールの分子内脱水による法 (X=H，Y=OH)

アルコールの —OH とその —OH のついている炭素のとなりの炭素につく H を H_2O として脱離して二重結合をつくる方法で，脱水法としては濃硫酸で高温で脱水するか，酸化アルミニウム (Al_2O_3, アルミナ) をつめた管を高温 (約400℃) に熱し，これにアルコール蒸気を通じて脱水する等が用いられるが，一般には濃硫酸による高温脱水が用いられる。たとえばエタノールに160～180℃で濃硫酸を作用すると分子内脱水がおこなわれてエチレンになる。

$$H-\overset{H}{\underset{H}{C}}-\overset{H}{\underset{OH}{C}}-H \longrightarrow \underset{\text{エチレン}}{CH_2=CH_2} + H_2O$$

ところが温度が低く130～140℃でエタノールに濃硫酸を作用させると，2分子のエタノールの間から水がとれてジエチルエーテルになる反応は大切である。

$$H-\overset{H}{\underset{H}{C}}-\overset{H}{\underset{H}{C}}-O-H \quad H-O-\overset{H}{\underset{H}{C}}-\overset{H}{\underset{H}{C}}-H \longrightarrow \underset{\text{ジエチルエーテル}}{C_2H_5-O-C_2H_5} + H_2O$$

以上まとめると，エタノールの濃硫酸による脱水は

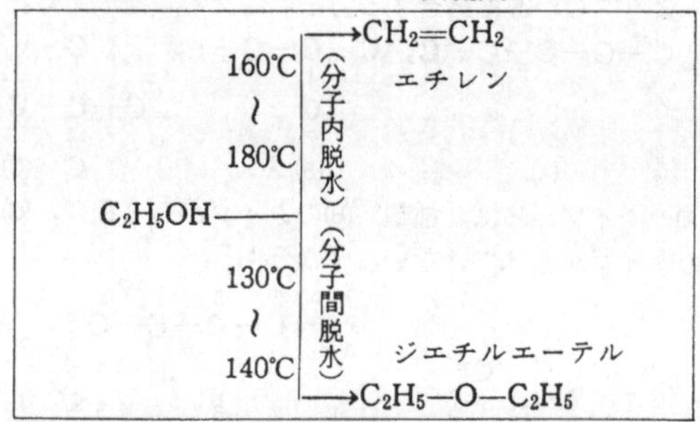

さて，アルコールの分子内脱水の場合も —OH のつく炭素の隣りの炭素の級を比較し，級の高い炭素につくHのほうがよくとれる。だから近頃の入試ではたとえば左の示性式を分子内脱水する場合主生成物である2-ブテン $CH_3-CH=CH-CH_3$ と副生成物1-ブテン $CH_3-CH_2-CH=CH_2$ と両者を書かせる場合と，主生成物は何かという設問で2-ブテンだけを書かせる場合があるから注意しなければならない。

$$CH_3-CH_2-\underset{OH}{CH}-CH_3$$

次に —OH のとれやすさは，その —OH が3級の炭素につく場合(3級アルコールまたは第3アルコール)が最もとれやすく，2級，1級になるにしたがってとれにくくなることも知っていなければならない。これは —H でも —X でも —OH でも級の高い炭素につくものほどとれやすいことも常識にしておこう。たとえば次の例をみてその脱水の容易さを硫酸の濃度と温度から比較してもらいたい。

$$CH_3-CH_2-OH \xrightarrow[170℃]{95\%H_2SO_4} CH_2=CH_2$$

エタノール（1級アルコール）　エチレン

$$CH_3-CH_2-CH(OH)-CH_3 \xrightarrow[100℃]{60\%H_2SO_4} CH_3-CH=CH-CH_3$$

2-ブタノール（2級アルコール）　2-ブテン

$$CH_3-C(CH_3)(OH)-CH_3 \xrightarrow[85\sim95℃]{20\%H_2SO_4} CH_3-C(CH_3)=CH_2$$

2-メチル-2-プロパノール（3級アルコール）　2-メチル-1-プロペン

（第3ブチルアルコール）

以上，二重結合の作り方をまとめると，下図になる。

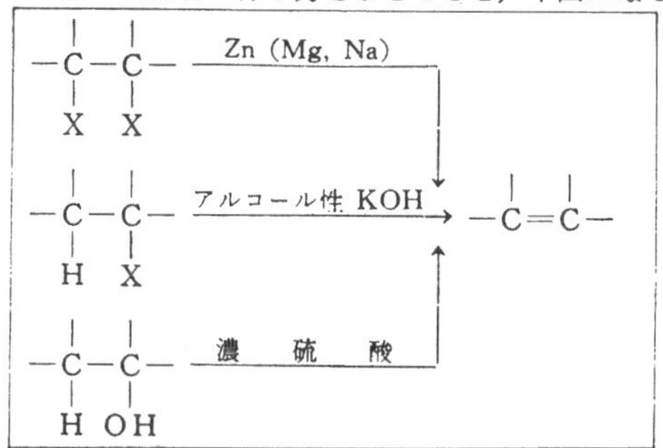

これらの反応の電子論的考察，特にアルコールの脱水機構の電子論的説明がもう入試にみられるが，これについてはアルコールのところで説明する。

4. 性　　質

（a） 物理的性質

アルカンの物理的性質に似ている。$C_2 \sim C_4$までは常温常圧で気体，$C_5 \sim C_{18}$ は液体，それ以上は固体である。ここでは主なものの名称，融点および沸点を示す。

示性式（名称）	融点(℃)	沸点(℃)
$CH_2=CH_2$ (エチレン)	−169.4	−102.4
$CH_2=CH-CH_3$ (プロピレン)	−185.0	−47.7
$CH_2=CH-CH_2-CH_3$ (1-ブテン)	—	− 6.5
$CH_3-CH=CH-CH_3$ (2-ブテン(シス))	−139.3	− 3.7
$CH_2=C(CH_3)-CH_3$ (2-メチル-1-プロペン)	−140.7	− 6.6
$CH_2=CH-CH_2-CH_2-CH_2-CH_3$ (1-ヘキセン)	−138.0	63.5

（b） 化学的性質

〔1〕 付加反応

不飽和結合（π結合）を有するため，いろいろなものを付加する。どんなものをどんな条件で付加するかをここでよくおぼえてほしい。

(1) 水素の付加

不飽和化合物は，ただ単に水素ガス H_2 と混ぜただけでは反応がおこらないが，適当な触媒があれば水素は二重結合に付加し，飽和化合物になる。このときに用いられるのは Ni, Pt, Pd, Rh などの金属の微粉が用いられる。たとえばニッケル触媒の存在で130〜150℃でエチレンに水素を作用させるとエタンを生じる。

$$CH_2=CH_2 + H_2 \xrightarrow{Ni} CH_3-CH_3$$

またプロピレンは Ni 触媒 160〜200℃で H_2 を付加してプロパンを生じる。

$$CH_2=CH-CH_3 + H_2 \xrightarrow{Ni} CH_3-CH_2-CH_3$$

固体の触媒を接触剤といい，水素と結合することは還元であるから，触媒を用いて水素を付加することを**接触還元**という。付加反応を時には添加反応とか加成反応ということがあるので，接触水素添加ともいう。このとき二重結合1個は1個の H_2 を付加する。だからアルケン1モルは H_2 を1モル定量的に付加し，付加する水素の量からアルケンの量を知ることができる。

(2) ハロゲンの付加

Cl_2, Br_2, I_2 はCとC間の不飽和結合によく付加する。アルカンをハロゲンでそのHを置換するには，光を照射したり高温を必要とするが，不飽和結合には常温で容易に起こるので未知物質中に炭素炭素間に不飽和結合があるかどうかを検出するのに利用される。とくに臭素は定量的に付加する。また Br_2 が付加すると，その赤褐色が無色になるので便利である。

これに対し Cl_2 はより活性で激しく反応し付加と同時に置換反応まで起こるので定量には不適である。I_2 は逆に不活性なので I_2 の付加は反応速度がおそくかつ定量的には付加しない。特に注意すべきは不飽和結合があっても高温では置換反応が起こるということだ。たとえばプロピレンに塩素を作用するとき低温では主として付加反応が，高温（約400℃）では主として置換反応が起こる。これについての問題も入試に見られるからしっかりおぼえておこう。

$$CH_2=CH-CH_3 \xrightarrow[低温]{Cl_2} CH_2Cl-CHCl-CH_3$$

（1,2-ジクロロプロパン）

$$CH_2=CH-CH_3 \xrightarrow[高温(400℃)]{Cl_2} CH_2=CH-CH_2-Cl$$

（塩化アリル）

中間の温度では付加と置換が同時に起こる。

(3) ハロゲン化水素の付加

ハロゲン化水素 HX も炭素炭素間の不飽和結合に付加する。

$$H_2C=CH_2 + HCl \longrightarrow H_3C-CH_2Cl$$

エチレン　塩化エチル（モノクロロエタン）

このときの反応性はハロゲンのときとは反対に $HI > HBr > HCl$ の順である。さて H_2 や X_2 の付加のときと違って，二重結合が開いてそれぞれの炭素にHとXを結合させるとき，どちらのCにHがつきどちらにXがつくかが問題になる。たとえばプロピレンにHXを付加させるとき次の2つの付加が考えられる。

$$\overset{1}{C}H_2=\overset{2}{C}H-\overset{3}{C}H_3 \xrightarrow{HX} \begin{cases} CH_3-\underset{\substack{|\\ X}}{CH}-CH_3 & \text{(A)} \\ \underset{\substack{|\\ X}}{CH_2}-CH_2-CH_3 & \text{(B)} \end{cases}$$

すなわち，Xが2のCにつく場合と1のCにつく場合とが考えられるが，実際は主として2のCにつき(A)を生じる。そして**HXが付加するとき，ハロゲンXは主として水素数の少ない炭素につくということがロシアの化学者 Vladimir（ウラジミール） Markovnikov（マルコフニコフ） により研究されたのでこれをマルコフニコフの法則**と呼んでいる。上の例では1のCにはHが2個，2のCにはHが1個結合しているから，ハロゲンXは水素数の少ない2のCに結合するのである。次の例でも主としてヨウ化第3ブチルが生じる。

$$CH_3-\overset{\substack{CH_3\\ |}}{C}=CH_2 \xrightarrow{HI} CH_3-\underset{\substack{|\\ I}}{\overset{\substack{CH_3\\ |}}{C}}-CH_3$$

CにつくHの数が異なるときはXがHの数の少ない方についたものが断然多いが，次の例のように水素数が等しいときはどうであろう。

$$CH_3-CH_2-CH=CH-CH_3 \xrightarrow{HX} \begin{cases} CH_3-CH_2-\underset{\substack{|\\ X}}{CH}-CH_2-CH_3 & \text{(A)} \\ CH_3-CH_2-CH_2-\underset{\substack{|\\ X}}{CH}-CH_3 & \text{(B)} \end{cases}$$

この(A)と(B)の生成する割合いは，ほぼ等しいが，少し(B)の方が多い。つまり，炭素数が等しいときはハロゲンXは末端に近い方のCにつくものの方が多くできることもわかっている。このマルコフニコフの法則を知らないと解けない入試問題も出題されているからしっかりおぼえておこう。ところが HBr を付加するときだけは（HCl や HI では駄目），酸素または過酸化物が共存しているとマルコフニコフの法則にしたがわない。これを**酸素効果**（または過酸化物効果）と呼んでいる。たとえば

$$CH_2=CH-CH_3 \rightarrow \begin{cases} \xrightarrow{HBr} CH_3-\underset{\substack{|\\ Br}}{CH}-CH_3 \\ \xrightarrow[O_2]{HBr} \underset{\substack{|\\ Br}}{CH_2}-CH_2-CH_3 \end{cases}$$

(4) 硫酸の付加

アルカンは硫酸とは反応しないが，アルケンは濃硫酸を作用すると容易に硫酸を付加して $ROSO_2OH$ で表される硫酸水素アルキル（またはモノアルキル硫酸）を生成する。これは硫酸とよく似ているので硫酸に溶ける。硫酸の示性式を $HOSO_2OH$ で表すと，不飽和結合に HX が付加するように $HOSO_2OH$ が H とそれ以外に分かれて二重結合に付加する。たとえば，

$$H-\overset{\substack{H\\ |}}{C}=\overset{\substack{H\\ |}}{C}-H \xrightarrow{98\%H_2SO_4} H-\underset{\substack{|\\ H}}{\overset{\substack{H\\ |}}{C}}-\underset{\substack{|\\ OSO_2OH}}{\overset{\substack{H\\ |}}{C}}-H$$

硫酸水素エチル
（モノエチル硫酸）

これは濃硫酸にエチレンガスを吹込むだけで起こり，結局，エチレンは硫酸水素エチルとなって濃硫酸に溶け込む。だからアルカンとアルケンが混合している場合，その混合物を濃硫酸に作用させるとアルケンは吸収されるので，アルカンからアルケンを取り除くのに用いられる。たとえばエタンガスとエチレンガスの混合気体を濃硫酸に吹き込むと，エチレンガスは吸収され，エタンガスだけがとれる。次に，吸収された硫酸水素エチルは，加熱すると再び硫酸がとれてエチレンが復活するから，両者を分離することができる。このようにアルケンの分離の他に硫酸の付加反応の用途としてアルコールをつくることができる。硫酸水素アルキルはアルコール ROH と硫酸 $HOSO_2OH$ のエステル（酸とアルコールから水がとれてできたもの）であるからこれを加水分解してやればアルコールと硫酸となり，アルケンからアルコールを作ることができる。たとえば硫酸水素エチルに水を作用させるとエタノールがえられる。

$$C_2H_5O\,SO_2OH \longrightarrow C_2H_5OH + H_2SO_4$$
$$H\text{-}\text{-}OH$$

この反応は，合成法(3)で述べたアルコールの分子内脱水の逆の反応であることに気がつかなければならない。これで諸君はアルコールからアルケン，逆にアルケンよりアルコールが合成できなければならないことがわかっただろう。さてこの硫酸の付加も，マルコフニコフの法則にしたがうということも知っていなければならない。またアルコールの分子内脱水では級の高い炭素につくHほどとれやすいことを知っていれば，次のアルコールとアルケンの変化がよくわかるはずだ。

$$\underset{\text{1-プロパノール}}{CH_3-CH_2-CH_2-OH} \xrightarrow[\text{分子内脱水}]{\text{高温，濃硫酸}} \underset{\text{プロピレン}}{CH_3-CH=CH_2}$$

$$\xrightarrow[\text{マルコフニコフ}]{\text{濃 硫 酸}} \underset{\text{硫酸水素イソプロピル}}{CH_3-\underset{\substack{|\\ OSO_2OH}}{CH}-CH_3}$$

$$\xrightarrow[H_2O]{\text{加 水 分 解}} CH_3-\underset{\substack{|\\ OH}}{CH}-CH_3 \quad \text{2-プロパノール}$$

濃硫酸の付加反応はマルコフニコフの法則にしたがって，酸素および過酸化効果をうけないため1-プロパノール（n-プロピルアルコール：１級アルコール）から2-プロパノール（イソプロピルアルコール：２級アルコール）が得られる。次の例は１級アルコールが３級アルコールになる反応である。

$$\underset{\displaystyle CH_3}{\overset{}{CH_3-\underset{|}{CH}-CH_2-OH}} \xrightarrow[\text{分子内脱水}]{\text{高温，濃硫酸}} CH_3-\underset{\underset{\displaystyle CH_3}{|}}{C}=CH_2$$

$$\xrightarrow[\text{マルコフニコフ}]{\text{濃硫酸}} CH_3-\overset{\overset{\displaystyle OSO_2OH}{|}}{\underset{\underset{\displaystyle CH_3}{|}}{C}}-CH_3$$

$$\xrightarrow[H_2O]{\text{加水分解}} CH_3-\overset{\overset{\displaystyle OH}{|}}{\underset{\underset{\displaystyle CH_3}{|}}{C}}-CH_3$$

(5) 次亜塩素酸の付加

塩素を水に通じると，その一部は $Cl_2 + H_2O \longrightarrow HCl + HOCl$ の反応によって次亜塩素酸を生じる。これが二重結合に HO と Cl に分かれて付加する。たとえばエチレンに次亜塩素酸が付加するとエチレンクロロヒドリンが生じる。

$$CH_2=CH_2 + HOCl \longrightarrow \underset{\displaystyle OH}{\underset{|}{CH_2}}-\underset{\displaystyle Cl}{\underset{|}{CH_2}}$$

エチレンクロロヒドリン

HOとClを含む化合物をクロルヒドリンchlorohydrineという。このときOHのほうがマルコフニコフの法則にしたがってHの数の少ないほうにつく。たとえばプロピレンの場合

$$CH_3-CH=CH_2 + HOCl \longrightarrow CH_3-\underset{\displaystyle OH}{\underset{|}{CH}}-\underset{\displaystyle Cl}{\underset{|}{CH_2}}$$

プロピレンクロルヒドリン

となりOHはまん中の炭素につく。

〔２〕 酸化反応

有機化合物を酸化する場合，無機化合物の酸化と異なり，どんな酸化剤でどんな条件で酸化するかによって反応経路や生成物が異なることが多いから，そこまでおぼえなければならない。アルカンは酸化剤に対して安定で酸化されないが，不飽和炭化水素は不飽和結合のあるところで酸化分解される。

(1) 過マンガン酸カリウムによる酸化

過マンガン酸カリウムの酸化力は濃度，温度の他にそのときの液性によって異なる。すなわちその酸化力は酸性でもっとも強く，つぎは塩基性，ついで中性の順である。たとえば硫酸酸性で熱時 $KMnO_4$ を作用するとほとんどの有機化合物は酸化分解されてしまうのでこのような状態で用いることはない。ただ有機物があるかどうかの判定に用いることはある。そこで有機化学ではその構造中酸化され易いところだけを酸化するため，0.5～1％と希薄な $KMnO_4$ 溶液に少量の炭酸ナトリウム Na_2CO_3 を加え，微アルカリ性にした試液が用いられる。これを**バイヤー（Baeyer）の試液**とよんでいる。ところが入試では硫酸酸性で $KMnO_4$ を用いて酸化するような問題も見られるが，これは希薄でかつ低温であると考えてやってほしい。出題者も条件をもっと詳しく書くべきである。

そこで酸性で $KMnO_4$ が相手を酸化する式を考えてみよう。$KMnO_4$ の中でマンガンの酸化数は＋７と元素のとりうる最高酸化数をもっている。ところが Mn は酸性で還元剤があると酸化数を＋２まで下げる性質がある。また塩基性や中性では＋４まで下げる。いま硫酸酸性で還元剤を酸化する式は

$$2KMnO_4 + 3H_2SO_4 \rightarrow K_2SO_4 + 2MnSO_4 + 3H_2O + 5[O]$$

または電子移動を表す式でかくと

$$MnO_4^- + 8H^+ + 5e^- \longrightarrow Mn^{2+} + 4H_2O$$

となる。次に塩基性または中性では

$$2KMnO_4 + H_2O \longrightarrow 2KOH + 2MnO_2 + 3[O]$$

または

$$MnO_4^- + 2H_2O + 3e^- \longrightarrow MnO_2 + 4OH^-$$

これより，たとえ中性で酸化しても，次第に液性は塩基性に変わることに注意してほしい。

さて $KMnO_4$ で酸化すると MnO_4^- の赤紫色が脱色されるので臭素と同様，炭素と炭素の間の不飽和結合の検出に用いられる。そこでバイヤーの試液を用いてアルケンを酸化するとまず $KMnO_4$ より生じた O と H_2O が結合して一時的に H_2O_2 すなわち HO—OH が生じ，これが二重結合に付加すると考えられる。

$$-\overset{|}{C}=\overset{|}{C}- \xrightarrow{H_2O+O} -\overset{|}{\underset{\underset{\displaystyle OH}{|}}{C}}-\overset{|}{\underset{\underset{\displaystyle OH}{|}}{C}}- \quad \cdots\cdots①$$

この生成物のように１分子中に２個の —OHをもつアルコールを二価のアルコールまたは**グリコール**という。さて，グリコールが生じるところで反応を止めたければ温度を低くすればよい。しかし過剰の試液を用い反応温度を高くすればさらに反応が進行し，二重結合のところより炭素鎖が切断される。

この結合が切れる

$$-\overset{|}{\underset{\underset{\displaystyle O}{|}}{C}}-\overset{|}{\underset{\underset{\displaystyle O}{|}}{C}}- \xrightarrow{-H_2O} -\overset{|}{\underset{\underset{\displaystyle O}{\|}}{C}} + \overset{|}{\underset{\underset{\displaystyle O}{\|}}{C}}-\cdots\cdots②$$

H　H

$KMnO_4 \rightarrow$ O

ここで生じた $>C=O$ をもつ化合物は**カルボニル化合物**と呼ばれるものでアルデヒドかまたはケトンである。**アルデヒド**は，一般に $R-\underset{\underset{\displaystyle O}{\|}}{C}-H$ で表され，カルボニル（またはケトン）基の一方がHと結合したもので酸化されやすい。すなわち還元性がある。それは酸化されて容易にカルボン酸になるからである。

$$\mathrm{R-\underset{\substack{\|\\ O}}{C}-H \xrightarrow{O} R-\underset{\substack{\|\\ O}}{C}-O-H}$$

アルデヒド　　カルボン酸

ところがカルボン酸は酸化されないことより，

$\mathrm{-\underset{\substack{\|\\ O}}{C}-H}$ の $\mathrm{-\underset{\substack{\|\\ O}}{C}-}$ とHの間にはOがはいるが $\mathrm{-\underset{\substack{\|\\ O}}{C}-}$ と炭素の間には酸素がはいらないことがわかる。

したがって，カルボニル基の両方にアルキル基のついているケトンは，これ以上酸化されないことがわかる。そこで②の反応で生じたものがアルデヒドではさらにカルボン酸にまで酸化されるが，ケトンが生じた場合は，それ以上反応は進行しない。では個々の例について考えてみよう。まずエチレンを $KMnO_4$ で酸化してみよう。

$$\mathrm{H-\overset{\substack{H\\ |}}{C}=\overset{\substack{H\\ |}}{C}-H \xrightarrow{H_2O+O} H-\overset{\substack{H\\ |}}{\underset{\substack{|\\ OH}}{C}}-\overset{\substack{H\\ |}}{\underset{\substack{|\\ OH}}{C}}-H \xrightarrow{O}}$$

$$\mathrm{H-\overset{\substack{H\\ |}}{\underset{\substack{\|\\ O}}{C}} + \overset{\substack{H\\ |}}{\underset{\substack{\|\\ O}}{C}}-H}$$

ここで生じたホルムアルデヒドはさらに酸化され

$$\mathrm{H-\underset{\substack{\|\\ O}}{C}-H + O \longrightarrow H-\underset{\substack{\|\\ O}}{C}-O-H}$$

ギ酸になるが，ギ酸はまだ一方にアルデヒド基が残っている。すなわちギ酸はアルデヒドでもあり，還元性のあるカルボン酸でもあり，さらに酸化されて，

$$\mathrm{H-\underset{\substack{\|\\ O}}{C}-OH + O \longrightarrow HO-\underset{\substack{\|\\ O}}{C}-OH}$$

となる。これは炭酸 H_2CO_3 であることに気がつかなければならない。次に大切なことは通常1つの炭素には2個以上の —OH が結合することができないことを知っておいてほしい。そして1つの炭素に2個の —OH がついたものができたとすれば，すぐ H_2O がとれてカルボニル化合物になる。すなわち

$$\mathrm{>C\begin{matrix}\diagup OH\\ \diagdown OH\end{matrix} \longrightarrow >C=O + H_2O}$$

したがって H_2CO_3 は H_2O と CO_2 に分解される。ホルムアルデヒドは酸化するとギ酸 $HCOOH$，炭酸 H_2CO_3 を経て二酸化炭素 CO_2 と水 H_2O に分解される。つぎに $R-CH=CH_2$ の形のアルケンでは

$$\mathrm{R-\overset{\substack{H\\ |}}{C}=\overset{\substack{H\\ |}}{C}-H \xrightarrow{H_2O+O} R-\overset{\substack{H\\ |}}{\underset{\substack{|\\ OH}}{C}}-\overset{\substack{H\\ |}}{\underset{\substack{|\\ OH}}{C}}-H}$$

$$\xrightarrow{O}\begin{cases}\mathrm{\rightarrow R-\underset{\substack{\|\\ O}}{C}-H \xrightarrow{O} R-\underset{\substack{\|\\ O}}{C}-O-H}\\ \mathrm{\rightarrow H-\underset{\substack{\|\\ O}}{C}-H \xrightarrow{O} H-\underset{\substack{\|\\ O}}{C}-O-H \xrightarrow{O} H-O-\underset{\substack{\|\\ O}}{C}-O-H}\end{cases}$$

$$\longrightarrow CO_2 + H_2O$$

となる。次に $R_1-CH=CH-R_2$ なる形のアルケンでは

$$\mathrm{R_1-\overset{\substack{H\\ |}}{C}=\overset{\substack{H\\ |}}{C}-R_2 \xrightarrow{H_2O+O} R_1-\overset{\substack{H\\ |}}{\underset{\substack{|\\ OH}}{C}}-\overset{\substack{H\\ |}}{\underset{\substack{|\\ OH}}{C}}-R_2}$$

$$\xrightarrow{O}\begin{cases}\mathrm{\rightarrow R_1-\underset{\substack{\|\\ O}}{C}-H \xrightarrow{O} R_1-\underset{\substack{\|\\ O}}{C}-O-H}\\ \mathrm{\rightarrow R_2-\underset{\substack{\|\\ O}}{C}-H \xrightarrow{O} R_2-\underset{\substack{\|\\ O}}{C}-O-H}\end{cases}$$

となる。次に $\mathrm{\begin{matrix}R_1\\ R_2\end{matrix}\!\!>CH=CH_2}$ なる形のアルケンでは

$$\mathrm{R_1-\overset{\substack{R_2\\ |}}{C}=\overset{\substack{H\\ |}}{C}-H \xrightarrow{H_2O+O} R_1-\overset{\substack{R_2\\ |}}{\underset{\substack{|\\ OH}}{C}}-\overset{\substack{H\\ |}}{\underset{\substack{|\\ OH}}{C}}-H}$$

$$\xrightarrow{O}\begin{cases}\mathrm{\rightarrow R_1-\underset{\substack{\|\\ O}}{C}-R_2}\\ \mathrm{\rightarrow H-\underset{\substack{\|\\ O}}{C}-H \xrightarrow{O} H-\underset{\substack{\|\\ O}}{C}-O-H \xrightarrow{O} H-O-\underset{\substack{\|\\ O}}{C}-O-H}\end{cases}$$

$$\longrightarrow CO_2 + H_2O$$

となる。次に $\mathrm{\begin{matrix}R_1\\ R_2\end{matrix}\!\!>C=CH-R_3}$ なる形のアルケンでは

$$\mathrm{R_1-\overset{\substack{R_2\\ |}}{C}=\overset{\substack{H\\ |}}{C}-R_3 \xrightarrow{H_2O+O} R_1-\overset{\substack{R_2\\ |}}{\underset{\substack{|\\ OH}}{C}}-\overset{\substack{H\\ |}}{\underset{\substack{|\\ OH}}{C}}-R_3}$$

$$\xrightarrow{O}\begin{cases}\mathrm{\rightarrow R_1-\underset{\substack{\|\\ O}}{C}-R_2}\\ \mathrm{\rightarrow R_3-\underset{\substack{\|\\ O}}{C}-H \xrightarrow{O} R_3-\underset{\substack{\|\\ O}}{C}-O-H}\end{cases}$$

となる。次に $\mathrm{\begin{matrix}R_1\\ R_2\end{matrix}\!\!>C=C\!\!<\!\begin{matrix}R_3\\ R_4\end{matrix}}$ なる形のアルケンでは

$$\mathrm{R_1-\overset{\substack{R_2\\ |}}{C}=\overset{\substack{R_3\\ |}}{C}-R_4 \xrightarrow{H_2O+O} R_1-\overset{\substack{R_2\\ |}}{\underset{\substack{|\\ OH}}{C}}-\overset{\substack{R_3\\ |}}{\underset{\substack{|\\ OH}}{C}}-R_4}$$

$$\xrightarrow{O}\begin{cases}\mathrm{\rightarrow R_1-\underset{\substack{\|\\ O}}{C}-R_2}\\ \mathrm{\rightarrow R_3-\underset{\substack{\|\\ O}}{C}-R_4}\end{cases}$$

となる。このように，$KMnO_4$ で酸化してできる生成物から，もとのアルケンの構造を知ることができるので大切なのである。以上の反応をまとめると次のようになる。(ただし H_2O は省略した)

$KMnO_4$ によるアルケンの酸化

(i) $CH_2=CH_2 \longrightarrow 2CO_2$

(ii) $R-CH=CH_2 \longrightarrow RCOOH + CO_2$

(iii) $R_1-CH=CH-R_2 \longrightarrow R_1COOH + R_2COOH$

(iv) $\begin{matrix}R_1\\R_2\end{matrix}\!\!>C=CH_2 \longrightarrow R_1-\underset{\underset{O}{\|}}{C}-R_2 + CO_2$

(v) $\begin{matrix}R_1\\R_2\end{matrix}\!\!>C=CH-R_3 \longrightarrow R_1-\underset{\underset{O}{\|}}{C}-R_2 + R_3COOH$

(vi) $\begin{matrix}R_1\\R_2\end{matrix}\!\!>C=C\!\!<\!\!\begin{matrix}R_3\\R_4\end{matrix} \longrightarrow R_1-\underset{\underset{O}{\|}}{C}-R_2 + R_3-\underset{\underset{O}{\|}}{C}-R_4$

ここで二重結合が末端にあれば CO_2 の発生がみられ，RCH＝という構造があればカルボン酸 RCOOH に，$\begin{matrix}R_1\\R_2\end{matrix}\!\!>C=$という構造があればケトン$R_1-\underset{\underset{O}{\|}}{C}-R_2$になることがわかる。

(2) オゾンによる酸化

酸素気流中無声放電により生ずるオゾン O_3 をアルケンに作用させると**オゾニド** ozonide と呼ばれる付加体を生じ，これを加水分解するとアルデヒドまたはケトンを生ずる。

$$-\overset{|}{C}=\overset{|}{C}- \xrightarrow{O_3} -\overset{|}{\underset{|}{C}}-O-\overset{|}{\underset{|}{C}}- \quad (\text{lower C's joined by } O-O)$$

オゾニド

これに水を作用すると

$$-\overset{|}{\underset{|}{C}}-O-\overset{|}{\underset{|}{C}}- \ (+H_2O,\ \text{lower } O-O \text{ bond 切れる}) \longrightarrow -\underset{\underset{O}{\|}}{C} + \underset{\underset{O}{\|}}{C}- + H_2O_2$$

したがって $KMnO_4$ による酸化と同様，二重結合の位置の決定に用いられるが，$KMnO_4$ 酸化と異なる点は，アルケンが R—CH＝ という構造をもっているとRCOOHにまで酸化されてしまうがオゾン酸化，オゾニド加水分解の場合はアルデヒド RCHO を得ることができる。たとえば，2-ペンテンを $KMnO_4$ および O_3 で酸化したときの反応を次に示す。

$$CH_3-CH=CH-CH_2-CH_3 \xrightarrow{KMnO_4} CH_3COOH+CH_3CH_2COOH$$

$$CH_3-CH=CH-CH_2-CH_3 \xrightarrow{O_3} CH_3-\underset{|}{CH}-O-\underset{|}{CH}-CH_2-CH_3 \ (\text{lower CH's joined by } O-O)$$

$$\xrightarrow{H_2O} CH_3CHO + CH_3CH_2CHO$$

〔3〕 重合反応

低分子化合物を多数結合させる反応を重合反応 polymerization といい，低分子化分物を単量体，モノマー monomer といい，重合してできたものを重合体，ポリマー polymer という。エチレンを適当な条件で反応させると二重結合が開き，互いに結合してポリエチレンという重合体を生じる。

$$nCH_2=CH_2 \xrightarrow{\text{重合}} [-CH_2-CH_2-]_n$$

このようにモノマー間で何もとれずに手を開いて付加的に重合することを**付加重合**といい，nを**重合度**という。前にも述べたようにその形が対称的なものは安定であるためエチレン自身は重合しにくい。そのため高温にしたり，光，とくに放射線（γ 線が用いられる）を照射したり，重合開始剤や触媒などを用いる。

ドイツの化学者チーグラーは，1952年にトリエチルアルミニウム $Al(C_2H_5)_3$ と四塩化チタン $TiCl_4$ の錯化合物を触媒にして，エチレンを常温常圧で重合させることに成功した。その後1955年イタリーの化学者ナッタはチーグラーの触媒を改良し，四塩化チタンの代わりに三塩化チタン $TiCl_3$ を用いプロピレン等の重合にも成功した。これらの触媒を**チーグラー・ナッタ触媒**と呼ばれる。かくして1963年チーグラーとナッタはノーベル化学賞に輝いた。

$$nCH_2=\underset{\underset{CH_3}{|}}{CH} \xrightarrow{\text{付加重合}} \left[-CH_2-\underset{\underset{CH_3}{|}}{CH}-\right]_n$$

プロピレン　　ポリプロピレン

ところがエチレン自体は対称的であるため安定で重合しにくいが，その対称性をくずし，エチレンのHを原子または原子団で置きかえたものは，エチレンより容易に重合する。

$$nCH_2=\underset{\underset{X}{|}}{CH} \xrightarrow{\text{付加重合}} \left[-CH_2-\underset{\underset{X}{|}}{CH}-\right]_n$$

$$nCH_2=\underset{\underset{Cl}{|}}{CH} \longrightarrow \left[-CH_2-\underset{\underset{Cl}{|}}{CH}-\right]_n$$

塩化ビニル　　ポリ塩化ビニル

$$nCH_2=\underset{\underset{OOCCH_3}{|}}{CH} \longrightarrow \left[-CH_2-\underset{\underset{OOCCH_3}{|}}{CH}-\right]_n$$

酢酸ビニル　　ポリ酢酸ビニル

$$nCH_2=\underset{\underset{COOH}{|}}{CH} \longrightarrow \left[-CH_2-\underset{\underset{COOH}{|}}{CH}-\right]_n$$

アクリル酸　　ポリアクリル酸

$$nCH_2=\underset{\underset{CN}{|}}{CH} \longrightarrow \left[-CH_2-\underset{\underset{CN}{|}}{CH}-\right]_n$$

アクリロニトリル　　ポリアクリロニトリル

$$nCH_2=\underset{\underset{C_6H_5}{|}}{CH} \longrightarrow \left[-CH_2-\underset{\underset{C_6H_5}{|}}{CH}-\right]_n$$

スチレン　　ポリスチレン

$$nCH_2=\overset{\overset{CH_3}{|}}{\underset{\underset{COOCH_3}{|}}{C}} \longrightarrow \left[-CH_2-\overset{\overset{CH_3}{|}}{\underset{\underset{COOCH_3}{|}}{C}}-\right]_n$$

メタアクリル酸メチル　　ポリメタアクリル酸メチル

$$nCH_2=\overset{\overset{Cl}{|}}{\underset{\underset{Cl}{|}}{C}} \longrightarrow \left[-CH_2-\overset{\overset{Cl}{|}}{\underset{\underset{Cl}{|}}{C}}-\right]_n$$

塩化ビニリデン　　ポリ塩化ビニリデン(サラン)

有機化学特講  ……………〈鎖式化合物〉

内容

- ●アセチレン系炭化水素
- ●アルカジエンについて
- ●異性について
- ●ハロゲン置換体について

第3節　アセチレン系炭化水素，アルキン

1. 概　説

三重結合を1つの分子中に1個もつ鎖式炭化水素は，一番炭素数の少ないものがアセチレン CH≡CH であるから，アセチレン系炭化水素という。また，三重結合を示す接尾語は —yne(イン)であるから，**アルキン** alkyne ともいう。また，三重結合のことをアセチレン結合ともいう。アルカン C_nH_{2n+2} よりも Hが4個少ないから一般式は C_nH_{2n-2} で表される。アルケンよりもさらに不飽和度は高く，したがって，π結合が多いため，さらに反応性が高くなる。

2. 命　名　法

慣用名としては，アセチレンを規準とし，アセチレンのHがアルキル基で置換された誘導体として命名する。たとえば，

CH_3—C≡C-H,　CH_3—C≡C—CH_3,
　(A)　　　　　　(B)

CH_3—CH_2—C≡C—H
　　(C)

で，Aはメチルアセチレン(methyl acetylene)，Bはジメチルアセチレン (dimethyl acetylene)，Cはエチルアセチレン(ethyl acetylene)と呼ぶ。国際命名法では，相当するアルカンの語尾 -ane を -yne にかえる。また，三重結合の位置を示すための番号のつけ方は，二重結合の場合と同じである。たとえばAはプロパン propane に三重結合が生じたとしてプロピン propyne，Bはブタン butane の2の結合が三重結合になっているから2-ブチン (2-butyne)，Cはブタンの1の結合が三重結合になっているから 1-ブチン (1-butyne) と呼ぶ。CH≡CH に対しては，国際命名法にしたがうとエチン ethyne となるが，これを用いないでアセチレン acetylene という慣用名を用いる。

さらに二重結合と三重結合をともにもつ直鎖炭化水素は，相当するアルカンの接尾語 -ane を -enyne, -adienyne, -enediyne などに変えて命名する。位置番号のつけ方は，二重結合および三重結合にできるだけ小さい番号がつくように定める。-yne に -ene より小さい番号がついてもかまわない。しかし，どちらの鎖端から番号をつけても，二重結合と三重結合に同じ番号がつくような場合には，二重結合のほうが小さくなるように番号をつける。

(例)　1　　2　3　　4　　5
　　CH≡C—CH=CH—CH_3
　　3-ペンテン-1-イン (3-penten-1-yne)

1　　2　　3　　4　　5　6
CH_2=CH—CH=CH—C≡CH
1, 3-ヘキサジエン-5-イン (1, 3-hexadien-5-yne)

ここで非環状炭化水素基の名称について述べておこう。既に述べたように，アルカンの鎖端から水素1原子を除いてできる基は，アルカンの接尾語 -ane を -yl に変えて命名する。

CH_4	methane	CH_3-	メチル	methyl
CH_3-CH_3	ethane	CH_3-CH_2-	エチル	ethyl
CH_3-CH_2-CH_3	propane	CH_3-CH_2-CH_2-	プロピル	propyl
CH_3-$(CH_2)_2$-CH_3	butane	CH_3-$(CH_2)_2$-CH_2-	ブチル	butyl
CH_3-$(CH_2)_3$-CH_3	pentane	CH_3-$(CH_2)_3$-CH_2-	ペンチル	pentyl
CH_3-$(CH_2)_4$-CH_3	hexane	CH_3-$(CH_2)_4$-CH_2-	ヘキシル	hexyl
CH_3-$(CH_2)_5$-CH_3	heptane	CH_3-$(CH_2)_5$-CH_2-	ヘプチル	heptyl
CH_3-$(CH_2)_6$-CH_3	octane	CH_3-$(CH_2)_6$-CH_2-	オクチル	octyl
CH_3-$(CH_2)_7$-CH_3	nonane	CH_3-$(CH_2)_7$-CH_2-	ノニル	nonyl
CH_3-$(CH_2)_8$-CH_3	decane	CH_3-$(CH_2)_8$-CH_2-	デシル	decyl

これらの一般名は，アルカン alkane の -ane を -yl に変えて，**アルキル** alkyl 基という。さらに枝のあるアルキル基は，遊離原子価のある（手の出ている）炭素原子から番号をつけて最長鎖をもつ直鎖アルキル

基の名称に側鎖の名称を接頭して命名する。

(例)

$\overset{4}{CH_3}-\overset{3}{CH_2}-\overset{2}{CH_2}-\overset{1}{CH}(CH_3)-$ 1-メチルブチル 1-methylbutyl

$\overset{4}{CH_3}-\overset{3}{CH_2}-\overset{2}{CH}(CH_2-CH_3)-\overset{1}{CH_2}-$ 2-エチルブチル 2-ethylbutyl

次に示す基は慣用名が用いられる。

$(CH_3)_2CH-$ イソプロピル isopropyl

$(CH_3)_2CH-CH_2-$ イソブチル isobutyl

$CH_3-CH_2-CH(CH_3)-$ 第2ブチル sec-butyl

$(CH_3)_3C-$ 第3ブチル tert-butyl

$(CH_3)_2CH-CH_2-CH_2-$ イソペンチル isopentyl

$(CH_3)_3C-CH_2-$ ネオペンチル neopentyl

$CH_3-CH_2-C(CH_3)_2-$ 第3ペンチル tert-pentyl

$(CH_3)_2CH-CH_2-CH_2-CH_2-$ イソヘキシル isohexyl

不飽和鎖式炭化水素から導かれる一価の基の名称は，炭化水素名の接尾語 -ene, -yne, -diene などをそれぞれ -enyl, -ynyl, -dienyl などに変えて命名する。手の出ている炭素原子の位置番号を1とし，必要なら二重結合および三重結合の位置を示す。

(例) $CH\equiv C-$ エチニル ethynyl

$\overset{3}{CH_3}-\overset{2}{CH}=\overset{1}{CH}-$ 1-プロペニル 1-propenyl

$\overset{4}{CH_2}=\overset{3}{CH}-\overset{2}{CH}=\overset{1}{CH}-$ 1, 3-ブタジエニル 1, 3-butadienyl

$\overset{5}{CH}\equiv\overset{4}{C}-\overset{3}{CH}=\overset{2}{CH}-\overset{1}{CH_2}-$ 2-ペンテン-4-イニル 2-penten-4-ynyl

$\overset{4}{CH_3}-\overset{3}{C}(CH_3)=\overset{2}{CH}-\overset{1}{CH_2}-$ 3-メチル-2-ブテニル 3-methyl-2-butenyl

つぎの基は，慣用名を用いる。

$CH_2=CH-$ ビニル vinyl

$CH_2=CH-CH_2-$ アリル allyl

$CH_2=C(CH_3)-$ イソプロペニル isopropenyl

3. 合 成 法

(1) アセチレンの製法

カルシウムカーバイドに水を作用させる。

$$CaC_2+2H_2O \longrightarrow H-C\equiv C-H+Ca(OH)_2$$

$$\begin{array}{l} H\quad C\equiv C\quad H \longrightarrow H-C\equiv C-H \\ H-O\quad Ca\quad O-H \longrightarrow Ca(OH)_2 \end{array}$$

この方法はアセチレン製造の重要な工業的方法であったが，現在では，メタンを高温で熱分解する方法が用いられるようになった。

$$2\,CH_4 \xrightarrow{1500℃} HC\equiv CH+3\,H_2$$

(2) アセチレンより高級なアルキンの製法

アセチレンに液体アンモニア中でナトリウムを作用すると，アセチレンのHがNaと置換して，ナトリウムアセチリドを生成する。

$$HC\equiv CH \xrightarrow[\text{液体}NH_3]{Na} HC\equiv CNa+\frac{1}{2}H_2$$

これにハロゲンアルキル RX を作用させると，Naを Rで置換することができ，結局，アセチレンのHをアルキル基Rで置換することができる。

$$HC\equiv CNa+XR \longrightarrow HC\equiv C-R+NaX$$

さらに繰り返すことにより，他方のHもアルキル基で置換することができる。

$$HC\equiv C-R \xrightarrow[\text{液体}NH_3]{Na} NaC\equiv C-R+\frac{1}{2}H_2$$

$$NaC\equiv C-R+R'X \longrightarrow R'-C\equiv C-R$$

(3) 二重結合より三重結合の生成

これはアルケンに Br_2 を付加せしめ，KOHのアルコール溶液を用いて脱 HBr を2回やればよい。

$$-\overset{|}{C}=\overset{|}{C}- + Br_2 \longrightarrow -\overset{|}{\underset{Br}{C}}-\overset{|}{\underset{Br}{C}}- \xrightarrow[C_2H_5OH\ (-HBr)]{KOH}$$

$$-\overset{|}{C}=\underset{Br}{C}- \xrightarrow[C_2H_5OH\ (-HBr)]{KOH} -C\equiv C-$$

4. 物理的性質

アセチレンそのものは，沸点−75℃，融点−82℃，常温では無色の気体で純粋なものは無臭であるが，カルシウムカーバイドよりつくったアセチレンは，不純物のため不快臭をもつのがふつうである。点火するとススの多い光輝ある炎をあげて燃える（炭素含有率が高い）。圧縮すると爆発することがあり，危険であるがアセトンによく溶解する性質を利用してアセトン溶液として保存する。一般にアルキンはアルカンやアルケンと同様の物理的性質を示す。水には難溶だが無極性の有機溶媒（エーテル，リグロイン，ベンゼン，アセトン，四塩化炭素等）にはよく溶ける。比重は1より小さく，沸点は一般に炭素の増加とともに上昇し，炭素数の等しい異性体中では側鎖のないものの沸点が一番高いということもアルカンに似ている。

名　称	分子式	融点(℃)	沸点(℃)	比重(20℃)
アセチレン	$HC\equiv CH$	−82	−75	
プロピン	$HC\equiv CCH_3$	−101.5	−23	
1-ブチン	$HC\equiv CCH_2CH_3$	−122	9	
1-ペンチン	$HC\equiv C(CH_2)_2CH_3$	−98	40	0.695
1-ヘキシン	$HC\equiv C(CH_2)_3CH_3$	−124	72	0.719
1-ヘプチン	$HC\equiv C(CH_2)_4CH_3$	−80	100	0.733
1-オクチン	$HC\equiv C(CH_2)_5CH_3$	−70	126	0.747
1-ノニン	$HC\equiv C(CH_2)_6CH_3$	−65	151	0.763
1-デシン	$HC\equiv C(CH_2)_7CH_3$	−36	182	0.770
2-ブチン	$CH_3C\equiv CCH_3$	−24	27	0.694
2-ペンチン	$CH_3C\equiv CCH_2CH_3$	−101	55	0.714
3-メチル-1-ブチン	$HC\equiv CCH(CH_3)_2$		29	0.665
2-ヘキシン	$CH_3C\equiv C(CH_2)_2CH_3$	−92	84	0.730
3-ヘキシン	$CH_3CH_2C\equiv CCH_2CH_3$	−51	81	0.725
3,3-ジメチル-1-ブチン	$HC\equiv CC(CH_3)_3$	−81	38	0.669
4-オクチン	$CH_3(CH_2)_2C\equiv C(CH_2)_2CH_3$		131	0.748
5-デシン	$CH_3(CH_2)_3C\equiv C(CH_2)_3CH_3$		175	0.769

5.　化学的性質

(A)　付加反応

三重結合は，二重結合以上に不飽和であるから，付加反応の傾向は二重結合よりも一層強い。そして三重結合の場合，付加反応は２段階におこなわれる。

(1)　水素の付加

$$-C\equiv C- \xrightarrow[\text{Ni(Pt, Pd)}]{H_2} -\underset{}{\overset{H}{\overset{|}{C}}}=\overset{H}{\overset{|}{C}}- \xrightarrow[\text{Ni(Pt, Pd)}]{H_2} -\underset{H}{\underset{|}{\overset{H}{\overset{|}{C}}}}-\underset{H}{\underset{|}{\overset{H}{\overset{|}{C}}}}-$$

(例)：$CH_3-C\equiv C-CH_3 \xrightarrow[(Ni)]{H_2} CH_3-CH=CH-CH_3$
　　2-ブチン　　　　　　2-ブテン

$\xrightarrow[(Ni)]{H_2} CH_3-CH_2-CH_2-CH_3$
　　　　n-ブタン

(2)　ハロゲンの付加

$$-C\equiv C- \xrightarrow{X_2} -\underset{X}{\underset{|}{C}}=\underset{X}{\underset{|}{C}}- \xrightarrow{X_2} -\underset{X}{\underset{|}{\overset{X}{\overset{|}{C}}}}-\underset{X}{\underset{|}{\overset{X}{\overset{|}{C}}}}-$$

(例)：$CH_3-C\equiv C-H \xrightarrow{Br_2} CH_3-\underset{Br}{\underset{|}{C}}=\underset{Br}{\underset{|}{C}}-H \xrightarrow{Br_2}$
　　プロピン　　　　　1,2-ジブロモプロペン

$$CH_3-\underset{Br}{\underset{|}{\overset{Br}{\overset{|}{C}}}}-\underset{Br}{\underset{|}{\overset{Br}{\overset{|}{C}}}}-H$$

1,1,2,2-テトラブロモプロパン

(3)　ハロゲン化水素の付加

マルコフニコフの法則（p.30参照）にしたがう。

$$-C\equiv C- \xrightarrow{HX} -\underset{H}{\underset{|}{C}}=\underset{X}{\underset{|}{C}}- \xrightarrow{HX} -\underset{H}{\underset{|}{\overset{H}{\overset{|}{C}}}}-\underset{X}{\underset{|}{\overset{X}{\overset{|}{C}}}}-$$

(例)：$CH_3-C\equiv C-H \xrightarrow{HCl} CH_3-\underset{Cl}{\underset{|}{C}}=CH_2 \xrightarrow{HCl}$
　　プロピン　　　　　2-クロロプロペン

$$CH_3-\underset{Cl}{\underset{|}{\overset{Cl}{\overset{|}{C}}}}-CH_3$$

2,2-ジクロロプロパン

(4)　水の付加：水和反応

三重結合に対する付加反応の中で，最も重要な付加反応である。アセチレンを15～20%の希硫酸中で酸化水銀 HgO または硫酸水銀(Ⅱ) $HgSO_4$ を触媒にして反応させると，アセトアルデヒドを生ずる。この反応の機構として，中間に水銀化合物が生成するといわれているが，要するに水がHとOHに分かれて三重結合に付加するのである。すなわち，

$$\begin{matrix} H-C\equiv C-H \\ H-OH \end{matrix} \longrightarrow H-\underset{H}{\underset{|}{C}}=\underset{OH}{\underset{|}{C}}-H$$

ビニルアルコール

このとき -OH は，二重結合をしている炭素に結合しているが，このような -OH をエノール性 OH と呼んでいる。すなわち，二重結合を表す -ene と -OH を示す -ol を結合して，エノール enol という語ができたのである。かくして，アセチレンが水和反応をおこして，エノール性OHをもつビニルアルコールになる。しかし，我々はビニルアルコールを取り出すことはできない。なぜならこれは極めて不安定でアセトアルデヒドになってしまうからである。

$$H-\underset{H}{\underset{|}{C}}=\underset{OH}{\underset{|}{C}}-H \longrightarrow H-\underset{H}{\underset{|}{\overset{H}{\overset{|}{C}}}}-\underset{O}{\underset{\|}{C}}-H$$

ビニルアルコール　　　アセトアルデヒド

すなわち，ビニルアルコールの -OH のHがはずれ，二重結合の一つが開いて，そのHが左のCにつくのである。だから，アセチレンの水和反応によってアセトアルデヒドが得られるのである。この反応により，アセチレンからアセトアルデヒドをつくり，これを酸化して酢酸を，また還元してエタノールをつくり，また酢酸とエタノールから脱水して酢酸エチルをつくる反応は重要である。

$$CH\equiv CH \xrightarrow{\text{水和}} CH_3CHO \begin{cases} \xrightarrow{\text{酸化}} CH_3COOH \\ \xrightarrow[\text{還元}]{} C_2H_5OH \end{cases} \xrightarrow{-H_2O} CH_3COOC_2H_5$$

次に $R-C\equiv C-H$ の形のアルキンの水和反応はマルコフニコフの法則に従う。すなわち，水が三重結合に付加するとき -OH は水素数の少ないCにつく。

$$R-C\equiv C-H \xrightarrow[HgSO_4]{H_2O} R-\underset{OH}{\underset{|}{C}}=CH_2 \longrightarrow R-\underset{O}{\underset{\|}{C}}-CH_3$$

　　　　　　　　　エノール型　　　　ケト型

例えば，プロピンからはアセトンが得られる。

$$CH_3-C\equiv C-H \xrightarrow{\text{水和反応}} CH_3-\underset{\underset{O}{\|}}{C}-CH_3$$

(5) **酢酸およびシアン化水素の付加**

これらの付加および塩化水素の付加は，高分子合成上重要な反応である。

$$HC\equiv CH \begin{cases} \xrightarrow[HCl]{} CH_2=CH-Cl & \text{塩化ビニル} \\ \xrightarrow[CH_3COOH]{} CH_2=CH-OCOCH_3 & \text{酢酸ビニル} \\ \xrightarrow[HCN]{} CH_2=CH-CN & \text{アクリロニトリル} \end{cases}$$

(B) 酸化反応

一般に，-C≡C- は酸化剤に対して極めて酸化されやすく，$KMnO_4$，H_2O_2 により容易に三重結合が切断され，脂肪酸 RCOOH になる。

$$R-C\equiv C-R'+3O+H_2O \longrightarrow RCOOH+R'COOH$$

オゾンは付加してオゾニドを生成するが，水と反応してジカルボニル化合物を経て脂肪酸になる。

$$R-C\equiv C-R' \xrightarrow{O_3} R-C(-O-)C-R' \ (\text{O—O}) \xrightarrow{H_2O} R-\underset{\underset{O}{\|}}{C}-\underset{\underset{O}{\|}}{C}-R'$$

$$\xrightarrow{H_2O_2} RCOOH+R'COOH$$

これは，オゾニドに水を作用して生じた過酸化水素 H_2O_2 によりジケトンが酸化されている。

(C) 重合反応

(1) アセチレンを赤熱管（約500℃）中に通じると3分子が重合してベンゼンが得られる。

$$3\,H-C\equiv C-H \xrightarrow{\text{赤熱管中}} C_6H_6$$

または（ベンゼン環）

R—C≡C—H の形のアルキンを赤熱管に通じた時，3分子が重合してできると考えられる芳香族炭化水素は，次の対称型と非対称型の2種であり，隣接型はできない。

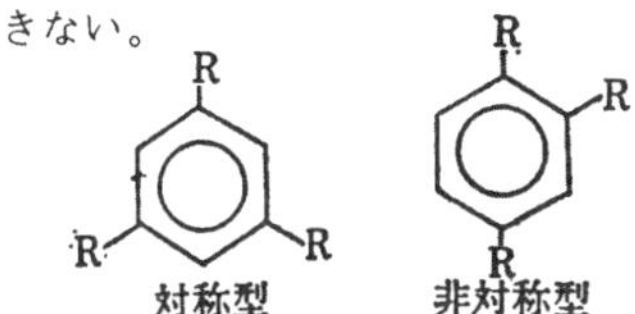

対称型　　非対称型

(2) 塩化銅(Ⅰ)と塩化アンモニウムを触媒にして，アセチレンを重合させると，ビニルアセチレン，さらに重合してジビニルアセチレンとなる。

$$H-C\equiv C-H + H-C\equiv C-H \longrightarrow H-C\equiv C-CH=CH_2$$

ビニルアセチレン

$$H-C\equiv C-H + HC\equiv C-CH=CH_2 \longrightarrow H_2C=CH-C\equiv C-CH=CH_2$$

ジビニルアセチレン

特に，ビニルアセチレン1モルに水素1モル付加させると，付加しやすい三重結合に付加し 1,3-ブタジエンを生じ，これは合成ゴムの原料として重要である。

$$CH\equiv C-CH=CH_2 \xrightarrow{H_2} CH_2=CH-CH=CH_2$$

ビニルアセチレン　　1,3-ブタジエン

また，ビニルアセチレン1モルに塩化水素を1モルだけ付加させてつくるクロロプレンも，また，合成ゴムの原料として大切である。

$$CH\equiv C-CH=CH_2 \xrightarrow{HCl} CH_2=\underset{Cl}{C}-CH=CH_2$$

ビニルアセチレン　　クロロプレン

(3) シアン化ニッケル(Ⅱ)を触媒としてアセチレンを重合させると，4分子が重合してシクロオクタテトラエン cyclo octatetraene（略して COT という）が生成する。

$$4\,CH\equiv CH \xrightarrow{Ni(CN)_2} \text{COT}$$

以上のアセチレンの重合をまとめると次のようになる。

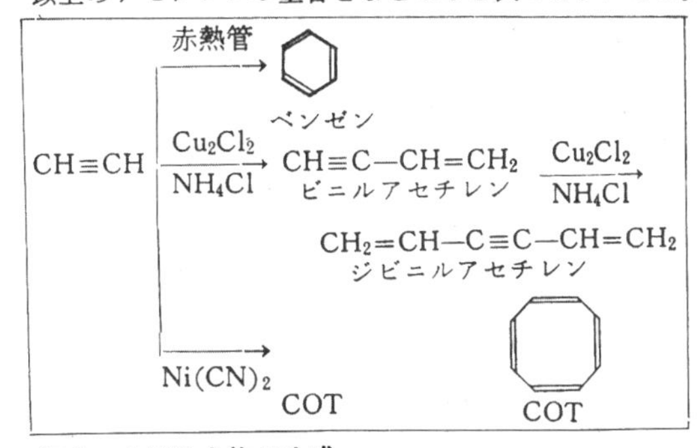

(D) 金属化合物の生成

アセチレンの水素は，金属によって置換される性質がある。すなわち，アセチレンは，弱い酸であることに気がつかなければならない。酸のHは金属によって置換される。例えば HCl に対して NaCl，H_2SO_4 に対して Na_2SO_4 などのように。結局，アセチレンも H^+ を出す酸の性質を弱いがもっている。

$$H-C\equiv C-H \rightleftarrows H-C\equiv C^- + H^+$$

このときの電離定数は約 10^{-25} であるから，水の電離

(10^{-14}) よりももっと弱い。前に述べたように，液体アンモニア中アセチレンにナトリウムを作用させると H_2 を発生し，ナトリウムアセチリド（アセチレン化ナトリウム）になる。

$$HC{\equiv}CH+Na \longrightarrow NaC{\equiv}CH+\frac{1}{2}H_2$$

また，カルシウムカーバイド CaC_2 は，アセチレンのカルシウム塩とも考えられる。

アンモニアアルカリ性の塩化銅(I)溶液，あるいは，アンモニアアルカリ性の硝酸銀溶液中にアセチレンを通じると，アセチレンのHはそれぞれ Cu または Ag で置き換わり，銅アセチリドまたは銀アセチリドを生じる。

$$HC{\equiv}CH+Cu_2Cl_2+2NH_3 \longrightarrow CuC{\equiv}CCu+2NH_4Cl$$
$$HC{\equiv}CH+2AgNO_3+2NH_3 \longrightarrow AgC{\equiv}CAg+2NH_4NO_3$$

これらは，水溶液中でそれぞれ沈殿する点でカルシウムカーバイドとは異なる。すなわち，カルシウムカーバイドが水と作用しアセチレンを生じるのと比べて，銅アセチリド(赤褐色)，銀アセチリド（白色）は水に不溶であるが，酸を作用すると，アセチレンを生じる。したがって，アセチレンの分離に用いられる。例えばエタン $CH_3{-}CH_3$, エチレン$CH_2{=}CH_2$, アセチレン $CH{\equiv}CH$ の混合気体を分けるには，まずこの混合溶液をアンモニアアルカリ性塩化銅(I)，またはアンモニアアルカリ性硝酸銀溶液に通じ，アセチレンを銅アセチリドまたは銀アセチリドとして除いた後，酸を作用してアセチレンだけを分離する。アセチレンを除いたエタンとエチレンの混合気体は，濃硫酸中に通じ，エチレンをモノエチル硫酸として除いた後，加熱してエチレンを回収する。エタンはどれとも反応しないのでこの3つの気体を分離することができる。

次に，この反応の利用として，アルキンの三重結合の位置が末端にあるかどうかを知ることができる。金属化合物の生成は，アセチレンだけではなく，アセチレンの1個のHがアルキル基が置換されたアルキンでも，アセチレンの他の1個の水素が残っているためにCu や Ag と置換し，水に不溶性の化合物をつくる。

$$R{-}C{\equiv}CH \xrightarrow[NH_3]{Cu_2Cl_2} R{-}C{\equiv}CCu$$

$$R{-}C{\equiv}C{-}H \xrightarrow[NN_3]{AgNO_3} R{-}C{\equiv}CAg$$

末端に三重結合をもつアルキンは，このように塩化銅(I)や硝酸銀のアンモニアアルカリ性溶液に作用すると銅及び銀化合物をつくるが，末端に三重結合のない $R{-}C{\equiv}C{-}R'$ 型のアルキンでは反応しない。

【例題】 炭化水素Aがある。A1.00gは水素660 ml（標準状態）を吸収して飽和炭化水素を生じ，この生成物の蒸気密度は標準状態で 3.22 g/l である。またAはアンモニア性硝酸銀溶液により白色沈殿を生じる。Aに可能な示性式をかけ。

【解】 Aに水素を付加して生成した飽和炭化水素の分子量は，その蒸気密度，すなわち，標準状態でその1 l の重さが 3.22g だからその1モルの重さより分子量を求めることができる。どんな気体でも標準状態で1モルは 22.4 l を占めるからこの飽和炭化水素の分子量は $3.22\times22.4\fallingdotseq72$

次に，A1モルがxモルの H_2 を付加したとすれば，Aの分子量は $(72-2x)$ となり，$A(72-2x)$ g すなわち1モルは，xモルの H_2 すなわち，標準状態で H_2 を $22.4xl$ 吸収するから

$$(72-2x)\times0.66=22.4x \qquad \therefore \quad x=2$$

したがって，Aの不飽和度は2で，二重結合が2個かまたは三重結合を1個もつかであるが，銀化合物をつくることより，$H{-}C{\equiv}C{-}R$ という構造をもつことがわかる。A の分子量が $72-2x=72-2\times2=68$ より，その分子式は C_5H_8 であるからR-は，C_3H_7- となり，これには，n-プロピル基とイソプロピル基と2種あるから

$H{-}C{\equiv}C{-}CH_2{-}CH_2{-}CH_3$ および

```
              CH3
             /
H—C≡C—CH
             \
              CH3
```

の2種が考えられる。

第4節 アルカジエン，ジエン，ジオレフィン

1. 概説

一つの分子の中に，二重結合を2個もつ鎖式炭化水素を**アルカジエン** Alkadiene, または単に**ジエン** diene とか**ジオレフィン** diolefine という。二重結合を示すのが -ene でそれが2個 (di) あるから，diene という。二重結合を2個有するから，アルカンC_nH_{2n+2}に比べて水素原子は4個少ない。一般式はアルキンと同じでC_nH_{2n-2}で示される。これらを二重結合の位置関係により，次のように三つに分類する。

(1) **隣接型**（**塁積型**）accumlated system
（二重結合が隣り合って存在するものである）

```
  |       |
—C＝C＝C—
```

(2) **共役型** conjugated system
（二重結合と単結合が一つおきにあるもの）

```
  |   |   |   |
—C＝C—C＝C—
```

(3) **隔離型**（**孤立型**）isolated system
（2個の二重結合が単結合を2個以上はさんで存在するもの）

```
  |   |     |     |   |
—C＝C—(C)n—C＝C—
            |
```

ここで2つのπ結合のπ電子雲のひろがりについて

考察してみよう。まず(1)の隣接型の例としてアレン $\overset{1}{C}H_2=\overset{2}{C}=\overset{3}{C}H_2$ の π 結合面を考えてみる。アレンの3つの炭素のうち1と3の炭素は，sp^2 混成軌道で，2の炭素は sp 混成軌道で互いに結合していることがわからなければならない。したがって，1と3の炭素からは1個の p 軌道が，2の炭素からは2個の p 軌道が，C—C—Cの直線鎖に対して垂直にのびている。これらの p 軌道上の p 電子雲が側面結合して π 結合を生じる（下図）。

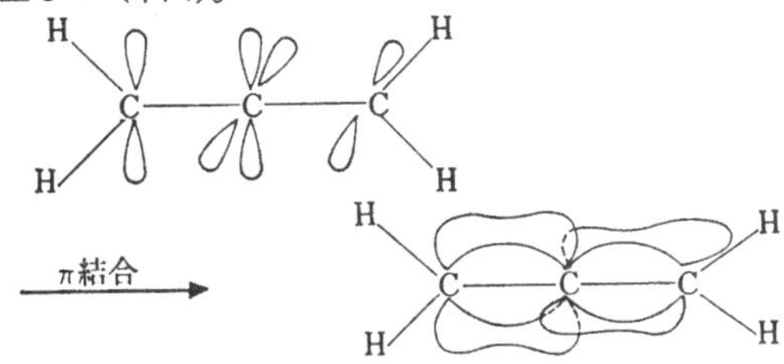

そのため，1と3のCの sp^2 混成軌道とHの 1s 軌道との σ 結合は平面的に互いに 120° 角で結合し，π 電子雲のひろがりの面と互いに直交している。その結果，1と3の炭素とHによって決まる平面①と④は，互いに直交する。

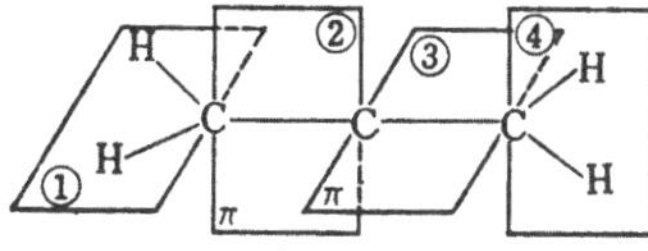

いま両端のHのところに a, b, a′, b′(a≠b, a′≠b′) なる原子または原子団がついた次に示すような化合物には，立体異性体の関係にある2種の構造が考えられる。CとCが π 結合で結合した2重結合であるから，自由回転 free rotation がきかない。すなわち，1つの面を固定して他の面だけをグルグルと回転はできないために(A)と(B)は立体異性になる。

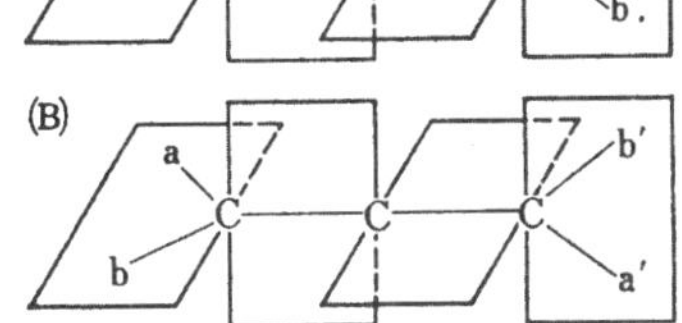

立体異性については後で述べるが，これにはシストランスの関係にある幾何異性と，互いに実像とその鏡像との関係にある光学異性とがある。さて諸君は（A）と（B）の立体異性はどちらかと考えるか？　シストランスの関係と思う人が多いと思うが，実は，（A）と（B）は光学異性である。シストランスは a, b, a′, b′ が同一平面上になければならないが，これらの化合物は，①と④の互いに直交する平面内にある。いま（A）を鏡に映したものを（A′）としてみよう。

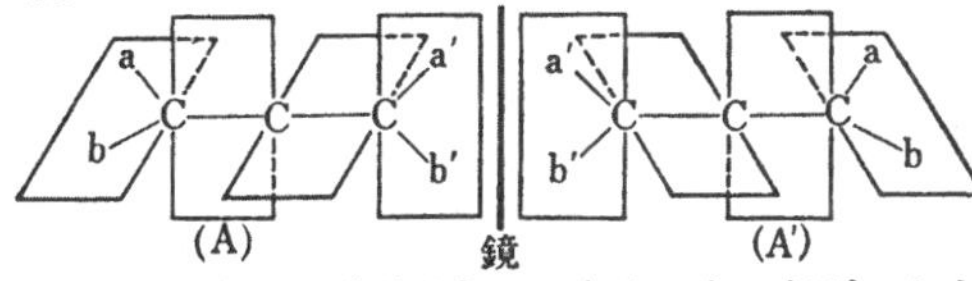

諸君は（A′）と（B）が同じものであることに気がつかなければならない。すなわち，（A′）を次のように回転してみよう。（A′）と（B）が等しいことがわかる。

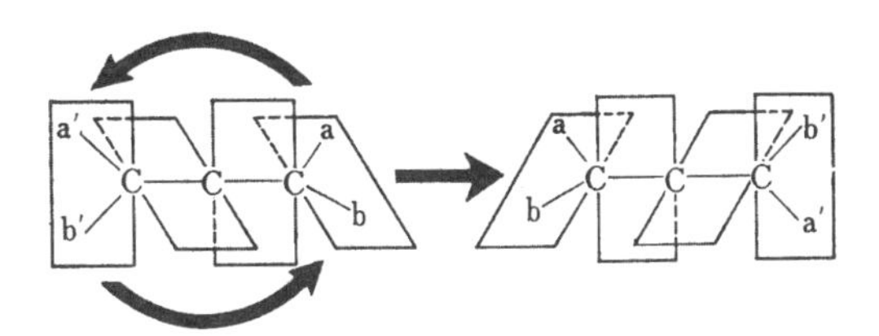

ついでに隣接して2重結合が3つある場合の空間的ひろがりについて考えてみよう。例としてブタトリエン $H_2\overset{1}{C}=\overset{2}{C}=\overset{3}{C}=\overset{4}{C}H_2$ について考察を加えてみる。1と4の炭素は sp^2 混成軌道で，2と3の炭素は sp 混成軌道で互いに σ 結合をつくっているため，この化合物もアレンと同様，直線的な形をしている。その π 電子雲のひろがりは次のようになる。

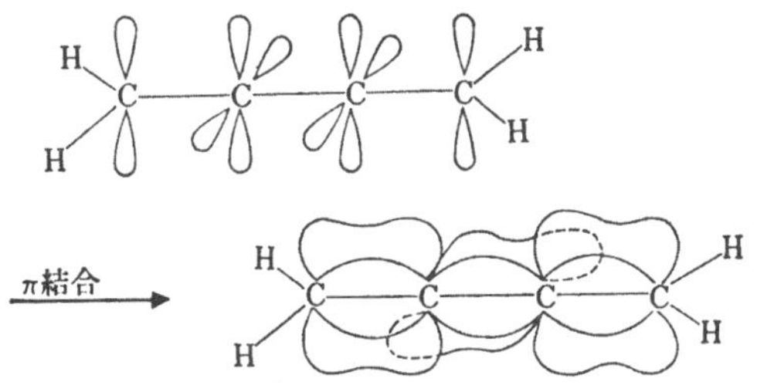

原子または π 電子雲のひろがりを次に示す。

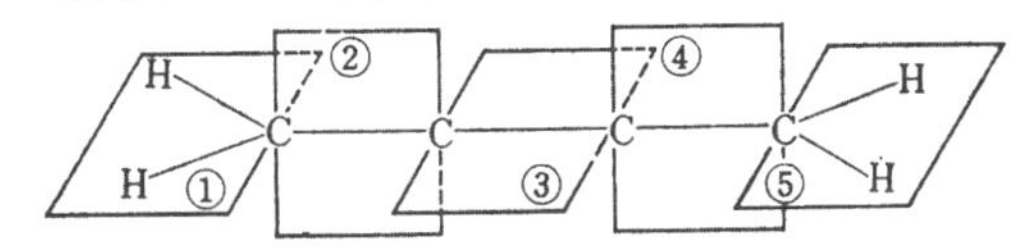

①，②，③，④，⑤の5つの平面は順次直交しているため，両端の炭素につく水素は，①および⑤の平面上にあり，①と⑤は同一平面である。したがって，両端のCにつくHを a, b, a′, b′ (a≠b, a′≠b′) なる原子，または原子団で置換した化合物には次に示すように2つの幾何異性体ができる。

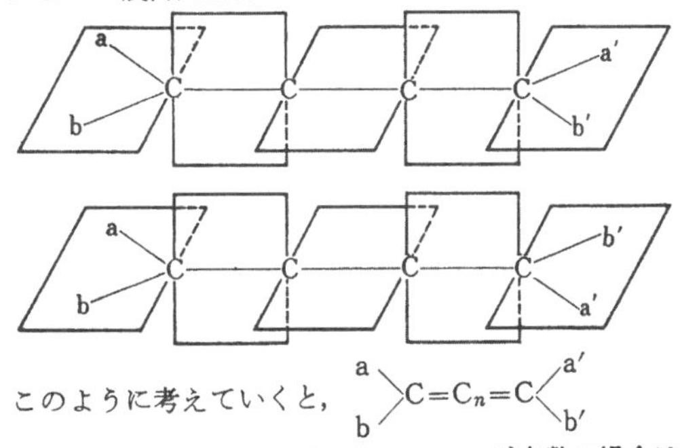

このように考えていくと，$\begin{matrix}a\\b\end{matrix}\!>\!C=C_n=C\!<\!\begin{matrix}a'\\b'\end{matrix}$ (a≠b, a′≠b′) のタイプのものは，n が奇数の場合は両端の平面は直交し，光学異性を生じ，n が偶数の場合は両端の平面同一平面で幾何異性を生じることがわかる。また，長い隣接二重結合をもつ炭化水素は，**クムレン** cumulene と呼ばれる。

次に，共役二重結合の π 電子雲のひろがりについて

考察してみよう。例えば 1, 3-ブタジエン

$\overset{1}{C}H_2=\overset{2}{C}H-\overset{3}{C}H=\overset{4}{C}H_2$ の二重結合は，通常の二重結合とは異なる性質を有している。以下に炭化水素中のCとCの原子間距離とその結合エネルギーを示す。

結　合	原子間距離	結合エネルギー
C−C	1.54Å	83 kcal/mol
C＝C	1.34Å	145 kcal/mol
C≡C	1.21Å	198 kcal/mol

ところが，1, 3-ブタジエンの3つのC原子間距離はみな等しく，一重結合と二重結合の中間の長さである1.40Åである。また1, 3-ブタジエン1モルに1モルの Br_2 を付加させると，それは両端の炭素につき，二重結合が中央に移動した構造のものができる。

$$CH_2=CH-CH=CH_2 \begin{cases} \rightarrow CH_2(Br)-CH=CH-CH_2(Br) & \text{(大部分)} \\ \rightarrow CH_2(Br)-CH(Br)-CH=CH_2 & \text{(少量)} \end{cases}$$

これを，1のCと4のCに付加するので1, 4付加 1, 4 addition と呼ぶ。もちろん，副産物として少量の1, 2付加したものもできる。まず，これをポーリングpaulingらによって提唱された共鳴説 resonance theory で説明してみよう。1, 3-ブタジエンを電子式でかくと次のようになる。

$$H_2\overset{1}{C}::\overset{2}{C}H:\overset{3}{C}H::\overset{4}{C}H_2$$
(a)

いま1と2の炭素間のπ電子および3と4の炭素間のπ電子が矢線のように移動したとすれば(b)になる。

$$H_2C::CH:CH::CH_2 \longleftrightarrow H_2\dot{C}:CH::CH:\dot{C}H_2$$
(b)

また(a)の1と2の炭素間のπ電子が2と3の炭素間に移動したとすれば，1の炭素は正に，3の炭素は負に帯電し，その結果，3と4の炭素間にあるπ電子が4の炭素におしやられ，そのため4の炭素は負に帯電する。これが(c)である。

$$H_2\overset{1}{C}::\overset{2}{C}H:\overset{3}{C}H::\overset{4}{C}H_2 \longrightarrow H_2\overset{\oplus}{C}:CH::CH:\overset{\ominus}{\ddot{C}}H_2$$
(c)

この変化を次のように示す。

$$CH_2=CH-CH=CH_2 \longleftrightarrow \overset{\oplus}{C}H_2-CH=CH-\overset{\ominus}{C}H_2$$

また，逆の方向にπ電子が移動したとすれば(d)となる。

$$CH_2=CH-CH=CH_2 \longleftrightarrow \overset{\ominus}{C}H_2-CH=CH-\overset{\oplus}{C}H_2$$
(d)

さて，1, 3-ブタジエンに対する(a)，(b)，(c)，(d)の4つの式は，いずれもCとHの原子の位置はみな同じだが，電子の配置の状態だけが異なるから分子構造の変化（すなわち別の化合物に変わったということ）を意味するものではなく，同じ分子の種々の異なったエネルギー状態を表したものである。では，実際の 1, 3-ブタジエンはどれかということになる。実際の 1, 3-ブタジエンは，これらのどれにも近いけれども，厳密にはそのいずれでもなく，またどれよりもエネルギーの低い状態のものとして存在しているというのである。すなわち，(a)，(b)，(c)，(d)の4つの状態はどれも真の 1, 3-ブタジエンよりもエネルギー状態が高く，1, 3-ブタジエンはこれらの**共鳴混成体** resonance hybrid といい，前述の各式を**極限式**または**限界式** limiting formula という。そして，真の 1, 3-ブタジエンはこれらの極限式の間で共鳴する resonate といわれる。これを表すのに，各極限式の間に←→なる記号をつける。

(例)

$$CH_2=CH-CH=CH_2 \longleftrightarrow \dot{C}H_2-CH=CH-\dot{C}H_2 \longleftrightarrow$$
(a)　(b)

$$\overset{\oplus}{C}H_2-CH=CH-\overset{\ominus}{C}H_2 \longleftrightarrow \overset{\ominus}{C}H_2-CH=CH-\overset{\oplus}{C}H_2$$
(c)　(d)

そして，これが反応するにあたって極限式のどれかの形で反応するわけで，実際の反応に最も適している極限式をその極限式の寄与は大きいという。共鳴現象が存在する場合，実際の物質がどの極限式よりもエネルギー状態の低い安定な状態にあるということは，その物質に対して可能な極限式が多くかければかけるほど，その物質は安定な物質であるといえる。さて，共鳴現象がおこるに必要な条件は，原子相互の位置はまったく同一で，ただ電子の配置だけが異なる2種以上の構造が考えられることである。

1, 3-ブタジエンに Br_2 が1, 4付加をする理由は，前記の極限式(b) $\dot{C}H_2:CH::CH:\dot{C}H_2$ と原子状臭素 Br・（臭素ラジカル）との反応と考えられる。また，臭素 Br_2 が Br^+ と Br^- に解離し，(c)および(d)と反応し1, 4付加が生じるとも考えられる。

次に 1, 3-ブタジエンのπ電子雲のひろがりについて考察してみよう。4つの炭素原子は sp^2 混成軌道でσ結合しているから，4個のCと6個のHは同一平面上にあって互いに120°の角で結合している。各C原子の中で sp^2 混成に関与しなかった p 軌道が，各C原子よりCとHの平面に対して垂直に伸びている。

ところが，$\overset{1}{C}H_2=\overset{2}{C}H-\overset{3}{C}H=\overset{4}{C}H_2$ で表されるように，1のCと2のCの p 軌道の p 電子がπ結合し，また3のCと4のCの間にπ結合が生じるのではなく，

π結合 →

2のCのp電子は1のCのp電子と3のCのp電子と平等にπ結合をする。同様に，3のCのp電子も2のCと4のCのp電子とπ結合する。(p.40下図)

すなわち，4つのCからのp電子は全部がつながって，π電子は分子全体に広がっているのが共役二重結合の特徴である。だから電子雲が移動する場合，全体が移動する。そして，各炭素間の結合も前に述べたように一重結合と二重結合の中間をもっているので，次のように表すこともある。

$$CH_2 \overset{\cdots}{=} CH \overset{\cdots}{=} CH \overset{\cdots}{=} CH_2$$

電子がこのように分子全体に広がることを，**電子の非局在化**といい，電子が非局在化すると分子全体が安定化する。ベンゼン C_6H_6 にも同様な現象が見られる。また，触媒を用いて 1, 3-ブタジエンを重合させると，次のように互いに付加重合し，合成ゴムを作ることができる。

$$n\,CH_2{=}CH{-}CH{=}CH_2 \longrightarrow n({-}CH_2{-}CH{=}CH{-}CH_2{-}) \xrightarrow{\text{互いに結合}} ({-}CH_2{-}CH{=}CH{-}CH_2{-})_n$$

同様に，イソプレンおよびクロロプレンも互いに付加重合して合成ゴムとなる。

(例)

$$n\ CH_2{=}\underset{}{\overset{CH_3}{\overset{|}{C}}}{-}CH{=}CH_2$$
イソプレン

$$\xrightarrow{\text{重合}} ({-}CH_2{-}\overset{CH_3}{\overset{|}{C}}{=}CH{-}CH_2{-})_n$$
ポリイソプレン

$$n\ CH_2{=}\overset{Cl}{\overset{|}{C}}{-}CH{=}CH_2$$
クロロプレン

$$\xrightarrow{\text{重合}} ({-}CH_2{-}\overset{Cl}{\overset{|}{C}}{=}CH{-}CH_2{-})_n$$
ネオプレン

2. 命 名 法

二重結合を2個もつから，相当するアルカンの接尾語 -ane を -adiene に換えて命名する。

$CH_2{=}C{=}CH_2$　プロパジエン propadiene

これについては前述のアレン allene という慣用名が認められている。

$CH_2{=}C{=}CH{-}CH_3$　1, 2-ブタジエン
1, 2-butadiene

$CH_2{=}CH{-}CH{=}CH_2$　1, 3-ブタジエン
1, 3-butadiene

$CH_2{=}\overset{CH_3}{\overset{|}{C}}{-}CH{=}CH_2$　2-メチル-1, 3-ブタジエン
2-methyl-1, 3-butadiene

$CH_2{=}CH{-}CH_2{-}CH{=}CH_2$　1, 4-ペンタジエン
1, 4-pentadiene

【例題】 過マンガン酸カリウム（バイヤーの試液）で酸化した場合，つぎの各物質を生じる化合物の名称と示性式を示せ。

(a) $(CH_3)_2CO+CH_3{-}CH_2{-}COOH$
(b) $CH_3COOH+HOOC{-}CH_2{-}COOH+CH_3COOH$
(c) $2\,CO_2+HOOC{-}CH_2{-}COOH$
(d) $CH_3{-}CO{-}CH_2{-}CH_3+(CH_3CH_2)_2CO$

【解】 p.31～32 で述べたように，二重結合を有する炭化水素を $KMnO_4$ で酸化すると何が生成するか，この箇所をいま一度読み返してから解いてもらいたい。

(a) $CH_3{-}\overset{CH_3}{\overset{|}{C}}{=}CH{-}CH_2{-}CH_3$　2-メチル-2-ペンテン
(b) $CH_3{-}CH{=}CH{-}CH_2{-}CH{=}CH{-}CH_3$　2, 5-ヘプタジエン
(c) $CH_2{=}CH{-}CH_2{-}CH{=}CH_2$　1, 4-ペンタジエン
(d) $CH_3{-}CH_2{-}\overset{CH_3}{\overset{|}{C}}{=}\overset{CH_2-CH_3}{\overset{|}{C}}{-}CH_2{-}CH_3$　4-エチル-3-メチル-3-ヘキセン

第2章 異　　性

分子式が同じでもその性質の異なる化合物を互いに異性体 isomer といい，この関係を異性 isomerism という。異性は，原子の結合の仕方の違いによる**構造異性** structural isomerism と構成原子の空間的配列の違いによる**立体異性** stereoisomerism の2つに大別される。各異性は次のように分類することができる。

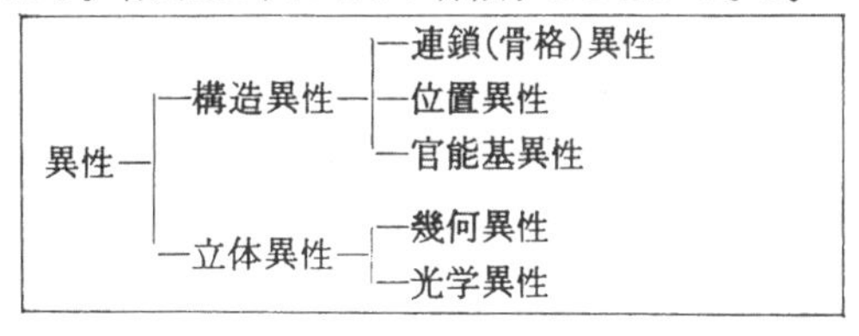

第1節　構造異性

1. 連鎖異性 (chain isomerism)

炭素原子の結合の仕方が違う異性をいう。炭素数が3個までは連鎖異性は存在しないが，既に述べたように炭素が4個以上互いに結合する場合は連鎖（骨格）異性が生じる。

(例)：ブタン C_4H_{10}

$CH_3{-}CH_2{-}CH_2{-}CH_3$　ブタン(n-ブタン)

$CH_3{-}\underset{CH_3}{\underset{|}{CH}}{-}CH_3$　2-メチルプロパン(イソブタン)

ペンタン　C_5H_{12}

$CH_3{-}CH_2{-}CH_2{-}CH_2{-}CH_3$
ペンタン(n-ペンタン)

$CH_3-CH(CH_3)-CH_2-CH_3$ 2-メチルブタン（イソペンタン）

$CH_3-C(CH_3)_2-CH_3$ 2, 2-ジメチルプロパン（ネオペンタン）

2. 位置異性 (position isomerism)

炭化水素では連鎖異性だけが存在するが，炭化水素のHを他の原子，または原子団で置換した化合物では，炭素そのものの結合の仕方は同じ，すなわち，炭素の骨格は同じだが，置換基のつく位置の違いによる異性を，位置異性という。

(例)：プロパノール(プロピルアルコール)：C_3H_7OH

$CH_3-CH_2-CH_2-OH$ 1-プロパノール(*n*-プロピルアルコール)

$CH_3-CH(OH)-CH_3$ 2-プロパノール（イソプロピルアルコール）

クレゾール：$C_6H_4(OH)CH_3$ クレゾールは，ベンゼン核にメチル基と水酸基のつく位置の相違による異性で，特に核異性 nuclear isomerism ともいう。

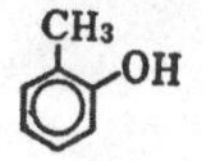

オルトクレゾール

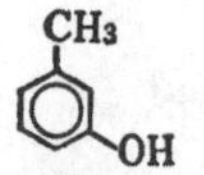

メタクレゾール

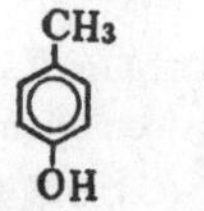

パラクレゾール

3. 官能基異性(functional group isomerism)

(官能基の違いによる異性をいう)

(例)：C_2H_6O

CH_3-CH_2-OH エタノール　　CH_3-O-CH_3 ジメチルエーテル

エタノールはアルコールで，ジメチルエーテルはエーテルの性質をもち，互いに官能基異性体である。特に，この両者が互いに平衡的に移動しうる場合は，互変異性 tautomerism という。

$CH_3-CO-CH_2-COOC_2H_5$ ケト型

$\underset{ケト化}{\overset{エノール化}{\rightleftarrows}}$ $CH_3-C(OH)=CH-COOC_2H_5$ エノール型

これは，アセト酢酸エチルのケト・エノール互変異性で一般にケト型のものが安定で，既に述べたビニルアルコール（エノール型）は不安定で，アセトアルデヒド（ケト型）に変わってしまう。

第2節　立体異性

1. 幾何異性 (geometrical isomerism)

シス-トランス異性 cis-trans isomerism

HOOC—CH=CH—COOH という示性式で表されるジカルボン酸（カルボキシル基を2個もつカルボン酸）に2種類あることがわかっている。一つは融点130℃のマレイン酸，他は融点286℃のフマール酸である。

$\begin{matrix}H & & H\\ & C=C & \\ HOOC & & COOH\end{matrix}$ マレイン酸　　$\begin{matrix}H & & COOH\\ & C=C & \\ HOOC & & H\end{matrix}$ フマール酸

C—C は，一方のCが固定し，他方のCが自由回転ができるが，C=C では二重結合のため，一方を固定し，他方の炭素を自由に回転することができない。

マレイン酸のように同種の原子または原子団が同じ側にあるものを**シス形** cis type といい，フマール酸のように反対側にあるものを**トランス形** trans type という。このように，幾何異性が存在するには原子間で自由回転 free rotation がきかなくなるために生じるものであるから，二重結合をもつものに限ったことではなく，環状構造をもつものにも見られる。

（i） 二重結合をもつ場合

前に述べたマレイン酸とフマール酸の場合がそうであるが，一般に二重結合の炭素が両方とも2個の異なる原子または原子団と結合する場合は幾何異性体が存在する。

(A) $\begin{matrix}a & & a\\ & C=C & \\ b & & b\end{matrix}$ シス型　　$\begin{matrix}a & & b\\ & C=C & \\ b & & a\end{matrix}$ トランス型

(B) $\begin{matrix}a & & a\\ & C=C & \\ b & & d\end{matrix}$ シス型　　$\begin{matrix}a & & d\\ & C=C & \\ b & & a\end{matrix}$ トランス型

(C) $\begin{matrix}a & & d\\ & C=C & \\ b & & e\end{matrix}$　　$\begin{matrix}a & & e\\ & C=C & \\ b & & d\end{matrix}$

最後の例(C)では，4つの原子または原子団がみな異なる場合は，いずれがシス型で，いずれがトランス型とはいえないが，互いに幾何異性である。どちらか一方の一つの炭素に同じ原子または原子団がつくと，幾何異性は存在しない。たとえば，次の化合物には幾何異性はない。

$CH_2=CH_2$，$(CH_3)_2C=CH-CH_3$，

$(CH_3)(CH_3-CH_2)C=CH_2$，$Cl_2C=CHCl$

では(A)の例をあげてみよう。

マレイン酸，フマール酸の他に $CH_3-CH=CH-CH_3$，Cl—CH=CH—Cl，(B)の例としては Cl—CH=CH—Br，HOOC—CH=CH—Cl (C)の例としては Cl—CH=C(Br)(COOH)　HO—CH=C(Cl)(COOH) 等がある。

（ii） C=N，N=N をもつ場合

Nは3価だが，次に示すように幾何異性が存在する。

C=N, N=N の面に対し2個の原子または原子団が同じ側にあるものを**シン型** syn type, 反対側にあるものを**アンチ型** anti type と呼ぶ。

シン型	アンチ型
a, b ＞C=N─d	a, b ＞C=N─d
a─N=N─a	a─N=N─a
a─N=N─b	a─N=N─b

例えば，アゾベンゼンではシン型とアンチ型がある。

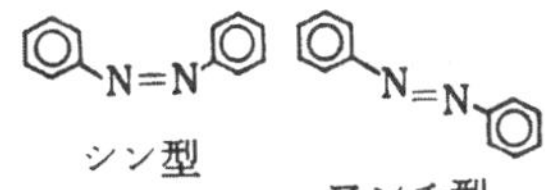

シン型　　アンチ型

(iii)　環式化合物

$$\text{HOOC—}\overset{*}{\text{C}}\text{H—}\overset{*}{\text{C}}\text{H—COOH}$$
$$\text{CH}_2$$

シクロプロパンジカルボン酸

CとCの間に二重結合がある場合のみならず，シクロプロパンジカルボン酸のように環状構造がある場合，自由回転ができず幾何異性の可能性が生じる。

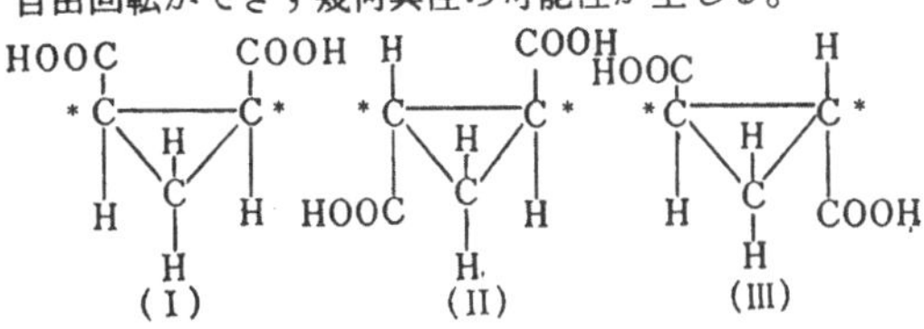

シクロプロパンジカルボン酸の環を形成している3つの炭素は，同一平面にある。(Ⅰ)は -H または，-COOH が同一側にあるためシス型である。それに対し，(Ⅱ)および(Ⅲ)は -H または -COOH が反対側にあるため，トランス型である。ところがこの場合，トランス体は(Ⅱ)および(Ⅲ)の2種類あることに注意しなければならない。(Ⅱ)と(Ⅲ)は重ね合わすことのできない実物と鏡像の関係，すなわち対掌体で，互いに光学異性体である。これは，* 印のついている炭素が不斉炭素原子であることよりわかる。(Ⅱ)と(Ⅲ)は光学的にだけ性質が異なり，他の性質は同じである。事実，シクロプロパンジカルボン酸は融点139℃と175℃の二種類の結晶があり，前者は無水物をつくるから2つの -COOH が同じ側にあり，シス体であり，後者は無水物をつくらないから，トランス体であることがわかる。次に，シクロブタンジカルボン酸のように4員環ではさらに異性体の数が増加する。

(ⅰ)　シクロブタン-1,1-ジカルボン酸

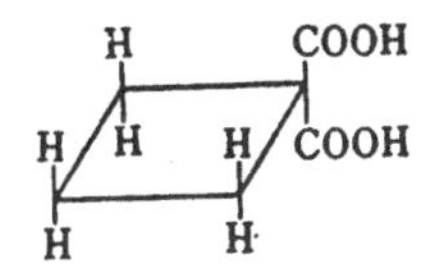

(ⅱ)　シクロブタン-1,2-ジカルボン酸

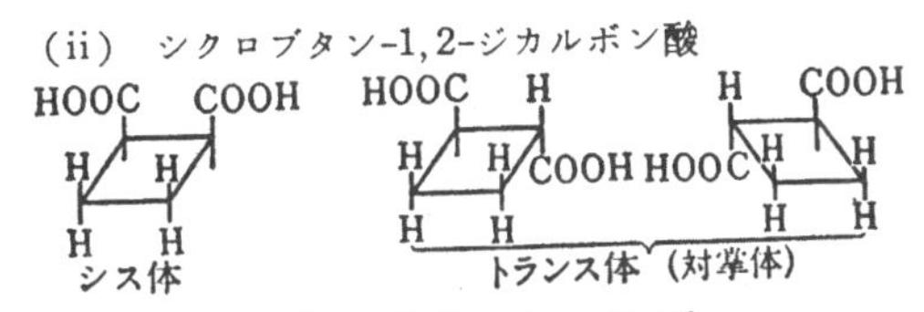

シス体　　トランス体（対掌体）

(ⅲ)　シクロブタン-1,3-ジカルボン酸

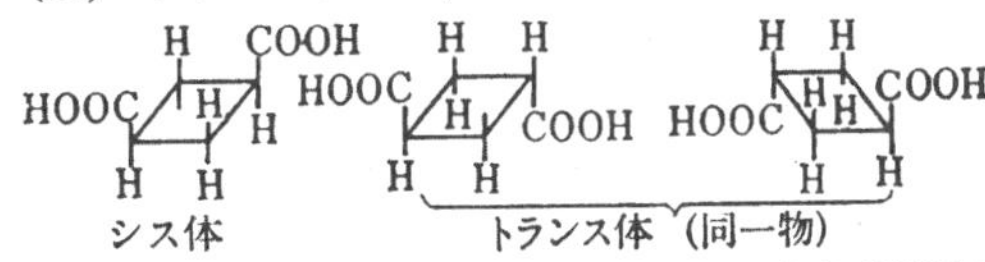

シス体　　トランス体（同一物）

シクロブタン-1,3-ジカルボン酸には，不斉炭素原子はなく，トランス体は一種しかない。

2.　光学異性 (optical isomerism)

sp^3 混成軌道をしている炭素原子の4つの手に，すべて相異なる原子または原子団が結合している炭素原子を，**不斉炭素原子**または**アシメ炭素原子** asymmetric carbon atom という。不斉炭素原子が存在すると，次に示すように互いに重ね合わすことのできない2つの立体構造が存在する。

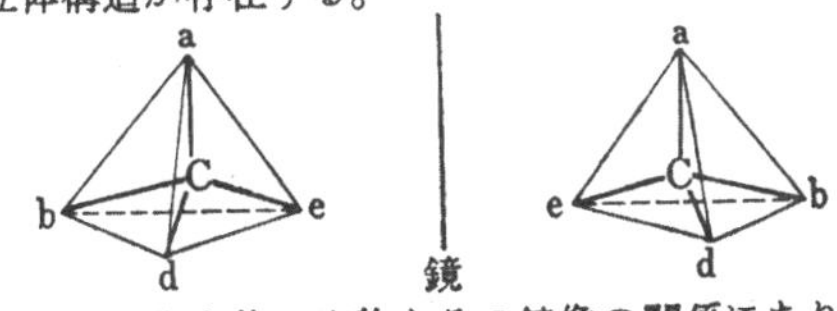

この2つの化合物は実物とその鏡像の関係にあり，互いに**鏡像体** enantiomer または**対掌体** antipode であるという。

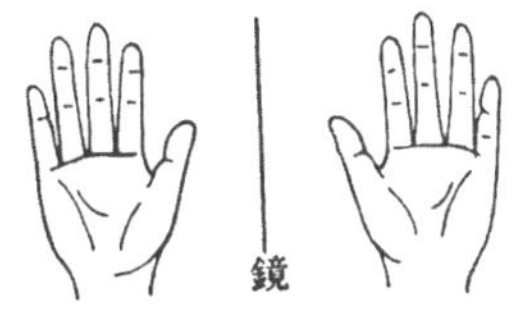

このように，実像とその鏡像または右手と左手の関係を **キラリティ** chirality といい，そのような関係にある物体を**キラル** chiral, 一つの物体がその鏡像と立体的に一致すればアキラル achiral という。たとえば，乳酸には二種類のものが天然に存在する。筋肉の組織中にあるもの（筋肉乳酸）と，乳から乳酸菌により生じた乳酸とである。これらは，いずれも化学的および物理的性質は同じだが，偏光面を回転させる方向が違うのである。すなわち，融点，沸点，溶媒への溶解度，密度，などはみな等しいが，旋光性をもち，偏光面を右に回転させる乳酸と左へ回転させる乳酸がある。その理由は，乳酸は右に示すような示性式で表され，不斉炭素原子(* 印)を有するため鏡像体が存在するからである。

$$\text{CH}_3\text{—}\overset{*}{\text{C}}\text{H—COOH}$$
$$\text{OH}$$

さて，偏光面を回転させる性質，旋光性とはどんな性質であるかを述べる前に，偏光とはどんな光なのだ

ろう。

太陽光線のような光は種々の波長の光がまざったものであるが，その中から一つの波長のみをもつ光をプリズムや回折格子を用いてとりだしたとき，それを単色光 monochromatic rays という。また，ナトリウムの炎色反応や，ナトリウムランプより生じるナトリウムのD線は，単色光としてよく用いられる。光はその進行方向に垂直な面内で振動運動をする(よこ波)。単色光でも，その進行方向に垂直な面（無数にある）内で振動しているが，その光をニコルプリズムを通過させると進行方向に垂直な１つの面内のみで振動する光しか通過せず，他の面内で振動していた光は通過できない。この１つの面内でのみ振動している光を偏光 polarized light といい，その面を偏光面 plane of polarization という。

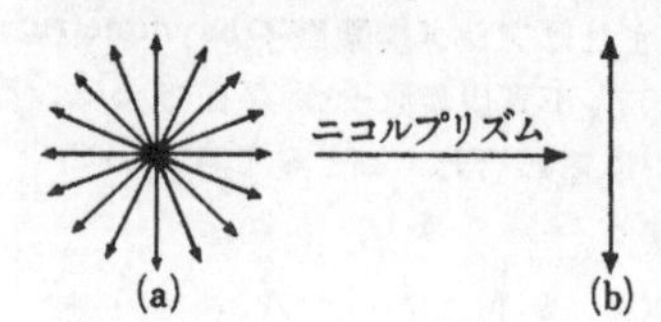

(a)普通の単色光で，光は紙面の後方から紙面に垂直に進行しあらゆる方向に振動しているが，ニコルプリズムを通過した偏光(b)は，１つの面内で振動している。この偏光を，筋肉乳酸の水溶液中を通すと偏光面が回転されることが観察される。この性質を旋光性といい，旋光性をもっている物質を光学的に活性であるという。

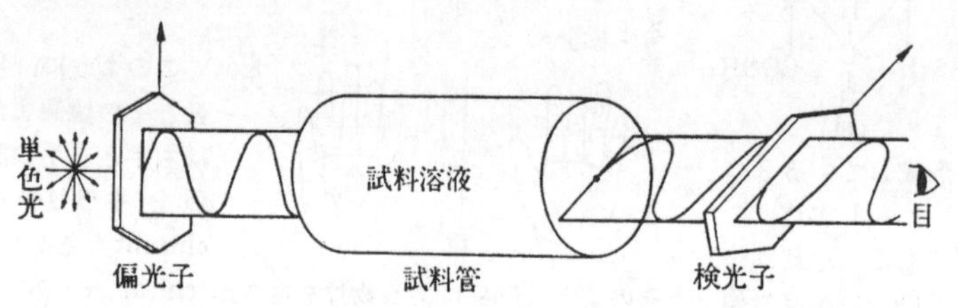

単色光から偏光をつくるのに用いられるニコルプリズムを偏光子といい，この偏光がどちらの方向にどれだけ回転されたかを見るために用いられる上の図の右方のニコルプリズムを検光子という。

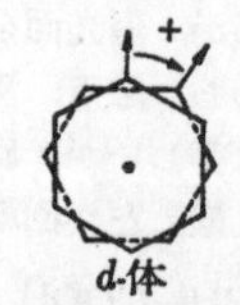

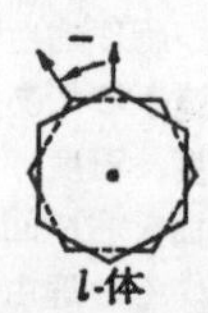

また，検光子の回転した角度を旋光角といい，その向きが右まわり(時計まわり)であれば，すなわち右旋性であれば d 体(ラテン語：dexter 右)，回転が左（反時計まわり）であれば，すなわち左旋性であれば l 体（ラテン語：laerus 左）という。また，右旋性であれば旋光角の前に＋を，左旋性であれば－をつける。筋肉乳酸は右旋性なので，d 乳酸または(＋)－乳酸といわれ，その対掌体が l 乳酸または(－)－乳酸である。そして d 体と l 体を互いに光学異性体ともいう。

光学的に活性な一つの化合物でも，その旋光角は試料管の長さが一定ならばその溶液の濃度に比例し，濃度が一定ならば試料管の長さに比例する。そこでその物質の旋光性の大きさを表すときは，その旋光度を計るときの濃度と試料管の長さを決めておかなければならない。濃度がその溶液 1 ml 中に溶媒が 1 g 溶けているように調製し，試料管の長さを 10cm にして計った旋光角を比旋光度といって $[\alpha]$ で表し，この大小によって旋光性の強さを知ることができる。長さが l dm，濃度が c g/ml であるときの旋光角を α とすれば，比旋光度は次のように表される。

$$[\alpha]=\frac{\alpha}{l\cdot c}$$

d 乳酸の比旋光度 $[\alpha]=+2.6°$ であり，l 乳酸の比旋光度 $[\alpha]=-2.6°$ である。すなわち同濃度，同試料管で旋光角を測定すると，d 体と l 体ではその旋光角の大きさは等しく，回転の向きは逆となる。もし，d 乳酸と l 乳酸が同量（すなわち同モル）混合しているものを水に溶かし，試料管に入れて旋光角を測定しても，偏光面は全く回転しない。このように d 体と l 体が同量混合しているものを ***dl* 体**または**ラセミ体** racemic form という。筋肉の中でグリコーゲンの解糖作用によってできる乳酸は d 乳酸だが，われわれがビーカーやフラスコ等を使って合成した乳酸は dl 体になる。一般に生物体内で合成（生合成）される光学活性物質は d 体か l 体のどちらかの場合がほとんどであるが，人工的に合成したものはほとんどが dl 体である。

しかし近年になって d 体か l 体の一方だけを合成する技術も発達してきた。また，人工的に合成した dl 体を d 体と l 体に分割することも行われている。

同一化合物の d 体と l 体は光学的にのみ性質が異なるというけれども，実はそれが薬として用いられた場合，その薬理作用すなわち薬の効き方が違う。

たとえば，気管支喘息の薬として用いられるエフェドリンは，マオウという植物に含まれており，これは l 体で $[\alpha]=-33.0°$ である。

H　H
C　—　C　—CH_3
OH　NH—CH_3

ところが d 体は l 体の 1/15 の薬としての効きめがなく，したがって合成してつくった dl 体を分割する必要がある。

次に dl 体の分割法を述べよう。

（a） 物理的方法

適当な条件下でラセミ体の結晶を再結晶すると，d 体および l 体の両成分が別々の結晶となって析出することがある。1848年パスツール Louis Pasteur は酒石酸アンモニウム・ナトリウムの結晶には２種類あって，この２種は結晶の形が鏡像の関係にあることを発見した。

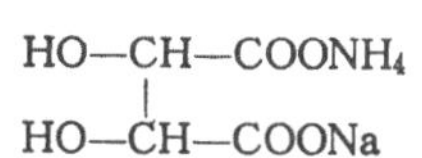

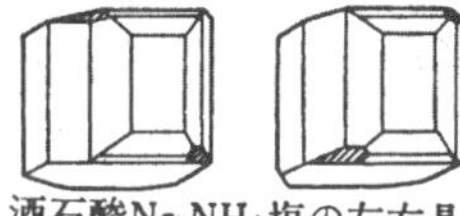
酒石酸Na-NH₄塩の左右晶

このような場合は，ピンセットと拡大鏡を用いて両成分を分けることができる。しかしこの方法が用いられる例はきわめて少ない。

（b） 生物学的方法

dl 体の希薄溶液に酵母，バクテリア等を繁殖させると，それらが *d* 体または *l* 体の一方を分解してしまうことがある。それによって分解されない方を取り出すことができる。しかし，この方法も適当な酵母やバクテリアが常にあるとは限らず，また *d* 体，*l* 体の一方しか得られないという欠点がある。

（c） 化学的方法

これは，そのラセミ体が酸または塩基の場合に主として用いられる。いまラセミ体が酸であるとすれば，これは *d* 酸と *l* 酸の等量混合物である。この溶液に光学的に活性な *l* 塩基を加えると，次に示すように２種の塩，すなわち *d* 酸と *l* 塩基の塩（これを *dl*-塩と呼ぶ）と *l* 酸と *l* 塩基の塩（これを *ll* 塩と呼ぶ）ができる。

```
        ┌─ d 酸 ──l 塩基──→ dl 塩
ラセミ酸─┤
        └─ l 酸 ──l 塩基──→ ll 塩
```

さて，*dl* 塩と *ll* 塩はもはや対掌体ではなく（*dl* 塩と *ld* 塩および *ll* 塩と *dd* 塩が対掌体である），したがって，その物理的性質に差が生じるので，それを利用して分離ができる。パスツールは *dl*-酒石酸を光学活性な *d*-シンコニンを用いて *d* 体と *l* 体に分割した。

以上述べたように，不斉炭素原子（アシメ炭素原子）があれば光学的に活性になる可能性が生じる。後で述べるが，不斉炭素原子をもっていても光学的に不活性なものもある。また，不斉炭素原子をもっていなくても不斉分子，すなわち，その鏡像体の存在する分子には光学的に活性なものもある。だから，不斉炭素原子があるか否かから光学活性があるかどうかの決め手にはならないが，その大部分は不斉炭素原子を有している。

ここで特に注意しておきたいことは，炭素の４つの手に全部違った原子または原子団がついて，その炭素が不斉炭素原子になるが，その時，同位体たとえばHとD（重水素 ^{2}H）は違ったものとなる。例えば，次のような化合物の中の＊印をつけた炭素は，不斉炭素原子となり光学的に活性である。

```
                *
CH3—CH2—CH—CH3
            |
            D
```

次に，２個以上の不斉炭素原子をもつ場合について考えてみよう。たとえば2-ブロモ-3-クロロブタンは，２個の不斉炭素原子をもっているが，このような分子も重なり合わない鏡像をもち光学活性である。

```
       *    *
CH3—CH—CH—CH3
       |    |
       Br   Cl
```

しかし，不斉炭素原子が２個ある場合には，鏡像の関係にない光学異性体も存在する。この鏡像異性体でない光学異性を**ジアステレオマー** diastereomer という。次に 2-ブロモ-3-クロロブタンの立体異性体を示す。

```
    CH3     |     CH3              CH3     |     CH3
     |      |      |                |      |      |
  H—C—Br    |  Br—C—H           H—C—Br    |  Br—C—H
     |      |      |                |      |      |
  H—C—Cl    |  Cl—C—H          Cl—C—H     |   H—C—Cl
     |      |      |                |      |      |
    CH3     |     CH3              CH3     |     CH3
   (a)     鏡     (b)              (c)     鏡    (d)
```

（a）と（b）および（c）と（d）は，互いに鏡像異性体であるが，（a）と（c），（a）と（d），（b）と（c），（b）と（d）は互いにジアステレオマーである。ジアステレオマーどうしは鏡像関係ではないから，物理的性質が同じではない。一般に沸点，融点，溶解度などは違っており，旋光度の符号や大きさも互いに無関係である。一般に不斉炭素原子を *n* 個有する化合物は最高 2^n 個の光学異性体が存在する。上記の例では不斉炭素原子が２個あるから $2^2=4$ 個の光学異性体が存在する。これらを一般形で表わすと

```
    Y   Y'
    |   |
X—C—C—X'
    |   |
    Z   Z'
```

となり，これらの光学異性体を立体的に表すと次のようになる。

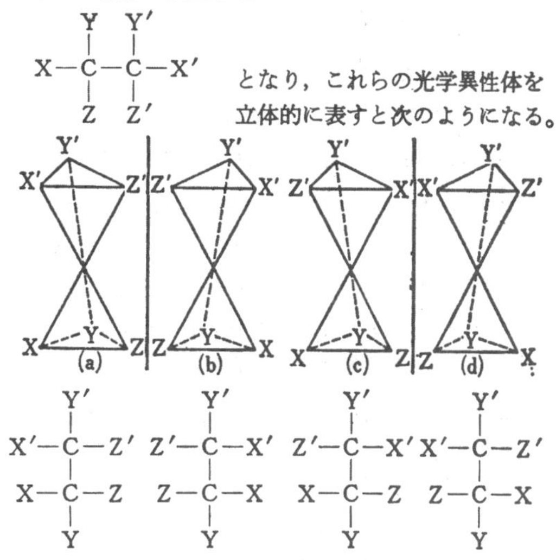


```
     Y'           Y'           Y'           Y'
     |            |            |            |
X'—C—Z'     Z'—C—X'     Z'—C—X'     X'—C—Z'
     |            |            |            |
 X—C—Z       Z—C—X       X—C—Z       Z—C—X
     |            |            |            |
     Y            Y            Y            Y
```

前述のように，（a）と（b）は鏡像異性体（対掌体）であり，（c）と（d）も互いに鏡像体であるがそれ以外の２種の組合わせはジアステレオマーである。このように $2^2=4$ 種の光学異性体が存在するが，もし $X=X'$，$Y=Y'$，$Z=Z'$ であれば次のようになる

```
     Y           Y           Y           Y
     |           |           |           |
 X—C—Z      Z—C—X      Z—C—X      X—C—Z
     |           |           |           |
 X—C—Z      Z—C—X      X—C—Z      Z—C—X
     |           |           |           |
     Y           Y           Y           Y
   (a')        (b')        (c')        (d')
```

ところが（a′）と（b′）は互いに重ね合わすことができ，同一物質であることに注意してほしい。

すなわち,

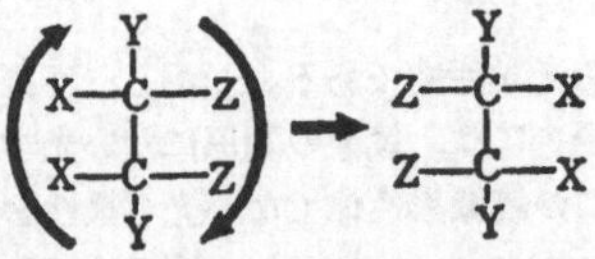

$$\left(\begin{matrix} & Y & \\ X- & C & -Z \\ X- & C & -Z \\ & Y & \end{matrix}\right) \longrightarrow \begin{matrix} & Y & \\ Z- & C & -X \\ Z- & C & -X \\ & Y & \end{matrix}$$

したがって,(a′)=(b′)で互いに同じものであり,光学的に不活性である。不斉炭素原子をもっていながら,光学的に不活性である。また,ラセミ体も不斉炭素原子をもっていても光学的に不活性である。(a′)すなわち(b′)のような化合物を**メソ体**と呼んでいる。次にその例をあげてみると,

(例):2,3-ジクロロブタン

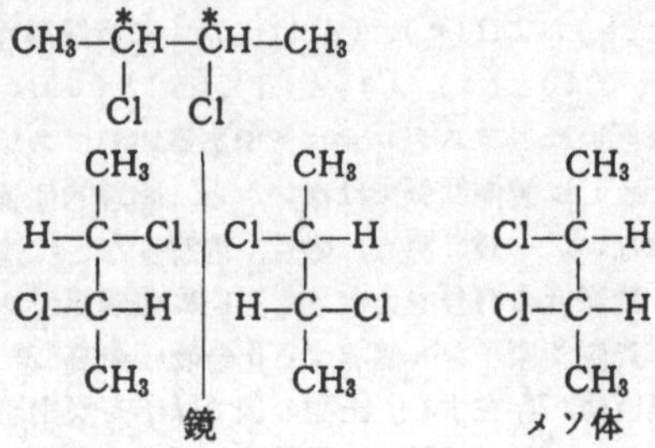

$CH_3-\overset{*}{C}H(Cl)-\overset{*}{C}H(Cl)-CH_3$

		鏡			
CH_3			CH_3		CH_3
H—C—Cl			Cl—C—H		Cl—C—H
Cl—C—H			H—C—Cl		Cl—C—H
CH_3			CH_3		CH_3
					メソ体

酒石酸

$HOOC-\overset{*}{C}H(OH)-\overset{*}{C}H(OH)-COOH$

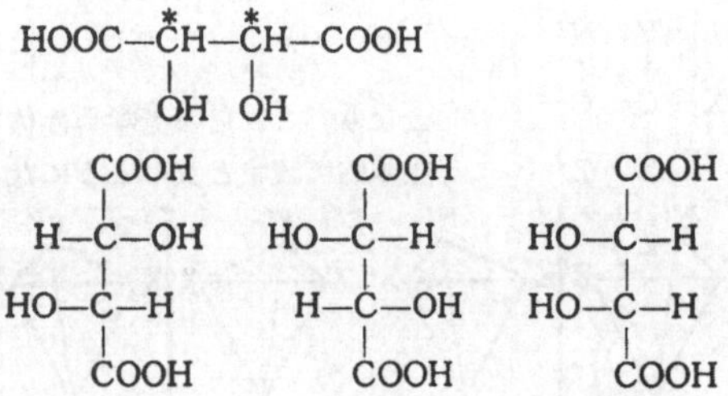

d 酒石酸	*l* 酒石酸	メソ酒石酸
COOH	COOH	COOH
H—C—OH	HO—C—H	HO—C—H
HO—C—H	H—C—OH	HO—C—H
COOH	COOH	COOH

このように,これらは不斉炭素原子を2個もってはいるが立体異性体の数は3個である。

【例題】 次の各化合物のうち光学異性体のあるものはどれか。

(a) 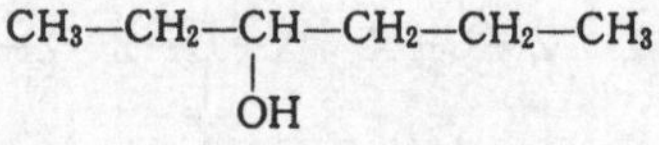 $CH_3-CH_2-CH(OH)-CH_2-CH_2-CH_3$

(b) 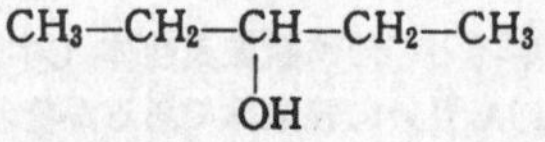 $CH_3-CH_2-CH(OH)-CH_2-CH_3$

(c) 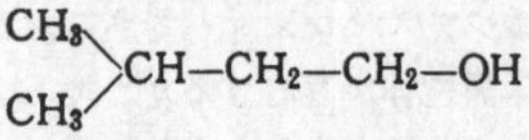 $(CH_3)_2CH-CH_2-CH_2-OH$

(d) 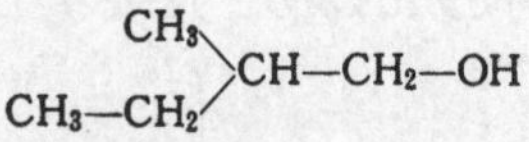 $(CH_3)(CH_3-CH_2)CH-CH_2-OH$

(e) $CH_2=CH-CH_2-CH_2-OH$

(f) 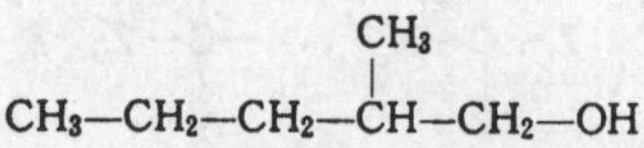 $CH_3-CH_2-CH_2-CH(CH_3)-CH_2-OH$

【解】 (a),(d),(f)は,それぞれ不斉炭素原子(* 印)を有し光学異性体が存在する。

(a) 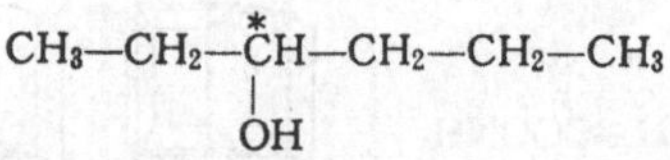 $CH_3-CH_2-\overset{*}{C}H(OH)-CH_2-CH_2-CH_3$

(d) 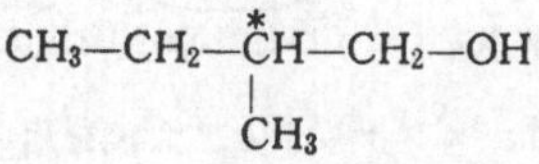 $CH_3-CH_2-\overset{*}{C}H(CH_3)-CH_2-OH$

(f) 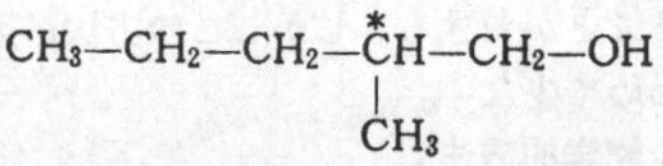 $CH_3-CH_2-CH_2-\overset{*}{C}H(CH_3)-CH_2-OH$

【例題】 次の各化合物のうち光学異性体のあるものに○印,幾何異性体のあるものに△印,両方の可能性のあるものに◎印をつけよ。

(a) 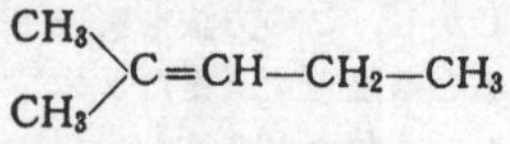 $(CH_3)_2C=CH-CH_2-CH_3$

(b) $CH_3-CH=CH-CH_3$

(c) 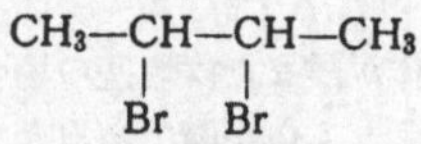 $CH_3-CH(Br)-CH(Br)-CH_3$

(d) $CH_2=CH-CH_2-COOH$

(e) 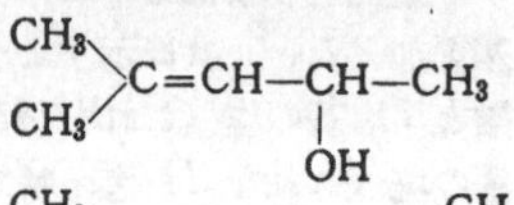 $(CH_3)_2C=CH-CH(OH)-CH_3$

(f) 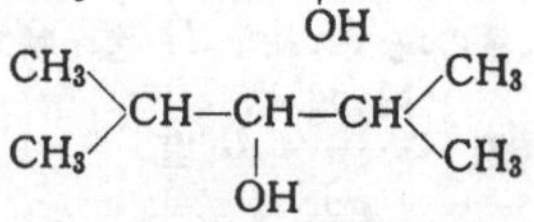 $(CH_3)_2CH-CH(OH)-CH(CH_3)_2$

(g) $Cl-CH=CH-Cl$

(h) $HOOC-CH=CH-CH_2-COOH$

(i) 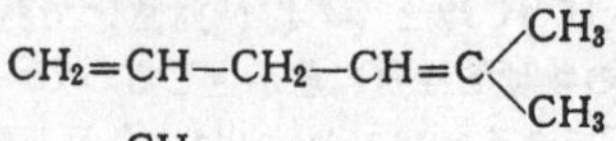 $CH_2=CH-CH_2-CH=C(CH_3)_2$

(j) 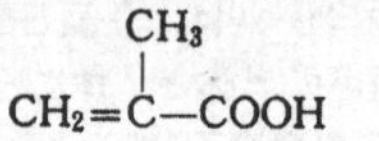 $CH_2=C(CH_3)-COOH$

(k) $CH_3-CH=CH-COOH$

(l) 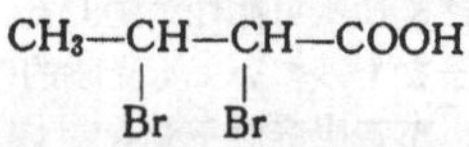 $CH_3-CH(Br)-CH(Br)-COOH$

(m) 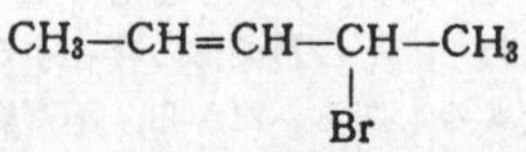 $CH_3-CH=CH-CH(Br)-CH_3$

(n) 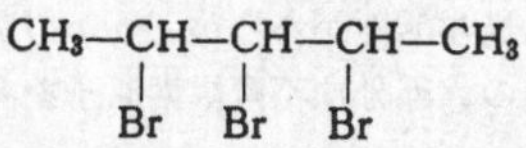 $CH_3-CH(Br)-CH(Br)-CH(Br)-CH_3$

【解答】 ○印:(c),(e),(l),(n)
△印:(b),(g),(h),(k) ◎印:(m)

【例題】 次の表の(a),(b),(c)を埋めよ。

	l-リンゴ酸	*dl*-リンゴ酸	*d*-リンゴ酸
[α]	−5.7°	(a)	(b)
融 点	100℃	131℃	(c)

【解答】 (a)ラセミ体は *d* 体と *l* 体の同量混合物だから光学的に不活性だから答は 0°。(b) *d* 体と *l* 体の比旋光度は絶対値が等しく符号が逆だから答は+5.7°。

(c) d体と l 体の融点はもちろん等しく100℃

最後に，既に述べたようにクムレンや環式化合物のように，分子不斉による光学異性も存在することを忘れてはならない。

第 3 章

【炭化水素のハロゲン置換体】

第1節 アルカンのハロゲン置換体

1. 概 説

炭化水素の水素原子をハロゲン原子で置換したものを，炭化水素のハロゲン置換体という。ハロゲン基は，いろいろな試薬によって置換反応を受けるので，種々の化合物の合成原料として大切である。また，麻酔作用や殺虫，殺菌，防腐作用などをもつものがあり，溶媒として用いられるものが多い。アルカン C_nH_{2n+2} のHをハロゲン1個で置換した C_nH_{2n+1}—X（Xはハロゲン原子）は，ハロゲンとアルキル基の結合した形であるから，ハロゲンアルキル alkyl halide といい，RX で表す。そのほかに，H 2個あるいはそれ以上を同数のハロゲンで置換した多置換体もあるが，一置換体，すなわち，ハロゲンアルキルが最も重要である。

2. 命 名 法

ハロゲンのような特性基をもつ化合物の命名法には，多くの場合，置換命名法と基官能命名法の2つがある。たとえば，メタン CH_4 のHを1つの Cl 原子で置換した化合物では，メタンのHを Cl で1つ置換したから

```
    H
    |
H—C—Cl ,  CH3Cl
    |
    H
```

モノクロロメタン，

monochloro methane …………………置換命名

また，メタンからHが1つとれたメチル基と塩素が結合したとみて

塩化メチル，methyl chloride……… 基官能命名

という。複雑な化合物では，置換命名法を用いるのが普通だが，基官能命名法は比較的簡単な化合物には便利である。

(1) 置換命名法：ハロゲン基 -F，-Cl，-Br，-I を表す接頭語 -F ならフルオロ(fluoro)，-Cl ならクロロ(chloro)，-Br ならブロモ (bromo)，-I ならヨード(iodo)を，母体化合物の名称の前につける。ハロゲン基が2種類以上ある場合にはアルファベット順に並べる。

(2) 基官能命名法：炭化水素基名の後に官能種類名，フッ化(fluoride)，塩化 (chloride)，臭化 (bromide)，ヨウ化 (iodide) を添える。

(例)	置換名	基官能名
$CH_3CH(Cl)\cdot CH_3$	2-クロロプロパン (2-chloropropane)	塩化イソプロピル (isopropyl chloride)
$BrCH_2CH_2Br$	1,2-ジブロモエタン (1,2-dibromoethane)	二臭化エチレン (ethylene dibromide)

(3) 慣用名

次のような慣用名の使用が許されている。

$CHCl_3$ クロロホルム (chloroform)

CCl_4 四塩化炭素 (carbon tetrachloride)

【例題】 次の化合物の置換名を書け。

```
(a) CH3—CH—CH2—CH—CH3
        |        |
        Cl       CH3
(b) CH3—CH2—CH—CH2—CH3
            |
            CH2Cl
(c) CH3—CH2—CH—CH—CH2—CH2—CH3
            |   |
            Cl  CH3
        Cl
        |
(d) CH3—C—CH3
        |
        Cl
(e) Br—CH2—CH2—CH—CH2—Br
                |
                Br
(f) Cl—CH2—CH2—CH2—CH2—Br
(g) Br—CH2—CH—CH—CH2—I
           |   |
           F   CH3
```

【解】 (a) 4-クロロ-2-メチルペンタン (b) 3-(クロロメチル) ペンタン (c) 3-クロロ-4-メチルヘプタン (d) 2,2-ジクロロプロパン (e) 1,2,4-トリブロモブタン (f) 1-ブロモ-4-クロロブタン (g) 4-ブロモ-3-フルオロ-1-ヨード-2-メチルブタン

3. 物理的性質

大体，炭化水素に似ている。一般に水に溶けないで有機溶媒によく溶ける。揮発性で沸点が比較的低いが，沸点，融点は分子量が大きくなるにつれて上昇する。すなわち，RX の R が大きい程高く，ハロゲンの種類としては Cl<Br<I の順に高い。CH_3Cl，CH_3Br，C_2H_5Cl は常温では気体であるが，一般に無色の液体である。R が大きくなり $C_{16}H_{33}I$（ヨウ化セチル 融点：22℃）より高級だと固体である。また CHI_3（ヨードホルム）は黄色の結晶（融点 125℃）である。炭素数が等しい異性体間では，n-化合物の沸点が最も高い。R-X は R-OH より分子量は大きくても，沸点が対応するアルコールより低いのは，-OH による水素結合のような結合がないためである。

これらは特異な臭気を有し，溶媒や麻酔に用いられる

ものも多い。

化合物	分子量	沸　点
CH_3Cl	50.5	−23.8℃
CH_3OH	32	64.7℃
C_2H_5Cl	64.5	13℃
C_2H_5OH	46	78.3℃
$CH_3CH_2CH_2Cl$	78.5	46℃
$CH_3CH_2CH_2OH$	60	97.2℃

炭化水素のハロゲン置換体の物理的性質

名　称	化学式	沸点/℃	密度/gcm^{-3} (温度/℃)
塩化メチル	CH_3Cl	−23.8	1.005(−20)
臭化メチル	CH_3Br	3.6	1.732 (0)
ヨウ化メチル	CH_3I	42.8	2.271 (23)
クロロベンゼン	C_6H_5Cl	132	1.106 (20)
ブロモベンゼン	C_6H_5Br	156.2	1.495 (20)
ヨードベンゼン	C_6H_5I	188.5	1.831 (20)
クロロホルム	$CHCl_3$	61.2	1.498 (15)
ヨードホルム	CHI_3	218	4.008 (17)
四塩化炭素	CCl_4	76.7	1.594 (20)

4. 合成法

(1) アルカンにハロゲンを作用

アルカンに高温または紫外線照射のもとにハロゲンを作用させ，アルカンのHをハロゲンで置換すると，これは既に述べたように，ラジカル反応による連鎖反応で，置換数の異なる種々の生成物や置換位置の異なる異性体を生じ，それらの混合物から1つ1つを単離するのが困難である。この場合，一般に級の高い炭素につくHほど置換され易いことは既に述べた。

$$CH_4 \xrightarrow[-HCl]{Cl_2} CH_3Cl \xrightarrow[-HCl]{Cl_2} CH_2Cl_2 \xrightarrow[-HCl]{Cl_2}$$

$$CHCl_3 \xrightarrow[-HCl]{Cl_2} CCl_4$$

$$CH_3{-}CH_2{-}CH_3 \xrightarrow[-HCl]{Cl_2} \begin{cases} CH_3{-}CH(Cl){-}CH_3 \text{(多い)} \\ CH_3{-}CH_2{-}CH_2{-}Cl \text{(少ない)} \end{cases}$$

(2) アルケンにハロゲンの付加

$$CH_2{=}CH_2 \xrightarrow{Br_2} Br{-}CH_2{-}CH_2{-}Br$$

(3) アルケンにハロゲン化水素の付加

$$CH_2{=}CH_2 + HX \longrightarrow CH_3{-}CH_2{-}X$$

また HX の付加はマルコフニコフの法則にしたがう。

$$CH_3{-}CH{=}CH_2 \xrightarrow{HX} \begin{cases} CH_3{-}CH(X){-}CH_3 \text{(主生成物)} \\ CH_3{-}CH_2{-}CH_2{-}X \text{(副生成物)} \end{cases}$$

(4) アルコールの -OH をハロゲンで置換する方法

(a) アルコールにハロゲン化水素の作用

$$R{-}OH + HX \longrightarrow R{-}X + H_2O$$

例えばエタノールに HCl または HBr を作用すると，

$$C_2H_5OH + HCl \longrightarrow C_2H_5Cl + H_2O$$

$$C_2H_5OH + HBr \longrightarrow C_2H_5Br + H_2O$$

これはアルコールの -OH がとれて，その替わりに -X が入る反応である。前にも述べたように，アルコールには第一（一級）アルコール，第二（二級）アルコール，第三（三級）アルコールがある。この三種のアルコールの中で -OH がとれやすいのは，三級＞二級＞一級の順である（後で述べるがアルコール ROH から -OH の H がとれやすい順は一級＞二級＞三級で反対となるから注意！）たとえば，第三アルコールの-OH を -Cl で置換するには濃塩酸を加えてよく混ぜるだけでよい。

$$R{-}C(R')(R''){-}OH + HCl \longrightarrow R{-}C(R')(R''){-}Cl + H_2O$$

二級および一級アルコールの場合は，濃塩酸と振るだけでは反応がほとんどおこらない。そのときは，塩化亜鉛 $ZnCl_2$ が触媒として用いられる。この場合は濃塩酸と塩化亜鉛の混合物が用いられ，これは**ルーカス (Lucas) 試薬**と呼ばれている。

$$R{-}CH_2{-}OH \xrightarrow{\text{ルーカス試薬}} R{-}CH_2{-}Cl$$

$$R{-}CH(R'){-}OH \xrightarrow{\text{ルーカス試薬}} R{-}CH(R'){-}Cl$$

また Br で置換するときは KBr と濃硫酸を用いるとよい。

$$2\,KBr + H_2SO_4 \longrightarrow 2\,HBr + K_2SO_4$$

$$R{-}OH + HBr \longrightarrow R{-}Br + H_2O$$

で生じる H_2O を濃硫酸がとると考えてよい。これらの反応のくわしい電子論的考察はアルコールのところで述べる。

(b) アルコールに塩化チオニル $SOCl_2$，三塩化リン PCl_3 または五塩化リン PCl_5 を作用させると RCl を得ることができる。これらは -OH を -Cl に置換するに用いられる。

$$R{-}OH + SOCl_2 \longrightarrow RCl + SO_2 + HCl$$

```
R ─┼─ O ─┼─ H
Cl ─┼─ SO ─┼─ Cl
   ↓       ↓       ↓
RCl + SO₂ + HCl
```

$$3\,R{-}OH + PCl_3 \longrightarrow 3\,RCl + H_3PO_3 \text{(亜リン酸)}$$

$$R{-}OH + PCl_5 \longrightarrow RCl + POCl_3 + HCl$$

5. 化学的性質

(1) 置換反応

ハロゲンアルキル RX のXを，他の原子または基で置きかえる反応は，重要な反応である。たとえば，臭化エチル C_2H_5Br に水酸化ナトリウム溶液を作用すると

$$C_2H_5Br + NaOH \longrightarrow C_2H_5OH + NaBr$$

有機化学の合成反応で，たとえば

という有機化合物をつくろうと思えば，その分子を

A　B ⟶

のように，Aの部分とBの部分にかぎをつけておいてこれを連結してつくるというのは，日常茶飯に行われる。これをAとBの部分をとんがらかしてくっつけるといったりする。さて，このかぎをつけるとか，とんがらかすというのは，一方に金属を他方に非金属性の大きいハロゲンをくっつけて作用させると金属と非金属は電気陰性度の差が大きく，よくイオン結合して，残りのAとBの部分が結合するのである。すなわち，

Na X ⟶ ＋NaX

だから RX に Na— を作用させると

RX＋ Na— ⟶ R— ＋NaX

となり，アルキル基を導入することができる。R- を入れることをアルキル化といい，そのために用いられる試薬をアルキル化剤という。主な置換反応をかくと，次のようになる。丸暗記ではなくおぼえてほしい。

$$RX + NaOH \longrightarrow ROH + NaX$$
水酸化ナトリウム　アルコール

$$RX + KCN \longrightarrow RCN + KX$$
シアン化カリウム　ニトリル

$$RX + AgOOC{-}R' \longrightarrow ROOCR' + AgX$$
カルボン酸銀　エステル

$$RX + NaOR' \longrightarrow R{-}O{-}R' + NaX$$
ナトリウム・アルコラート　エーテル

$$RX + NH_3 \longrightarrow R{-}NH_2 + HX$$
アンモニア　アミン

ハロゲンアルキルのXのとれやすさは，I>Br>Cl の順で活性なハロゲンが強くCと結合するからである。

また，Xが同一でもそれが結合しているCの級が大きいほどとれやすい。たとえば，

$$CH_3CH_2Br < \begin{matrix}CH_3\\CH_3\end{matrix}\!\!>CH{-}Br < CH_3{-}\overset{\displaystyle CH_3}{\underset{\displaystyle CH_3}{C}}{-}Br$$

の順にとれやすくなる。しかし，諸君はもっと詳しく何故こうなるのかを知りたいであろうし，また事実，最近の入試では，この反応の電子論的考察ができることまで要求している問題が増加している。

置換反応は substitution reaction というので，省略して**S反応**という。さて，R—X に水酸化ナトリウム溶液を作用させると，NaOH は強電解質で水溶液中では Na^+ と OH^- に電離している。そこで，R—X を実際に攻撃するのは水酸化物イオン OH^- である。すなわち，$R{-}X + OH^- \longrightarrow ROH + X^-$

で表される OH^- は，陰イオンで負に帯電しているから正に帯電した部分，すなわち，原子核をねらって攻撃するから求核的 nucleo philic である。そこで，このような求核試薬による置換反応を **S_N 反応**と呼んでいる。ところが，この反応にも2種類あることがわかる。

(a)　この反応が

$$R{-}X + OH^- \longrightarrow ROH + X^-$$

という1段階で行われる場合と，

(b)　次のように2段階に分かれて進行する場合

$$RX \longrightarrow R^+ + X^- \quad \cdots\cdots①$$

$$R^+ + OH^- \longrightarrow ROH \quad \cdots\cdots②$$

とがある。さて(a)のように1段階で行われると温度が一定であれば，そのときの反応速度はそのとき存在する RX の濃度と OH^- の濃度の両方に比例する。すなわち，反応速度を v，速度定数を k とすれば，

$$v = k[RX][OH^-]$$

で表され，その反応は2次反応になる。次に(b)のように2段階に反応が進行する場合，①の反応の速さは遅く，②の反応はイオン反応だから極めて速い。すなわち，①の反応が全反応の速さを決める律速段階 rate determining step となる。ところが，①の反応の速さは温度が一定なら，そのとき存在する RX の濃度のみに比例し，$[OH^-]$ には無関係である。反応速度を v'，速度定数を k' とおけば　$v' = k'[RX]$

で表され，この反応は1次反応である。そこで(a)のような求核試薬による2次反応の置換反応を S_{N2} 反応，(b)のように1次反応の場合 S_{N1} 反応と呼んでいる。ここでどんなとき S_{N2} 反応が，あるいは S_{N1} 反応がおこるかを詳しく考察してみよう。

それは，ハロゲンが結合している炭素原子の級によってきまるのである。まず，アルキル基 R- は I- 効果により電子を押す基であり，フェニル基 ⟨◯⟩— は電子を引く基である。すなわち R→—，⟨◯⟩—←フェニル基については後で述べるが，アルキル基が何故電子を押すかは容易にわかる。Cの電気陰性度は 2.5，Hは 2.1 であるから，HとCの結合ではCの方が幾分負に帯電する。

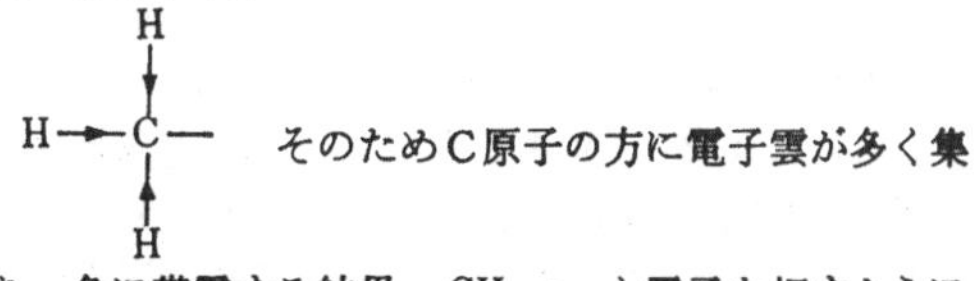

そのためC原子の方に電子雲が多く集り，負に帯電する結果，CH_3→— と電子を押すように

なる。ところが，$CH_3 \rightarrow$— より $CH_3 \rightarrow$—$CH_2 \rightarrow$— のほうが，エチル基よりイソプロピル基

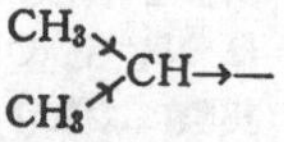

$$\begin{matrix} CH_3 \searrow \\ CH_3 \nearrow \end{matrix} CH \rightarrow -$$

のほうが，さらに第三ブチル基

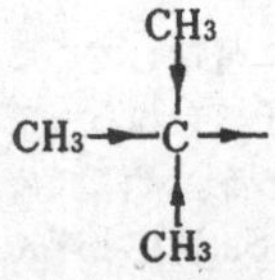

$$CH_3 \rightarrow \overset{CH_3 \downarrow}{\underset{\uparrow CH_3}{C}} \rightarrow$$

のほうがより強く電子を押す。すなわち3級の炭素のまわりに電子雲は濃く集り，3級の炭素が一番強く負に帯電する。このことはよく憶えておこう。

さて，次の4種のハロゲンアルキルについて考えてみよう。

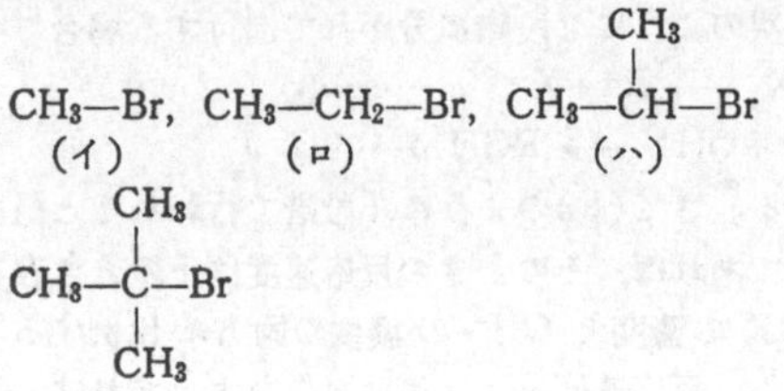

CH_3—Br, (イ)　CH_3—CH_2—Br, (ロ)　CH_3—CH(CH_3)—Br (ハ)

$(CH_3)_3C$—Br (ニ)

これらに OH^- を作用させたとき，S_{N1} と S_{N2} のどちらの反応がおこり易いかを考えてみよう。この4つのハロゲン化合物の中でハロゲンが一番はずれやすいのはどれであろうか。もう諸君もお分かりのことと思うが(ニ)である。すなわち，三級の炭素のまわりには電子密度が高く，一方ハロゲンは，電子をもらって安定なハロゲン化物イオンになろうとするから，(ニ)がそのためには好都合で，(イ)の場合にはC原子のまわりの電子密度はそう高くなく，Br に電子を引かれてもやってしまうほど電子密度は高くない。そのため(ニ)の化合物は，(b)のように反応が進行し，S_{N1} 反応をおこしやすいことがわかる。すなわち，

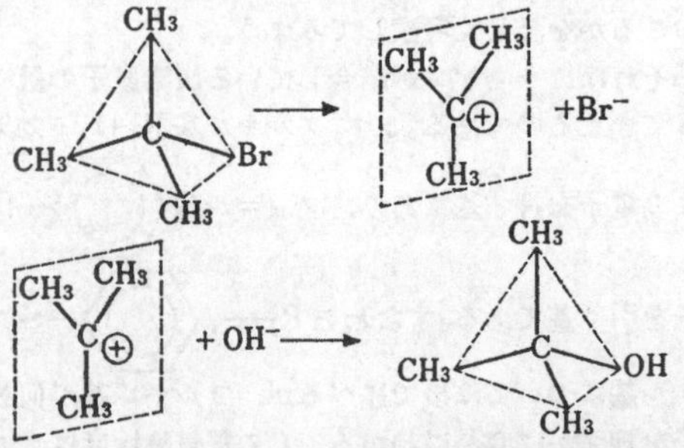

$(CH_3)_3C$—Br ⟶ $(CH_3)_3C^{\oplus}$ +Br^-

$(CH_3)_3C^{\oplus}$ + OH^- ⟶ $(CH_3)_3C$—OH

ハロゲンの結合している C は，sp^3 混成軌道で Br と結合していたが，Br^- がとれると sp^2 混成軌道に変え平面的になり，Cは⊕に帯電し陽イオンになる。このように，炭素陽イオンを**カルボニウムイオン**という。これに OH^- が結合すると再び sp^3 混成軌道にもどり，正四面体構造になる。もし，このC原子が不斉炭素原子であったとする。すなわち，このC原子にすべて異なる原子または原子団が結合している場合，

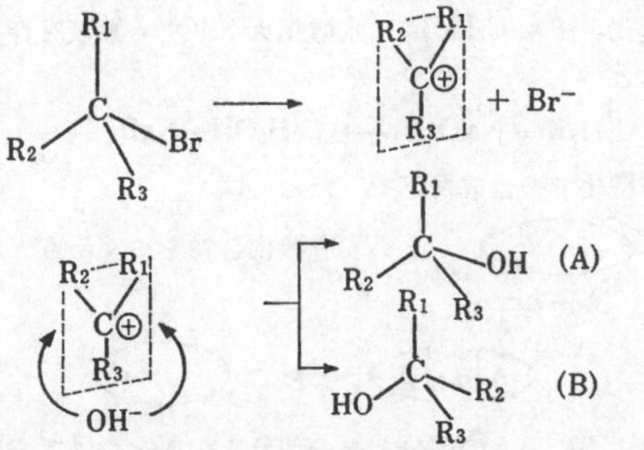

$R_1R_2R_3C$—Br ⟶ $R_1R_2R_3C^{\oplus}$ + Br^-

$R_1R_2R_3C^{\oplus}$ + OH^- ⟶ $R_1R_2R_3C$—OH (A)　HO—$CR_1R_2R_3$ (B)

カルボニウムイオンを OH^- が攻撃する場合，右から攻撃するか左から攻撃するかの確率は全く等しく，右から攻撃して生成する(A)と左から攻撃して生じる(B)は等量（すなわち等モル）である。しかも(A)と(B)は互いに鏡像体(対掌体)で，一方が d 体なら他方は l 体であるから，dl 体すなわち，ラセミ体が生ずる。

次に S_{N2} 反応がおこる場合について考えてみよう。この場合は，OH^- がハロゲンの結合しているCにひかれてくるのであるから，Cが＋に帯電すればするほどおこりやすい。したがって，一級の炭素にハロゲンが結合している場合，Cのまわりの電子密度はあまり高くない。そして，ハロゲンは電気陰性度は高く，ハロゲンが電子をひく結果，Cはわずかに＋に帯電する。

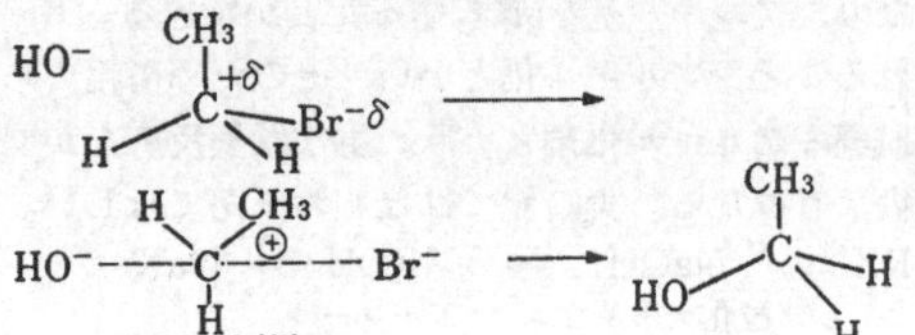

HO^-　$H_2(CH_3)C^{+\delta}$—$Br^{-\delta}$ ⟶

HO^-----$C^{\oplus}(H)(H)(CH_3)$----Br^- ⟶ HO—$C(CH_3)H_2$

(遷移状態)

OH^- は Br とは逆の方向から C を攻撃する。次第にCに近づくと，C は sp^2 混成軌道を形成し，次に Br^- がとれ HO^- が Br と逆の方向に結合する。もしこのC原子が不斉炭素である場合は，d 体から l 体が，l 体から d 体が生ずることになる。

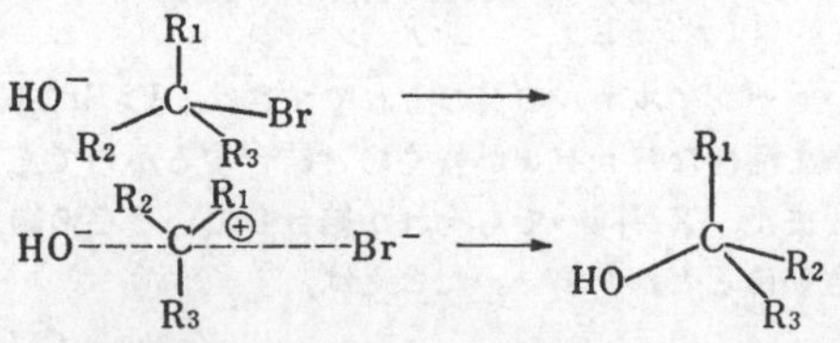

HO^-　$R_1R_2R_3C$—Br ⟶

HO^-----$C^{\oplus}R_1R_2R_3$----Br^- ⟶ HO—$CR_1R_2R_3$

(2) **脱離反応**

ハロゲンアルキルにアルカリを作用すると，上記のようにアルコールを生成する置換反応以外に，二重結合の作り方のところで述べた HX が脱離して，アルケンを生ずる反応がおこる。ハロゲンアルキルにアルカリを作用して置換反応 substitution reaction がおこるか脱離反応 elimination reaction がおこるかは，アルカリを作用する条件とアルキル基の構造とに関係

がある。置換反応でアルコールを生成する場合は，ハロゲンアルキルにうすいアルカリ溶液か，AgOH 等が用いられる。一方，KOH のアルコール溶液またはアルカリの濃厚溶液を作用すると，脱離反応がおこってアルケンを生ずる。例えば，

$CH_3-CH(Br)-CH_3 \longrightarrow$

$\xrightarrow{\text{NaOHの希薄水溶液}} CH_3-CH(OH)-CH_3$ ……S反応

$\xrightarrow{\text{KOHのエタノール溶液}} CH_2=CH-CH_3$ ……E反応

また，アルキル基の種類ではハロゲンの結合している炭素が1級＜2級＜3級の順におこりやすい。例えば

$CH_3-CH(H)(H)-C(CH_3)(Br)-CH_3$　（E反応：HO^- → H，S反応：HO^- → C）

OH^- がハロゲンのついている炭素原子を攻撃したら，S反応（置換反応）がおこり，そのCのとなりのCにつくH（いく分＋に帯電）を攻撃すれば，E反応（離脱反応）がおこることになるが，詳しい電子論解釈は程度を越すので割愛するが，諸君はアルカリを作用する条件をしっかりおぼえてほしい。

第2節　不飽和炭化水素のハロゲン置換体

1. 概　説

不飽和炭化水素のHをハロゲンで置換したもので，一般式 RX のRの中に，C=C や C≡C 結合を有するものである。ハロゲンは電気陰性度の大きい元素であるし，一方，2重および3重結合には，動きやすい π 電子があるため，不飽和結合とハロゲンの位置の相互関係によってハロゲンの反応性が異なる。

2. 命 名 法

ハロゲンアルキルの場合と同様に，置換命名法と基官能命名法とがある。例えば $CH_2=CH-CH_2-Br$ は，プロペン $\overset{1}{C}H_2=\overset{2}{C}H-\overset{3}{C}H_3$ の3の炭素のHが Br で置換したと考えて 3-ブロモプロペン（3-bromo propene）という。また，$CH_2=CH-CH_2-$ はアリル基であるから，アリル基と臭素が結合した化合物と考え，臭化アリル（allyl bromide）という。同様に，$CH_2=CH-Cl$ はクロロエテン chloroethene または塩化ビニル（vinyl chloride）ともいう。

3. 合 成 法

(1) アルケンからの合成

アルケンにハロゲンを付加させたのち，KOH アルコール溶液で1つだけ HX を脱離する。

$$CH_2=CH_2 \xrightarrow{Br_2} CH_2(Br)-CH_2(Br) \xrightarrow[-HBr]{\text{KOH アルコール溶液}} CH_2=CH-Br$$

また，

$$CH_2=CH-CH_3 \xrightarrow{Br_2} \overset{1}{C}H_2(Br)-\overset{2}{C}H(Br)-\overset{3}{C}H_3 \xrightarrow{\text{KOH アルコール溶液}} CH_2=C(Br)-CH_3$$

このとき，1のCにつく Br と2のCにつくHがとれる。これは，既に述べたように，級の高い炭素につくHほどとれやすいからである。

(2) 三重結合にハロゲン化水素の付加

$CH\equiv CH+HCl \longrightarrow CH_2=CH-Cl$（塩化ビニル）

$CH_3-C\equiv CH+HCl \longrightarrow CH_3-C(Cl)=CH_2$

（マルコフニコフの法則）

4. 化学的性質

不飽和炭化水素のハロゲン置換体も，やはりハロゲンアルキルと同様，合成化学上大切なものであるが，ハロゲンの反応性は，ハロゲンと C=C 結合の位置関係で異なる。例えば，$CH_2=CH-CH_2-Br$（臭化アリル）の Br はとれやすく置換されやすいが，$CH_2=CH-Br$（臭化ビニル）の Br はきわめて置換しにくい。すなわち，**不飽和結合をしている炭素に直接結合しているハロゲンはガッチリ結合して離れにくい。**これは，不飽和結合にあずかる π 電子雲とハロゲンのまわりにあるローンペアとの電子雲結合のため，ハロゲンは強く炭素と結合することになる。この関係は，芳香族炭化水素のハロゲン置換体によく見られる。

$CH_2=CH-\overline{Br}|$　（π電子，ローンペア）

例えば，クロロベンゼンと塩化ベンジルの塩素を比較すると，クロロベンゼンの塩素はベンゼン核を形成している π 電子雲と，Cl のローンペアの電子雲の結合のためとれにくいが，塩化ベンジルの Cl は直接ベンゼン核に結合していないため置換されやすい。

C_6H_5-Cl　　$C_6H_5-CH_2-Cl$

クロロベンゼン　　塩化ベンジル

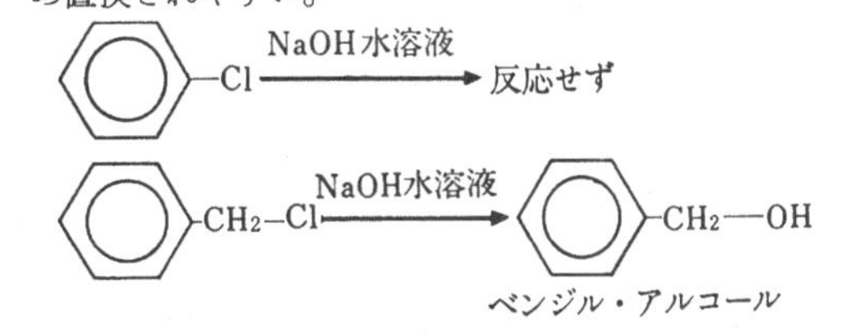

第3節　多ハロゲン置換体

1. 概　説

2個以上のハロゲンを有する化合物であるが，とくにメタン CH_4 のH3個をハロゲン3個で置換した CHX_3 をハロゲノホルム halogenoform といい，X が Cl, Br, I であるとき，それぞれクロロホルム chloroform，ブロモホルム bromoform，ヨードホルム

iodoform という。

$$\begin{array}{ccc} \text{H}-\overset{\text{Cl}}{\underset{\text{Cl}}{\text{C}}}-\text{Cl} & \text{H}-\overset{\text{Br}}{\underset{\text{Br}}{\text{C}}}-\text{Br} & \text{H}-\overset{\text{I}}{\underset{\text{I}}{\text{C}}}-\text{I} \end{array}$$

クロロホルム　ブロモホルム　ヨードホルム

2. 合成法

水酸化ナトリウム水溶液に塩素を通じ，これにエチルアルコールまたはアセトンを作用させると，クロロホルムが得られる。このときおこる反応を詳しく考えてみよう。まず，NaOH 水溶液に Cl_2 を通じたときにおこる反応はどうであろうか，このときは，まず Cl_2 が H_2O と反応すると考えられる。

$$\begin{matrix} \text{H—O}\,\vdots\,\text{—H} \\ \text{Cl—}\,\vdots\,\text{—Cl} \end{matrix} \longrightarrow HCl+HOCl$$ すなわち

$$Cl_2+H_2O \rightleftarrows HCl+HOCl \cdots\cdots ①$$

Cl_2（黄緑色の気体）を水に吹き込んで得られる塩素水は，黄緑色を呈している。ということは，Cl_2 はほとんど Cl_2 のままで水に溶け，HCl（塩酸）やHOCl（次亜塩素酸）は少量しか存在しないことが分かる。なぜならこれらの酸は無色であるからだ。すなわち，①の化学平衡はほとんど右へ進行していない。ところが，そこにアルカリが存在すれば，①の平衡で生じた HCl や HOCl はアルカリで中和されるから，この平衡は右に進行する。

$$HCl+NaOH \longrightarrow NaCl+H_2O \cdots\cdots ②$$

$$HOCl+NaOH \longrightarrow NaOCl+H_2O \cdots\cdots ③$$

①，②，③の辺々を加えて

$$Cl_2+2\,NaOH \longrightarrow NaCl+NaOCl+H_2O \cdots\cdots ④$$

このようにして生じた次亜塩素酸ナトリウム NaOCl は，次のように分解し酸素原子を生じ，これがまずエタノールを酸化してアセトアルデヒドにする。

$$NaOCl \longrightarrow NaCl+O$$

$$CH_3—CH_2—OH+O \longrightarrow CH_3—CHO+H_2O$$

$$CH_3—CH_2—OH+NaOCl \rightarrow CH_3—CHO+NaCl+H_2O$$

アセトアルデヒドは，カルボニル基 $-\underset{\underset{\text{O}}{\|}}{\text{C}}-$ を有するため，CH_3- のHがハロゲンで置換されやすくなる。

$$\text{H}-\overset{\text{H}}{\underset{\text{H}}{\text{C}}}-\underset{\underset{|\underline{\text{O}}|}{\|}}{\text{C}}-\text{H} \longrightarrow \text{H}-\overset{\text{H}}{\underset{\text{H}}{\text{C}}}-\overset{\oplus}{\underset{|\underline{\text{O}}|^{\ominus}}{\text{C}}}-\text{H}$$

既に述べたように，電気陰性度の異なる２つの元素の間に動き易い π-電子があれば，電気陰性度の大きい元素の方に π-電子が移動する。これがカルボニル基の立上りである。そのためカルボニル基のCは⊕に，Oは⊖に帯電し，その結果，カルボニル基のCの⊕は電子を引くため，メチル基のCが幾分⊕に帯電すると同時に，それと結合しているHとの間の共有電子対を自分のほうに引き，Hは H^+ となってとれやすくなる。だから，カルボニル基のCに結合しているHは，置換されやすいことは常識として憶えておいてほしい。

$$\text{H}-\overset{\text{H}}{\underset{\text{H}}{\text{C}}}-\underset{\underset{\text{O}}{\|}}{\text{C}}-\text{H}+3\,Cl_2 \longrightarrow \text{Cl}-\overset{\text{Cl}}{\underset{\text{Cl}}{\text{C}}}-\underset{\underset{\text{O}}{\|}}{\text{C}}-\text{H}+3\,HCl$$

クロラール

かくしてクロラールが生じる。ところがCに Cl がつくと，CとHの場合では I 効果が逆転する。そのため，

$$C\leftarrow H \qquad C\rightarrow Cl$$

CCl_3- のCは⊕に，またカルボニル基のCも立上りのため⊕に帯電し，⊕同志の反発が生じ，C—C 結合が切れやすくなり，NaOHによって次のように分解される。

$$\text{Cl}-\overset{\text{Cl}}{\underset{\underset{\text{H}}{\text{Cl}}}{\text{C}}}\,\vdots\,-\underset{\underset{\text{O Na}}{\|\atop \text{O}}}{\text{C}}-\text{H} \longrightarrow \text{Cl}-\overset{\text{Cl}}{\underset{\text{Cl}}{\text{C}}}-\text{H}+HCOONa$$

クロロホルム　ギ酸ナトリウム

アセトンの場合は，最初からカルボニル基を有するから CH_3- のHは容易に Cl で置換される。

$$CH_3—CO—CH_3+3\,Cl_2 \longrightarrow CCl_3—CO—CH_3+3\,HCl$$

$$CCl_3—CO—CH_3+NaOH \longrightarrow CHCl_3+CH_3COONa$$

生じたクロロホルムは沸点62°，比重1.51の無色の甘い匂いのある重い液体で，水に不溶なので水と振って放置すると二液層をなして分かれ，下層にクロロホルムが生じる。これは，溶媒または吸入麻酔薬として用いられるが，副作用として肝臓，腎臓，心臓に脂肪がたまって危険なため，現在ではあまり用いられない。さて，塩素の代わりにヨウ素を用いると，融点 120° の特異な臭のある黄色結晶であるヨードホルム CHI_3 を生じる。すなわち，エタノールにヨウ素と水酸化ナトリウム水溶液を加え，水浴上で約30分間加熱後，放置して冷やすと，ヨードホルムの特異臭を発すると共に黄色結晶性沈殿が生じていることが観察できる。

$$I_2+2NaOH \longrightarrow NaI+NaOI+H_2O$$

$$CH_3—CH_2—OH+NaOI \longrightarrow CH_3—CHO+NaI+H_2O$$

$$CH_3—CHO+3\,I_2 \longrightarrow CI_3—CHO+3\,HI$$

$$CI_3—CHO+NaOH \longrightarrow CHI_3+HCOONa$$

すなわち，

$$\text{H}-\overset{\text{H}}{\underset{\text{H}}{\overset{1}{\text{C}}}}-\overset{\text{H}}{\underset{\text{H}}{\overset{2}{\text{C}}}}-\text{OH} \xrightarrow{\text{NaOI}} \text{H}-\overset{\text{H}}{\underset{\text{H}}{\text{C}}}-\underset{\underset{\text{O}}{\|}}{\text{C}}-\text{H} \xrightarrow{3\,I_2}$$

$$\text{I}-\overset{\text{I}}{\underset{\text{I}}{\text{C}}}-\underset{\underset{\text{O}}{\|}}{\text{C}}-\text{H} \xrightarrow{\text{NaOH}} \text{I}-\overset{\text{I}}{\underset{\text{I}}{\text{C}}}-\text{H}+\text{H}-\underset{\underset{\text{O}}{\|}}{\text{C}}-\text{ONa}$$

さて，ヨードホルムをつくるためには，エタノールにアルカリとヨウ素を作用したときだけであろうか？そうではない。アセトアルデヒドに作用してもできるのだ。では，エタノールとアセトアルデヒドだけかと

いえば，よく前の反応式をみると，まずヨードホルムをつくるためには，1のCには3つのHがついていなければならない。すなわち，CH_3-をもっていなければならない。次に2のCにつくHのうちの1つは，直接この反応にはあずかっていないことに注意してほしい。そこで，そのHはHである必要はなく，他の原子または原子団でよいから R-と書いてみよう。そうすると上の反応は次のように表される。

$$\begin{array}{c} \text{H}\ \ \text{R} \\ \text{H}-\text{C}-\text{C}-\text{OH} \\ \text{H}\ \ \text{H} \end{array} \xrightarrow{NaOI} \begin{array}{c} \text{H} \\ \text{H}-\text{C}-\text{C}-\text{R} \\ \text{H}\ \ \text{O} \end{array} \xrightarrow{3\,I_2}$$

$$\begin{array}{c} \text{I} \\ \text{I}-\text{C}-\text{C}-\text{R} \\ \text{I}\ \ \text{O} \end{array} \xrightarrow{NaOH} \begin{array}{c} \text{I} \\ \text{I}-\text{C}-\text{H} \\ \text{I} \end{array} + RCOONa$$

エタノールやアセトアルデヒドは，このRがたまたまHであったと考えてよい。たとえば，Rがメチル基ならば

$$\begin{array}{c} \text{H}\ \ CH_3 \\ \text{H}-\text{C}-\text{C}-\text{OH} \\ \text{H}\ \ \text{H} \end{array} \xrightarrow{NaOI} \begin{array}{c} \text{H} \\ \text{H}-\text{C}-\text{C}-CH_3 \\ \text{H}\ \ \text{O} \end{array} \xrightarrow{3\,I_2}$$

イソプロピルアルコール　　アセトン

$$\begin{array}{c} \text{I} \\ \text{I}-\text{C}-\text{C}-CH_3 \\ \text{I}\ \ \text{O} \end{array} \xrightarrow{NaOH} \begin{array}{c} \text{I} \\ \text{I}-\text{C}-\text{H} \\ \text{I} \end{array} + CH_3COONa$$

だから，アルカリとヨウ素が作用し，特異臭をもつ黄色結晶であるヨードホルムが生じたということは，もとの有機化合物は，

$$\begin{array}{c} \text{H}\ \ \text{R} \\ \text{H}-\text{C}-\text{C}-\text{OH} \\ \text{H}\ \ \text{H} \end{array} \text{ または } \begin{array}{c} \text{H} \\ \text{H}-\text{C}-\text{C}-\text{R} \\ \text{H}\ \ \text{O} \end{array}$$ という構造

をもっていたことを意味する。そのため，この反応は構造決定に用いられる重要な反応で，これを**リーベン**(Lieben)の**ヨードホルム反応**という。すなわち，リーベンのヨードホルム反応が陽性ならば，その化合物は，$CH_3-\underset{\displaystyle OH}{\underset{|}{CH}}-$ か CH_3-CO- という構造をもつことを意味する。

【例題】 次の化合物のうちヨードホルム反応陽性のものはどれか。

(a) $CH_3-CH_2-\underset{\displaystyle CH_3}{\underset{|}{CH}}-CH_2-OH$

(b) $CH_3-CH_2-CH_2-\underset{\displaystyle OH}{\underset{|}{CH}}-CH_3$

(c) $(CH_3)_2CH-\underset{\displaystyle OH}{\underset{|}{CH}}-CH_2-CH_3$

(d) $HO-CH_2-CH_2-OH$

(e) $CH_3CO-CH_2-CH_2-CH_2-COOH$

(f) CH_3COOH

(g) $C_6H_5-\underset{\displaystyle OH}{\underset{|}{CH}}-CH_3$

(h) $(CH_3)_3C-OH$

【解】 (b)と(g)は $CH_3-\underset{\displaystyle OH}{\underset{|}{CH}}-$ を，(e)はCH_3CO-をもっているため，リーベンのヨードホルム反応は陽性である。ここで(f)の CH_3COOH は CH_3CO- をもっているが，これはヨードホルム反応が行われない。それは酢酸にアルカリとヨウ素を作用させると，$CH_3COOH \rightleftharpoons CH_3COO^- + H^+$ の電離反応は H^+ が中和され，平衡は右に進行し，CH_3COO^- となってしまう。この酢酸イオンは

$$CH_3-C\begin{array}{l}\nearrow \overline{\underline{O}}|^{\ominus} \\ \searrow O\end{array} \rightleftharpoons CH_3-C\begin{array}{l}\nearrow O \\ \searrow \overline{\underline{O}}|^{\ominus}\end{array}$$

のように変化し，カルボニル基 >C＝Oの本来の性質を失い >C＝O と $C-\overline{\underline{O}}|^{\ominus}$の中間の性質をもち，その結果，$CH_3$- のHがヨウ素によって置換されないためである。一般にカルボン酸 R-COOH の -CO-はカルボニル基の性質をかなり失っている。

【問題】 次の化合物のうち，A：幾何異性体のあるのはどれか。B：また，光学異性体のあるのはどれか。

(イ)　$CH_2=CHCl$　　(ロ)　$CH_3CH=CHCH_3$

(ハ)　$C_2H_5CH(Cl)C_2H_5$

(ニ)　$CH_3CH_2CH(OH)C_2H_5$

(ホ)　$CH_3CH(CH=CH_2)C_2H_5$

神奈川大

【解】 幾何異性体のあるのは(ロ)である。すなわち

$$\begin{array}{c} CH_3\quad\ \ CH_3 \\ \text{C}=\text{C} \\ \text{H}\quad\quad\ \ \text{H} \end{array} \qquad \begin{array}{c} CH_3\quad\ \ \text{H} \\ \text{C}=\text{C} \\ \text{H}\quad\quad\ CH_3 \end{array}$$

シス-2-ブテン　　トランス-2-ブテン

光学異性体のあるものは(ホ)である。すなわち

$$CH_2=CH-\underset{\displaystyle CH_3}{\underset{|}{\overset{*}{C}H}}-CH_2-CH_3$$

3-メチル-1-ペンテンの3の炭素が不斉炭素原子である。

【問題】 分子式 C_4H_8 をもつ3種の不飽和炭化水素A，B，Cがある。

(1) 塩素を付加させるとAからは1,2-ジクロロブタンを，Bからは 2,3-ジクロロブタンを，Cから

は 1,2-ジクロロ-2-メチルプロパンを生成する。A，B，Cの構造式を記せ。

(2) A，B，Cのうちで幾何異性体(シス-トランス異性体) が存在し得るものはどれか。その異性体を構造式で示せ。

(3) A，B，Cにヨウ化水素を付加させ（不飽和結合をつくっている炭素に結合している水素の数が少ない方の炭素にヨウ素は付加する)，ついで加水分解するとそれぞれアルコールが生成する。A，Bからは同一のDが，Cからは E が生成する。D，Eの構造式を記せ。

(4) D，Eいずれかに光学異性体が存在し得る。その異性体を区別できるように書き示せ。

静岡薬大

【解】 (1)C_4H_8 は C_nH_{2n} の形をしているから不飽和度Uは1である。すなわち，1分子中に二重結合1個か環を1個もつかであるが，この問題では不飽和炭化水素となっているから環構造は除外される。さて，2重結合1個もつ C_4H_8 は，まず，4つのCが結合する方法は，C—C—C—C か C—C(—C)—C の2種類でそれぞれのCとCの間に2重結合を入れる方法は何通りあるかといえば，

```
C—C—C—C ⟶ C=C—C—C   1-ブテン
        ↘ C—C=C—C   2-ブテン
C—C—C   ⟶ C=C—C     2-メチルプロパン
  |         |
  C         C
```

以上の3種が考えられる。またそれぞれの2重結合に Cl_2 を付加させると，

```
           Cl2
C=C—C—C  ⟶  C—C—C—C    1,2-ジクロロブタン
             |  |
             Cl Cl
           Cl2
C—C=C—C  ⟶  C—C—C—C    2,3-ジクロロブタン
                |  |
                Cl Cl
                C
          Cl2   |
C=C—C   ⟶  C—C—C       1,2-ジクロロ-2-メチルプロパン
  |         |  |
  C         Cl Cl
```

だからAは 1-ブテンであるから，

```
   H  H  H  H
   |  |  |  |
H—C=C—C—C—H
         |  |
         H  H
```

Bは 2-ブテンであるから，

```
   H  H  H  H
   |  |  |  |
H—C—C=C—C—H
   |        |
   H        H
```

Cは 2-メチルプロペンであるから，

```
   H      H
   |      |
H—C=C——C—H
     |     \
  H—C—H    H
     |
     H
```

(2) シス-トランス異性体を生じるのは B である。すなわち，

```
   H               H
   |               |
H—C             C—H
   | \         / |
   H  C = C    H
   H/     \H
```

シス-2-ブテン

```
   H
   |
H—C         H
   | \     /
   H  C = C
      H     \
             C—H
             |
             H
```

トランス-2-ブテン

(3)

```
                          HI
A：CH2=CH-CH2-CH3  ⟶  CH3-CH-CH2-CH3
                              |
                              I
 OH−
 ⟶  CH3-CH-CH2-CH3
         |
         OH
                          HI
B：CH3-CH=CH-CH3  ⟶  CH3-CH-CH2-CH3
                              |
                              I
 OH−
 ⟶  CH3-CH-CH2-CH3
         |
         OH

        CH3                CH3
        |          HI      |          OH−
C：CH2=C—CH3   ⟶   CH3—C—CH3   ⟶
                           |
                           I
     CH3
     |
CH3—C—CH3
     |
     OH
```

したがってDは，　　　　　Eは

```
   H  H  H  H                  H
   |  |* |  |               H—C—H
H—C—C—C—C—H          H        |        H
   |  |  |  |         |        |        |
   H  OH H  H      H—C————C————C—H
                      |        |        |
                      H       O—H       H
```

(4) Dに不斉炭素原子があるため光学異性体が存在する。

```
        H                          H
        |                          |
CH3 —— C —— C2H5        C2H5 —— C —— CH3
        |                          |
        OH                         OH
```

【問題】 ヨードホルム反応に陽性な鎖状化合物 $C_5H_{10}O$ がある。考えられる異性体の数はいくつあるか。ただし光学異性体は考えないものとする。

東工大

【解】 $C_5H_{10}O$ は $C_nH_{2n}O$ という一般式を有する。この化合物の不飽和度は，Oは除いて考えればよい。C_nH_{2n} だから不飽和度Uは1である。しかし，鎖状化合物だから環状構造は考えられない。だからこの1分子の中に1個の2重結合を有することになる。ところがリーベンのヨードホルム反応陽性であるから，その分子の中に $CH_3-\underset{OH}{\underset{|}{CH}}-$ か $CH_3-\underset{O}{\underset{\|}{C}}-$ の構造を有する。前者の場合は，この構造には2重結合は含まれていないから，この構造以外に1つの2重結合をもっていなければならない。だから次の構造のものが考えられる。

$CH_3-\underset{OH}{\underset{|}{CH}}-CH_2-CH=CH_2$,

$CH_3-\underset{OH}{\underset{|}{CH}}-CH=CH-CH_3$, $CH_3-\underset{OH}{\underset{|}{CH}}-\underset{CH_3}{\underset{|}{C}}=CH_2$

（シス，トランス体あり）

後者の構造をもつ場合は，この中に $-\underset{O}{\underset{\|}{C}}-$ という2重結合をもっているから他の部分には2重結合はない。

$CH_3-CO-CH_2-CH_2-CH_3$, $CH_3-CO-\underset{CH_3}{\underset{|}{CH}}-CH_3$

したがって全部で6個である。

【問題】 次の文中の［　　］には化合物の構造式を下記の記入例にならって書き，［　　］には化合物名，数字または語句を入れ，文章を完成せよ。解答はすべて所定の解答欄（省略）に記入せよ。

構造式の記入例

$\begin{matrix} H \\ H \end{matrix}\!\!>C=C<\!\!\begin{matrix} H \\ \underset{O}{\underset{\|}{C}}-OH \end{matrix}$　　$CH_3-O-\underset{O}{\underset{\|}{C}}-C_6H_4-CH_2Cl$

分子式 C_3H_8 で表わされる炭化水素はプロパンである。プロパンの二つの水素原子が塩素原子で置き換わった化合物 $C_3H_6Cl_2$ のうち，A［　　］には，一組の光学異性体が存在すると考えられる。

分子式 C_3H_6 で表わされる炭化水素はプロピレンとア［　　］である。プロピレンに1分子の硫酸が付加するとき，互いに異性体の関係にある二つのエステルの生成が考えられるが，主生成物は B［　　］である。この二つのエステルを区別するためには次のようにすればよい。エステルを加水分解して得られる生成物を硫酸酸性の重クロム酸カリウムで酸化すると，主生成物のエステルBからは C［　　］が得られ，もう一方のエステルからは D［　　］が得られる。Cはフェーリング液と反応しないが，Dは反応する。

分子式 C_3H_4 で表わされる炭化水素は E［　　］と F［　　］と $CH_2=C=CH_2$ である。Eは三重結合をもち，Fは二重結合をもつ。2分子のEと1分子のアセチレンからベンゼンの置換体を合成するとき，互いに異性体の関係にあるいくつかのベンゼンの置換体の生成が考えられる。これらの化合物のベンゼン環についた置換基を過マンガン酸カリウムで十分に酸化すると，化合物イ［　　］からは，加熱によって容易に脱水反応を起こす G［　　］が得られる。Eの三重結合においても，上に述べたプロピレンの二重結合への付加反応と同じ種類の反応が起こる。例えば，Eに1分子の塩化水素が付加するとき，互いに異性体の関係にある三つの化合物 H［　　］，I［　　］，J［　　］の生成が考えられるが，主生成物はHである。

$CH_2=C=CH_2$ の三つの炭素原子は一直線上にあって，炭素原子間の結合は σ 結合と π 結合とから成り立っている。中央の炭素原子は二つの sp 混成軌道を用いて，両端の炭素原子とそれぞれ σ 結合をつくっている。両端の炭素原子は三つの sp^2 混成軌道を用いて，中央の炭素原子および二つの水素原子とそれぞれ σ 結合をつくっている。中央の炭素原子には互いにウ［　　］度の角度をなす二つの $2p$ 軌道が残っていて，中央の炭素原子はこの二つの $2p$ 軌道を用いて，両端の炭素原子に残っている一つの $2p$ 軌道とそれぞれ π 結合をつくっている。CH_2基の炭素原子と二つの水素原子を含む平面は分子内に二つあるが，この二つの平面のなす角度はエ［　　］度である。したがって，$CH_2=C=CH_2$ の水素原子がメチル基で置き換わった化合物 $(CH_3)_mH_{2-m}C=C=CH_{2-n}(CH_3)_n$ のうち，$m=$ オ［　　］で $n=$ カ［　　］の化合物には，実物と鏡像との関係にあって，互いに重ね合わすことのできない一組の異性体がある。すなわち，この化合物には，Aとは異なってキ［　　］がないにもかかわらず，一組の光学異性体が存在する。

京大

【解】 プロパンの2つのHを Cl で置換した異性体を考える場合，一般にジ置換体には(1)その置換基が同じ炭素原子につく場合，これを gem 型という。(2)は置換基が隣りの炭素原子につく場合これを vic（ビシナル）型という。(3)は置換基が1つ以上離れた炭素原子につく場合，これを隔離型又は弧立型という。この3種に分けて考えるとこの問題は落さない。

(1)　gem 型には

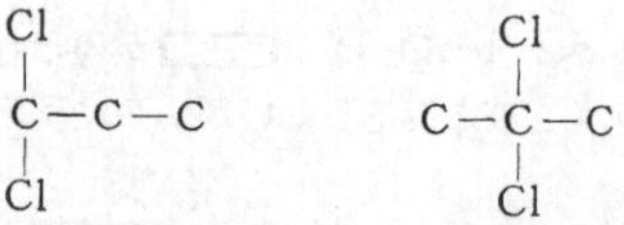

```
  Cl              Cl
  |               |
  C—C—C        C—C—C
  |               |
  Cl              Cl
```
1,1-ジクロロプロパン　2,2-ジクロロプロパン

（2）　vic 型には

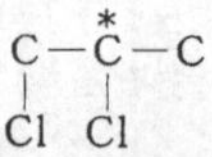

```
    *
C—C—C
|   |
Cl  Cl
```
1,2-ジクロロプロパン

（3）　隔離型には

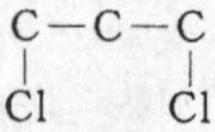

```
C—C—C
|     |
Cl    Cl
```
1,3-ジクロロプロパン

以上4種のうち不斉炭素原子をもつものは 1, 2-ジクロロプロパンである。だからAは

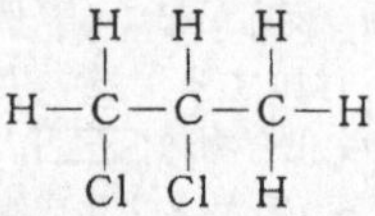

```
   H   H   H
   |   |   |
H—C—C—C—H
   |   |   |
   Cl  Cl  H
```

C_3H_6 は C_nH_{2n} であるから，不飽和度 U=1。ゆえに2重結合を1つもつプロピレン $CH_2=CH—CH_3$ と環を有するシクロプロパン $CH_2—CH_2$（CH_2 で環）である。プロピレンに1分子の H_2SO_4 が付加するとマルコフニコフの法則にしたがう主生成物と，それにしたがわない副生成物とが生じる。

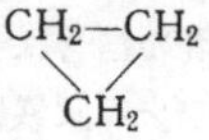

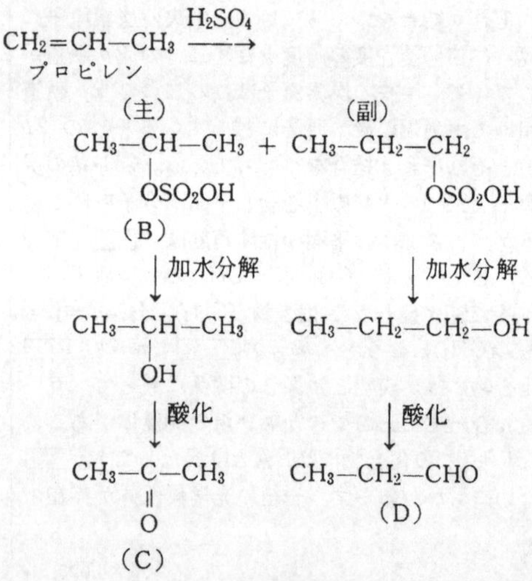

$CH_2=CH—CH_3 \xrightarrow{H_2SO_4}$
プロピレン

（主）$CH_3—CH(OSO_2OH)—CH_3$ (B) ＋（副）$CH_3—CH_2—CH_2—OSO_2OH$

↓加水分解　　↓加水分解

$CH_3—CH(OH)—CH_3$　　$CH_3—CH_2—CH_2—OH$

↓酸化　　↓酸化

$CH_3—C(=O)—CH_3$ (C)　　$CH_3—CH_2—CHO$ (D)

C_3H_4 は C_nH_{2n-2} という一般式で表わされ，不飽和度 U=2 である。だから次の場合が考えられる。

（1）　π結合が2個ある場合，これをさらに

(イ)　1つのC—C間にπ結合が2個ある場合は3重結合を意味する。(ロ)　2つのC—C間にそれぞれ1つづつπ結合がある場合は2重結合を2つもつものである。すなわち，C_3H_4 では(イ)の場合は $CH\equiv C—CH_3$（メチルアセチレンまたはプロピン），(ロ)の場合は $CH_2=C=CH_2$（アレン，1,2-プロパジエン)。

（2）　環が1個，π結合が1個ある場合，

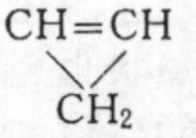

$CH=CH$（CH_2 で環）（シクロプロペン）

（3）　環が2個ある場合，C_3H_4 ではこれに相当するものは考えられない。

E：$CH\equiv C—CH_3$，F：$CH=CH$（CH_2 で環）

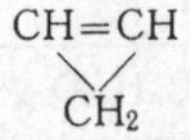

$2CH\equiv C—CH_3+CH\equiv CH$ の各3重結合が1つ開いて3つの分子が付加重合すると，

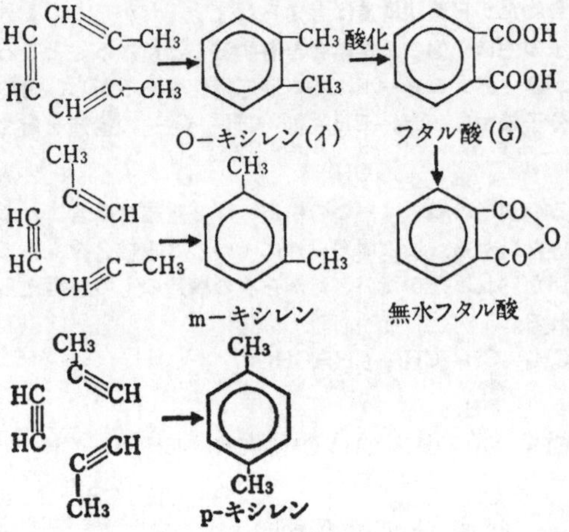

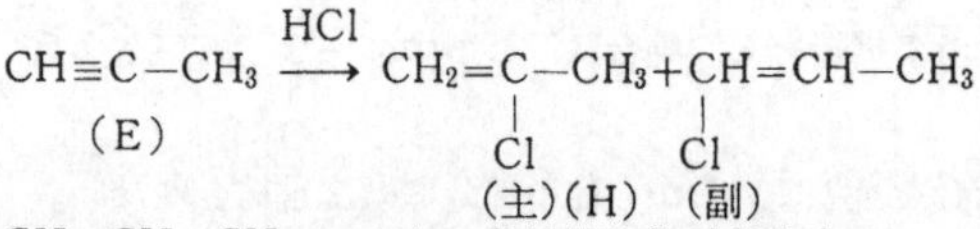

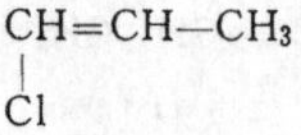

HC≡CH ＋ 2 CH≡C—CH₃ → O-キシレン(イ)（CH_3, CH_3）→酸化→ フタル酸(G)（COOH, COOH）→ 無水フタル酸

HC≡CH ＋ 2 CH≡C—CH₃ → m-キシレン

HC≡CH ＋ 2 CH≡C—CH₃ → p-キシレン

$CH\equiv C—CH_3 \xrightarrow{HCl} CH_2=C(Cl)—CH_3+CH(Cl)=CH—CH_3$
（E）　　（主）(H)　（副）

$CH(Cl)=CH—CH_3$ には次の幾何異性体が存在する。

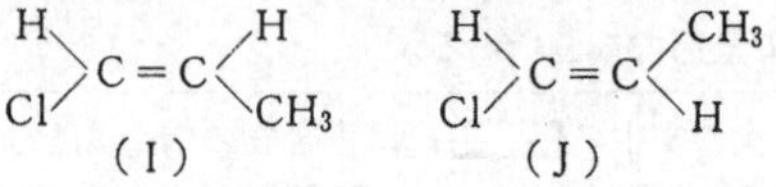

(I)：H, Cl \>C=C\< H, CH_3　　(J)：H, Cl \>C=C\< CH_3, H

アレン $CH_2=C=CH_2$ についての問題である。
ウ-90，エ-90，オ-1，カ-1，キ-不斉炭素原子。

【問題】　分子式 C_mH_nO で示される直鎖状アルコールのすべての構造式を書いたとき，幾何異性体および光学異性体がともに1対ずつあった。このような条件を満足する分子量がもっとも小さいアルコールの炭素数 m と水素数 n はいくつか。　東工大

【解】　幾何異性体をもつ直鎖(環をもっていない)だから二重結合をもち，光学異性体があるには不斉炭素原子が必要である。C_mH_nO という分子式から -OH は1分子中に1個しかない1価アルコールである。以上のことを満足し，かつ分子量のもっとも小さいものは次のものが考えられる。

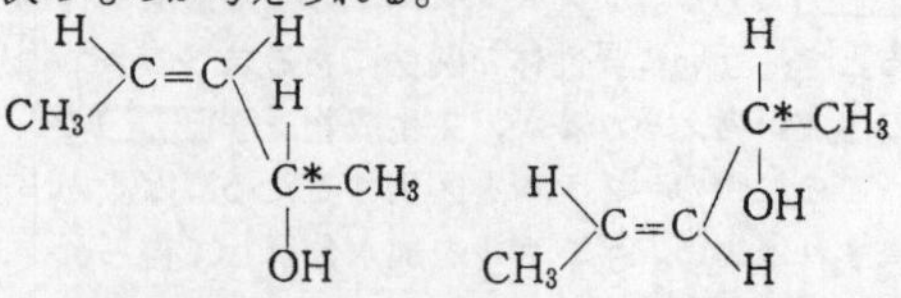

シス：H, CH_3 \>C=C\< H, $C^*H(OH)—CH_3$
トランス：H, CH_3 \>C=C\< $C^*H(OH)—CH_3$, H

この分子式は $C_5H_{10}O$ であるから $m=5$，$n=10$

有機化学特講 ……………〈鎖式化合物〉

■内容■

- ●アルコールについて
- ●エーテルについて

第4章　アルコール

1.　概　説

炭化水素のHをOHで置き換えたものを，**アルコール**という。例えば，エタンのHをOHで置換したものが，

```
    H  H              H  H
    |  |              |  |
 H—C—C—H  ⟶  H—C—C—O—H
    |  |              |  |
    H  H              H  H
   ethane            ethanol
```

エチルアルコール (ethyl alcohol) または，エタノール (ethanol) である。このように，飽和炭化水素から誘導されたアルコールを，飽和アルコール (saturated alcohol) といい，不飽和炭化水素から誘導されたアルコールを不飽和アルコール (unsaturated alcohol) という。例えば，プロペン（プロピレン）のHをOHで置換してできるアリルアルコール (allyl alcohol) は，不飽和アルコールである。

```
    H  H  H              H  H  H
    |  |  |              |  |  |
 H—C=C—C—H      H—C=C—C—O—H
          |                    |
          H                    H
      propene          allyl alcohol
```

ところが，ベンゼンやトルエンのような芳香族（ベンゼン核をもつ）炭化水素のHをOHで置換するとき，ベンゼン核に直接ついているHをOHで置き換えたらこれはアルコールではなく**フェノール**(phenol)である。

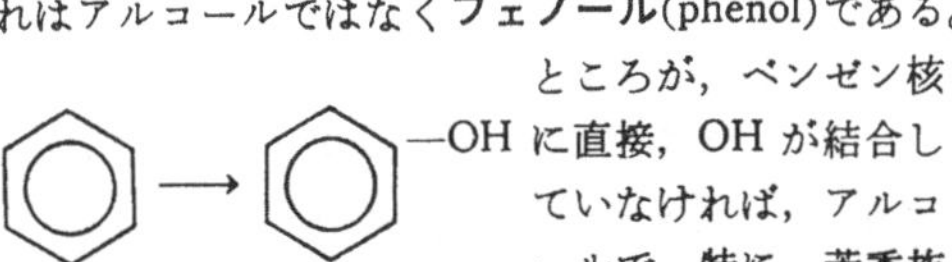

ところが，ベンゼン核に直接，OHが結合していなければ，アルコールで，特に，芳香族アルコールと呼んでいる。例えば，トルエンの側鎖のメチル基のHをOHで置換したものは，アルコールでベンジルアルコール (benzyl alcohol) というが，トルエンのベンゼン核のHをOHで置き換えると，クレゾールというフェノールになる。クレゾールには，オルト (*o*-)，メタ (*m*-)，パラ (*p*-) の3種類の異性体がある。

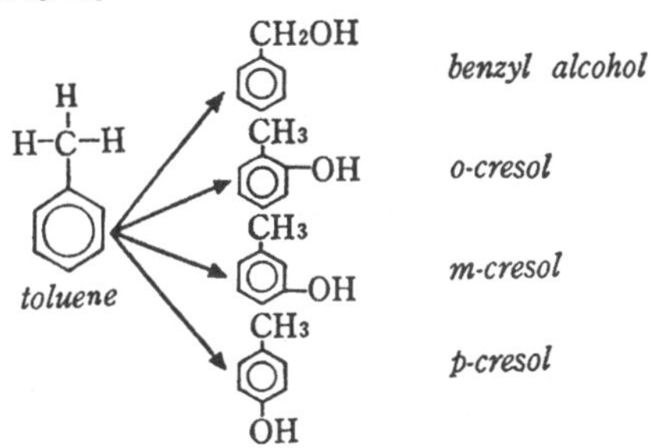

アルコールのOHをアルコール性OH，フェノールのOHをフェノール性OHという。

アルコールの中で，OHを1分子中に1個もつものを**1価アルコール**，エチレングリコールのように2個もつものを**2価アルコール**，グリセリンのように3個もつものを**3価アルコール**などと呼ぶ。昆布の表面にふく白色粉末は6価アルコールのマンニトルである。

```
 CH3CH2OH    CH2—CH2      CH2—CH—CH2
              |    |        |    |    |
 ethanol     OH   OH       OH   OH   OH
          ethylene glycol    glycerine
```

```
    CH2-OH
     |
 HO-C-H
     |
 HO-C-H
     |
  H-C-OH
     |
  H-C-OH
     |
    CH2-OH
  mannitol
```

次に，既に述べたように，-OHが1級の炭素と結合したアルコールを第1アルコール，または1級アルコール (primary alcohol)，2級の炭素に -OHが結合したアルコールを第2アルコールまたは2級アルコール (secondary alcohol)，3級の炭素に

-OH が結合したアルコールを **第3アルコール**または **3級アルコール** (tertiary alcohol) と呼んでいる。

$$R-CH_2OH \qquad \begin{matrix} R \\ R' \end{matrix}\!\!>CH-OH \qquad R'-\underset{R''}{\overset{R}{C}}-OH$$

第1アルコール　第2アルコール　第3アルコール

2. 命　名　法

(1) 置換命名法では，水酸基 -OH は接尾語 ol で示される。すなわち，アルコールに相当する炭化水素の名称の後に水酸基が1つ，すなわち，1価アルコールなら ol，水酸基が2つ，すなわち，2価アルコールなら -OH が2つ (di) という意味で diol，水酸基が3つ，すなわち，3価のアルコールなら triol，4価なら tetrol などをつけて命名する。ol をつける場合には炭化水素名の末尾の e は除く。

(2) 1価アルコールについては基官能命名法がある。これによれば，1価アルコールは炭化水素基名とアルコールとを並べて命名する。

次に例をあげて説明してみよう。まず，一番簡単なアルコールは，メタンのHを1つのOHで置きかえた CH_3OH である。置換命名法(今後(1)の命名法という)では，メタン (methane) のH1個を OH で置換したのだから，末尾の e をとり ol をつけて，メタノール (methanol) となり，基官能命名法 (今後(2)の命名法という) では，メタンからHが1つとれたメチル基と OH が結合したと考え，メチルアルコール (methyl alcohol) という。C_2H_5OH も同様にして(1)ではエタノール ethanol，(2)ではエチルアルコール (ethyl alcohol) となる。C_3H_7OH では2種の異性体 A，B ができる。

$$\overset{3}{C}H_3-\overset{2}{C}H_2-\overset{1}{C}H_2-OH \qquad \overset{3}{C}H_3-\underset{OH}{\overset{2}{C}H}-\overset{1}{C}H_3$$

(A)　　　　　　(B)

(A)では，プロパン(propane)の1の炭素のHが OH に置換されたアルコールという意味で，1-プロパノール (1-propanol) 〔3-プロパノールは誤り〕，同様に(B)は 2-プロパノール (2-propanol) という。次に，(2)の命名法では，(A)は *n*-プロピル基 $CH_3-CH_2-CH_2-$ と -OH が結合したと考え，*n*-プロピルアルコール (*n*-propyl alcohol) といい，(B)はイソプロピル基 $\begin{matrix} CH_3 \\ CH_3 \end{matrix}\!\!>CH-$ と -OH とが結合してできていると考え，イソプロピルアルコール (isopropyl alcohol) という。(A)は第1アルコール，(B)は第2アルコールである。次にブタン C_4H_{10} のHを1つ OH で置換して得られるアルコール C_4H_9OH は何種類あるか，またその名称はどうであろうか。

それには，まずCの骨格から考えてみよう。Cが4個結合してできる鎖式の骨格は2通りであるから，ブタンには既に述べたように2種類ある。そこで，その骨格 (Cのみ) を書き，それに -OH を1個つけてできる1価アルコールは何種類できるかを調べる。

$$C-C-C-C \rightarrow \begin{cases} C-C-C-C-OH & (A) \\ C-C-\underset{OH}{\overset{*}{C}}-C & (B) \end{cases}$$

$$C-\underset{C}{C}-C \rightarrow \begin{cases} C-\underset{C}{C}-C-OH & (C) \\ C-\underset{C}{\overset{OH}{C}}-C & (D) \end{cases}$$

(A)は，(1)の命名法ではブタンの1のCのHが OH で置換されたアルコールだから，1-ブタノール (1-butanol) (2)の命名法では，*n*-ブチル基 $CH_3CH_2CH_2CH_2-$ と -OH が結合したと考え，*n*-ブチルアルコール (*n*-butyl alcohol) といい，(B)は，(1)の命名法では，2-ブタノール (2-butanol)，(2)の命名法では第2ブチル基，$\begin{matrix} CH_3-CH_2 \\ CH_3 \end{matrix}\!\!>CH-$ と -OH が結合したと考え，第2ブチルアルコール (sec-butyl alcohol) という。(C)は，(1)の命名法では，C—C—C—OH すなわち 1-プロパノールの2の C にメチル基がついているから 2-メチル-1-プロパノール (2-methyl-1-propanol) という。また(2)の命名法では，イソブチルアルコール (isobutyl alcohol) となる。同様に，(D)は，(1)の命名法では 2-メチル-2-プロパノール (2-methyl-2-propanol) といい，(2)の命名法では第3ブチルアルコール (tert-butyl alcohol) となる。

(A)，(B)，(C)，(D)を示性式および沸点で示すと次のようになる。

$CH_3-CH_2-CH_2-CH_2-OH$	(A)	117.3℃
$\begin{matrix} CH_3-CH_2 \\ CH_3 \end{matrix}\!\!>\overset{*}{C}H-OH$	(B)	99.5℃
$\begin{matrix} CH_3 \\ CH_3 \end{matrix}\!\!>CH-CH_2-OH$	(C)	107.9℃
$\begin{matrix} CH_3 \\ CH_3- \\ CH_3 \end{matrix}\!\!C-OH$	(D)	82.0℃

(A)は第1，(B)は第2，(C)は第1，(D)は第3アルコールである。特に，(B)は，2のCが不斉炭素原子であるから光学的に活性で *d* 体，*l* 体があり，また，$CH_3-\underset{OH}{CH}-$ という原子団があるため，リーベンのヨードホルム反応が陽性となる。このことはよく入試に出される。

次に，炭素数5個の一価アルコール $C_5H_{11}OH$ の異性体および置換命名法と沸点を示す。

$CH_3-CH_2-CH_2-CH_2-CH_2-OH$ 1-ペンタノール 138℃

$CH_3-CH_2-CH_2-\underset{\underset{OH}{|}}{\overset{*}{C}H}-CH_3$ 2-ペンタノール 119℃

$CH_3-CH_2-\underset{\underset{OH}{|}}{CH}-CH_2-CH_3$ 3-ペンタノール 117℃

$CH_3-\underset{\underset{CH_3}{|}}{CH}-CH_2-CH_2-OH$ 3-メチル-1-ブタノール 130℃

$CH_3-\underset{\underset{CH_3}{|}}{CH}-\underset{\underset{OH}{|}}{\overset{*}{C}H}-CH_3$ 3-メチル-2-ブタノール 113℃

$CH_3-\underset{\underset{CH_3}{|}}{\overset{\overset{OH}{|}}{C}}-CH_2-CH_3$ 2-メチル-2-ブタノール 102℃

$HO-CH_2-\underset{\underset{CH_3}{|}}{\overset{*}{C}H}-CH_2-CH_3$ 2-メチル-1-ブタノール 128℃

$CH_3-\underset{\underset{CH_3}{|}}{\overset{\overset{CH_3}{|}}{C}}-CH_2-OH$ 2, 2-ジメチル-1-プロパノール 113℃

3. 合 成 法

(1) アルケンを濃硫酸に吸収させた後，水と加熱する。既に述べたように，二重結合に H_2SO_4 が付加し，エステルを形成するから，これを加水分解してアルコールが得られる。

$$CH_3-CH=CH_2 \xrightarrow{H_2SO_4} CH_3-\underset{\underset{OSO_3H}{|}}{CH}-CH_3 \xrightarrow{H_2O} CH_3-\underset{\underset{OH}{|}}{CH}-CH_3$$

(2) ハロゲンアルキル RX より合成する。
既に述べたように，ハロゲンアルキルにアルカリを作用させてアルコールが得られるが，アルコール性水酸化カリウムを作用させると，アルケンを生ずる。

$$CH_3-CH_2-CH_2-Br+NaOH \longrightarrow CH_3-CH_2-CH_2-OH+NaBr$$

特に，KOH の水溶液を用いてもアルケンを副生する。
(3) アルデヒド，ケトンを Ni, Pt, Pd などを触媒として水素を付加する（接触還元）と，アルコールが得られる。そのときアルデヒドからは第１アルコール，ケトンからは第２アルコールが生じる。

$$\underset{\text{アルデヒド}}{R-\underset{\underset{O}{\|}}{C}-H} \xrightarrow[(Ni)]{H_2} \underset{\text{第１アルコール}}{R-CH_2-OH}$$

$$\underset{\text{ケトン}}{R-\underset{\underset{O}{\|}}{C}-R'} \xrightarrow[(Ni)]{H_2} \underset{\text{第２アルコール}}{\begin{matrix} R \\ R' \end{matrix}\!\!>CH-OH}$$

(4) １級アミンに亜硝酸を作用させる。
１級アミン $R-NH_2$ に亜硝酸 HNO_2 を作用させると，次のように反応し，アミノ基 $-NH_2$ は水酸基 $-OH$ に変わる。

$$\begin{matrix} \text{１級アミン} & R-NH_2 \\ \text{亜硝酸} & HO\,N\,O \end{matrix} \longrightarrow ROH+N_2+H_2O$$

一般に，アミノ基 $-NH_2$ を $-OH$ に置換するときは，亜硝酸を作用すればよい。ただ，アニリンのようにアミノ基が直接ベンゼン核につくものは，途中ジアゾニウム塩を経てフェノールになる。

4. 物理的性質

いくつかのアルコールの物理性質を次に示す。

アルコール	基官能名	置換名	融点 ℃	沸点 ℃	比重	水に対する溶解度 g/100mℓ
CH_3OH	methyl alcohol	methanol	−97.8	65.0	0.7914	∞
CH_3CH_2OH	ethyl alcohol	ethanol	−114.7	78.5	0.7893	∞
$CH_3CH_2CH_2OH$	*n*-propyl alcohol	1-propanol	−126.5	97.4	0.8035	∞
$CH_3CHOHCH_3$	isopropyl alcohol	2-propanol	−89.5	82.4	0.7855	∞
$CH_3CH_2CH_2CH_2OH$	*n*-butyl alcohol	1-butanol	−89.5	117.3	0.8098	8.0
$CH_3CH_2CHOHCH_3$	*sec*-butyl alcohol	2-butanol	−114.7	99.5	0.8063	12.5
$(CH_3)_2CHCH_2OH$	isobutyl alcohol	2-methyl-1-propanol		107.9	0.8021	11.1
$(CH_3)_3COH$	*tert*-butyl alcohol	2-methyl-2-propanol	25.5	82.2	0.7887	∞
$CH_3(CH_2)_4OH$	*n*-pentyl alcohol	1-pentanol	−79	138	0.8144	2.2
$C_2H_5(CH_3)_2COH$	*tert*-pentyl alcohol	2-methyl-2-butanol	−8.4	102	0.8059	∞
$CH_3CH_2CH_2CHOHCH_3$	—	2-pentanol		119.3	0.809	4.9
$CH_3CH_2CHOHCH_2CH_3$	—	3-pentanol		115.6	0.815	5.6
$(CH_3)_3CCH_2OH$	neopentyl alcohol	2,2-dimethyl-1-propanol	53	114	0.812	∞
$CH_3(CH_2)_5OH$	*n*-hexyl alcohol	1-hexanol	−46.7	158	0.8136	0.7

炭素数が１～16の低級アルコールは，室温で液体である。それより炭素数が多くなると，固体である。アルコールの沸点は，炭素数が増加するにつれて上昇し，炭素数の等しい異性体間では，既に記したブタノールやペンタノールの各異性体の沸点を見ればわかるように，*n*-化合物が最も高く，側鎖が多くなる程低くなっている。例えば，ブタノールでは，1-ブタノールの沸点（117.3℃）が最も高く，2-メチル-2-プロパノールの沸点（82.2℃）が最も低い。同様に，ペンタノールでは，1-ペンタノールの沸点（138℃）が最高で，2-メチル-2-ブタノールの沸点（102℃）が最低である。

アルコールは，それに対応する(同炭素数，同構造)の炭化水素にくらべてかなり沸点が高い。例えば，メタン CH_4（分子量16）は沸点 −164℃ の気体であるのに，メチルアルコール CH_3OH（分子量32）は，沸点65℃の液体である。

次に，*n*-アルカンと 1-アルカノール の分子量と沸点の関係を示す。この表より，いずれも分子量が増加するにしたがって，沸点も増加していることがわかる。しかも，1-アルカノールの場合は，かなり直線的である。そして，1-アルカノールの沸点は，同程度の分子量をもつ *n*-アルカンよりも沸点は高いこともわかる。それは，分子中に電気陰性度の大きい酸素原子をもっているためにおこる水素結合(hydrogen bond)で，アルコール分子が互いに会合しているためである。このことは，水の場合と同様である。 $R-O^{-\delta} \longleftarrow H^{+\delta}$

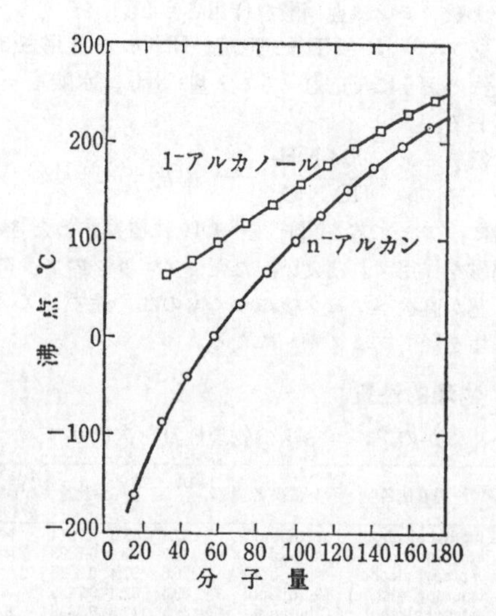

次に，水に対する溶解度は，低級なアルコールは水によく溶けるが，高級になると次第に溶けにくくなる。一般に，似たものは似たものを溶かすといわれるが，水とアルコールは構造上似ている。しかし，高級になり

H—O—H　Rが大きくなると，水とは似てこなく
R—O—H　なり，炭化水素に似てくるため，高級なものは水に不溶で，逆に，ベンゼンのような有機溶媒に溶けるようになる。これは，水には極性があり，水素結合により会合しているが，極性の大きい低級アルコールは，その間に割込むことができるからである。

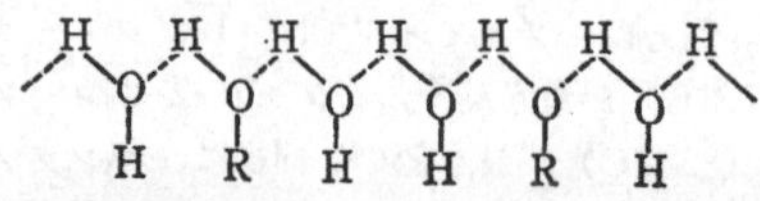

ところが，高級アルコールは，分子全体に対して OH の占める役割りが小さく，分子全体の電子雲を引き寄せて極性をつくることができなくなり，水に溶けにくくなる。

次に，異性体間でも水に対する溶解度に差がある。例えば，ブタノールでは水 100 *ml* に溶ける量 (g) は，

CH_3—CH_2—CH_2—CH_2—OH　*n*-ブチルアルコール（8.0）

CH_3—CH_2—CH(OH)—CH_3　第2ブチルアルコール（12.5）

CH_3—CH(CH_3)—CH_2—OH　イソブチルアルコール（11.1）

CH_3—C(CH_3)(OH)—CH_3　第3ブチルアルコール（∞）

である。

第3ブチルアルコールは，メチルアルコールやエチルアルコールと同様，水とどんな割合にも溶け合う。これは，水が水素結合している間に割り込むとき，R—の形がコンパクトであれば大きな空間を必要とせず，水溶液中水素結合をあまり破壊しないで割り込めるためである。したがって，異性体間ではR—の形が小さくコンパクトなものほど溶けやすい。

5. 化学的性質

(1) アルコラート（アルコキシド）の生成

アルコールの水酸基の水素は，同じ分子内の炭素に直接ついている水素（炭化水素の水素と同じ）と異なり，ナトリウム，カリウム等のイオン化傾向の大きい金属と容易に置換されて，水素を発生し，アルコラートをつくる。

$$2\,ROH + 2\,Na \longrightarrow 2\,RONa + H_2$$

このように，アルコールの水酸基のHが金属で置換された化合物を**アルコラート** (alcoholate) または，**アルコキシド** (alcoxide) という。そして，アルコールおよび金属の種類により，それぞれ次のような呼び方をする。

CH_3ONa……ナトリウムメチラート，またはナトリウムメトキシド

C_2H_5OK……カリウムエチラート，またはカリウムエトキシド

アルコールが Na や K と反応し，H_2 を発生してアルコラートになる反応は，水が Na や K と反応し，H_2 を発生して NaOH や KOH を生ずるのとよく似ている。

$$2\,ROH + 2\,Na \longrightarrow 2\,RONa + H_2$$
$$2\,HOH + 2\,Na \longrightarrow 2\,HONa + H_2$$

水と Na あるいはKは，きわめて激しく反応し発火するのに対して，アルコールとの反応は比較的おだやかである。特に，第3アルコールは極めて反応が遅いのでアルコラートをつくるときは，Na ではなくKを用いなければならない。実際イソプロピルアルコールは適当な速さなので，実験室でナトリウムのくずを分解するのによく用いられる。

さて，アルコールのHのうち，なぜ OH のHだけが NaやKによって置換されるのかは，元素の電気陰性度から容易に分かる。つまり，Cに直接つくHは，電気陰性度の差は 2.5−2.1＝0.4 しかなく，I-効果も少なく，したがって，Cに直接つくHは，Na・や K・から電子を奪って Na^+ や K^+ にする程，正には帯電していないが，-OH のHでは電気陰性度の差が 3.5−2.1＝1.4 もあり，金属から電子を奪って H_2 となる。だから，Na, K, Ca のようなイオン化傾向の大きい（還元性の強い）金属は，炭化水素（石油，ベ

ンゼン，トルエン等）の中に貯えられる。アルコラートは，既に述べたように，ハロゲンアルキルと反応してエーテルを生成する。

$$R-ONa+Cl-R' \longrightarrow R-O-R'+NaCl$$

このようにしてエーテルをつくる方法を，ウイリアムソンのエーテル合成と呼んでいる。

(2) 脱水反応

アルコールに脱水剤を作用すると，アルケンを生ずる（p.28参照）が，この反応では，第3アルコールが最も容易で第2，第1アルコールの順に脱水されにくい。例えば，エタノールからエチレンの生成は濃硫酸を用い 160〜180℃（温度が低いと分子間脱水をおこしてエーテル生成）の高温を必要とするが，2-メチル-2-ブタノール(Ⅰ)の脱水は，46%硫酸で90℃で可能である。このときは，級の高い炭素につくHほどとれやすいので，主として2-メチル-2-ブテン(Ⅱ)を生じ，2-メチル-1-ブテン(Ⅲ)は少量副生する。

$$CH_3-C(CH_3)(OH)-CH_2-CH_3 \ (\mathrm{I}) \longrightarrow CH_3-C(CH_3)=CH-CH_3 \ (\mathrm{II})$$
$$\longrightarrow CH_2=C(CH_3)-CH_2-CH_3 \ (\mathrm{III})$$

いいかえると，OHの結合した炭素の両隣りに炭素がある場合，Hを少なく持つ炭素につくHとOHの間で脱水がおこるということになる。これを **Saytzeff** の**法則**と呼んでいる。

(3) エステルの生成

酸とアルコールから水がとれて縮合してできる化合物を，エステル（ester）という。例えば，酢酸とエチルアルコールから酢酸エチルというエステルが生じる。

$$CH_3COOH+C_2H_5OH \longrightarrow CH_3COOC_2H_5+H_2O$$

このとき，CH_3COOH のHと C_2H_5OH の OH との間で水がとれてエステルを作るのか，または，CH_3COOH の OH と C_2H_5OH のHとの間で水がとれてエステルを形成するのかを知るためには，酸素の同位体の1つである質量数18の酸素 ^{18}O を含むエタノール $C_2H_5{}^{18}OH$ を用いて実験すればよい。

$$CH_3COO\boxed{H+H^{18}O}C_2H_5 \longrightarrow CH_3COOC_2H_5+H_2{}^{18}O$$

$$CH_3CO\boxed{OH+H}{}^{18}OC_2H_5 \longrightarrow CH_3CO^{18}OC_2H_5+H_2O$$

実験の結果，生じた H_2O の中に ^{18}O は含まれず，エステルの中に含まれていることがわかり，後者のように反応することがわかる。また，硫酸の場合も同様にエステルを形成する。

$$HO-SO_2-OH+HOC_2H_5$$
$$\longrightarrow C_2H_5O-SO_2-OH+H_2O$$

モノエチル硫酸
（硫酸水素エチル）

カルボン酸とアルコールを混ぜて放置すると，両者の間から前記のように水がとれてエステルを生成するが，アルコールのROとHが切れて水を作るから，一番ROとHが切れやすい第1アルコールが，エステル化速度は大きい。アルキル基は電子を押す基R→であるため，第1アルコール，第2アルコール，第3アルコールの各OHのつくC原子は，この順に負に帯電している。一方，Oも電気陰性度が大きく，負に帯電し互いに反発し，切れやすくなる。

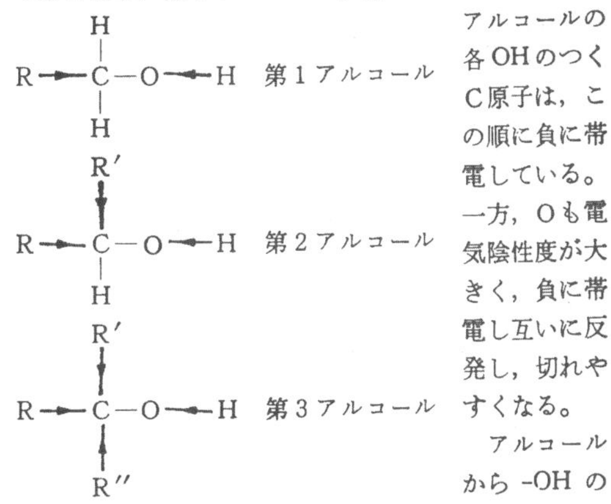

アルコールから -OH のHのとれやすさは，第1アルコール＞第2アルコール＞第3アルコールの順である。したがって，エステル化速度を実測してアルコールの級を知ることもできる。

いま，カルボン酸とアルコールを混ぜて放置すると，反応は完結せず，逆向きの反応もおこり（可逆反応），ついに，右向きの反応の速さと左向きの反応の速さが等しくなり，外観上反応が止まっているようにみえる平衡状態に到達する。

$$RCOOH+R'OH \rightleftarrows RCOOR'+H_2O$$

平衡に達するまで長時間を要するので，通常少量の硫酸や塩酸が加えられる。もし反応を右へ完結させ，エステルをつくりたいときは，濃硫酸や乾燥塩化水素ガスを吹き込むと脱水され，平衡は右へ進行する。だから，希硫酸を加えたのか濃硫酸を加えたのかは，注意しなければならない。希硫酸や希塩酸を加えた場合は，速く平衡状態に到達させるための触媒で，濃硫酸の場合は，触媒と脱水剤の両方の作用をする。では，なぜ希硫酸や希塩酸のような酸が触媒として作用するのであろうか。すなわち，酸から出る水素イオン H^+ が触媒として作用するのである。その電子論的考察が入試に見られるのでここで述べておこう。

まずカルボン酸 RCOOH のカルボニル基の立上り（p.16参照）から始まる。

$$R-C(=O)-\overline{O}-H \rightleftarrows R-\overset{\oplus}{C}(-O^{\ominus})-\overline{O}-H$$

カルボニル基の立上りにより，Cは⊕にOは⊖に帯電するが，何もなければ再びOのローンペアはCの⊕に引かれてもとにもどる。ところが H^+ があればカルボニル基の立上りと同時に生じたOの⊖に引かれ，Oのローンペアと H^+ が配位結合する。配位結合は，その結合に用いる電子対が一方的に（互いに1個ずつ出し合うのではなく）供給される結合で，電子対がどちらの原子から出されたかを表すため⟶で示す。さて，H^+ がOと配位結合すれば，Oの⊖は中和されカルボニル基のCが⊕になったままになる。

$$R-\overset{\oplus}{C}(-\overline{O}-H)(-|\overline{O}|^{\ominus})\ \ H^+ \Longrightarrow R-\overset{\oplus}{C}(-\overline{O}-H)(-|\overline{O}\rightarrow H)$$

一方，そこに共存するアルコールR′OH は，I-効果によりそのOは幾分負に帯電している。その帯電量は第3アルコールが一番大きく，第2アルコール，第1アルコールになるにしたがって少なくなる。したがって，Oはカルボン酸のCの⊕に引かれる。そして，アルコールのOのローンペアでカルボニル基の⊕に帯電したC（カルボニウムイオン）と配位結合する。

$$R'\rightarrow-\overline{O}-\leftarrow H$$

$$R'-\overline{O}-H \quad R-\overset{\oplus}{C}(-\overline{O}-H)(-|\overline{O}\rightarrow H) \Longrightarrow R'-\overset{\oplus}{\overline{O}}-H \downarrow R-C(-\overline{O}-H)(-|\overline{O}\rightarrow H)$$

そのため，アルコールのOは⊕に帯電する。そして，その⊕は，そのまわりにある電子を引き寄せる。そのためアルコールのHは強く⊕に帯電すると同時に，カルボン酸のOHのOに引かれ，ついにアルコールのOに電子を与え，一たん H^+ となり，これが近くにあるカルボン酸のO(電気陰性度が高く，いく分負に帯電)に引かれ，そのローンペアと配位結合する。

$$R'-\overset{\oplus}{\overline{O}}-H \downarrow R-C(-\overline{O}-H)(-|\overline{O}\rightarrow H) \Longrightarrow R'-\overline{O}| \downarrow R-C(-\overset{\oplus}{O}(\leftarrow H)-H)(-|\overline{O}\rightarrow H)$$

このためカルボン酸のOは⊕に帯電し，まわりの電子を引き寄せ，その結合Cの電子をとって結合が切れ，ここで水がとれるのである。

$$R'-\overline{O}| \downarrow R-C(-\overset{\oplus}{O}(\leftarrow H)-H)(-|\overline{O}\rightarrow H) \Longrightarrow R'-\overline{O}| \downarrow R-\overset{\oplus}{C}(-|\overline{O}\rightarrow H) \quad H-\overline{O}|-H$$

これではっきりするように，とれた水はアルコールのHとカルボン酸のOHとからできたものである。次にCの⊕にO→H間の電子雲が引かれ，Hが H^+ となってはずれる。

$$R-\overline{O}| \downarrow R-\overset{\oplus}{C}(-|\overline{O}\rightarrow H) \Longrightarrow R'-\overline{O}| \downarrow R-C(=|\overline{O}|) + H^+$$

エステル

H^+ は最初結合したが，反応が終ると離れていくから，触媒として作用していることが分かる。以上の反応は，一方的に ⟹ の方向に考えてきたが，この各反応はすべて可逆的で ⇄ と書きかえるべきである。最後のエステルから出発して逆に進行させると，最後にカルボン酸とアルコールになるが，これはエステルの加水分解の反応の機構であり，この場合も H^+ が触媒として働く。

(4) ハロゲン化水素 HX との反応

アルコールは，HCl，HBr，HI と反応して対応するハロゲンアルキル RX を生じることは，既に述べた。（p.48参照）

$$R-OH+HX \longrightarrow R-X+H_2O$$

このとき，アルコールより -OH がとれるため，一番 -OH のとれ易い第3アルコールは速やかに反応するが，第2アルコール，第1アルコールの順に -OH はとれにくく反応速度は遅くなってくる。ハロゲン化水素の中で最も反応性の低い塩化水素 HCl を第1及び第2アルコールと作用させるには，触媒として $ZnCl_2$ を必要とする。そのため，塩酸に $ZnCl_2$ を溶かした**ルーカス Lucas 試液**が用いられるが，第3アルコールは濃塩酸を加えて振るだけで容易に塩化アルキル RCl を生じる。

$$CH_3-CH_2-CH_2-CH_2-OH \xrightarrow[\text{加　熱}]{HCl+ZnCl_2} CH_3-CH_2-CH_2-CH_2-Cl$$

$$CH_3-C(CH_3)_2-OH \xrightarrow[\text{室温}]{\text{濃 }HCl} CH_3-C(CH_3)_2-Cl$$

そこで，Lucas 試液を用い，そのアルコールが何級であるかを知ることができる。すなわち，Lucas 試液を加えると第3アルコールは極めて速やかに反応し，塩化アルキルを生じる。塩化アルキルは水に不溶のため，反応が進行すると混濁を生じる。すなわち，第3アルコールなら Lucas 試液を加えるとすぐ混濁し，第2アルコールは徐々に混濁し，第1アルコールは室温では反応しない（加熱を必要とする)。

$$R-C(R')(R'')-OH \xrightarrow{\text{Lucas 試液}} \text{急速に混濁}$$

$$(R')(R)CH-OH \xrightarrow{\text{Lucas 試液}} \text{徐々に混濁}$$

$$R-CH_2-OH \xrightarrow{\text{Lucas 試液}} \text{混濁しない}$$

さて，アルコールとハロゲン化水素HXとの反応の機構は，酸すなわち H^+ によって触媒されることより，まず $HX \longrightarrow H^++X^-$ によって生じた H^+ がアルコールのO（幾分負に帯電）のローンペアに配位結合するところから始まる。

$$R-\overline{O}-H+H^+ \longrightarrow R-\overset{\oplus}{\overline{O}}-H \ (\downarrow H)$$

（オキソニウムイオン）……①

次に，Oの⊕のため，RとOとの間の共有電子対を引き寄せて，ついに結合が切れ，H_2O がとれる。

$$R-\overset{\oplus}{\overline{O}}-H\ (\downarrow H) \longrightarrow R^+ + |\overline{O}-H\ (|H) \cdots\cdots ②$$

この反応は，アルコールが第3アルコールのとき最も容易である。次に R^+ と X^- とが結合する。

$$R^+ + X^- \longrightarrow RX \cdots\cdots ③$$

この反応は，イオン反応であるため極めて速い。

この全反応の律速段階は，②の反応であるから，このように反応が起こると1次反応となる。すなわち，X^- という求核試薬による置換反応（p.49参照）であるから，S_N1 反応である。ところが第1アルコールの場合は，①の反応に次いで②の反応がおこりにくい。すなわち，水がとれにくい。OH のついているCのまわりの電子密度より容易に分かるように，第1アルコールでは一番電子密度は少なく，Oの⊕がRとOとの間の電子を引き寄せても切れない。そこで，X^- が OH の結合している C を攻撃し，次のように S_N2 反応になる。

$$X^- \ \ {}^{R}_{H}\!\!>\overset{H}{C}-\overset{\oplus}{\overline{O}}-H\ (\downarrow H) \longrightarrow X^-\cdots\cdots \overset{R\ \ H}{C}\cdots\cdots\overset{\oplus}{\overline{O}}-H\ (|H,\ \downarrow H)$$

$$\longrightarrow X-\overset{H}{C}<^{R}_{H} + H_2O$$

(5) RX の生成

アルコールからの HX により，ハロゲンアルキル RX を生成することは(4)で述べたが，その外にハロゲン化リンやハロゲン化イオウによってRXを生成する。

$$3R-OH + \underset{\text{三塩化リン}}{PCl_3} \longrightarrow 3R-Cl + \underset{\text{亜リン酸}}{H_3PO_3}$$

$$R-OH + \underset{\text{五塩化リン}}{PCl_5} \longrightarrow RCl + \underset{\text{オキシ三塩化リン}}{POCl_3} + HCl$$

$$R-OH + \underset{\text{塩化チオニル}}{SOCl_2} \longrightarrow RCl + SO_2 + HCl$$

PCl_3, PCl_5, $SOCl_2$ は，-OH を -Cl に置換する作用があることは憶えておこう。この方法だと，どのアルコールもすみやかに反応する。

(6) 酸　化

アルコールを酸化する反応は，そのアルコールが第何級アルコールかにより異なる。第1アルコールは，酸化によりアルデヒドになり，さらに酸化されて，カルボン酸になる。

$$\underset{\text{第1アルコール}}{R-CH_2-OH} \xrightarrow[O]{-2H} \underset{\text{アルデヒド}}{R-\underset{\|O}{C}-H} \xrightarrow[O]{} \underset{\text{カルボン酸}}{R-\underset{\|O}{C}-OH}$$

例えば，エタノールを酸化するとアセトアルデヒドを経て酢酸になる。

$$CH_3-CH_2-OH \longrightarrow CH_3CHO \longrightarrow CH_3COOH$$

この反応は次のように考えられる。

$$R-\overset{H}{\underset{O-H}{C}}-H \ \ O \longrightarrow R-\underset{\|O}{C}-H + H_2O$$

次にアルデヒドのC—Hの間にOが入って，カルボン酸となる。

$$R-\underset{\|O}{C}-H \ (\curvearrowleft O) \longrightarrow R-\underset{\|O}{C}-O-H$$

ところが，カルボン酸はそれ以上酸化されないから，RとCとの間にはOが入らないと思えばよい。そうするとケトンが酸化されないこともわかる。

第2アルコールは，酸化されてケトンになる。

$$\underset{\text{第2アルコール}}{{}^{R}_{R'}\!\!>CH-OH} \xrightarrow[O]{-2H} \underset{\text{ケトン}}{R-\underset{\|O}{C}-R'}$$

例えば，イソプロピルアルコールは酸化されアセトンになる。

$$\underset{\text{イソプロピルアルコール}}{{}^{CH_3}_{CH_3}\!\!>CH-OH} \longrightarrow \underset{\text{アセトン}}{CH_3COCH_3}$$

第3アルコールは酸化されない。以上をまとめると次のようになる。

$$\underset{\text{第1アルコール}}{R-CH_2-OH} \xrightarrow[-2H]{O} \underset{\text{アルデヒド}}{R-CHO} \xrightarrow{O} \underset{\text{カルボン酸}}{R-COOH}$$

$$\underset{\text{第2アルコール}}{{}^{R}_{R'}\!\!>CH-OH} \xrightarrow[-2H]{O} \underset{\text{ケトン}}{R-CO-R'}$$

$$\underset{\text{第3アルコール}}{R,\ R',\ R''\!\!-C-OH}$$

第1アルコールを酸化する場合，過マンガン酸カリウム $KMnO_4$（色が化学変化でよく変わるのでカメレオンという俗名がある）を用いると，酸化力が強く途中で生じるアルデヒドを取り出すことができない。したがって，第1アルコールからそれに対応するカルボン酸を作るときは $KMnO_4$ が用いられるが，既に述べた（p.31参照）ように，その酸化力は温度，濃度，液性によって異なる。液性では酸性で最も酸化力が強く，次が塩基性，次いで中性の順に弱くなる。したがって，酸性，高温，高濃度では有機化合物はすべて酸化分解されてしまう。そのため有機化学ではバイヤーの試薬がよく用いられる（p.31参照）。硫酸酸性で $KMnO_4$ で酸化するときは濃度は薄く，温度は低温で行わなければならない。そのときおこる変化は，まず，

$2KMnO_4+3H_2SO_4$
$\longrightarrow K_2SO_4+2MnSO_4+3H_2O+5O$ ………①

酸性で Mn の酸化数は，+2 まで減少する。このOによって第1アルコールは，まず，アルデヒドになる。

$R-CH_2OH+O \longrightarrow R-CHO+H_2O$ …………②

②式を5倍して①式と辺々加えると，酸性で $KMnO_4$ が第1アルコールを酸化してアルデヒドにするときの反応式が得られる。

$2KMnO_4+3H_2SO_4+5RCH_2OH$
$\longrightarrow K_2SO_4+2MnSO_4+8H_2O+5RCHO$ …③

ところが，生じたアルデヒドはただちに $KMnO_4$ によって酸化されて，カルボン酸になる。

$RCHO+O \longrightarrow RCOOH$ ………………………④

いま②式と④式とを辺々加えると，

$RCH_2OH+2O \longrightarrow RCOOH+H_2O$ …………⑤

①式を2倍し，⑤式を5倍したのち辺々加えると硫酸酸性で，$KMnO_4$ が第1アルコールをカルボン酸にまで酸化するときの反応式がえられる。

$4KMnO_4+6H_2SO_4+5RCH_2OH$
$\longrightarrow 2K_2SO_4+4MnSO_4+11H_2O+5RCOOH$
………⑥

次に，電子移動式でかいてみよう。酸性で $KMnO_4$ が酸化するときの式は，

$MnO_4^-+8H^++5e^- \longrightarrow Mn^{2+}+4H_2O$ ………⑦

また，第1アルコールがカルボン酸にまで酸化されるときの式は，

$RCH_2OH+H_2O \longrightarrow RCOOH+4H^++4e^-$ …⑧

⑦式を4倍し，⑧式を5倍して辺々加えれば

$4MnO_4^-+12H^++5RCH_2OH$
$\longrightarrow 4Mn^{2+}+11H_2O+5RCOOH$ …………⑨

ところが，一般には弱アルカリ性で酸化する。アルカリ性または中性で $KMnO_4$ が酸化するときの反応式は，

$2KMnO_4+H_2O \longrightarrow 2KOH+2MnO_2+3O$…⑩

または，

$MnO_4^-+2H_2O+3e^- \longrightarrow MnO_2+4OH^-$ ……⑪

弱アルカリ性または中性で $KMnO_4$ が第1アルコールをカルボン酸にまで酸化する式は，

⑩×2+⑤×3 より，

$4KMnO_4+3RCH_2OH$
$\longrightarrow 4KOH+4MnO_2+H_2O+3RCOOH$ …⑫

または ⑪×4+⑧×3 より，

$4MnO_4^-+3RCH_2OH$
$\longrightarrow 4OH^-+4MnO_2+H_2O+3RCOOH$ ……⑬

これらの式でわかるように，たとえ中性で酸化がおこなわれても，液は次第に OH^- によりアルカリ性になり，生成したカルボン酸は中和されるから，RCOOK（または $RCOO^-$）となっている。これに少量酸を加えないと，遊離のカルボン酸ができないことは既に入試に出ている。

次は，二クロム酸カリウム（重クロム酸カリウム）$K_2Cr_2O_7$ による酸化で，これは硫酸酸性でおこなわれ，Cr は相手を酸化するとき酸化数を＋3まで下げる。$K_2Cr_2O_7$ が硫酸酸性で酸化するときの式は，

$K_2Cr_2O_7+4H_2SO_4$
$\longrightarrow K_2SO_4+Cr_2(SO_4)_3+4H_2O+3O$………⑭

または，

$Cr_2O_7^{2-}+14H^++6e^- \longrightarrow 2Cr^{3+}+7H_2O$ ……⑮

いま，$K_2Cr_2O_7$ が第1アルコールを酸化してアルデヒドにするときの反応式は，

⑭+②×3 より，

$K_2Cr_2O_7+4H_2SO_4+3RCH_2OH$
$\longrightarrow K_2SO_4+Cr_2(SO_4)_3+7H_2O+3RCHO$…⑯

また，第1アルコールがアルデヒドまで酸化される電子移動を表す式は，

$RCH_2OH \longrightarrow RCHO+2H^++2e^-$……………⑰

したがって ⑮+⑰×3 より

$Cr_2O_7^{2-}+8H^++3RCH_2OH$
$\longrightarrow 2Cr^{3+}+7H_2O+3RCHO$ ………………⑱

さらに，カルボン酸にまで酸化する式も考えてみよう。

すなわち ⑭×2+⑤×3 より，

$2K_2Cr_2O_7+8H_2SO_4+3RCH_2OH \longrightarrow 2K_2SO_4$
$+11H_2O+3RCOOH+2Cr_2(SO_4)_3$ …………⑲

または ⑮×2+⑧×3 より，

$2Cr_2O_7^{2-}+16H^++3RCH_2OH$
$\longrightarrow 4Cr^{3+}+11H_2O+3RCOOH$……………⑳

ところが $KMnO_4$ と異なり，$K_2Cr_2O_7$ による反応は速度が遅いので，アルデヒドが生じたときそのアルデヒドをつまみ出せばよい。というのは，次の相対応する第1アルコール，アルデヒド，カルボン酸の沸点を比較してみれば，アルデヒドの沸点はそれに対応するアルコールやカルボン酸の沸点に比してかなり低い。（といったらアルデヒドは気分を害するだろう。そして，アルデヒドは私が分子に見合う沸点をもっていて，アルコールやカルボン酸は異常に高い沸点をもっているのだというだろう。）それは，アルコールやカルボン酸にはOHがあり，これによって水素結合して会合するため沸点が高いということは，容易に理解できる。次に，対応する第1アルコール，アルデヒド，カルボン酸の沸点を示す（p.65上段参照）。

第1アルコールを，硫酸酸性で $K_2Cr_2O_7$ で酸化するときの温度をアルコールとアルデヒドの各沸点の中間の温度に選べば，アルコールは留出しないでアルデヒドが生成すると，温度はアルデヒドの沸点より高いから留出する。もし，アルデヒドがさらに酸化されてカルボン酸になったら，これは対応するアルコールよ

第1アルコール	アルデヒド	カルボン酸
CH_3OH メタノール：65.0℃	$HCHO$ ホルムアルデヒド：−21℃	$HCOOH$ ギ酸：101℃
CH_3CH_2OH エタノール：78.5℃	CH_3CHO アセトアルデヒド：21℃	CH_3COOH 酢酸：118℃
$CH_3CH_2CH_2OH$ プロパノール：97.4℃	CH_3CH_2CHO プロピオンアルデヒド：49℃	CH_3CH_2COOH プロピオン酸：141℃
$CH_3CH_2CH_2CH_2OH$ ブタノール：117.3℃	$CH_3CH_2CH_2CHO$ ブチルアルデヒド：76℃	$CH_3CH_2CH_2COOH$ 酪酸：164℃
$CH_3CH_2CH_2CH_2CH_2OH$ ペンタノール：138℃	$CH_3CH_2CH_2CH_2CHO$ ワレルアルデヒド：103℃	$CH_3CH_2CH_2CH_2COOH$ 吉草酸：186℃

り高い沸点をもっているから留出しない。

近項では，アルデヒドを作りたいときは，三酸化クロム CrO_3 をピリジンに溶かしたものを用いて第1アルコールを酸化する。これは，きわめて穏和な酸化剤で，第1アルコールをアルデヒドまで酸化するのに適している。

(7) 塩化カルシウムとの分子化合物の生成

アルコールは，塩化カルシウム $CaCl_2$ と $CaCl_2 \cdot 6C_2H_5OH$ のような分子化合物をつくる。この分子化合物は，結晶性でかつ水溶性である。これは，水が $CaCl_2 \cdot 6H_2O$ という結晶をつくり，そのときの水を結晶水というように，$CaCl_2 \cdot 6C_2H_5OH$ の結晶中のアルコールを結晶アルコールという。塩化カルシウムがアルコール中の水分を除くのに使用できないのは，このためである。しかし，逆に，ある溶液からアルコールを除く目的には塩化カルシウム溶液と振りまぜ，アルコールを $CaCl_2 \cdot 6ROH$ として取り除くことができる。

【問題】 次の文を読み，1～7の各問に答えよ。

有機化合物A，B，C，D，Eはいずれも重量組成（%）が炭素64.9，水素13.5，酸素21.6で，分子量は74である。これらの化合物はいずれも金属ナトリウムと反応する。

Aは濃塩酸と容易に反応するが，B，C，D，Eは触媒がなければ反応しない。一方，Aは硫酸酸性の二クロム酸ナトリウム（重クロム酸ナトリウム）水溶液で酸化されないが，B，C，D，Eは酸化される。B，Cを酸化してできる化合物は酸性を示すが，D，Eからできるものは中性の同一化合物である。

D，Eはヨウ素のアルカリ性水溶液と加熱すると黄色固体を析出するが，A，B，Cは黄色固体を析出しない。DとEだけが平面偏光の偏光面を回転させる性質をもっている。沸点は次の通りである。

化合物	A	B	C	D	E
沸点 ℃	82	108	118	99.5	99.5

問 1. これらの化合物の分子式を求めよ。

2. Aの化合物名を記せ。

3. B，Cの示性式を記せ。

4. Aが濃塩酸と容易に反応するのは，律速段階における反応中間体イオンの安定性によるとされている。このイオンの構造を記せ。

5. Dと硫酸酸性の二クロム酸ナトリウム水溶液との反応を示す下の化学反応式を完成せよ（有機化合物は示性式で記すこと）。

___ ______ $+ Cr_2O_7^{2-} +$ ___ ______

$\longrightarrow$ ___ ______ $+$ ___ ______ $+$ ___ H_2O

6. (イ) D，Eとヨウ素のアルカリ性水溶液との反応によってできる黄色固体の分子式を記せ。

(ロ) (イ)の反応がおこるのは，D，Eの構造のどの部分に基づいているか。その部分の構造を示性式で記せ。

7. A～Eの沸点とそれらの化学構造との関係について簡潔に述べよ。（60字以内）

三重大

【解説】 問1．

$$C:H:O=\frac{64.9}{12}:\frac{13.5}{1}:\frac{21.6}{16}=4:10:1$$

組成式は $C_4H_{10}O$。諸君は，分子量が与えられなくても，組成式と分子式が等しいことがわからなければならない。化学式の中に酸素Oがある場合，まずこれを取ってみる。この場合は C_4H_{10} となり，これは C_nH_{2n+2} すなわちアルカン（ブタン）である。4個のCに付きうるH原子は最高10個である。もし，$(C_4H_{10}O)_n$ で n が2以上の自然数だとすれば，そんな化合物は存在し得ない。例えば，$n=2$ とすれば，$C_8H_{20}O_2$ となりOを取り除いてみると C_8H_{20} となり8個のCには最高 $2n+2=2\times8+2=18$ 個までで20個もつけるわけがない。だから，組成式が $C_nH_{2n+2}O_m$ という形をしていたら組成式と分子式は等しいわけだ。

次に，$C_4H_{10}O(=74)$ という分子式について考えられる構造式を考えてみよう。この場合もまずOを取り除いて C_4H_{10}（ブタン）の構造式は次の2種類があった。

```
     H  H  H  H                H  H  H
     |  |  |  |                |  |  |
  H—C—C—C—C—H,           H—C—C—C—H
     |  |  |  |               H/ |  \H
     H  H  H  H               H—C—H
                                  |
                                  H
     n-ブタン                   イソブタン
```

これらから，Hをとらずして O を入れる方法を考えてみよう。それには，C—HかC—Cの間にOを入れるほかはない。C—Hの間にOを入れると C—OH となりアルコールになるし，C—Cの間にOを入れると C—O—Cとなりエーテルができる。さて，アルコールでは既に記したように次の4種がある（骨格のみ示す)。

```
C—C—C—C—OH          C—C—C*—C
                            |
                            OH
                            OH
                            |
C—C—C—OH             C—C—C
  |                         |
  C                         C
```

一方，C—Cとの間にOを入れてエーテルを作る方法は，次の3通りである。

```
C—O—C—C—C          C—C—O—C—C
C—O—C—C
      |
      C
```

この場合は，ナトリウムと反応しないエーテル類は除かれる。

問2．Aは濃塩酸と容易に反応するからすぐ第3アルコールの第3ブチルアルコール(2-メチル-2-プロパノール）であることがすぐわかる。

```
      CH3                     CH3
      |                       |
CH3—C—OH+HCl ⟶ CH3—C—Cl+H2O
      |                       |
      CH3                     CH3
```

それ以外のアルコールは，第1か第2アルコールだから $ZnCl_2$ を触媒として HCl を作用しなければならない (Lucas 試液)。またAは，第3アルコールだから酸化されない。

問3．B，Cは酸化されて酸性物質であるカルボン酸を生じるから，第1アルコールであることがわかる。ところが，第1アルコールが2つあるが，沸点から推定できなければならない。すなわち，*n*—形が一番高く，側鎖が多くなり分子の外見が球に近くなると沸点は低くなるから，Bの沸点108℃，Cの沸点は118℃だから，Cは *n*-ブチルアルコール(1-ブタノール）で，Bはイソブチルアルコール（2-メチル-1-プロパノール）であることがわかる。

```
B：CH3—CH—CH2—OH
        |
        CH3
C：CH3—CH2—CH2—CH2—OH
```

問4．

```
      CH3                         CH3⊕
      |                           |
CH3—C—O̲H+H+ ⟶ CH3—C—O—H
      |                           |   ↓
      CH3                         CH3 H

                  CH3                        CH3
 ゆっくり          | ⊕           Cl-          |
 ⟶        CH3—C    +H2O ⟶ CH3—C—Cl
 律速段階          |                          |
                  CH3                        CH3
```

```
構造式：      H
              |
           H—C—H
        H     |
        |     |     ⊕
     H—C——C——O—H
        |     |     |
        H     |     H
           H—C—H
              |
              H
```

問5．DとEというアルコールは，酸化されて中性物質（ケトン）ができるところから，第2アルコールである。ところが，第2アルコールは第2ブチルアルコール(2-ブタノール）に不斉炭素原子があるから，光学活性であり，*d*-体と *l*-体があり，これは，偏光面を右または左へ回転する以外は性質が同じである。事実，表より沸点は，D，Eともに99.5℃であり，互いに光学異性体である。二クロム酸ナトリウム溶液との反応は，⑮式より

$$Cr_2O_7^{2-}+14H^++6e^- \longrightarrow 2Cr^{3+}+7H_2O$$

また，第2アルコールがケトンに酸化される式は，

```
CH3—CH2—CH—CH3
          |
          OH
   ⟶ CH3—CH2—C—CH3+2H++2e-
                ‖
                O
```

より，下の式を3倍して上の式と辺々加えると，次の反応式が得られる。

```
3CH3—CH2—CH—CH3+Cr2O7 2-+8H+
           |
           OH
  ⟶ 3CH3—CH2—C—CH3+2Cr3++7H2O
                 ‖
                 O
```

問6．第2ブチルアルコールは，CH3—CH(OH)— という構造をもっているから，リーベンのヨードホルム反応が陽性で，ヨウ素のアルカリ性水溶液と加熱すると，特異臭のある黄色結晶であるヨードホルム CHI_3 を析出する。

問7．分子中に側鎖が多くなると，球形に近く，体積が一定で表面積の一番小さいのは球である。そのため，分子が互いに近づいても，表面電子雲が余り動かず分子の分極が小さく分子間引力は小さく，沸点は低い。それに対して枝のないものは横長く，他の分子が近ずくと分子の表面が広く，電子雲が移動し極性が大きく生じ，分子間引力は大きく沸点は高い。(以上は要約)

【問題】 化合物A～Gに関する次の文(1)～(9)を読み，問1および問2に答えなさい。

(1) A～Fの分子式はいずれも $C_5H_{12}O$ であ

り，Gの分子式は C_5H_{12} である。

(2)　A，B，C，D，Fは，いずれもナトリウムと反応して，水素を発生するが，Eはナトリウムと反応しない。

(3)　Aを硫酸性二クロム酸カリウムで酸化すると，銀鏡反応に陽性の化合物が得られるが，Cはこの条件では酸化されない。

(4)　B，Fは硫酸性二クロム酸カリウムで酸化すると，いずれもケトンになる。

(5)　Bを硫酸で処理すると，2-ペンテン CH_3—CH=CH—CH_2—CH_3 が得られる。

(6)　Gを臭素で置換反応して得られるモノブロモ化合物（臭素が1原子だけ置換した化合物）は，ただ1種類だけである。このモノブロモ化合物とDは，炭素原子からなる骨格が同じである。

(7)　Aには光学異性体が存在する。

(8)　Fには光学異性体は存在しない。

(9)　ナトリウムイソプロピラート

```
CH3—CH—ONa
    |
    CH3
```

とヨウ化エチルとを反応させると，Eが生成する。

問1　化合物A，B，C，D，Eの構造を例にならって，式で示しなさい。

```
                        CH3
                        |
例  CH3—CH—CH2—C—CH2—CH—CH3
        |              |            |
        CH3          CH3         OH
```

問2　化合物A，B，C，D，Eのうちで，最も沸点の低いのはどれか。A，B，C……などの記号で記入しなさい。　　岡山大

【解答】 問1．$C_5H_{12}O$ は，例によってOを取ってみると C_5H_{12}（ペンタン）となり，ペンタンからHをとらずにOを1個入れると，次に示す8種の構造異性のアルコールと6種の構造異性であるエーテルができる。

（アルコール）

```
C—C—C—C—C—OH

          *
C—C—C—C—C
          |
          OH

C—C—C—C—C
      |
      OH

C—C—C—C—OH
  |
  C

      *
C—C—C—C
  |   |
  C   OH

  C
  |
C—C—C—C
  |
  OH

      *
C—C—C—C—OH
      |
      C

  C
  |
C—C—C—OH
  |
  C
```

（エーテル）

```
C—O—C—C—C—C

C—C—O—C—C—C

C—C—C—O—C
  |
  C

C—C—O—C—C
  |
  C

      *
C—O—C—C—C
      |
      C

  C
  |
C—C—O—C
  |
  C
```

化合物A，B，C，D，FはNaと反応するから，いずれもアルコールであり，Eはエーテルである。Aは酸化すると，銀鏡反応をするアルデヒドを生ずるから，第1アルコールであり，Cは酸化されないから第3アルコールである。ところが，第3アルコールは1つしかないからCは2-メチル-2-ブタノールである。B，Fは酸化されてケトンになるから，第2アルコールである。Bを脱水すると2-ペンテンになるから，Bは次の2種が考えられる。

```
C—C—C—C—C —┐
        |       │ -H2O
        OH      ├──→ C—C—C=C—C
C—C—C—C—C —┘
    |
    OH
```

C_5H_{12}（ペンタン）の異性体（p.18参照）の中で12個のH原子のうち1個をBrで置換しても異性体ができないのだから，12個のH原子がすべて空間的に対等に位置についていることになる。これは，ネオペンタン（2,2-ジメチルプロパン）である。Aには不斉炭素原子があり，かつ第1アルコールから，2-メチル-1-ブタノールと決まる。Fは不斉炭素原子をもっていない第2アルコールであるから，3-ペンタノールと決まるから，Bは2-ペンタノールとなる。

```
  C
  |
C—C—C
  |
  C
```

```
CH3—CH—O[Na   I]—CH2—CH3
    |
    CH3

——→ CH3—CH—O—CH2—CH3
        |
        CH3
```

だからEは，エチルイソプロピルエーテルである。以上より次の結果が得られる。

```
A：CH3—CH2—CH—CH2—OH
              |
              CH3

B：CH3—CH2—CH2—CH—CH3
                    |
                    OH

C：           CH3
              |
   CH3—CH2—C—CH3
              |
              OH

D：     CH3
        |
   CH3—C—CH2—OH
        |
        CH3

E：CH3—CH—O—CH2—CH3
        |
        CH3
```

問2．アルコールは -OH を有し，水素結合により会合し高い沸点をもつが，エーテルは -OH を有していないので，対応するアルコールに比して沸点は低い。

だから，最も沸点の低いのはエーテルであるEである。

【問題】 一般に第一アルコール（水酸基が結合した炭素原子に水素2原子が結合しているアルコール）を適当な酸化剤で酸化するとアルデヒドになり，アルデヒドはさらに酸化されてカルボン酸になる。図のような装置を用いてプロピルアルコールからプロピオンアルデヒドをつくった。反応フラスコ中のプロピルアルコール（$CH_3CH_2CH_2OH$, 沸点97℃）を加熱して沸騰状態に保ちながら，分液ロートから硫酸酸性の重クロム酸カリウム溶液を徐々に滴下すると，生成したプロピオンアルデヒド（沸点48℃）の一部分は60℃の温水を通した冷却器(イ)と冷水を通した冷却器(ロ)とを通って留出するが，一部分はさらに酸化されてプロピオン酸（沸点141℃）になって反応フラスコに残る。このようにしてプロピルアルコール30gと重クロム酸カリウム49gとからプロピオンアルデヒド12gを得た。

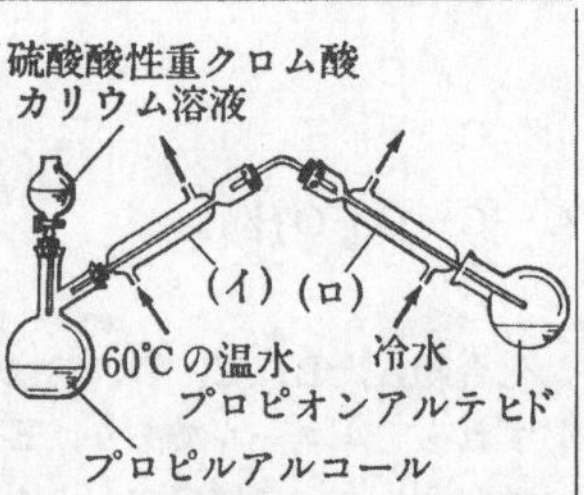

硫酸酸性重クロム酸カリウム溶液
(イ)
(ロ)
60℃の温水
冷水
プロピオンアルテヒド
プロピルアルコール

上の実験について次の各項に答えよ。ただし，原子量は H＝1, C＝12, O＝16, K＝39, Cr＝52とし，小数点以下を四捨五入した答を記せ。

(1) 上の実験で冷却器(イ)が必要な理由を簡単に述べよ。

(2) 上の実験で下線をつけた箇所を「反応フラスコ中の硫酸酸性重クロム酸カリウム溶液を暖め，分液ロートからプロピルアルコールを徐々に滴下する」と直すと，プロピオンアルデヒドを得るためにどんなふつごうが起こるかを簡単に述べよ。

(3) 次の反応式の□には数字を，（1）および（2）にはそれぞれプロピオンアルデヒドおよびプロピオン酸の示性式を記入して反応式を完成せよ。

$K_2Cr_2O_7$＋□H_2SO_4＋□$CH_3CH_2CH_2OH$
⟶ K_2SO_4＋$Cr_2(SO_4)_3$＋□H_2O＋□
（1）

2$K_2Cr_2O_7$＋□H_2SO_4＋□$CH_3CH_2CH_2OH$
⟶ 2K_2SO_4＋2$Cr_2(SO_4)_3$＋□H_2O＋□
（2）

(4) 上の実験に用いたプロピルアルコールに対して，得られたプロピオンアルデヒドの収率は何%か。

(5) 上の実験に用いた重クロム酸カリウムが完全に消費され，プロピルアルコールからはプロピオンアルデヒドとプロピオン酸だけが生成し，かつ，実験操作中に生成物の損失がなかったものとすれば，反応フラスコ中に残るプロピオン酸は何gか。
新潟大

【解答】

n-プロピルアルコール　プロピオンアルデヒド

$$\underset{97℃}{CH_3CH_2CH_2OH} \xrightarrow[-2H]{O} \underset{48℃}{CH_3CH_2CHO}$$

プロピオン酸

$$\xrightarrow{O} \underset{141℃}{CH_3CH_2COOH}$$

n-プロピルアルコールを硫酸酸性で $K_2Cr_2O_7$ で酸化して，プロピオンアルデヒドをつくる実験である。*n*-プロピルアルコールの沸点は97℃，プロピオンアルデヒドの沸点は48℃であり，副生するプロピオン酸の沸点は141℃だということを頭において考えてみよう。

(1) 冷却器(イ)には60℃の温水が流れ，管内は60℃に保たれている。これは，60℃よりも低い沸点をもつプロピオンアルデヒドは通過し，60℃よりも高い沸点をもつプロピルアルコールは，そこで液化され，もとのフラスコにもどすためである。

(2) *n*-プロピルアルコールからできるだけ収率よくプロピオンアルデヒドをつくるには，一たん生じたプロピオンアルデヒドをプロピオン酸にまで酸化させないようにすることが必要である。したがって，逆にフラスコ中に $K_2Cr_2O_7$ 溶液を入れて上からアルコールを滴下すると多量の酸化剤の中に少量のアルコールが入るため徹底的に酸化され，プロピオンアルデヒドの収率は悪く，プロピオン酸が多くできるのでよくない。

(3) 既に述べたが，もう一度練習してみよ。

$K_2Cr_2O_7 + 4H_2SO_4 \longrightarrow K_2SO_4 + Cr_2(SO_4)_3 + 4H_2O + 3O$ ……①

$CH_3CH_2CH_2OH + O \longrightarrow CH_3CH_2CHO + H_2O$……②

①＋②×3　$K_2Cr_2O_7 + 4H_2SO_4 + 3CH_3CH_2CH_2OH$
$\longrightarrow K_2SO_4 + Cr_2(SO_4)_3 + 7H_2O + 3CH_3CH_2CHO$
……………③

また，プロピオン酸まで酸化されるときの反応式は

$CH_3CH_2CH_2OH + 2O \longrightarrow CH_3CH_2COOH + H_2O$…④

①×2＋④×3

$2K_2Cr_2O_7 + 8H_2SO_4 + 3CH_3CH_2CH_2OH$
$\longrightarrow 2K_2SO_4 + 2Cr_2(SO_4)_3 + 11H_2O$
$+ 3CH_3CH_2COOH$……………………⑤

(4) *n*-プロピルアルコール $CH_3CH_2CH_2OH$(＝60)を30g，すなわち，30/60＝0.5モルからプロピオンアルデヒド CH_3CH_2CHO（＝58）を12g得た。理論上，100% プロピオンアルデヒドになったとすれば，用いたアルコールと同モルすなわち0.5モル＝(58×0.5)g＝29gできることになるが，実際は12g得られたのだから，収率は，

$$\frac{12}{29} \times 100 = 41.3 \fallingdotseq 41(\%)$$

(5) $K_2Cr_2O_7$(=294) 49 g は,

$\frac{49}{294}=\frac{1}{6}$ モルである。　　これが *n*-プロピルアルコールを酸化して，プロピオンアルデヒドとプロピオン酸となった。そのうち，プロピオンアルデヒドは 12/58=6/29 モル生じた。③式より $K_2Cr_2O_7$ 1モルは，3モルのプロピオンアルデヒドをつくる。したがって，6/29モルのプロピオンアルデヒドをつくるには，その1/3のモル数,すなわち,(6/29)×(1/3)=2/29モルの $K_2Cr_2O_7$ を必要とする。したがって，プロピオン酸まで酸化するのに用いられた $K_2Cr_2O_7$ は，1/6−2/29=17/174モルとなる。⑤式より2モルの $K_2Cr_2O_7$ から3モルのプロピオン酸（分子量74）が生じるから，17/174 モルの $K_2Cr_2O_7$ からは,

$\frac{17}{174}\times\frac{3}{2}$ モルすなわち，$\frac{17}{174}\times\frac{3}{2}\times74=10.84$

… ≒11 g のプロピオン酸が生じていることになる。

(8) 飽和1価アルコール各論

〔**メチルアルコール，メタノール** CH_3OH：沸点65℃，融点 −97.8℃〕

1660年，木材を乾留すると生ずる木酢液からとったので，木精 (wood spirit) といわれた。現在では一酸化炭素と水素の混合気体を触媒 (ZnO, Cr_2O_3 など) の存在下で作用させる。

$$CO+2H_2 \longrightarrow CH_3OH$$

この反応は，メタノール 1 mol 当り 30.6 kcal の発熱反応であるから，低温がメタノール合成にはよい。通常300〜400℃で行われる。メタノール生成反応は全モル数の減少する反応だから，圧力は高いほうがよく，通常 150〜200 atm で行われる。また，最近ではメタンを直接酸化して製造されている。有毒でメタノールを 8〜20 m*l* 飲むと失明し，30〜100 m*l* では失命する。酸化するとホルムアルデヒドとなり，種々な化合物の合成原料となるほか，溶媒や燃料に用いられる。

〔**エチルアルコール，エタノール** C_2H_5OH：沸点78.5℃，融点 −114.7℃〕

酒精 (spirit of wine) といわれる。古来，発酵法により作られる。すなわち，デンプンにアミラーゼという酵素を作用し，麦芽糖 (maltose) にまで加水分解し，次にマルターゼという酵素により単糖類であるブドウ糖に加水分解し，ついでチマーゼという酵素を用いてブドウ糖よりエタノールを作る。また，ショ糖をインベルターゼ（またはサッカラーゼともいう）という酵素を用いてブドウ糖と果糖に加水分解し，ついでチマーゼによりエタノールが生成する。

$$\underset{\text{デンプン}}{(C_6H_{10}O_5)_n} \xrightarrow{\text{アミラーゼ}} \underset{\text{麦芽糖}}{C_{12}H_{22}O_{11}} \xrightarrow{\text{マルターゼ}} \underset{\text{ブドウ糖}}{C_6H_{12}O_6}$$

$$\underset{\text{ショ糖}}{C_{12}H_{22}O_{11}} \xrightarrow{\text{インベルターゼ}} \underset{\text{ブドウ糖・果糖}}{C_6H_{12}O_6}$$

$$\xrightarrow{\text{チマーゼ}} \underset{\text{エタノール}}{C_2H_5OH}$$

また，既に述べたアセチレンの水和反応(p.36)または，エチレンからヘキスト・ワッカー法(p.80)によって得られるアセトアルデヒドを触媒(Ni, Pt, Pdなど)を用いて，H_2を付加する接触還元により製造される。

$$\underset{\text{アセチレン}}{HC\equiv CH} \xrightarrow[HgSO_4]{\text{希硫酸}} \underset{\text{アセトアルデヒド}}{CH_3CHO} \xrightarrow[Ni]{H_2} \underset{\text{エタノール}}{C_2H_5OH}$$

また，エチレンから製造することもできる（p.30）

$$\underset{\text{エチレン}}{CH_2=CH_2} \xrightarrow[H_2O]{H_2SO_4} \underset{\text{エタノール}}{C_2H_5OH}$$

エタノールは，水と任意の割合で溶け合い，これから蒸留によってエタノールを純粋に取り出すことはできない。というのは，蒸留を繰り返すと，最後に95.5%の濃度の水溶液が得られ，これは，それ以上蒸留をしてもやはり95.5%の留液が得られ，水とアルコールがこのような一定の割り合いで78.1℃一緒に沸騰する共沸混合物を形成するからである。したがって 100%のいわゆる無水アルコールを得るには，通常，脱水剤として酸化カルシウムCaO($CaCl_2$は不可)を用いて，脱水後，蒸留する。溶媒，燃料，消毒剤や工業用，飲用または医薬品製造原料として用いられる。次にエタノールの検出には，(1)硫酸酸性で $K_2Cr_2O_7$ を作用し，エタノールがあればアセトアルデヒドの刺激臭を発生する。(2)リーベンのヨードホルム反応に陽性である。

(9) 不飽和一価アルコール

一般式 R—OH の R の中に不飽和結合を有するものであるが，既に述べたように，ビニルアルコール $CH_2=CH—OH$ は実在しないので最も簡単なものはアリルアルコール (allyl alcohol) $CH_2=CH—CH_2—OH$ である。これはグリセリンにシュウ酸を加えて260℃に加熱すると得られる。

```
CH2—OH   HOOC              ┌CH2—OOC┐
|          |      −2H2O    │ |      | │
CH —OH   HOOC   ────────→  │CH —OOC │
|                          │ |        │
CH2—OH                     └CH2—OH  ┘
グリセリン  シュウ酸

          CH2
          ‖
   ──→   CH     +2CO2
          |
          CH2OH
         アリルアルコール
```

これらは，不飽和炭化水素とアルコールの両方の性質をもっている。

(10) 多価アルコール

1つの分子内に2個以上の -OH を有するアルコールを，多価アルコールという。ところが同一の炭素に，OH は2個あるいはそれ以上結合する化合物は，特殊な場合を除いては安定に存在できないから，OH の数は最大の場合は炭素と同数である。2価のアルコール

は別名をグリコール (glycol) といい，一番簡単なものは，エチレングリコール (ethylene glycol) である。また，国際名では，OH が2個だから diol という。エチレングリコールの国際名は 1,2-ethane diol である。

$$HO{-}CH_2{-}OH \quad \text{(存在しない)} \qquad HO{-}CH_2{-}CH_2{-}OH \quad \text{(エチレングリコール)}$$

$$CH_3{-}CH(OH){-}CH_2OH \quad \text{(1,2-プロパンジオール)} \qquad CH_2(OH){-}CH_2{-}CH_2(OH) \quad \text{(1,3-プロパンジオール)}$$

最も簡単なエチレングリコールは，エチレンに Br_2 を付加せしめ，これにアルカリ水溶液を加えて得られる。

$$CH_2{=}CH_2 \xrightarrow{Br_2} CH_2Br{-}CH_2Br \xrightarrow{2NaOH} CH_2OH{-}CH_2OH$$

また，エチレンに次亜塩素酸を付加させてエチレンクロルヒドリン (ethylene chlorohydrine) をつくり，これにアルカリ水溶液を作用させて得られる。

$$CH_2{=}CH_2 \xrightarrow{HOCl} CH_2OH{-}CH_2Cl \xrightarrow{NaOH} CH_2OH{-}CH_2OH$$

このように，1つの分子の中に Cl と OH をもつ化合物を，クロルヒドリンという（また CN と OH をもつ化合物はシアンヒドリンという)。エチレングリコールは，沸点 197℃ の液体で水，アルコールに易溶であるが，エーテルには難溶である。また，HCl や PCl_5 により -OH は Cl で置換される。

$$CH_2OH{-}CH_2OH \xrightarrow{HCl} CH_2Cl{-}CH_2OH \quad \text{(エチレンクロルヒドリン)}$$

$$CH_2OH{-}CH_2OH \xrightarrow{PCl_5} CH_2Cl{-}CH_2Cl \quad \text{(二塩化エチレン (1,2-ジクロルエタン))}$$

エチレンクロルヒドリンにアルカリを作用すると，エチレンオキシド (ethylene oxide) を生ずる。

$$CH_2Cl{-}CH_2OH + NaOH \longrightarrow \underset{O}{CH_2{-}CH_2} + NaCl + H_2O$$

エチレンオキシドは環状エーテルで，この型の化合物は国際命名法ではオキシラン (oxirane) と命名されているが，一般にはエポキシド (epoxide) と呼ばれている。エチレンオキシドは，沸点12.5℃の芳香を有する液体で反応性に富み，容易に環は開く。

$$\text{エチレンオキシド} \xrightarrow{HCl} CH_2Cl{-}CH_2OH \quad \text{(エチレンクロルヒドリン)}$$

$$\text{エチレンオキシド} \xrightarrow{HCN} CH_2CN{-}CH_2OH \quad \text{(エチレンシアンヒドリン)}$$

$$\text{エチレンオキシド} \xrightarrow[(H_2SO_4)]{H_2O} CH_2OH{-}CH_2OH \quad \text{(エチレングリコール)}$$

$$\text{エチレンオキシド} \xrightarrow{NH_3} CH_2NH_2{-}CH_2OH \quad \text{(エタノールアミン)}$$

3価のアルコールの代表者はグリセリン (glycerol) で，国際名は 1, 2, 3-プロパントリオール (1, 2, 3-propanetriol) で，天然には高級脂肪酸とエステルを形成し油脂としてひろく存在し，それらを加水分解して製造される。

$$\underset{\text{油脂}}{CH_2OOC{-}R,\ CHOOC{-}R,\ CH_2OOC{-}R} \xrightarrow{NaOH} \underset{\text{グリセリン}}{CH_2OH,\ CHOH,\ CH_2OH} + 3RCOONa$$

工業的合成として，石油の分解ガスから多量に得られるプロピレンより出発する。まず，プロピレンを 400〜500℃という高温で塩素を作用すると，おこりやすい二重結合への付加反応がおこらず，置換反応がおこることに注意しなければならない。

$$\underset{\text{プロピレン}}{CH_2{=}CH{-}CH_3} \xrightarrow[400\sim500℃]{Cl_2} \underset{\text{塩化アリル}}{CH_2{=}CH{-}CH_2{-}Cl} + HCl$$

これにアルカリを作用させ, -Cl を -OH に置換する。

$$CH_2{=}CH{-}CH_2{-}Cl \xrightarrow{NaOH} \underset{\text{アリルアルコール}}{CH_2{=}CH{-}CH_2{-}OH} + NaCl$$

これに次亜塩素酸を作用させると，これが付加し，グリセリン-α-モノクロルヒドリンを生じる。

$$CH_2{=}CH{-}CH_2{-}OH \xrightarrow{HOCl} \underset{\text{グリセリン-α-モノクロルヒドリン}}{CH_2Cl{-}CH(OH){-}CH_2OH}$$

このとき HOCl は，HO- と -Cl に分かれて，二重結合に付加するとき電気陰性度の大きいOを含む HO- が，マルコフニコフの法則にしたがう。しかし，逆につくものも少量副生する。次に，アルカリで -Cl を -OH に換えればグリセリンが得られる。

$$CH_2Cl{-}CH(OH){-}CH_2OH \xrightarrow{NaOH} CH_2OH{-}CH(OH){-}CH_2OH + NaCl$$

これは，アメリカの Shell 会社で発見された方法であるが，もう既に入試に見られる。

グリセリンは，沸点 290℃ の粘稠な液体で水とよく溶け合い，甘味を有する。医薬品，化粧品の製造に用いられ，またこれに硝酸と硫酸の混合物を作用させると，三硝酸エステルであるトリニトログリセリンを生じる。

$$CH_2{-}OH,\ CH{-}OH,\ CH_2{-}OH + 3HNO_3 \longrightarrow CH_2ONO_2,\ CHONO_2,\ CH_2ONO_2 + 3H_2O$$

トリニトログリセリンは，水に不溶の無色無臭の重い液体で，その蒸気は有毒である。これを急激に加熱するか，または打つと，猛烈に爆発する。ノーベルは，1867年珪藻土のような多孔性物質にトリニトログリセリンを吸収させて，ダイナマイトを作った。普通75%のトリニトログリセリンと25%の珪藻土より成る。またトリニトログリセリンは冠血管（心臓を養う血管）

を拡張する作用をもっているので狭心症に用いられる。また，グリプタル樹脂の製造にも用いられる。

【問題】 次のような実験によってプロピレンからエピクロロヒドリン $\left[ClCH_2-CH-CH_2\right]$（CH と CH_2 が O で橋かけされた三員環）をつくった。

(A)には物質名，(B)には用語，(C)には分子式，(D)〜(F)には構造式を記し，(G)には該当する化学反応式を記せ。

まず，プロピレンと塩素とを450℃で反応させ，アリルクロリドと慣用名で呼ばれる 3-クロロプロペン $ClCH_2CH=CH_2$ をつくる。このとき，副生成物として塩素の付加化合物である (A)□ができる。この両者はのちのちのことを考えて十分精密に (B)□によって分離しておかねばならない。

一方，10重量%の水酸化ナトリウム水溶液を冷やしながら pH=9.2 になるまで塩素を吹き込むと，次のような化学反応式に従って次亜塩素酸ナトリウム水溶液をつくることができる。

(G)□

このようにしてつくった次亜塩素酸ナトリウム水溶液中に，はじめにつくった 3-クロロプロペンを入れて，かきまぜながら二酸化炭素を吹き込むと，次のような化学反応式によってグリセリンの誘導体であるグリセロールジクロロヒドリン (D)□と (E)□ができる。

$ClCH_2-CH=CH_2+$ (C)□ $+CO_2+H_2O$

$=a$(D)□ $+b$(E)□ $+NaHCO_3$ $(a+b=1)$

この (D)□と (E)□とは互いに異性体である。このグリセロールジクロロヒドリンは10℃のような低温度で，25重量%の水酸化ナトリウム水溶液中でかきまぜると脱塩酸反応してエピクロロヒドリンができ，しかも二相になって分離する。脱塩酸反応のとき，グリセロールジクロロヒドリンの二つの異性体のうち (F)□の方が脱塩酸反応によるエピクロロヒドリンの生成速度は遅い。

横浜国立大

【解答】 あまり高校ではなじみのない化合物の問題だが，出題される以上解けるようにしておきたい。プロピレンに高温で Cl_2 を作用すると，おこりにくい置換反応がおこって，塩化アリル（アリルクロリド）を生ずることは既に述べた。低温ではもちろんおこりやすい付加反応がおこり，1,2-ジクロロプロパンを生ずる。

$CH_2=CH-CH_3 \xrightarrow{Cl_2}$
- 高温 → $CH_2=CH-CH_2-Cl$ 塩化アリル(3-クロロプロペン)
- 低温 → $CH_2(Cl)-CH(Cl)-CH_3$ 1,2-ジクロロプロパン

しかし，高温（400〜500℃）でも 1,2-ジクロロプロパンは少量副生する。そこで沸点の差（1,2-ジクロロプロパンのほうが沸点が高いことはわかるだろう）を利用し，蒸留し精製する。Cl_2 を冷時 NaOH 水溶液に作用すると，まず Cl_2 が水と反応して

$Cl_2+H_2O \longrightarrow HCl+HOCl$ ……①

次に，HCl や HOCl（次亜塩素酸）は NaOH により中和されて，

$HCl+NaOH \longrightarrow NaCl+H_2O$ ……②

$HOCl+NaOH \longrightarrow NaOCl+H_2O$ ……③

以上の 3 つの式を辺々加えて

$Cl_2+2NaOH \longrightarrow NaCl+NaOCl+H_2O$ …④

温度が高いとさらに次の反応がおこり，塩素酸ナトリウムを生成する。

$3NaOCl \longrightarrow 2NaCl+NaClO_3$ ……⑤

④×3+⑤ より

$3Cl_2+6NaOH \longrightarrow 5NaCl+NaClO_3+3H_2O$ …⑥

これが，熱時 NaOH 溶液に Cl_2 を作用したときの反応式である。さて，冷時に作用して生じた次亜塩素酸ナトリウム NaOCl は，次亜塩素酸という弱酸と水酸化ナトリウムという強塩基から成る塩であるから，これに HOCl よりも強い酸を作用すると弱酸は遊離される。ところが，HOCl の電離定数は $3.7\times10^{-8}\,mol/l$，炭酸の第一段階の電離定数は $3.0\times10^{-7}\,mol/l$ であるため CO_2 を NaOCl の水溶液に吹き込むと，弱酸である次亜塩素酸が遊離される。すなわち，

$NaOCl+H_2O+CO_2 \longrightarrow HOCl+NaHCO_3$

生じた HOCl が塩化アリルの二重結合に付加する。

$CH_2=CH-CH_2-Cl \xrightarrow{HOCl}$
- 多量 → $CH_2(Cl)-CH(OH)-CH_2(Cl)$
- 少量 → $CH_2(OH)-CH(Cl)-CH_2(Cl)$

これらはグリセロールジクロロヒドリンと呼ばれ，それぞれ国際名では，1,3-ジクロロ-2-プロパノールおよび 2,3-ジクロロ-1-プロパノールで，前者が主生成物である。次に，これに冷時 NaOH 溶液を作用すると OH の H と Cl とがとれて，エポオキシド（オキシラン）が生ずる。

$CH_2(Cl)-CH(OH)-CH_2(Cl) \xrightarrow{NaOH} CH_2(Cl)-CH-CH_2$（CH と CH_2 が O で橋かけ）エピクロロヒドリン

$CH_2(OH)-CH(Cl)-CH_2(Cl) \xrightarrow{NaOH}$ （同上）

（2-クロロメチルオキシラン または 2-クロロメチル-1,2-エポキシプロパン）

このとき，どちらが反応速度が速いかは，-OH より H のとれやすさは 1 級アルコール＞2 級アルコール＞3 級アルコールの順にとれやすく，-OH より -OH 全体のとれやすさは，逆の順になる。したがって，2,3-ジ

クロロ-1-プロパノールのほうが生成速度は速い。

この種の問題は高校生にとっては知っていないと難問であり，知っていると易問である。

第5章　エーテル

1. 概　説

2個の炭化水素基が，1個の酸素原子に結合したR—O—R′型の化合物を**エーテル** (ether) という。エーテルの酸素はC—O—Cのように炭素と炭素を橋状につなぐもので，このような酸素を橋状酸素という。したがって，エーテルは橋状酸素をもつ化合物であると定義することができる。また，C—O—Cのような結合をエーテル結合という。R—O—RのようなOに同じ炭化水素基のついたエーテルを単一エーテル，R—O—R′のように異なる炭化水素基のついたエーテルを混合エーテルという。

例えば，ジエチルエーテル C_2H_5—O—C_2H_5 は単一エーテルでエチルメチルエーテル C_2H_5—O—CH_3 は混合エーテルである。

2. 命名法

(1) 置換命名法では，R—O—R′ の2つの炭化水素基のうちC原子の多いほうの基に相当する炭化水素のHを RO-（アルコキシ基）で置換していると考えて命名する。

CH_3—CH_2—$\underline{O—CH_3}$（置換基）　エタン CH_3—CH_3 のHの1つを CH_3O-メトキシ基で置換した化合物という意味で，メトキシエタン (methoxy ethane) と命名する。これをエトキシメタン (ethoxy methane) と呼ぶのは間違いである。

CH_3—CH_2—O—CH(CH_3)—CH_2—CH_2—CH_3
2-エトキシペンタン (2-ethoxypentane)

CH_3—C(CH_3)(CH_3)—CH_2—O—CH_3　1-メトキシ-2, 2-ジメチルプロパン (1-methoxy-2, 2-dimethyl propane)

RO- を表す接頭語は次のとおりである。

CH_3O—　メトキシ (methoxy)
C_2H_5O—　エトキシ (ethoxy)
CH_3—CH_2—CH_2O—　*n*-プロポキシ (*n*-propoxy)
(CH_3)$_2$CHO—　イソプロポキシ (isopropoxy)
C_6H_5—O—　フェノキシ (phenoxy)
C_6H_5—CH_2—O—　ベンジルオキシ (benzyloxy)

これらの基の名称はメトキシル基，エトキシル基のようになる。

(2) 基官能命名法では基 R, R′ の名称（アルファベット順）の後にエーテルという語をつけて命名する。

CH_3—O—CH_3　ジメチルエーテル (dimethyl ether)
C_2H_5—O—CH_3　エチルメチルエーテル (ethylmethyl ether)
C_2H_5—O—C_2H_5　ジエチルエーテル (diethyl ether)

単一エーテルでは，ジメチルエーテルやジエチルエーテルというかわりに，メチルエーテルやエチルエーテルと呼んでもよい。

(3) 環式エーテルは相当する炭化水素名に接頭語エポキシ (epoxy) をつける。

CH_2—CH_2（—O—で環化）　エポキシエタン (epoxy ethane)
エチレンオキシド〔慣用名〕，オキシラン (oxirane)

CH_2—CH—CH_3（—O—で環化）　1, 2-エポキシプロパン (1, 2-epoxy propane)，プロピレンオキシド〔慣用名〕

CH_2—CH_2—CH—CH_3（—O—で環化）　1, 3-エポキシブタン (1, 3-epoxy butane)

3. 物理的性質

融点，沸点は，炭素原子の数が等しいアルコールに比べてはるかに低い。そして分子量が同じくらいのアルカンに近い。

エーテルとアルカンの沸点の比較

構造	名前	分子量	沸点〔°C〕
CH_3—O—CH_3	メチルエーテル	46	−24
$CH_3CH_2CH_3$	プロパン	44	−42
CH_3—O—CH_2CH_3	エチルメチルエーテル	60	+8
$CH_3CH_2CH_2CH_3$	*n*-ブタン	58	−0.5
CH_3CH_2—O—CH_2CH_3	エチルエーテル	74	+35
$CH_3CH_2CH_2CH_2CH_3$	*n*-ペンタン	72	+36
$CH_3CH_2CH_2$—O—$CH_2CH_2CH_3$	*n*-プロピルエーテル	102	+91
$CH_3CH_2CH_2CH_2CH_2CH_2CH_3$	*n*-ヘプタン	100	+98

エーテルは，構造上，水やアルコールに似ている。

H—O—H（水）　R—O—H（アルコール）　R—O—R′（エーテル）

水のH—O—Hの結合角は 104.5° でメチルアルコールの結合角は 108.9° で，ジメチルエーテルの結合角は 111.7° である。

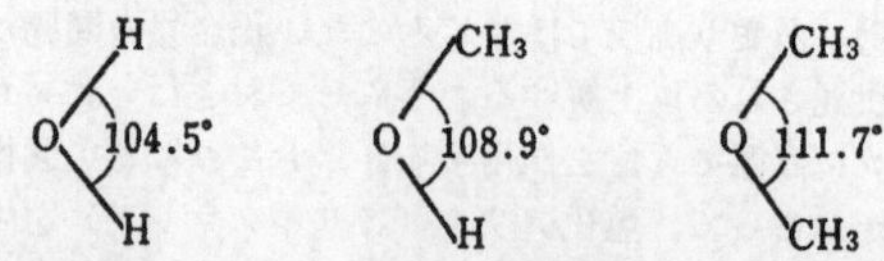

このように，Hが CH_3 で置換されていくと結合角が増加する。水の場合，Oから2個の直交する $2p$ 軌道を出し，水素の $1s$ 軌道との電子雲を互いに重ねて共有結合しているが，OとHの電気陰性度の差によりOのほうに電子雲が片寄るI—効果により，Hは幾分⊕に帯電し，そのため2個の水素は互いに反発して，

Oのp軌道は 90° から 104.5° まで広げられる。ところが，このHがメチル基のようなアルキル基で1つ置換したアルコールでは，アルキル基が電子を押すためHのときよりさらに I-効果は大となり，RとHの反発はHとHより大きくなり，結合角は水のときより大きくなる。また，水のHをともにアルキル基で置換したエーテルでは，さらに広がることがわかる。

また，Hと異なりその形の大きいアルキル基が入った場合には，その立体障害 (steric hindrance) も問題となってくる。Hに比してメチル基は大きく，炭素と結合しているHは僅かに⊕に帯電している。そのため，水のHとHの距離より CH_3- の H と -OH のHのほうが幾分近い。そして，I-効果と立体障害の2つで水，メタノール，ジメチルエーテルと結合角は大きくなる。したがって，さらにアルキル基が大きくなると結合角も大きくなる。このことは水に対する溶解度にも表れる。既に述べたように，アルコールの中でCの数の少ない低級アルコールは，よく水に溶けるが，高級アルコールは分子全体の極性が少なく，水に溶けにくくなる。また，アルコールのアルキル基が小さい場合は，水が水素結合している間に入ることができる。

H-O(H)…H-O(H)…H-O(H)… $\xrightarrow{R-OH}$ H-O(H)…H-O(H)…H-O(R)…H-O(H)

しかし，Rが大きくなると水の水素結合の間にもぐり込むことは立体的に無理となり，水に溶けなくなる。エーテルもまた同様で，低級なエーテルはかなり水に溶ける。例えば，ジエチルエーテルは20℃で 100gの水に7.5g まで溶ける。

4. 合成法

(1) アルコールの分子間脱水

既に述べたように(p.28)，アルコール1分子から水1分子を脱水すると(分子内脱水)，アルケンを生ずるが，2分子間で脱水するとエーテルになる。例えば，エタノールと濃硫酸を混ぜて130〜140℃に加熱しながらエタノールを追加していくと，ジエチルエーテルが留出する。この際アルコールが常に過剰であるようにアルコールを加え続ける。

$$C_2H_5-OH\ \ HO-C_2H_5 \xrightarrow{-H_2O} C_2H_5-O-C_2H_5$$

さて，アルコールの分子間脱水の反応機構を電子論的に考察してみよう。脱水でエーテルが生成する反応は，求核試薬による置換反応，すなわち，S_N 反応である。まずアルコールの O は，I-効果により負に帯電しているから，硫酸より生じた H^+ がOのローンペアに配位結合し，オキソニウムイオンが生ずるところからはじまる。

$$R-\overline{\underline{O}}-H + H^+ \longrightarrow R-\overset{\oplus}{O}(\downarrow H)-H$$

オキソニウム・イオン

これが反応体で，もう1分子の他のアルコールが求核試薬となってこれと反応する。水素イオンと結合したアルコール(オキソニウム・イオン)がもう1分子のアルコールに攻撃される前に水を脱離するか，あるいは攻撃と同時に脱離するかによって，1次反応になったり2次反応になったりする。すなわち，S_N1 反応になったり S_N2 反応になったりずる。一般に第1アルコールは S_N2，第2および第3アルコールは S_N1 反応をおこす。では，第1アルコール $R-CH_2-OH$ の分子間脱水から説明しよう。

(i) 第1アルコールに H^+ が結合する。

$$R-CH_2-\overline{\underline{O}}-H + H^+ \Longrightarrow R-CH_2-\overset{\oplus}{O}(\downarrow H)-H$$

(ii) このOは⊕に帯電し，C→$-\overset{\oplus}{O}$の変化がおこり，Cはかなり⊕に帯電するので，他のアルコールのO(幾分⊖に帯電)がこのCを攻撃する。

$RCH_2(H)|\overline{O}|$ + $R(H)(H)C-\overset{\oplus}{O}H_2$ ⟹ $RCH_2(H)O\cdots C(R)(H)(H)\cdots \overset{\oplus}{O}H_2$

⟹ $RCH_2(H)\overset{\oplus}{O}-C(R)(H)(H)$ + H_2O

(iii) 生成したオキソニウム・イオンは H^+ を放出してエーテルになる。

$RCH_2(\oplus O H)-C(R)(H)(H)$ ⟹ RCH_2-O-CH_2R + H^+

オキソニウム・イオン　　エーテル

第2アルコールや第3アルコールは S_N1 機構で，次のようにエーテルを生成する。

(i) 第2または第3アルコールに H^+ が結合する。

$$R-\overline{\underline{O}}-H + H^+ \Longrightarrow R-\overset{\oplus}{O}(\downarrow H)-H$$

(ii) 第2および第3アルコールの -OH のつくCは，第1アルコールに比してより負に帯電している。すなわち，電子密度が高く，Oの⊕により電子を与えて水とカルボニウム・イオンに分解する。

$$R-\overset{\oplus}{O}(\downarrow H)-H \Longrightarrow R^{\oplus} + |\overline{O}(\downarrow H)-H$$

オキソニウム・イオン　カルボニウム・イオン　水

(iii) 生成したカルボニウム・イオンは，他のアルコールのO(幾分⊖に帯電)と配位結合して，オキソニウム・イオンを生じる。

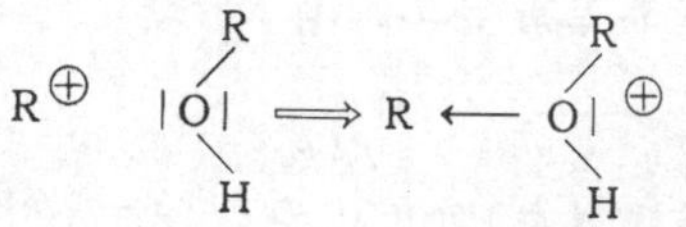

$$R^{\oplus} \quad \overset{R}{\underset{H}{|O|}} \Longrightarrow R \longleftarrow \overset{R}{\underset{H}{O|}}{}^{\oplus}$$

オキソニウム・イオン

(iv) オキソニウム・イオンは H^+ を放出してエーテルを生じる。

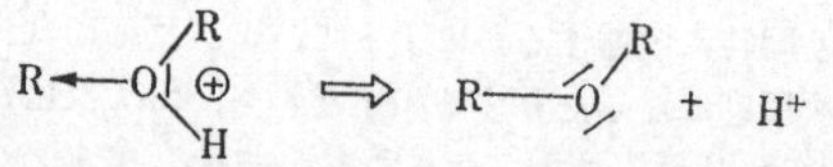

$$R\leftarrow \overset{R}{\underset{H}{O}} \oplus \Longrightarrow R-\overset{R}{O} + H^+$$

アルコールの分子間脱水によってエーテルをつくるとき，単一エーテル R—O—R の合成にはよいが，混合エーテル R—O—R′ の製法には都合が悪い。例えば，エチルメチルエーテル $CH_3—O—C_2H_5$ をメタノールとエタノールの混合物より分子間脱水すると，次の3種のエーテルが生成し，いずれも揮発性で完全分離が困難である。

$$CH_3—OH \quad HO—CH_3 \longrightarrow CH_3—O—CH_3+H_2O$$

$$CH_3—OH \quad HO—C_2H_5 \longrightarrow CH_3—O—C_2H_5+H_2O$$

$$C_2H_5—OH \quad HO—C_2H_5 \longrightarrow C_2H_5—O—C_2H_5+H_2O$$

(2) **ウイリアムソン（Williamson）のエーテル合成**

この方法は，ハロゲンアルキル RX とナトリウムアルコラートを作用する（p.49）。

$$RX+NaOR' \longrightarrow R—O—R'+NaX$$

この方法は，単一エーテルも混合エーテルも合成される。

$$C_2H_5Br+NaOC_2H_5 \longrightarrow C_2H_5—O—C_2H_5+NaBr$$

$$CH_3Br+NaOC_2H_5 \longrightarrow CH_3—O—C_2H_5+NaBr$$

5. 化学的性質

エーテルは水，アルコール，酸と異なり，-OH を有しないでHはすべてCと結合しているため，化学的に安定でアルカリ金属や水酸化アルカリと反応しない。そのためエーテルの乾燥にはナトリウムが用いられる。エーテルはうすい酸とも反応しない。例えば，エーテルに希塩酸を加えてもエーテルと希塩酸は混ざらないで二液層となる。すなわち，軽いエーテル（比重20℃で0.714）は上層に，水は下層にくる。しかしエーテルに濃塩酸を加えて振ると均一に混ざる。これは，エーテルのOに酸の H^+ が配位結合してオキソニウム・イオンをつくって水に溶けるからである。

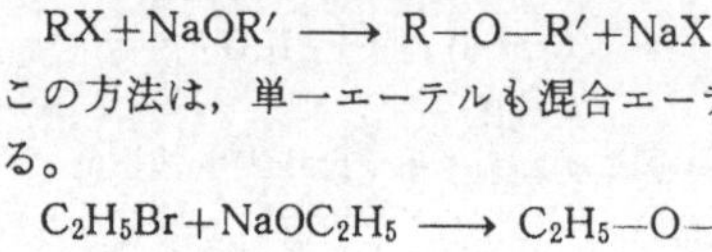

$$\overset{R}{\underset{R'}{|O|}} + H^+ \Longrightarrow \oplus \overset{R}{\underset{R'}{|O}}\longrightarrow H$$

すなわち，

$$R—\overline{\underline{O}}—R'+H^++Cl^- \Longrightarrow \left[R—\underset{\underset{H}{\downarrow}}{\overline{O}}—R'\right]^+ \cdot Cl^-$$

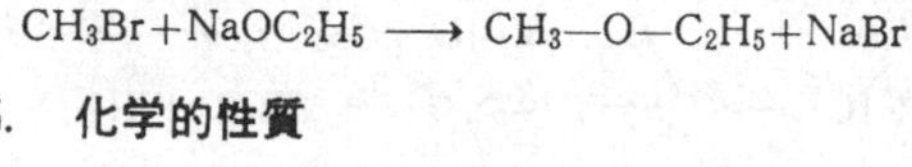

この形の塩をオキソニウム塩という。しかし，エーテルの塩基性（H^+ を配位させる性質）は非常に弱いので水を多く作用すると，ただちに加水分解される。したがって，うすい酸とは反応しない。このようにエーテルが濃厚な酸に溶けるから，その性質を利用してエーテルとアルカンを区別することができる。もちろん，アルカンは酸と反応しないからである。例えば，ジエチルエーテル $CH_3—CH_2—O—CH_2—CH_3$ と *n*-ペンタン $CH_3—CH_2—CH_2—CH_2—CH_3$ は，沸点が似ていていずれもナトリウムと反応しないが，冷濃硫酸と混ぜてよく振ると *n*-ペンタンは2液層となるが，ジエチルエーテルは溶けてしまう。ところが濃厚なヨウ化水素酸 HI では比較的低温で，また，濃厚な臭化水素酸では高温で，次式のようにエーテル結合が開裂する。例えば，

$$C_2H_5—O—CH_3+HI \longrightarrow C_2H_5—OH+CH_3I$$

このときハロゲン原子は，小さい方のアルキル基につく。特に，HI との反応は定量的に進行するので，これを利用して $CH_3—O—R$ 型化合物の CH_3O-（メトキシル基）が1分子中にいくつあるかを定量できる（**Zeisel**（ツァイゼル）**法**）。このとき HI を過量に作用し，高温であればさらに反応は進行し，生じたアルコールと HI が反応する。

$$C_2H_5—OH+HI \longrightarrow C_2H_5I+H_2O$$

したがって，エーテルに高温で過量の HI を作用すると，

$$C_2H_5—O—CH_3+2HI \longrightarrow C_2H_5I+CH_3I+H_2O$$

となる。

ジメチルエーテル $CH_3—O—CH_3$ は沸点 −24℃ の気体。ジエチルエーテル $C_2H_5—O—C_2H_5$ は沸点35℃の芳香を有する無色の液体で，水にはわずかに溶けるが有機物をよく溶解し，化学的に安定かつ低沸点であるため広く用いられる溶剤である。医療用として吸入麻酔薬としても用いられる。

【問題】 右の図の水分子A，そのHの1個が CH_3 基になったB，2個とも CH_3 基になったC，および2個とも C_2H_5 基になったDについて，次の問いに答えよ。

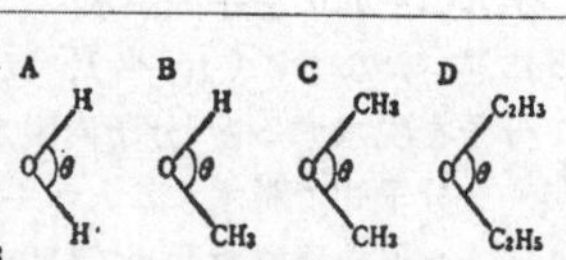

(図：A H–O–H，B H–O–CH3，C CH3–O–CH3，D C2H5–O–C2H5，それぞれ結合角θ)

(i) A～Dについて，沸点の低いものから高いものへ順に並べて書け。解答は記号で書くこと。また，そのような順になる理由を述べよ。

(ii) A～Dのうちで，図の結合角θがもっとも小さいものはどれか。記号で示せ。

(iii) B，C，Dのうちで，水にもっともよく溶けるものはどれか。記号で示せ。　　東北大

【解答】 (i) A：H_2O と B：CH_3OH は，-OH を有し，その結果，水素結合のためその分子の大きさや質量から予想される沸点より異常に高い。

特に，H_2O は2個の水素結合により会合しているため，1個の水素結合で会合している CH_3OH より沸点は高い。エーテルは水素結合ができないので，その分子の大きさ，形，質量から予想される沸点をもっている。

ちなみにA，B，C，Dの沸点は H_2O：100℃，CH_3OH：65℃，CH_3OCH_3：−24℃，$C_2H_5OC_2H_5$：35℃である。

(ii) 既に述べたように，Aである。

(iii) 一番水によく溶けるのは -OH を有するBである。ちなみに100 ml の水に常温で溶ける量は CH_3OH は∞，CH_3OCH_3 は 3700 ml，$C_2H_5OC_2H_5$ は7.5 ml である。

有機化学特講  ……………〈鎖式化合物〉

■内容■

●アルデヒドとカルボニル化合物について

第6章　アルデヒドとケトン（カルボニル化合物）

1. 概　説

カルボニル基—C—（C=O）の1つの手に，Hが結合してできた基—C—H（C=O）を**アルデヒド基**または**ホルミル基**といい，アルデヒド基を有する化合物を**アルデヒド**(aldehyde)という。カルボニル基の2つの手にCが結合したものを**ケトン** (keton) といい，両者は共通にカルボニル基を有するので，総称して**カルボニル化合物**(carbonyl compound)と呼ぶ。これは多くの点で類似の性質を示すが，異なる点もある。

R—C(=O)—H	R—C(=O)—R	R—C(=O)—R′
アルデヒド	単一ケトン	混合ケトン

カルボニル基に，同じ基のついたケトンを単一ケトン，異なる基のついたケトンを混合ケトンと呼んでいる。例えば，アセトンやジエチルケトンは単一ケトンであり，エチルメチルケトンやアセトフェノンは混合ケトンである。

CH_3—CO—CH_3 アセトン	C_2H_5—CO—C_2H_5 ジエチルケトン
CH_3—CO—C_2H_5 エチルメチルケトン	CH_3—CO—C_6H_5（ベンゼン環） アセトフェノン

2. 命　名　法

(1) アルデヒド

(i) 慣　用　名

この命名法は，対応するカルボン酸（そのアルデヒドを酸化して得られるカルボン酸）の名称（英語名）より，—ic acid または，—oic acid をとり，aldehyde をつけて呼ぶ。

【例】

HCHO ホルムアルデヒド (form aldehyde)	⟷	HCOOH ギ酸 (formic acid)
CH_3CHO アセトアルデヒド (acet aldehyde)	⟷	CH_3COOH 酢　酸 (acetic acid)
CH_3—CH_2—CHO プロピオンアルデヒド (propion aldehyde)	⟷	CH_3—CH_2—COOH プロピオン酸 (propionic acid)

(ii) 非環式アルデヒドの置換命名法

直鎖炭化水素の鎖の端の CH_3 を CHO に変えた形のアルデヒドは，母体の炭化水素の名称にアルデヒド基の数に応じて接尾語 al，または，dial をつけて命名する。al をつけるときは，母体の炭化水素の名称の末尾の e を除く。

【例】

CH_4 メタン (methane)	⟷	HCHO メタナール (methanal)
CH_3—CH_3 エタン (ethane)	⟷	CH_3—CHO エタナール (ethanal)
CH_3—CH_2—CH_3 プロパン (propane)	⟷	CH_3—CH_2—CHO プロパナール (propanal)
CH_3—CH_2—CH_2—CH_2—CH_2—CH_3 ヘキサン (hexane)	⟷	CH_3—CH_2—CH_2—CH_2—CH_2—CHO ヘキサナール (hexanal)
CH_3—CH_2—CH=CH—CH_3 2-ペンテン (2-pentene)	⟷	OHC—CH_2—CH=CH—CHO 2-ペンテンジアール (2-pentenedial)

(2) ケ　ト　ン

(i) 基官能命名法

2つの基の名にケトンとつけて呼ぶ。基はアルファベットの順に呼ぶ。

CH_3—CO—CH_3　ジメチルケトン(dimethyl ketone)
アセトン(acetone〔慣用名〕)

CH_3—CO—C_2H_5　エチルメチルケトン(ethyl methyl ketone)

CH_3—CO—CH_2—CH_2—CH_3　メチル n-プロピルケトン (methyl n-propyl ketone)

(ii) 置換命名法

ケトンを表す接尾語は，one である。one をつけるときは，母体炭化水素名の末尾の e を除く。

CH_3—CH_2—CO—CH_3　2-ブタノン (2-butanone)

CH_3—CH_2—CH_2—CO—CH_2—CH_3　3-ヘキサノン (3-hexanone)

$CH_3-CO-CH(CH_3)-CH_3$ 3-メチル-2-ブタノン (3-methyl-2-butanone)

$\overset{6}{C}H_2=\overset{5}{C}H-\overset{4}{C}H_2-\overset{3}{C}O-\overset{2}{C}H_2-\overset{1}{C}H_3$ 5-ヘキセン-3-オン (5-hexen-3-one)

$CH_3-CH_2-CO-CH_2-CO-CH_3$ 2, 4-ヘキサンジオン (2, 4-hexanedione)

ケトンには，次のような慣用名が認められている。

$CH_3-CO-CH_3$ アセトン (acetone)

$CH_3-CO-CO-CH_3$ ビアセチル (biacetyl)

3. アルデヒド，ケトンの合成法

(1) アルコールの酸化

第1アルコールを，二クロム酸カリウムと硫酸で酸化するか，加熱した白金，または，銅を触媒とし，空気中の酸素で酸化すると，アルデヒドが得られる。

$$\underset{\text{第1アルコール}}{R-CH_2-OH} \xrightarrow{O} \underset{\text{アルデヒド}}{R-CHO}$$

第2アルコールの場合はケトンを生じる。

$$\underset{\text{第2アルコール}}{\begin{matrix}R\\R'\end{matrix}\!\!>CH-OH} \xrightarrow{O} \underset{\text{ケトン}}{R-CO-R'}$$

(2) カルボン酸の塩類を乾留する方法

カルボン酸のカルシウム塩を乾留すると，ケトンが得られる。

$$\begin{matrix}R-COO\\R-COO\end{matrix}\!\!>Ca \longrightarrow R-CO-R+CaCO_3$$

例えば，酢酸カルシウム(酢酸に酸化カルシウム CaO または水酸化カルシウム $Ca(OH)_2$ を作用してつくる)を乾留すると，アセトンが得られる。

$$\begin{matrix}CH_3COO\\CH_3COO\end{matrix}\!\!>Ca \longrightarrow \underset{\text{アセトン}}{CH_3-CO-CH_3}+CaCO_3$$

カルボン酸のカルシウム塩を乾留するとき，ギ酸カルシウムと共に乾留するとアルデヒドを生じる。

$$\begin{matrix}R-COO\\R-COO\end{matrix}\!\!>Ca \quad Ca<\!\!\begin{matrix}OOC-H\\OOC-H\end{matrix} \longrightarrow 2\,R-CHO+2\,CaCO_3$$

例えば，酢酸カルシウムとギ酸カルシウムの混合物を乾留すると，アセトアルデヒドが得られる。

$$\begin{matrix}CH_3-COO\\CH_3-COO\end{matrix}\!\!>Ca \quad Ca<\!\!\begin{matrix}OOC-H\\OOC-H\end{matrix} \longrightarrow 2\,CH_3-CHO+2\,CaCO_3$$

(3) アルケンをオゾン酸化し，生じたオゾニドを加水分解する。

$$\underset{\text{アルケン}}{R-CH=CH-R'} \xrightarrow{O_3} \underset{\text{オゾニド}}{R-CH(-O-)-O-CH(-O-)-R'} \xrightarrow{H_2O}$$

$R-CHO+R'-CHO+H_2O_2$

生じた H_2O_2 により，アルデヒドが酸化されるほど H_2O_2 の濃度は濃くない。

(4) アルキンの水和反応（p.36参照）

アセチレンを，$HgSO_4$ を触媒とし，希硫酸に作用すると，アセトアルデヒドを生じる。

$$H-C\equiv C-H \xrightarrow[HgSO_4]{\text{希硫酸}} CH_3-CHO$$

また，$R-C\equiv C-H$ からはケトンを生じる。

$$R-C\equiv C-H \xrightarrow[HgSO_4]{\text{希硫酸}} R-CO-CH_3$$

4. 物理的性質

アルデヒドやケトンは，-OH を有していないので分子間で水素結合をつくらない。そのため分子量が同程度のアルコールやカルボン酸に比し，沸点は低い。しかし，カルボニル基を有し，その立上りによる極性のため，分子間に静電的引力を生じる。また，分子量が同じくらいのアルカンよりは沸点は高い。炭素原子数の少ないアルデヒドやケトンは，カルボニル基の極性のため水，エタノール，エーテルによく溶ける。特に，アセトアルデヒドとアセトンはこれらの溶媒と任意の割合で溶け合う。また，低級アルデヒドは刺激臭を有するが，ケトンや高級アルデヒドは芳香を有するものが多い。

(a) アルデヒド

名称	式	融点	沸点	比重
ホルムアルデヒド	CH_2O	−117	−19	0.815
アセトアルデヒド	CH_3CHO	−123	21	0.778
プロピオンアルデヒド	CH_3CH_2CHO	−81	48	0.797
n-ブチルアルデヒド	$CH_3(CH_2)_2CHO$	−97	75	0.801
イソブチルアルデヒド	$(CH_3)_2CHCHO$	−65	64	0.789
n-バレロアルデヒド	$CH_3(CH_2)_3CHO$	−91	103	0.804
イソバレロアルデヒド	$(CH_3)_2CHCH_2CHO$	−51	93	0.800
n-カプロアルデヒド	$CH_3(CH_2)_4CHO$	−56	129	0.814
グリオキサール	OHCCHO	15	51	1.26
アクロレイン	$CH_2=CHCHO$	−87	53	0.841
クロトンアルデヒド	$CH_3CH=CHCHO$	−77	102	0.859
ベンズアルデヒド	C_6H_5CHO	−56	179	1.046
フルフラール	(フラン環)-CHO	−37	162	1.156

(b) ケトン

名称	式	融点	沸点	比重
アセトン	CH_3COCH_3	−95	56	0.792
エチルメチルケトン	$CH_3COCH_2CH_3$	−86	80	0.805
メチル*n*-プロピルケトン	$CH_3COCH_2CH_2CH_3$	−78	102	0.812
ジエチルケトン	$C_2H_5COC_2H_5$	−39	102	0.814
2-ヘキサノン	$CH_3CO(CH_2)_3CH_3$	−57	127	0.830
3-ヘキサノン	$CH_3CH_2COCH_2CH_2CH_3$		124	0.811
tert-ブチルメチルケトン（ピナコロン）	$CH_3COC(CH_3)_3$	−53	106	0.807
シクロヘキサノン	(シクロヘキサン環)=O	−31	156	0.942
ビアセチル	$CH_3COCOCH_3$	−2.4	88	0.980
アセチルアセトン	$CH_3COCH_2COCH_3$	−23	138	0.972
メジチルオキシド	$(CH_3)_2C=CHCOCH_3$	−53	130	0.860
アセトフェノン	$CH_3COC_6H_5$	20	202	1.024
プロピオフェノン	$C_2H_5COC_6H_5$	19	219	1.012
ベンゾフェノン	$C_6H_5COC_6H_5$	48	306	1.145

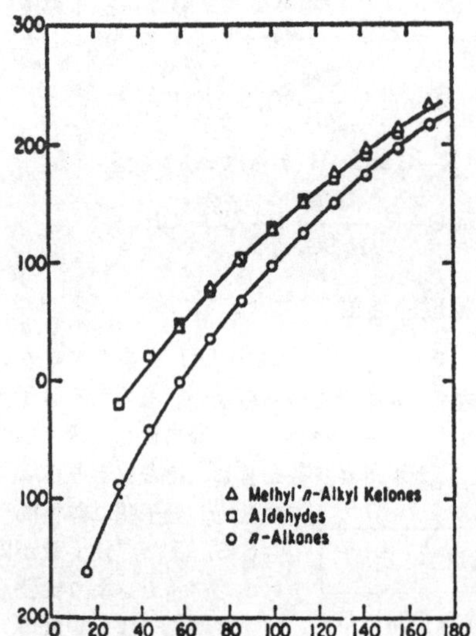

5. 化学的性質

(1) アルデヒドの還元性

アルデヒドを酸化すると，カルボン酸になることは既に述べたが，アルデヒドは一般に酸化されやすく，

$$R-\underset{\underset{O}{\|}}{C}-H \longrightarrow R-\underset{\underset{O}{\|}}{C}-O-H$$

したがって，他の物質を還元する性質がある。これに対し，ケトンは還元性がない。アルデヒドの還元性をみるには，次の3つの試液が用いられる。

(a) Tollens 試液

硝酸銀の水溶液にアンモニア水を加え，Ag^+がアンミン錯イオン $[Ag(NH_3)_2]^+$ となって，無色に溶けている溶液がトレンス試液であり，これをアルデヒドに作用させると，Ag^+は還元され Ag となって析出し，試験管内で適当な条件で反応させると，析出した銀が試験管内壁に沈着して鏡のようになるので，**銀鏡反応**という。

(b) Fehling 試液

酒石酸カリウム・ナトリウム（ロッシェル塩，またはセニエット塩）のアルカリ性溶液と硫酸銅の溶液を混合したものはフェーリング試液と呼ばれ，Cu^{2+} がロッシェル塩とキレートイオンを作って溶けているが，アルデヒドを作用すると $Cu^{2+}\rightarrow Cu^+$ に還元され，これが OH^- と反応して酸化銅（I）Cu_2O の赤色沈殿を生じる。$2Cu^+ + 2OH^- \longrightarrow Cu_2O + H_2O$

(c) Schiff 試液

フクシン (fuchsin) という赤色色素に亜硫酸を作用させると，無色になる。これをシッフ試液といい，アルデヒドがあると紅色を呈する。

(2) アルコールへの還元

$$\underset{\text{アルデヒド}}{R-\underset{\underset{O}{\|}}{C}-H} \xrightarrow{2H} \underset{\text{第1アルコール}}{R-CH_2OH}$$

$$\underset{\text{ケトン}}{R-\underset{\underset{O}{\|}}{C}-R'} \xrightarrow{2H} \underset{\text{第2アルコール}}{\begin{matrix}R\\R'\end{matrix}\rangle CH-OH}$$

この種の還元には，Ni や Pt を触媒として H_2 で接触還元法が用いられるが，Na アマルガムや Al アマルガムが用いられることもある。

(3) アセタールの生成

アルデヒドのアルコール溶液に，乾燥 HCl ガスを作用させると，アセタールを生じる。

$$R-\underset{\underset{O}{\|}}{C}-H + C_2H_5OH \longrightarrow R-\underset{HO\quad OC_2H_5}{C}-H$$

$$\underset{\text{半アセタール}}{R-\underset{C_2H_5O\quad OH}{C}H} \; HOC_2H_5 \xrightarrow{-H_2O} \underset{\text{アセタール}}{R-\underset{C_2H_5O\quad OC_2H_5}{C}-H}$$

この反応は可逆反応で，アセタールは希酸と加熱すると再びもとのアルデヒドになる。アルデヒド基は酸化されやすいので，アルデヒド基以外の部分を酸化したいときは，アルデヒドを酸化剤に安定なアセタールに変えた後，必要な箇所を酸化し，その後アセタール

を希酸でもとのアルデヒドにもどせばよい。すなわち，アセタールはアルデヒド基という原子団の保護に用いられる。

(4) 付加物の生成

アルデヒドやケトンのカルボニル基には，種々の試薬が付加する。

(i) H_2 の付加

$$\mathbf{R{-}CHO \xrightarrow{2H} R{-}CH_2OH}$$

アルデヒド　　第1アルコール

$$R{-}CO{-}R' \xrightarrow{2H} \begin{matrix}R\\R'\end{matrix}\!\!>\!CH{-}OH$$

ケトン　　第2アルコール

(ii) 亜硫酸水素ナトリウムの付加

アルデヒドを亜硫酸水素ナトリウム $NaHSO_3$ の飽和水溶液とよく振ると，$NaHSO_3$ はカルボニル基に付加する。

$$R{-}\underset{\underset{O}{\|}}{C}{-}H \quad HO{-}SO{-}ONa \longrightarrow R{-}\underset{HO\ \ OSO_2Na}{C}{-}H$$

この付加物は，結晶性の塩で水に溶け，エーテルやベンゼンには不溶である。この反応も可逆反応で，付加物に酸またはアルカリの水溶液を加えてあたためると再びアルデヒドにもどるので，アルデヒドを他の物質と分離するのに用いられる。ケトンはアルデヒドより，$NaHSO_3$ との付加体を作りにくいが，$R{-}CO{-}R'$ の R か R′ のいずれか一方が $-CH_3$ の場合だと，容易に付加体を作る（立体障害)。

(iii) シアン化水素の付加

アルデヒドやケトンに HCN を作用すると，カルボニル基に付加し，シアノヒドリン (cyanohydrin) を生じる。

$$R{-}\underset{\underset{O}{\|}}{C}{-}H \quad HCN \longrightarrow R{-}\underset{HO\ \ CN}{C}{-}H$$

$$R{-}\underset{\underset{O}{\|}}{C}{-}R' \quad HCN \longrightarrow R{-}\underset{HO\ \ CN}{C}{-}R'$$

シアノヒドリンを加水分解すれば，ニトリル基 $-CN$ はカルボン酸アミド $-CONH_2$ を経て，カルボキシル基 $-COOH$ に変わるから，α-ヒドロキシ酸の合成に利用される。

$$CH_3{-}\underset{\underset{O}{\|}}{C}{-}H \xrightarrow{HCN} CH_3{-}\underset{\underset{OH}{|}}{CH}{-}CN \xrightarrow[\text{希酸または希アルカリ}]{H_2O} CH_3{-}\underset{\underset{OH}{|}}{CH}{-}COOH$$

乳　酸

(5) カルボニル試薬との反応

アルデヒドやケトンは，次のようにアミノ基 $-NH_2$ を有する種々の化合物と反応し，縮合生成物を与える。これらの反応は，アミノ基のN原子のローンペアが，カルボニル基の立上りにより⊕に帯電したCに配位結合し，次いで脱水反応が起こったものと考えられる。

$$>C{=}O \quad H_2N{-}OH \xrightarrow{-H_2O} >C{=}N{-}OH$$

ヒドロキシルアミン　　オキシム

$$>C{=}O \quad H_2N{-}NH_2 \xrightarrow{-H_2O} >C{=}N{-}NH_2$$

ヒドラジン　　ヒドラゾン

$$>C{=}O \quad H_2N{-}NH{-}C_6H_5 \xrightarrow{-H_2O} >C{=}N{-}NH{-}C_6H_5$$

フェニルヒドラジン　　フェニルヒドラゾン

$$>C{=}O \quad H_2N{-}NHCONH_2 \xrightarrow{-H_2O} >C{=}N{-}NHCONH_2$$

セミカルバジド　　セミカルバゾン

これらの縮合生成物は，結晶性化合物である。これらの試薬はアルデヒドやケトンのカルボニル基に対し，選択的に縮合するので，**カルボニル試薬** (carbonyl reagent) と呼ばれ，生成物は難溶性の結晶で固有の融点を有し，加水分解によりもとのアルデヒドやケトンを再生するので，カルボニル化合物の分離，精製，確認の目的に用いられる。

(6) アルデヒドの重合

特に，低級アルデヒドは，酸の存在により容易に重合する。

$$3\ H{-}\underset{\underset{O}{\|}}{C}{-}H \xrightarrow{H_2SO_4} (CH_2O)_3\ \text{(環状: }CH_2{-}O{-}CH_2{-}O{-}CH_2{-}O\text{)}$$

トリオキシメチレン
（パラホルムアルデヒド）：白色粉末

$$3\ CH_3{-}\underset{\underset{O}{\|}}{C}{-}H \xrightarrow{H_2SO_4} (CH_3CHO)_3\ \text{(環状: }CH(CH_3){-}O{-}CH(CH_3){-}O{-}CH(CH_3){-}O\text{)}$$

パラアルデヒド：沸点124℃
無色液体

6. カルボニル化合物各論

ホルムアルデヒド (form aldehyde : HCHO)

メタノール蒸気と空気の混合気体を，熱した銅触媒上で反応させて，製造される。

$$CH_3OH \xrightarrow[(Cu)]{O} HCHO + H_2O$$

沸点－21℃の刺激臭を有する気体で，カルボニル基の極性のためよく水に溶け，約40%水溶液を**ホルマリン** (formalin) と呼び，消毒剤とする。重合性が特に強く，約60%溶液に少量の硫酸を加えて蒸留すると，3分子環状に重合して，トリオキシメチレン（融点63～64℃の結晶）になる。また，ホルムアルデヒドは石炭酸 $C_6H_5{-}OH$，尿素 NH_2CONH_2，メラミン $C_3N_3(NH_2)_3$

と縮重合し，それぞれフェノール樹脂(ベークライト)，尿素樹脂，メラミン樹脂を生成する。

アセトアルデヒド (acet aldehyde : CH_3CHO)
エタノールを $K_2Cr_2O_7+H_2SO_4$ で酸化しても得られるが，工業的にはアセチレンとの水和反応により合成される（p.36 参照)。

$$H\text{-}C\equiv C\text{-}H \xrightarrow[HgSO_4]{\text{希硫酸}} \left[\begin{array}{c}H_2C\text{=}CH \\ \quad | \\ \quad OH\end{array}\right] \xrightarrow{\text{ケト化}} \begin{array}{c}CH_3\text{-}C\text{-}H \\ \| \\ O\end{array}$$

また，エチレンよりヘキスト・ワッカー法によってつくられる。(有機高分子化合物 p.25参照)
沸点21℃の揮発しやすい水溶性の無色の液体で，酸化すると酢酸になる。少量の硫酸を加えると3分子環状に重合して，パラアルデヒド(para aldehyde)を生じる。

アクロレイン (acrolein $CH_2=CH-CHO$)
不飽和アルデヒドの代表的物質で，グリセリンに脱水剤として，硫酸水素カリウム $KHSO_4$ を加えて加熱して得られる。

```
      OH
      |
  H—C—H              H—C—OH
      |     KHSO4       ‖
  H—C—OH  ——————→     CH←
      |     —H2O        |
  H—C—OH              CH2—OH
      |
      H
  グリセリン

        CHO                    CHO
        |          —H2O        |
 →   H—C—H       ——————→     CH
        |                      ‖
      CH2—OH                   CH2
                            アクロレイン
```

これは，沸点52℃の刺激臭を有する無色の液体で，C＝C結合，および，—CHO 基の両方の性質を有するため，反応性に富む。

アセトン (acetone CH_3COCH_3)
最も簡単なケトンで，酢酸カルシウムを乾留して得られる。

$$(CH_3COO)_2Ca \xrightarrow{\text{乾留}} CH_3COCH_3+CaCO_3$$

また，酢酸の蒸気を500℃に熱した触媒(CaO など)の上に通じて得られる。

$$2CH_3COOH \longrightarrow CH_3COCH_3+CO_2+H_2O$$

また，工業的フェノールの合成であるクメン法の副産物として，アセトンが得られる（後述)。これは，沸点56℃の無色の液体で，水と自由に混合し，引火性がある。溶剤としても合成原料としても重要である。

【問題】 分子式が $C_5H_{12}O$ の化合物Aとその異性体である化合物Bがある。A，Bの構造をしらべるために次の(a)～(e)の実験をおこなった。

(a) A，Bともに金属ナトリウムと反応させると水素を発生する。

(b) A，Bともに重クロム酸カリウムの酸性水溶液を加え熱すると，同じ分子式の酸化物C，Dが得られる。

(c) Aの酸化生成物Cはアンモニア性硝酸銀溶液から銀を析出する。Bの酸化生成物Dにはこの性質はない。Dを水酸化ナトリウム水溶液に加え，これにヨウ素を作用させると特有の臭のある黄色結晶物質Eが得られる。

(d) Aに濃硫酸を加え加熱して生じた気体に，臭化水素を反応させて生成した臭化物を，湿った酸化銀で処理すると，Aの異性体であるFが得られ，Fを酸化すると炭素数が5のケトンが得られる。

(e) Bを濃硫酸で処理すると炭化水素 C_5H_{10} を生じ，これをさらに酸化するとアセトンが得られる。

上の各操作について次の問に答えよ。ただし示性式を記すときは（例）に示したように書け。

（例） *n*-酪酸 $CH_3-CH_2-CH_2-COOH$

イソ-酪酪 $\begin{array}{l}CH_3 \\ CH_3\end{array}\!\!>\!CH-COOH$

(1) Aに適当と思われる示性式を記せ。（1つとはかぎらない）Bに適当と思われる示性式を記せ。

(2) 次の文中の（ ）の中に適当な語句を，また□の中にはこの反応に関係のある部分の示性式を記せ。
(c)の反応から化合物Cは（ ア ）であることがわかる。この反応は（ イ ）反応といわれる。またDから得られたEは（ ウ ）で，このことから分子Dには[エ]基が存在することがわかる。

(3) C，Dの示性式を記せ。

(4) (d)の操作で，Aから異性体Fが得られる反応経路を示性式で示せ。ただしAの構造について可能なものがいくつかあればその中の1つをえらんで記せ。

金沢大

【解説】 酸素をとると C_5H_{12} だから不飽和度 U＝0 である。だからペンタンにHをとらずしてOを入れると鎖式飽和アルコールか鎖式飽和エーテルである。A，BともNaと反応して H_2 を発生するから，アルコールである。$C_5H_{12}O$ の分子式をもつアルコールは構造異性体で8種類ある。

```
① C—C—C—C—C—OH        ② C—C—C—C*—C
                                  |
                                  OH

③ C—C—C—C—C           ④ C—C—C—C—OH
       |                     |
       OH                    C

                               OH
          *                    |
⑤ C—C—C—C              ⑥ C—C—C—C
     |  |                      |
     C  OH                     C
```

⑦ $HO-C-\underset{C}{\overset{*}{C}}-C-C$　　⑧ $C-\underset{C}{\overset{C}{C}}-C-OH$

①，④，⑦，⑧は，第1アルコールで，酸化されるとアルデヒド，さらにカルボン酸になり，②，③，⑤は第2アルコールだから，酸化されるとケトンになり，⑥は第3アルコールであるから酸化されない。Cは銀鏡反応を行うからアルデヒド，したがって，Aは第1アルコールである。Dはケトンであるから B は第2アルコールであり，Dはリーベンのヨードホルム反応陽性だから，Dは分子中に，$CH_3-\underset{\|\atop O}{C}-$ なる原子団をもつことがわかる。($CH_3-\underset{|\atop OH}{CH}-$なる原子団があってもヨードホルム反応を行うが，Dはその中にO原子を1個含むケトンであるから除外される)。したがって，Bは $CH_3-\underset{|\atop OH}{CH}-$ なる原子団を有する第2アルコールであるから，②または⑤である。Aに濃硫酸を作用し，分子内脱水をおこしてアルケンを生じるが，分子間脱水でエーテルを生じると液体である。この2重結合に HBr を付加し，これに Ag_2O を作用させると，

$Ag_2O+H_2O \longrightarrow 2\,AgOH$

$R-Br+AgOH \longrightarrow R-OH+AgBr$　となり，アルコールになる。したがって，Fはアルコールで，酸化するとケトンになるから，Fは第2アルコールである。では，第1アルコール①，④，⑦，⑧について，1つずつ考えてみよう。

① $C-C-C-C-C-OH \xrightarrow{-H_2O} C-C-C-C=C \xrightarrow[\text{(マルコフニコフ)}]{HBr} C-C-C-\underset{|\atop Br}{C}-C \xrightarrow{AgOH} C-C-C-\underset{|\atop OH}{C}-C$

④ $C-\underset{|\atop C}{C}-C-C-OH \xrightarrow{-H_2O} C-\underset{|\atop C}{C}-C=C \xrightarrow{HBr} C-\underset{|\atop C}{C}-\underset{|\atop Br}{C}-C \xrightarrow{AgOH} C-\underset{|\atop C}{C}-\underset{|\atop OH}{C}-C$

⑦ $C-C-\underset{|\atop C}{C}-C-OH \xrightarrow{-H_2O} C-C-\underset{|\atop C}{C}=C \xrightarrow{HBr} C-C-\underset{|\atop C}{\overset{Br\atop |}{C}}-C \xrightarrow{AgOH} C-C-\underset{|\atop C}{\overset{OH\atop |}{C}}-C$

⑧は脱水されない。また，⑦からは第3アルコールを生じるから除外される。したがって，Aは①か④である。Bを濃硫酸で分子内脱水をし，さらに，酸化するとアセトンを生じることより，Bは②と⑤の中で②は除外される。すなわち，

② $C-C-C-\underset{|\atop OH}{C}-C \xrightarrow{-H_2O} C-C-C=C-C \xrightarrow{酸化}$

$CH_3-CH_2-COOH+CH_3-COOH$　となりアセトンは生じない。

⑤ $C-\underset{|\atop C}{C}-\underset{|\atop OH}{C}-C \xrightarrow{-H_2O} C-\underset{|\atop C}{C}=C-C \xrightarrow{酸化}$

$CH_3-CO-CH_3+CH_3COOH$

したがって，Bは⑤である。

【答】 (1)　A．$CH_3-CH_2-CH_2-CH_2-CH_2-OH$

$CH_3-\underset{|\atop CH_3}{CH}-CH_2-CH_2-OH$

B．$CH_3-\underset{|\atop CH_3}{CH}-\underset{|\atop OH}{CH}-CH_3$

(2)　ア．アルデヒド　イ．銀鏡　ウ．ヨードホルム　エ．$CH_3-\underset{\|\atop O}{C}-$

(3)　C．$CH_3-CH_2-CH_2-CH_2-CHO$

$CH_3-\underset{|\atop CH_3}{CH}-CH_2-CHO$

D．$CH_3-\underset{|\atop CH_3}{CH}-\underset{\|\atop O}{C}-CH_3$

(4)　$CH_3-CH_2-CH_2-CH_2-CH_2-OH$

$\longrightarrow CH_3-CH_2-CH_2-CH=CH_2$

$\longrightarrow CH_3-CH_2-CH_2-\underset{|\atop Br}{CH}-CH_3$

$\longrightarrow CH_3-CH_2-CH_2-\underset{|\atop OH}{CH}-CH_3$

または，

$CH_3-\underset{|\atop CH_3}{CH}-CH_2-CH_2-OH \longrightarrow$

$CH_3-\underset{|\atop CH_3}{CH}-CH=CH_2 \longrightarrow CH_3-\underset{|\atop CH_3}{CH}-\underset{|\atop Br}{CH}-CH_3$

$\longrightarrow CH_3-\underset{|\atop CH_3}{CH}-\underset{|\atop OH}{CH}-CH_3$

【問題】　C，HおよびOからなる化合物を調べたところ，次の(a)〜(g)のことが分った。この結果に基づいて下の記述(1)〜(3)の空欄(ア)〜(キ)を満たせ。なお，必要があれば次の数値を用いよ。

原子量：H＝1.0，C＝12.0，N＝14.0，O＝16.0

空気の組成の体積百分率：N_2＝80％，O_2＝20％

(a)　この化合物を完全に燃焼させて生じた水蒸気と二酸化炭素は同じ温度，同じ圧力において同じ体積を占めた。

(b) 気化させて密度を測定したところ，同じ温度，同じ圧力における空気の密度の2.0倍であった。
(c) この分子に含まれるO原子は1個であった。
(d) エーテル結合はなかったし，環状の構造もなかった。
(e) この化合物に臭素の四塩化炭素溶液を加えたが，臭素の赤い色は消えなかった。
(f) フェーリング溶液を加えて温めたが，赤い沈殿は生じなかった。
(g) ヨウ素と水酸化ナトリウム水溶液を加えて温めたら，黄色で特異臭のある結晶が生じた。

(1) 上の(a)～(c)から，この化合物のCとHの原子数の比は C：H＝1：[ア]，分子量は[イ](有効数字2けたまで示せ)であり，分子式は[ウ]である。

(2) この分子式と(d)を考え合わせると，この化合物にあてはまる構造式は3つある。しかし(e)によると構造式[エ]ではなく，また(f)によると構造式[オ]でもない。

(3) これらの考察と(g)によると，この化合物の構造式は[カ]であり，名称は[キ]である。

名古屋工大

【解説】 (a)完全燃焼させると，同モルの CO_2 と H_2O を生じたので，この化合物は(c)よりOは1個しか含まれていないから $C_nH_{2n}O$ で表わされる。(b)空気の平均分子量は約29であるから，この化合物の分子量の2倍。∴ 2×29＝58。したがって，この化合物の分子式は C_3H_6O となる。Oをとってみると，C_3H_6 となり，不飽和度U＝1 である。したがって，2重結合1個か，環が1個である。

(1) 2重結合を有する場合

(イ) $-\underset{\underset{O}{\|}}{C}-$ をもつとき

$CH_3-CH_2-\underset{\underset{O}{\|}}{C}-H$, $CH_3-\underset{\underset{O}{\|}}{C}-CH_3$

プロピオンアルデヒド　　アセトン

(ロ) $-C=C-$ をもつとき

$CH_2=CH-CH_2-OH$
アリルアルコール

$\left.\begin{array}{l} CH_3-CH=CH-OH \\ CH_2=\underset{\underset{OH}{|}}{C}-CH_3 \end{array}\right\}$

も考えられるが，エノール性 $-OH$ を有し，不安定でそれぞれプロピオンアルデヒドおよびアセトンになる。

$CH_2=CH-O-CH_3$
メチルビニルエーテル

(2) 環を有するとき

$CH_2-CH-OH$ (両端が CH_2 で結ばれた三員環)
シクロプロパノール

$CH_2-CH-CH_3$ (両端が O で結ばれた三員環)
1,2-エポキシプロパン

$\begin{array}{ll} CH_2-CH_2 \\ | \quad\quad\ \ | \\ CH_2-O \end{array}$
1,3-エポキシプロパン

さて題意より，環はなく，2重結合なし，アルデヒドでもない。リーベンのヨードホルム反応陽性より次の【答】のようになる。

【答】 (ア) C：H＝1：2 (イ) 58 (ウ) C_3H_6O

(2) 考えられる3つの構造式は

$H-\underset{\underset{H}{|}}{\overset{\overset{H}{|}}{C}}-\underset{\underset{H}{|}}{\overset{\overset{H}{|}}{C}}-\underset{\underset{O}{\|}}{C}-H$ ，　$H-\underset{\underset{H}{|}}{\overset{\overset{H}{|}}{C}}-\underset{\underset{O}{\|}}{C}-\underset{\underset{H}{|}}{\overset{\overset{H}{|}}{C}}-H$

$H-\overset{\overset{H}{|}}{C}=\overset{\overset{H}{|}}{C}-\underset{\underset{H}{|}}{\overset{\overset{H}{|}}{C}}-O-H$

であるが，(e)よりC＝Cはなく，(f)からはアルデヒドでない。

(エ) $H-\overset{\overset{H}{|}}{C}=\overset{\overset{H}{|}}{C}-\underset{\underset{H}{|}}{\overset{\overset{H}{|}}{C}}-O-H$

(オ) $H-\underset{\underset{H}{|}}{\overset{\overset{H}{|}}{C}}-\underset{\underset{H}{|}}{\overset{\overset{H}{|}}{C}}-\underset{\underset{O}{\|}}{C}-H$

(カ) $H-\underset{\underset{H}{|}}{\overset{\overset{H}{|}}{C}}-\underset{\underset{O}{\|}}{C}-\underset{\underset{H}{|}}{\overset{\overset{H}{|}}{C}}-H$

(キ) アセトン

 有機化学特講  ……………〈鎖式化合物〉

■内容■

● カルボン酸について

第7章　カルボン酸

1. 概　説

カルボキシル基 (carboxyl group) —COOH をもつ化合物を**カルボン酸** (carboxylic acid) という。1つの分子の中にカルボキシル基を1個有するものをモノカルボン酸または一塩基性カルボン酸，2個有するものをジカルボン酸または二塩基性カルボン酸，3個有するものをトリカルボン酸または三塩基性カルボン酸という。

モノカルボン酸の例：

$HCOOH$, CH_3COOH, CH_3CH_2COOH
ギ酸　酢酸　プロピオン酸

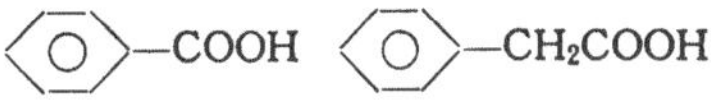

C_6H_5—COOH　C_6H_5—CH_2COOH
安息香酸　フェニル酢酸

$CH_3(CH_2)_{14}COOH$, $CH_3(CH_2)_{16}COOH$
パルミチン酸　ステアリン酸

ジカルボン酸の例：

HOOC—COOH,　HOOC—$(CH_2)_4$—COOH
シュウ酸　アジピン酸

HOOC—C_6H_4—COOH
テレフタル酸

トリカルボン酸の例：

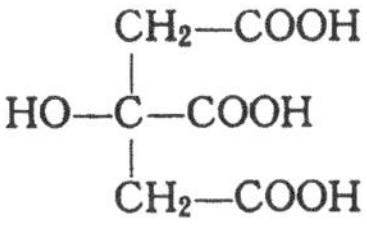

HO—C(CH_2—COOH)$_2$—COOH（クエン酸）

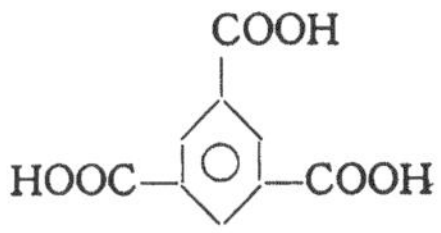

$C_6H_3(COOH)_3$（トリメシン酸）

カルボン酸は，その名の示すように酸性を示す。カルボン酸 RCOOH を水に溶かすと，電離して H^+ を放出する。

$$RCOOH \rightleftarrows RCOO^- + H^+$$

または

$$RCOOH + H_2O \rightleftarrows RCOO^- + H_3O^+$$

一般に，カルボン酸は弱酸で，この電離平衡はあまり右には片寄っていない。例えば，常温で 0.1モル/l CH_3COOH 水溶液では，その1.34%が電離し，98.66%が未電離で平衡に達している。

カルボン酸が，なぜ酸性を示すかを考えてみよう。アルコールは酸性を示さない。すなわち，アルキル基 R—は電子を押す性質を持っている。

R→—$\overline{O}$—←H

において，O原子はいくらか負に帯電しているから，右に書いたHとの共有電子対をそんなにOのほうに引かなく，H は H^+ として水中で電離しない。ところが R— と —OH の間にカルボニル基が入ってカルボキシル基となると酸性を示すようになる。

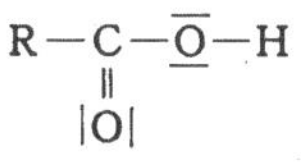

R—C(=|O|)—$\overline{O}$—H

これは，もちろん，カルボニル基の立上りのためである。すなわちカルボニル基の電子雲が電気陰性度の大きい酸素原子に引かれて移動し，Cが＋に帯電する。

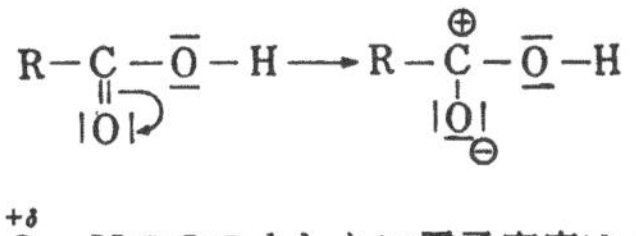

R—C(=|O|)—$\overline{O}$—H ⟶ R—C$^{\oplus}$(—|O|$^{\ominus}$)—$\overline{O}$—H

そして，—$\overline{O}$—は，このCの＋に引かれて＋に帯電するため，$\overset{+\delta}{O}$—HのOのまわりに電子密度は小さくHとの間の共有電子対がOのほうに引かれ，H^+ となって離れるようになる。

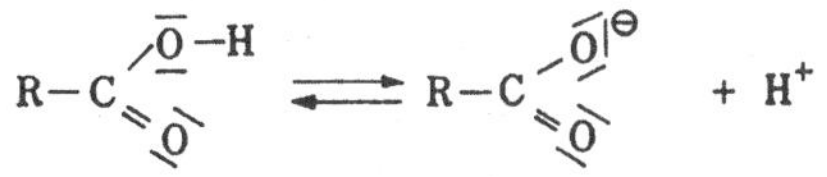

R—C(—$\overline{O}$—H)(=O) $\rightleftarrows$ R—C(—$\overline{O}|^{\ominus}$)(=O) ＋ H^+

また，H^+ を失ったあとのカルボキシラート陰イオンは次のように互いに変化する。

$$R-C(=O)-O^{-} \rightleftarrows R-C(-O^{-})=O$$

したがって，カルボキシラートイオンのカルボニル基は，アルデヒドやケトンのカルボニル基とは異なってC=O は一重結合と二重結合の中間の結合をし，上記の２つの構造のものの共鳴体がカルボキシラートイオンである。だから，C=O の間のπ電子雲は，CとOの間にのみ局在するのではなく，Cと２つのO全体に広がっているのである。

一般に電荷が分散するほどその物質は安定化する。すなわち，電子雲がある場所に局在する場合より全体に広くひろがり，非局在化すると安定になる。ベンゼンが安定であることもこのためである。だから，カルボン酸は H^+ を出し，その後のカルボキシラートイオンは電子の非局在化により，安定化するのである。弱酸の酸性の強さはその酸の電離定数 K_a によってわかる。すなわち，

$$RCOOH \rightleftarrows RCOO^- + H^+$$

$$K_a = \frac{[RCOO^-][H^+]}{[RCOOH]}$$

よく電離する（すなわち酸性が大）場合は，K_a の分子は大きく，分母が小さいため K_a は大きい。例えば，酢酸の常温における電離定数は 1.8×10^{-5} (mol/l)，ギ酸では 1.8×10^{-4} (mol/l) であり，ギ酸のほうが強い酸であることがわかる。

H—C(=O)—OH（ギ酸）　CH_3—C(=O)—OH（酢酸）

これは，アルキル基であるメチル基がカルボニル基のCのほうに電子を押し，そのためカルボニル基の立上りによるカルボニル基のCの電荷をいく分中和するから，右のOより電子を引く力が少しギ酸より弱いためと考えられる。

以上の考察より，H—O— に電子を引く原子，または原子団が結合すると，このHは H^+ となってはずれるようになり酸となる。そして，HO— より電子を強く引けば引くほどその酸は強いということになる。例えば，ニトロ基 $—NO_2$ は強く電子を引くから，HO— にこれがついた。H—O→NO_2，すなわち，HNO_3（硝酸）は強酸である。また，ニトロソ基 —NO は，ニトロ基より電気陰性度の大きい酸素原子が１つ少ないため，電子を引く力はニトロ基より弱い。

そのため，HO—NO，すなわち，亜硝酸 HNO_2 は硝酸より弱い酸である。同様に，HO— にスルホン基という電子を強く引く基がついた HO—SO_3H すなわち，硫酸 H_2SO_4 は強酸であり，Oの１個少ない HO—SO_2H，すなわち，亜硫酸は硫酸よりも弱い酸である。また，アルコールは中性だが，フェノールは極めて弱いが酸性を示す。

R→OH　C_6H_5←OH

これは，アルキル基が電子を押しやるのに対してベンゼン核（フェニル基）は電子を引く性質があるためである。

しかし，石炭酸（フェノール）の酸性は非常に弱く，その K_a も 1.0×10^{-10} (mol/l) と非常に小さいことより，フェニル基の電子を引く力は弱いということがわかる。また，そのため酢酸と安息香酸の酸性の度合を比較すると，安息香酸のほうが少し強い酸ということが分かる。

CH_3→C(=O)—OH　酢酸　$K_a=1.8\times10^{-5}$

C_6H_5←C(=O)—OH　安息香酸　$K_a=6.3\times10^{-5}$

また，酢酸に塩素ガスを作用させると，メチル基のHはカルボキシル基の影響で置換されやすく，モノクロロ酢酸，ジクロロ酢酸，トリクロロ酢酸となる。その結果，酢酸より酸性が次第に強くなっていくことがわからなければならない。Hの代わりにCより電気陰性度の大きいCl が入るためである。

$$CH_3COOH \xrightarrow[-HCl]{Cl_2} CH_2ClCOOH \xrightarrow[-HCl]{Cl_2}$$

酢酸 $K_a=1.8\times10^{-5}$　モノクロロ酢酸 $K_a=1.55\times10^{-3}$

$$CHCl_2COOH \xrightarrow[-HCl]{Cl_2} CCl_3COOH$$

ジクロロ酢酸 $K_a=5.14\times10^{-2}$　トリクロロ酢酸 $K_a=9.00\times10^{-1}$

トリクロロ酢酸は，極めて酸性が強いので医薬品としていぼをとったり，皮膚の腐食薬として用いられる。次に，カルボキシル基に対して，Cl の入る位置によってもその影響の大小により酸性の強弱が生じる。

$\overset{\gamma}{C}H_3—\overset{\beta}{C}H_2—\overset{\alpha}{C}H_2—COOH$　酪酸　$K_a=1.5\times10^{-5}$

$CH_3—CH_2—CH(Cl)—COOH$　α—クロロ酪酸　$K_a=1.4\times10^{-3}$

$CH_3—CH(Cl)—CH_2—COOH$　β—クロロ酪酸　$K_a=8.9\times10^{-5}$

$CH_2(Cl)—CH_2—CH_2—COOH$　γ—クロロ酪酸　$K_a=3.0\times10^{-5}$

—COOH のついているC原子から，順に α，β，γ，δ，ε，…… と記号をつける。このとき，カルボキシル基に最も近いαのCに Cl 原子がつくと，その影響は最も大きく，β，γ，…… となるにしたがって弱くなるため，酸性の強さもこの順になっている。

(第1表)

化学式	組織名	慣用名
(*a*) 飽和脂肪族モノカルボン酸[a)]		
$HCOOH$	methanoic(メタン酸)†	formic(ギ酸)
CH_3COOH	ethanoic(エタン酸)†	acetic(酢酸)
CH_3CH_2COOH	propanoic(プロパン酸)†	propionic(プロピオン酸)
$CH_3(CH_2)_2COOH$	butanoic(ブタン酸)†	butyric(酪酸)
$(CH_3)_2CHCOOH$	2-methylpropanoic†	isobutyric(イソ酪酸)*
$CH_3(CH_2)_3COOH$	pentanoic(ペンタン酸)†	valeric(吉草酸)
$(CH_3)_2CHCH_2COOH$	3-methylbutanoic†	isovaleric(イソ吉草酸)*
$(CH_3)_3CCOOH$	2,2-dimethylpropanoic	pivalic(ピバル酸)*
$CH_3(CH_2)_{10}COOH$	dodecanoic(ドデカン酸)	lauric(ラウリン酸)*
$CH_3(CH_2)_{12}COOH$	tetradecanoic (テトラデカン酸)	myristic(ミリスチン酸)*
$CH_3(CH_2)_{14}COOH$	hexadecanoic (ヘキサデカン酸)	palmitic(パルミチン酸)*
$CH_3(CH_2)_{16}COOH$	octadecanoic (オクタデカン酸)	stearic(ステアリン酸)*

注意：C_6, C_8, C_{10} の脂肪酸は hexanoic acid(ヘキサン酸), octanoic acid (オクタン酸), decanoic acid (デカン酸) の組織名で命名し, caproic acid (カプロン酸), caprylic acid (カプリル酸), capric acid (カプリン酸) の慣用名は廃止する。

化学式	組織名	慣用名
(*b*) 飽和脂肪族ジカルボン酸[a)]		
HOOC-COOH	ethanedioic(エタン二酸)†	oxalic(シュウ酸)
$HOOCCH_2COOH$	propanedioic (プロパン二酸)†	malonic(マロン酸)
$HOOC(CH_2)_2COOH$	butanedioic(ブタン二酸)†	succinic(コハク酸)
$HOOC(CH_2)_3COOH$	pentanedioic (ペンタン二酸)†	glutaric(グルタル酸)
$HOOC(CH_2)_4COOH$	hexanedioic (ヘキサン二酸)†	adipic(アジピン酸)
$HOOC(CH_2)_5COOH$	heptanedioic (ヘプタン二酸)	pimelic(ピメリン酸)*
$HOOC(CH_2)_6COOH$	octanedioic (オクタン二酸)	suberic(スベリン酸)*
$HOOC(CH_2)_7COOH$	nonanedioic(ノナン二酸)	azelaic(アゼライン酸)*
$HOOC(CH_2)_8COOH$	decanedioic(デカン二酸)	sebacic(セバシン酸)*

(第2表)

化学式	組織名	慣用名
(*c*) 不飽和脂肪酸		
$CH_2{=}CHCOOH$	propenoic(プロペン酸)†	acrylic(アクリル酸)
$CH{\equiv}CCOOH$	propynoic(プロピン酸)†	propiolic(プロピオール酸)†
$CH_2{=}C(CH_3)COOH$	2-methylpropenoic†	methacrylic (メタクリル酸)
$CH_3CH{=}CHCOOH$	*trans*-2-butenoic†	crotonic(クロトン酸)
$CH_3CH{=}CHCOOH$	*cis*-2-butenoic†	isocrotonic (イソクロトン酸)
$CH(CH_2)_7CH_3$ ‖ $CH(CH_2)_7COOH$	*cis*-9-octadecenoic†	oleic(オレイン酸)
$HOOCCH{=}CHCOOH$	*trans*-butanedioic	fumaric(フマル酸)
$HOOCCH{=}CHCOOH$	*cis*-butanedioic†	maleci(マレイン酸)
(*d*) 炭素環カルボン酸		
C_6H_5COOH	benzenecarboxylic†	benzoic(安息香酸)
$CH_3C_6H_4COOH$	methylbenzene-carboxylic†	toluic(トルイル酸)[b)]
$C_{10}H_7COOH$	naphthalene-carboxylic†	naphthoic(ナフトエ酸)[c)]
$C_6H_4(COOH)_2$	1,2-benzene-dicaboxylic†	phthalic(フタル酸)
$C_6H_4(COOH)_2$	1,3-benzene-dicarboxylic†	isophthalic (イソフタル酸)
$C_6H_4(COOH)_2$	1,4-benzene-dicarboxlic†	terephthalic (テレフタル酸)
$C_6H_5CH{=}CHCOOH$	3-phenylpropenoic†	cinnamic(ケイ皮酸)
(*e*) 複素環カルボン酸		
(O)-COOH	furancarboxylic (フランカルボン酸)	furoic(フル酸)[d)]
(S)-COOH	thiophenecarboxylic (チオフェンカルボン酸)	thenoic(テン酸)[d)]
(N)-COOH	3-pyridinecarboxylic	nicotinic(ニコチン酸)
(N) COOH	4-pyridinecarboxylic†	isonicotinic (イソニコチン酸)

2. 命 名 法

(1) 非環式カルボン酸の置換命名法

直鎖炭化水素の鎖端の CH_3 を COOH に変えたカルボン酸の名称は，母体炭化水素名にカルボキシル基の数に応じ接尾語 —oic acid（酸），または，—dioic acid（二酸）をつけて作る。

$CH_3—CH_3$ エタン ethane	$CH_3—COOH$ エタン酸 ethanoic acid

$CH_3—CH_2—CH_2—CH_2—CH_2—CH_3$
ヘキサン
hexane

$CH_3—CH_2—CH_2—CH_2—CH_2—COOH$
ヘキサン酸
hexanoic acid

$CH_3—CH_3$ エタン ethane	HOOC—COOH エタン二酸 ethanedioic acid
$CH_3—CH_2—CH_2—CH_3$ ブタン butane	$HOOC—CH_2—CH_2—COOH$ ブタン二酸 butanedioic acid

$$\overset{5}{\mathrm{HOOC}}—\overset{4}{\mathrm{CH}}—\overset{3}{\mathrm{CH}}=\overset{2}{\mathrm{CH}}—\overset{1}{\mathrm{COOH}}$$
$$\mathrm{CH_3—CH_2—CH_2}\ (\text{C4に結合})$$

4—プロピル—2—ペンテン二酸
4—propyl—2—pentenedioic acid

(2) 環式カルボン酸の置換命名法

カルボキシル基が環系の炭素原子に直接結合しているカルボン酸は，環系の名称に接尾語 carboxylic acid（カルボン酸）をつけて命名する。

⬡—COOH　シクロヘキサンカルボン酸
cyclohexanecarboxylic acid

(3)慣用名

カルボン酸には，古くからの慣用名をもつものが多い。IUPAC 1969年規則で慣用名の使用が認められているもののうち主要なものを次に示す。非環式カルボン酸に慣用名を与えるときは，カルボキシル基の炭素原子に位置番号1をつける。（p. 85 第1表，第2表）

酸の慣用名（英語名の acid は省略して示す）

（注）† 通俗名のほうが好ましい。
* 炭素原子に置換基のある誘導体には組織名を使うことを推奨する。たとえば $CH_3(CH_2)_{15}CH(OH)COOH$ は 2-hydroxystearic acid としないで 2-hydroxyoctadecanoic acid とする。
a）飽和脂肪族カルボン酸については，この表にあげた21種だけが通俗名を認められている。不飽和脂肪酸や炭素環および複素環カルボン酸については，この表以外にも通俗名を使ってもよいものがある。
b）*o*-，*m*-，*p*- の異性体がある。
c）1-，2- の異性体がある。
d）2-，3- の異性体がある。英語名では furoic acid, thenoic acid の慣用名が推奨されているが，日本語名ではフランカルボン酸，チオフェンカルボン酸の組織名が慣用されている。

3. 物理的性質 （p. 87 第3表）

n— 脂肪酸 R—COOH の沸点は，炭素数の増加とともに上昇していることは容易に理解されるが，最も分子量の小さいギ酸 HCOOH(＝46) でさえも同程度の分子量の炭化水素に比較するといちじるしく高い。例えば，プロパン C_3H_8(＝44) の沸点は −45℃ に対しギ酸は100.5℃であり，これは *n*—ヘプタン C_7H_{16}(＝100) の沸点 98.4℃ に近い。

すなわち，ギ酸の沸点は，ギ酸の分子量の約2倍の炭化水素の沸点に近いということがわかる。これは，RCOOH の分子は極性をもち1つの分子の＋に帯電した部分と他の分子の－に帯電した部分が互いに引き合って会合するためである。すなわち，カルボニル基のOは負に，その結果，—OH のHは正に帯電し，互いに引き合って2分子が会合して二量体 (dimer) を形成しているからである。これもHを介して結合するから水素結合の結果である。これは凝固点降下による分子量測定やX線による回折図により確認されている。

R— C(=O)— O —H

R—C(=O···H—O)(—O—H···O=)C—R
二量体

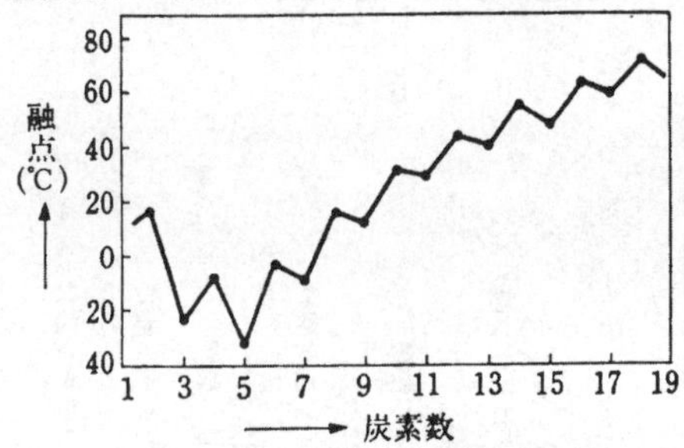

次に，融点も全体的には分子量の増加とともに上昇しているが，炭素数が奇数の *n*—脂肪酸の融点は，それより炭素数が1個少ない炭素数が偶数の酸よりかえって少し融点が低い。したがって，炭素数と融点の関係をグラフにかくと上の図のようにジグザグとなる。融点と分子の形の関係は，沸点と分子の形の関係に比して幾分複雑である。

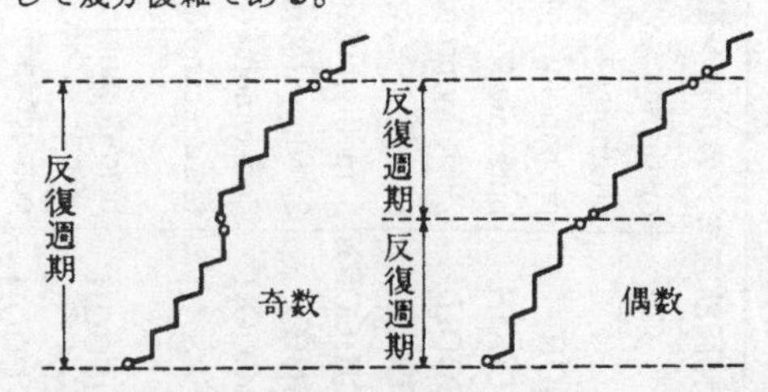

例えば，既に述べたように（p. 18），アルカンの異性体は，*n*— 型が一番沸点は高く，分子全体の形が球形に近いものほどその表面積は小さく，それだけ電子雲は強く原子核によって引きつけられ，分子同志が近

（第3表）

名　　称	分 子 式	融 点 [℃]	沸 点 [℃]	溶解度 [g/100g H_2O]
ギ 酸	$HCOOH$	8	100.5	∞
酢 酸	CH_3COOH	16.6	118	∞
プロピオン酸	CH_3CH_2COOH	−22	141	∞
酪 酸	$CH_3(CH_2)_2COOH$	−6	164	∞
吉草酸	$CH_3(CH_2)_3COOH$	−34	187	3.7
カプロン酸	$CH_3(CH_2)_4COOH$	−3	205	1.0
カプリル酸	$CH_3(CH_2)_6COOH$	16	239	0.7
カプリン酸	$CH_3(CH_2)_8COOH$	31	269	0.2
ラウリン酸	$CH_3(CH_2)_{10}COOH$	44	225^{100}	不溶
ミリスチン酸	$CH_3(CH_2)_{12}COOH$	54	251^{100}	不溶
パルミチン酸	$CH_3(CH_2)_{14}COOH$	63	269^{100}	不溶
ステアリン酸	$CH_3(CH_2)_{16}COOH$	70	287^{100}	不溶
オレイン酸	*cis*-9-オクタデセン酸	16	223^{10}	不溶
リノール酸	*cis, cis*-9, 12-オクタデカジエン酸	−5	230^{6}	不溶
リノレン酸	*cis, cis, cis*-9, 12, 15-オクタデカトリエン酸	−11	232^{17}	不溶
シクロヘキサンカルボン酸	*cyclo*-$C_6H_{11}COOH$	31	233	0.20
フェニル酢酸	$C_6H_5CH_2COOH$	77	266	1.66
安息香酸	C_6H_5COOH	122	250	0.34
o-トルイル酸	*o*-$CH_3C_6H_4COOH$	106	259	0.12
m-トルイル酸	*m*-$CH_3C_6H_4COOH$	112	263	0.10
p-トルイル酸	*p*-$CH_3C_6H_4COOH$	180	275	0.03
o-クロル安息香酸	*o*-ClC_6H_4COOH	141		0.22
m-クロル安息香酸	*m*-ClC_6H_4COOH	154		0.04
p-クロル安息香酸	*p*-ClC_6H_4COOH	242		0.009
o-ブロム安息香酸	*o*-BrC_6H_4COOH	148		0.18
m-ブロム安息香酸	*m*-BrC_6H_4COOH	156		0.04
p-ブロム安息香酸	*p*-BrC_6H_4COOH	254		0.006
o-ニトロ安息香酸	*o*-$O_2NC_6H_4COOH$	147		0.75
m-ニトロ安息香酸	*m*-$O_2NC_6H_4COOH$	141		0.34
p-ニトロ安息香酸	*p*-$O_2NC_6H_4COOH$	242		0.03
フタル酸	*o*-$C_6H_4(COOH)_2$	231		0.70
イソフタル酸	*m*-$C_6H_4(COOH)_2$	348		0.01
テレフタル酸	*p*-$C_6H_4(COOH)_2$	300, 昇華		0.002
サリチル酸	*o*-HOC_6H_4COOH	159		0.22
p-ヒドロキシ安息香酸	*p*-HOC_6H_4COOH	213		0.65
アントラニル酸	*o*-$H_2NC_6H_4COOH$	146		0.52
m-アミノ安息香酸	*m*-$H_2NC_6H_4COOH$	179		0.77
*p*アミノ安息香酸	*p*-$H_2NC_6H_4COOH$	187		0.3
o-メトキシ安息香酸	*o*-$CH_3OC_6H_4COOH$	101		0.5
m-メトキシ安息香酸	*m*-$CH_3OC_6H_4COOH$	110		
p-メトキシ安息香酸（アニス酸）	*p*-$CH_3OC_6H_4COOH$	184		0.04

づいても，余り電子の片寄り（一時的双極子）が少ない。また，ファンデルワールス力は小さいため沸点は低い。

次にペンタン C_5H_{12} の３種の異性体について示す。

構造	名称	沸点	融点
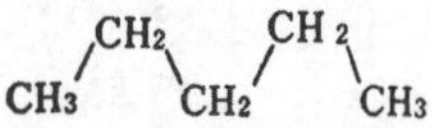 $CH_3-CH_2-CH_2-CH_2-CH_3$	n−ペンタン	36℃	−129℃
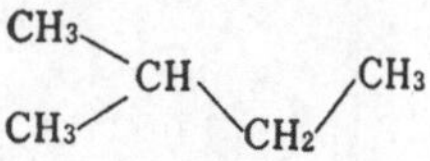 $(CH_3)_2CH-CH_2-CH_3$	イソペンタン	28℃	−160℃
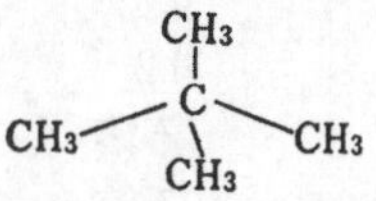 $C(CH_3)_4$	ネオペンタン	9.5℃	−16.5℃

（沸点：n−ペンタン＞イソペンタン＞ネオペンタン
融点：ネオペンタン＞n−ペンタン＞イソペンタン）

融点は，固体から液体に 1 atm 下で変わる温度であり，結晶の格子点にある分子やイオンの引力に抗して加えられた熱エネルギーでそれを引き離して自由に動けるようにする温度であるから，融解の難易は結晶の安定性にあり，安定な結晶（エネルギーの低い，したがって，格子エネルギーの大きい結晶）ほど，それをこわすのに多くの力が必要なので融点が高い。分子が大きい程ファンデルワールス力も大きく，また分子間の引力は大きいので，結晶も安定になり融点が高い。

ところが異性体の中では，分子の形が対称的なものほど安定な結晶をつくる。例えば，球形に近いものほど最密構造をとりやすく，分子が互いに近いので，結合力は大きく，融点は高い。また，細長いものも枝分かれのない分子ほど対称性が大きく，安定した結晶をつくるために，融点は高くなる。

さて，n−脂肪酸は直線的でなく，カルボキシル基のC以外は sp^3−混成軌道で結合しているから，109° 28′ でジグザグ形をしている。炭素数が偶数個の場合は，隣接する同種分子の間で鎖の同じ曲り方が繰り返されるが，炭素数が奇数個の場合は，１分子おいて隣りの分子から同じ繰返しが始まるので，偶数個のものは奇数個のものよりも分子相互の重なりがよく，密に結合するため融点は高い。また，偶数個のものは，両端基が反対方向に向いていて分子に対称性があるが，奇数個のものはそれが同じ方向に向いているため対称性を欠くことも融点の低い原因と考えられる。また，炭素数５の吉草酸が一番低い融点をもつことは，Cが奇数個である以外に１つの分子が環状になりやすく，１つ１つが独立し，他の分子との結合力が弱いためと考えられる。

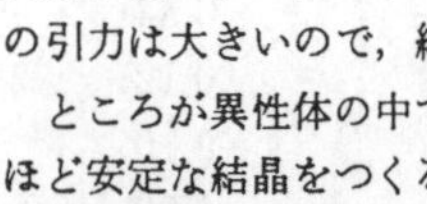

（図：CH_2, $CH_2-C(=O)-O-H$, CH_2-CH_3 の環状配置）

次に水に対する溶解性では，カルボキシル基自体は極性が大きく親水性の基であるから，炭素数の多くない低級なものは水によく溶ける。ギ酸，酢酸，プロピオン酸，酪酸は水と任意の割合いで溶け合う。それに対し炭素数が多くなると，分子全体に対してカルボキシル基の作用は弱くなり，全体の極性は少なくなり水に溶けにくくなる。ジカルボン酸は，常温ではすべて固体であり，芳香族カルボン酸はいずれも融点が 100℃以上の結晶で，冷水には溶けにくい。

4. 合 成 法

(1) 第１アルコールまたはアルデヒドを酸化して得られる。

$$R-CH_2OH \xrightarrow{O} R-CHO \xrightarrow{O} RCOOH$$

この酸化には通常 $KMnO_4$ や $K_2Cr_2O_7$ が用いられる。ところが，不飽和結合をもつ第１アルコールやアルデヒドにこれらを作用すると，不飽和結合の部分も同時に酸化されてしまう。そこでこういう場合は，不飽和結合は酸化しない温和な酸化剤である酸化銀 Ag_2O が用いられる。酸化銀は褐色の固体で水に溶けにくく，一般に，使用時に硝酸銀溶液に水酸化ナトリウム溶液を加えてつくる。

$$2AgNO_3+2NaOH \longrightarrow Ag_2O+2NaNO_3+H_2O$$

ここで生じた Ag_2O を沪過してとり，水洗したものを水に懸濁させて使用する。

$$\underset{\text{アリルアルコール}}{CH_2=CH-CH_2-OH} \xrightarrow{Ag_2O} \underset{\text{アクロレイン}}{CH_2=CH-CHO} \xrightarrow{Ag_2O} \underset{\text{アクリル酸}}{CH_2=CH-COOH}$$

(2) ニトリル R−CN を加水分解して得られる。

$$R-CN \xrightarrow{H_2O} RCOOH$$

ニトリルに酸または塩基の水溶液を加えて加温すると酸または塩基，すなわち H^+，または OH^- が触媒となって次のようにニトリル基に水が付加する。生じたものはエノール性−OH をもち，不安定でケト化が行われる。ここで生じたカルボン酸アミドはさらに加水分解され，カルボン酸になる。

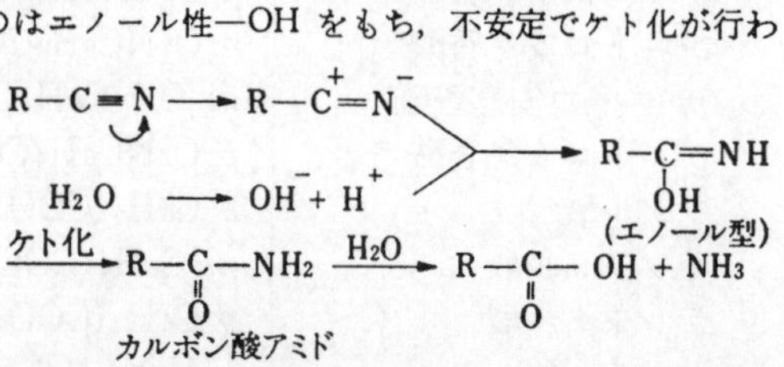

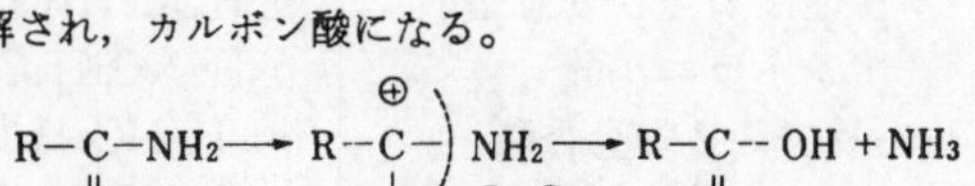

$$R-C\equiv N \longrightarrow R-\overset{+}{C}=\overset{-}{N}$$
$$H_2O \longrightarrow \overset{-}{OH} + \overset{+}{H}$$
$$\longrightarrow \underset{\text{(エノール型)}}{R-C(OH)=NH}$$
$$\xrightarrow{\text{ケト化}} \underset{\text{カルボン酸アミド}}{R-C(=O)-NH_2} \xrightarrow{H_2O} R-C(=O)-OH + NH_3$$

$$R-C(=O)-NH_2 \longrightarrow R-\overset{\oplus}{C}(-O^{\ominus})(OH^{\ominus})-NH_2H^{\oplus} \longrightarrow R-C(=O)-OH + NH_3$$

ニトリルは，ハロゲンアルキル RX に KCN を作用してつくることができる。（p. 49 参照）

$$R-X+KCN \longrightarrow RCN+KX$$

ハロゲンアルキルは，アルケンに HX を付加させたり，アルコールから合成されることは既に述べた（p.48）から，これらを原料としてカルボン酸を合成することができる。例えば，エチレンまたはエタノールからプロピオン酸を合成することができる。

$$\left.\begin{array}{l}CH_2=CH_2\\C_2H_5OH\end{array}\right\rangle \xrightarrow{HBr} C_2H_5Br \xrightarrow{KCN} \underset{\text{プロピオニトリル}}{C_2H_5CN}$$

$$\xrightarrow{H_2O} \underset{\text{プロピオン酸}}{C_2H_5\text{—}COOH}$$

(3) **不飽和炭化水素の酸化**

二重結合や三重結合をもつ炭化水素を，バイヤーの試液やオゾンで酸化してカルボン酸が生じることは既に述べた。（p.31，p.37 参照）

$$R\text{—}CH=CH\text{—}R' \xrightarrow{KMnO_4} RCOOH+R'COOH$$

$$R\text{—}CH=CH_2 \xrightarrow{KMnO_4} RCOOH+CO_2$$

$$R\text{—}C\equiv C\text{—}R' \xrightarrow{O_3} RCOOH+R'COOH$$

5. 化学的性質

(1) **塩の生成**

カルボン酸は酸だから，アルカリで中和すると塩を生じる。

$$RCOOH+NaOH \longrightarrow RCOONa+H_2O$$

または　$RCOOH+OH^- \longrightarrow RCOO^-+H_2O$

カルボン酸の塩は，無機塩と似てイオン結合性のため融点が高く，ナトリウム塩やカリウム塩はよく水に溶け，有機溶媒には溶けにくい。

(2) **—COOH に隣接する α-位の炭素につく H は置換されやすい。**

カルボニル基のCの⊕の帯電により，α-位のCもいく分⊕に帯電し，その結果，まわりの電子雲を引き寄せ，そのため，H はハロゲンにより置換されやすくなる。

$$\begin{array}{ccccccccc} H & & H & & H & & H & & \\ |\delta & & |\gamma & & |\beta & & \downarrow\alpha & & \\ —C & — & C & — & C & \rightarrow & C & \rightarrow & C \leftarrow O—H \\ | & & | & & | & & \uparrow & & \| \\ H & & H & & H & & H & & O \end{array}$$

$$CH_3\text{—}COOH \xrightarrow{Cl_2} \underset{\text{モノクロロ酢酸}}{Cl\text{—}CH_2\text{—}COOH}$$

$$\xrightarrow{Cl_2} \underset{\text{ジクロロ酢酸}}{Cl\text{—}\underset{Cl}{\underset{|}{C}H}\text{—}COOH} \xrightarrow{Cl_2} \underset{\text{トリクロロ酢酸}}{Cl\text{—}\overset{Cl}{\overset{|}{\underset{Cl}{\underset{|}{C}}}}\text{—}COOH}$$

$$CH_3\text{—}CH_2\text{—}COOH \xrightarrow{Cl_2} \underset{\alpha\text{-クロロプロピオン酸}}{CH_3\text{—}\underset{Cl}{\underset{|}{C}H}\text{—}COOH}$$

Cl_2 と Br_2 はよく反応する。このとき，光を照射したり少量の I_2 や赤リン等が触媒として用いられる。ただし，I_2 は不活性で直接置換はできない。

(3) **—COOH の —OH は，活性で種々の基によって置換される。**

(i)エステルの生成

$$R\text{—}\underset{O}{\underset{\|}{C}}\text{—}\boxed{OH\ \ H}OR' \longrightarrow R\text{—}\underset{O}{\underset{\|}{C}}\text{—}OR'+H_2O$$

これについて詳しい考察は既に述べた。（p.61）

(ii)酸クロリド（酸塩化物，塩化アシル）の生成

これは，すでに述べたように（p.48），—OH を —Cl に置換する反応で，これには五塩化リン PCl_5，三塩化リン PCl_3，塩化チオニル $SOCl_2$ が用いられる。

$$RCOOH \xrightarrow{PCl_5,\ PCl_3,\ SOCl_2} RCOCl$$

(iii)酸アミドの生成

カルボン酸クロリド，またはエステルに，アンモニアを作用させるとカルボン酸アミドを生ずる

$$RCOOH \left\langle\begin{array}{l}RCOCl \xrightarrow{NH_3} RCONH_2+HCl\\RCOOC_2H_5 \xrightarrow{NH_3} RCONH_2+C_2H_5OH\end{array}\right.$$

(4) **酸無水物の生成**

P_2O_5 等の脱水剤により，カルボン酸 2 分子から H_2O 1 分子を失い酸無水物を生ずる。

$$\begin{array}{l}R\text{—}CO\boxed{OH}\\R\text{—}COO\boxed{H}\end{array} \longrightarrow \left.\begin{array}{l}R\text{—}CO\\R\text{—}CO\end{array}\right\rangle O+H_2O$$

(5) **ケトンおよびアルデヒドの生成**

脂肪酸の Ca 塩を乾留するとケトンが，ギ酸カルシウムと共に乾留するとアルデヒドを生ずる。（p.77）

$$\left.\begin{array}{l}RCOO\\RCOO\end{array}\right\rangle Ca \longrightarrow R\text{—}CO\text{—}R+CaCO_3$$

$$\left.\begin{array}{l}R\text{—}COO\\R\text{—}COO\end{array}\right\rangle Ca+Ca\left\langle\begin{array}{l}OOC\text{—}H\\OOC\text{—}H\end{array}\right. \longrightarrow 2RCHO+2CaCO_3$$

(6) **炭化水素の生成**

脂肪酸のアルカリ塩をソーダ石灰または水酸化アルカリと加熱分解するか，脂肪酸のアルカリ塩の水溶液を電解（**コルベの電解**）すると，炭化水素を生成する（p.25）。

$$R\text{—}COONa+NaOH \longrightarrow R\text{—}H+Na_2CO_3$$

$$R\text{—}COOH+CaO \longrightarrow R\text{—}H+CaCO_3$$

$$2RCOO^- \longrightarrow R\text{—}R+2CO_2+2e^-$$

6. モノカルボン酸各論

ギ酸(蟻酸)〔formic acid〕 HCOOH

Samuel Fischer と John Ray が，1670年赤蟻（formica Ant）を加熱して得られたからこの名があり，イラクサ，アザミ等の植物中にも存在する。HCOOH は，沸点 101℃ の刺激臭のある無色の液体でメタノールを Pt を触媒として空気酸化するか，シュウ酸をグリセリンと100～110℃に加熱すると得られる。

$$CH_3OH \xrightarrow[Pt]{O_2} HCHO \xrightarrow[Pt]{O_2} HCOOH$$

$$\begin{array}{l} CH_2OH \\ | \\ CHOH \\ | \\ CH_2O\,\boxed{H+HO}\,OC-COOH \end{array} \longrightarrow \begin{array}{l} CH_2OH \\ | \\ CHOH \\ | \\ CH_2OOC-COOH \end{array} + H_2O$$

$$\begin{array}{l} CH_2OH \\ | \\ CHOH \\ | \\ CH_2O\,OC-COO\,H \end{array} \longrightarrow \begin{array}{l} CH_2OH \\ | \\ CHOH \\ | \\ CH_2OCOH \end{array} + CO_2$$

$$\begin{array}{l} CH_2OH \\ | \\ CHOH \\ | \\ CH_2OCOH \end{array} + H_2O \longrightarrow \begin{array}{l} CH_2OH \\ | \\ CHOH \\ | \\ CH_2OH \end{array} + HCOOH$$

結局，$HOOC-COOH \longrightarrow HCOOH+CO_2$
の反応をグリセリンが触媒したことになる。

工業的には，粉末にした水酸化ナトリウム，またはソーダ石灰と一酸化炭素を加圧釜（オートクレーブ）中で熱して反応させ，ギ酸ナトリウムとし，これを酸で分解する方法によりつくられる。

$$NaOH+CO \longrightarrow HCOONa$$

$$HCOONa+H^+ \longrightarrow HCOOH+Na^+$$

ギ酸は他の脂肪酸より酸性が強く，また脂肪酸中で唯一の還元性を有する酸である。これはアルデヒド基を

$$H-\underset{\underset{O}{\|}}{C}-O-H$$

有するためで，ギ酸はアルデヒドでもあることを忘れてはならない。そのため，フェーリング，トーレンス，シッフの試液に感じる。また，脂肪酸の中でギ酸だけは酸クロリド（酸塩化物）($HCOCl$) をつくらない。ギ酸を濃硫酸とともに加熱すると，分解（脱水）されて一酸化炭素を生じるので，一酸化炭素の実験室的製法として用いられる。

$$HCOOH \longrightarrow CO+H_2O$$

また，ギ酸ナトリウムを400℃に急熱すると，シュウ酸ナトリウムが得られ，これに酸を加えてシュウ酸が生じるのでシュウ酸の工業的製法として用いられる。

$$\begin{array}{l} H-COONa \\ H-COONa \end{array} \longrightarrow \begin{array}{l} COONa \\ | \\ COONa \end{array} + H_2$$

ギ酸は染料工業上，酢酸代用品として，また皮革工業では皮をなめす脱カルシウム剤として用いられ，他に防腐剤としても用いられる。

酢酸〔acetic acid〕CH_3COOH

酢酸は酢 (acetum) の成分というのでこの名がある。天然にエステル，塩または遊離状態で広く分布する。また，アルコール飲料にバクテリアが作用すると醗酵により生成する。CH_3COOH は沸点118℃，融点16℃の刺激臭を有する無色の液体で，冬寒くなり温度が16℃以下では氷結するので，氷酢酸 (glacial acetic acid) と呼ばれる。工業的には次のようにしてつくられる。

(i)木材を乾留して得られる木酢液は酢酸を含む。これに CaO を作用して酢酸カルシウムが生じるからこれをとり出し，これに硫酸を作用させて得られる。

$$2CH_3COOH+CaO \longrightarrow (CH_3COO)_2Ca+H_2O$$

$$(CH_3COO)_2Ca+H_2SO_4 \longrightarrow 2CH_3COOH+CaSO_4$$

しかし，この方法は現在ではあまり用いられない。

(ii)15％以下のエタノールに酢酸菌を作用させる

$$C_2H_5OH \xrightarrow{O} CH_3COOH+H_2O$$

(iii)アセチレンの水和反応（p.36）でアセトアルデヒドを作り，これを MnO_2, V_2O_5 等を触媒として空気酸化する。

$$CH\equiv CH \xrightarrow[HgSO_4]{H_2O} CH_3CHO \xrightarrow{O} CH_3COOH$$

酢酸は食料，染料，香料，飲料，繊維等に広い用途がある。次に酢酸から得られる主要な化合物の生成関係を下図に示す。

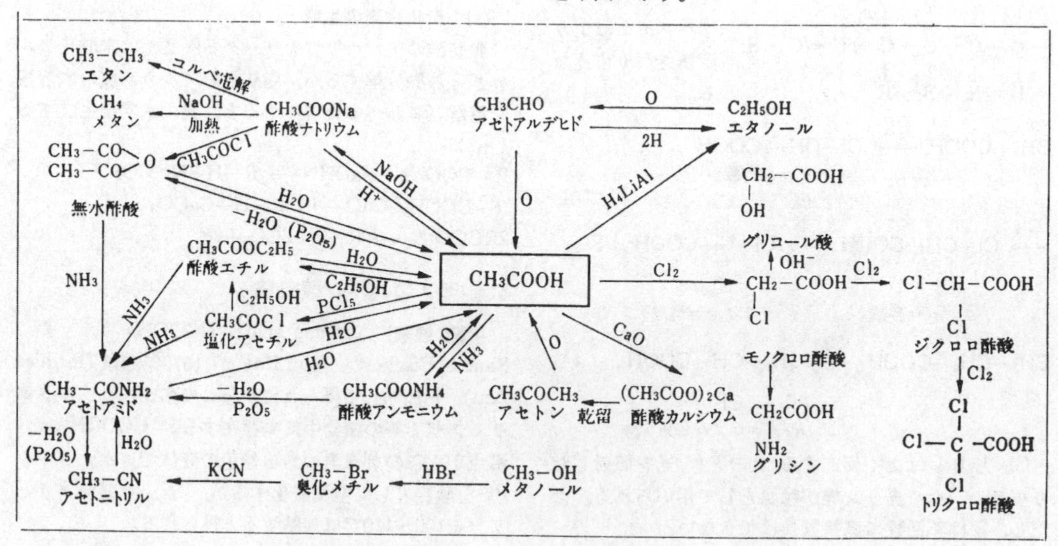

プロピオン酸〔propionic acid〕 CH_3CH_2COOH
これは proto (第一) と pion (脂肪), つまり第一脂肪酸という意味で名付けられた。沸点 141℃ の無色の液体で木酢液中に酢酸と共存するから，これより製造する方法もあるが $CH_3CH_2CH_2OH$ や CH_3CH_2CN から合成される。エステルの製造原料や溶剤として用いられる。

酪　酸〔butyric acid〕 C_3H_7COOH
butyrum (バター) という意味から名付けられ，
n—酪酸とイソ酪酸の2種の異性体が存在する。

$$CH_3—CH_2—CH_2—COOH \qquad (CH_3)_2>CH—COOH$$

n—酪酸 (沸点163℃)　　イソ酪酸 (沸点155℃)

n— 酪酸は不快臭をもつ無色の液体で，汗の中に存在し，また，グリセリンとのエステルはバターの成分をなしている。バターが腐敗するとき出る悪臭は *n*—酪酸のためである。しかしそのエステルは芳香を有するので，香料または溶剤として用いられる。イソ酪酸はジメチル酢酸ともいわれ，多くの植物中に遊離またはエステルとなって存在している。

吉草酸〔valeric acid〕 C_4H_9COOH
吉草酸には次に示す4種の構造異性体が存在する。

$CH_3—CH_2—CH_2—CH_2—COOH$　*n*—吉草酸　沸点 187℃

$(CH_3)_2>CH—CH_2—COOH$　イソ吉草酸　沸点 175℃

$CH_3(CH_3—CH_2)>\overset{*}{C}H—COOH$　エチルメチル酢酸　沸点 177℃

$(CH_3)_3>C—COOH$　トリメチル酢酸　沸点 163℃

このうちイソ吉草酸は不快臭を有する無色の液体で，吉草 (カノコ草) の根に含まれ，ヒステリーの薬として用いられたり催眠剤の原料として用いられる。

パルミチン酸〔palmitic acid〕 CH_3-$(CH_2)_{14}$-COOH
ステアリン酸〔stearic acid〕 CH_3-$(CH_2)_{16}$-COOH
パルミチン酸 (融点63℃), およびステアリン酸 (融点69℃)は，高級飽和脂肪酸の代表的物質でロウのような外形をしている固体で，油脂 (グリセリンとのエステル)および，ロウ(高級一価アルコールとのエステル)として自然界に多量に産出し，牛脂，豚脂などの固形の動物脂肪の主体をなしている。いずれも水に不溶であるが，油脂を水酸化ナトリウムで加水分解 (ケン化) するとき，ナトリウム塩となって石けんを作る。天然の高級脂肪酸の大部分は炭素数が偶数で直鎖状をしているということは注目すべきである。

アクリル酸〔acrylic acid〕 $CH_2=CH—COOH$
アクリル酸は，最も簡単な不飽和脂肪酸で，アクロレインを酸化銀で酸化して得られることは既に述べた。

$$CH_2=CH—CHO \xrightarrow{Ag_2O} CH_2=CH—COOH$$

アクリル酸は，酢酸に似たにおいのする沸点 142℃ の無色の液体で，重合性に富み，これ，およびそのエステルを重合させたものは，アクリル樹脂といい，接着剤などにする。

メタアクリル酸〔methacrylic acid〕

$$CH_2=C(CH_3)—COOH$$

α-ブロモイソ酪酸を，水酸化ナトリウムと加熱して得られる，沸点162〜163℃の無色の液体である。

$$(CH_3)_2>C(Br)—COOH \xrightarrow[—HBr]{NaOH} CH_2=C(CH_3)—COOH$$

そのメチルエステルは，沸点 100℃ の液体で重合性に富み，その重合体は透明ガラス状で**有機ガラス**と呼ばれる。

クロトン酸〔crotonic acid〕
イソクロトン酸〔isocrotonic acid〕
C_3H_5COOH で表されるカルボン酸には，次の4種類の異性体がある。

構造	名称	沸点	融点
$CH_2=CH—CH_2—COOH$	ビニル酢酸	163℃	—
$(CH_3)(H)C=C(H)(COOH)$	クロトン酸	184℃	72℃
$(CH_3)(H)C=C(COOH)(H)$	イソクロトン酸	172℃	15℃
$CH_2=C(CH_3)—COOH$	メタアクリル酸	162℃	16℃

クロトン酸はトランス体で，イソクロトン酸はシス体で，クロトン油 (巴豆油 croton oil) から得られたのでこの名がある。

オレイン酸〔oleic acid〕 $C_{17}H_{33}COOH$
パルミチン酸，ステアリン酸等とともにグリセリンエステル，すなわち，油脂として存在する。とくに油をつくるという意味で，オレイン酸(油酸)と名付けられた。

$$CH_3—(CH_2)_7—\overset{10}{C}H=\overset{9}{C}H—(CH_2)_7—COOH$$

オレイン酸は，無色の液体で融点14℃，沸点 172℃ で空気中で酸化され，黄変する。

オレイン酸に少量の亜硝酸を加えて放置すると固体になる。これをエライジン酸〔elaidic acid〕(融点51℃)といい，オレイン酸の立体異性体であることが分った。すなわち，オレイン酸がシス型，エライジン酸がトランス型である。

$$CH_3—(CH_2)_7(H)>C=C<((CH_2)_7—COOH)(H) \quad \text{オレイン酸}$$

$$CH_3—(CH_2)_7(H)>C=C<(H)((CH_2)_7—COOH) \quad \text{エライジン酸}$$

リノール酸 〔linolic acid〕 $C_{17}H_{31}COOH$

リノール酸は，C＝C を2個有するカルボン酸で亜麻仁油，大麻油，ケシ油中にグリセリンエステルとなって存在し，

$$CH_3-(CH_2)_4-\overset{13}{C}H=\overset{12}{C}H-CH_2-\overset{10}{C}H=\overset{9}{C}H-(CH_2)_7-COOH$$

という構造を有するため，次の4種の幾何異性体が存在する。

シス—シス型	α-リノール酸
シス—トランス型	δ-リノール酸
トランス—シス型	γ-リノール酸
トランス—トランス型	β-リノール酸

H＼　12　／H H＼　9　／H
$CH_3-(CH_2)_4$／C＝C＼CH_2／C＝C＼$(CH_2)_7-COOH$

(9—cis—12—cis ; α-リノール酸)

H＼　　／CH_2＼　　／$(CH_2)_7-COOH$
$CH_3-(CH_2)_4$／C＝C＼H H／C＝C＼H

(9—cis—12—trans ; δ-リノール酸)

H＼　　／H H＼　　／$(CH_2)_7-COOH$
$CH_3-(CH_2)_4$／C＝C＼CH_2／C＝C＼H

(9—trans—12—cis ; γ-リノール酸)

H＼　　／CH_2＼　　／H
$CH_3-(CH_2)_4$／C＝C＼H H／C＝C＼$(CH_2)_7-COOH$

(9—trans—12—trans ; β-リノール酸)

天然の油を形成しているのは α-リノール酸である。

リノレン酸 〔linolenic acid〕 $C_{17}H_{29}COOH$

リノレン酸はC＝Cを3個有するカルボン酸で，多くの乾性油，魚油等の中に存在する。

$$CH_3-CH_2-\overset{16}{C}H=\overset{15}{C}H-CH_2-\overset{13}{C}H=\overset{12}{C}H-CH_2-\overset{10}{C}H=\overset{9}{C}H-(CH_2)_7-COOH$$

この幾何異性体は $2^3=8$ 種ある。樹形図を書いてみると次のようになる。

- シス
  - シス
    - シス……………(1)
    - トランス……………(2)
  - トランス
    - シス……………(3)
    - トランス……………(4)
- トランス
  - シス
    - シス……………(5)
    - トランス……………(6)
  - トランス
    - シス……………(7)
    - トランス……………(8)

H＼　／H H＼　／H H＼　／H
C＝C　　C＝C　　C＝C　………(1)
C_2H_5／　＼CH_2／　＼CH_2／　＼$(CH_2)_7-COOH$

H＼　／H H＼　／H H＼　／$(CH_2)_7-COOH$
C＝C　　C＝C　　C＝C　………(5)
C_2H_5／　＼CH_2／　＼CH_2／　＼H

H＼　／H H＼　／CH_2＼　／$(CH_2)_7-COOH$
C＝C　　C＝C　　C＝C　………(3)
C_2H_5／　＼CH_2／　＼H H／　＼H

H＼　／H H＼　／CH_2＼　／H
C＝C　　C＝C　　C＝C　………(7)
C_2H_5／　＼CH_2／　＼H H／　＼$(CH_2)_7-COOH$

H＼　／CH_2＼　／CH_2＼　／$(CH_2)_7-COOH$
C＝C　　C＝C　　C＝C　………(2)
C_2H_5／　＼H H／　＼H H／　＼H

H＼　／CH_2＼　／CH_2＼　／H
C＝C　　C＝C　　C＝C　………(6)
C_2H_5／　＼H H／　＼H H／　＼$(CH_2)_7-COOH$

H＼　／CH_2＼　／H H＼　／H
C＝C　　C＝C　　C＝C　………(4)
C_2H_5／　＼H H／　＼CH_2／　＼$(CH_2)_7-COOH$

H＼　／CH_2＼　／H H＼　／$(CH_2)_7-COOH$
C＝C　　C＝C　　C＝C　………(8)
C_2H_5／　＼H H／　＼CH_2／　＼H

天然の油を形成しているのは(1)の形をしたリノレン酸である。

7. ジカルボン酸

(1) 飽和ジカルボン酸

一般式 $HOOC-(CH_2)_n-COOH$ ($n=0,1,2,\cdots\cdots$) で表される飽和ジカルボン酸は，すべて室温で固体である。低級なものは水にとけ，エーテルやベンゼンに難溶であるが，高級になるにしたがって水に溶けにくく，エーテルやベンゼンに溶けやすくなる。しかし，炭素が同数のモノカルボン酸とくらべるとカルボキシル素基の極性のためより水に溶けやすい。また，融点も低級なものの方が高級なものより高いのは，低級なものが分子全体としての極性が大きいためである。

弱二塩基酸であるため水に溶かすと2段階に電離し，それぞれの電離平衡に対する電離定数を K_1, K_2 とすれば，これらは次のように表される。

$$HOOC-(CH_2)_n-COOH \rightleftarrows HOOC-(CH_2)_n-COO^- + H^+ \quad \cdots\cdots①$$

$$HOOC-(CH_2)_n-COO^- \rightleftarrows {}^-OOC-(CH_2)_n-COO^- + H^+ \quad \cdots\cdots②$$

$$K_1=\frac{[HOOC-(CH_2)_n-COO^-][H^+]}{[HOOC-(CH_2)_n-COOH]}$$

$$K_2=\frac{[{}^-OOC-(CH_2)_n-COO^-][H^+]}{[HOOC-(CH_2)_n-COO^-]}$$

次に，主なジカルボン酸の性質を示す。

名　　称	式	融　点	電　離　定　数		溶解度
			K_1	K_2	20℃(%)
シュウ酸　oxalic acid	HOOC—COOH	189.5℃	3.8×10^{-2}	3.5×10^{-5}	8.6
マロン酸　malonic acid	HOOC—CH_2—COOH	135℃	1.77×10^{-3}	4.4×10^{-6}	73.5
コハク酸　succinic acid	HOOC—$(CH_2)_2$—COOH	189℃	7.5×10^{-5}	4.5×10^{-6}	5.8
グルタル酸　glutaric acid	HOOC—$(CH_2)_3$—COOH	97.5℃	4.6×10^{-5}	5.3×10^{-6}	63.9
アジピン酸　adipic acid	HOOC—$(CH_2)_4$—COOH	153℃	3.9×10^{-5}	5.3×10^{-6}	1.5
ピメリン酸　pimelic acid	HOOC—$(CH_2)_5$—COOH	105.5℃	3.3×10^{-5}	4.9×10^{-6}	5.0
スベリン酸　suberic acid	HOOC—$(CH_2)_6$—COOH	140℃	3.1×10^{-5}	4.7×10^{-6}	0.16
アゼライン酸　azelaic acid	HOOC—$(CH_2)_7$—COOH	108℃	2.8×10^{-5}	4.6×10^{-6}	0.24
セバチン酸　sebatic acid	HOOC—$(CH_2)_8$—COOH	134℃	2.8×10^{-5}	4.6×10^{-6}	0.12

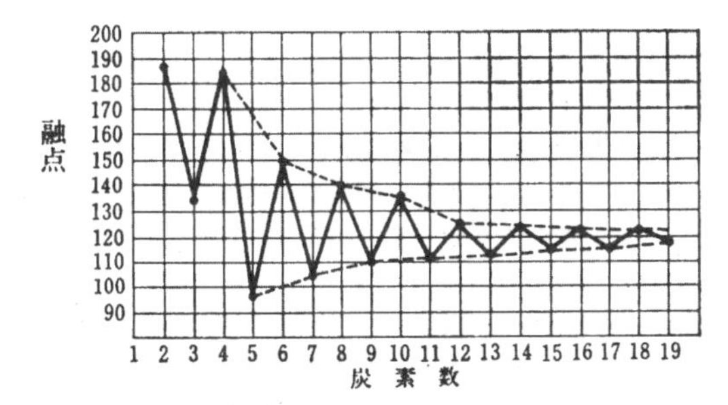

化学的性質は，モノカルボン酸と似ているが，—COOH が2個あるため，モノカルボン酸にはみられない特異な性質を有する，その最も顕著な例は，熱による変化である（**Blanc の法則**）。

(a)　シュウ酸とマロン酸は，2個の —COOH が接近し，互いに作用し，加熱により容易に CO_2 を失ってモノカルボン酸になる。（△は加熱の記号）

$$\begin{matrix}COOH\\ |\\ COOH\end{matrix} \xrightarrow[\triangle]{} CO_2+HCOOH$$

$$CH_2\left\langle\begin{matrix}COOH\\ COOH\end{matrix}\right. \xrightarrow[\triangle]{} CO_2+CH_3COOH$$

(b)　コハク酸とグルタル酸では，加熱によって H_2O を失って酸無水物になる。

$$\begin{matrix}CH_2—COOH\\ |\\ CH_2—COOH\end{matrix} \xrightarrow[\triangle]{} \begin{matrix}CH_2—CO\\ |\\ CH_2—CO\end{matrix}\!\!\Big\rangle O+H_2O$$

無水コハク酸

$$CH_2\left\langle\begin{matrix}CH_2—COOH\\ CH_2—COOH\end{matrix}\right. \xrightarrow[\triangle]{} CH_2\left\langle\begin{matrix}CH_2—CO\\ CH_2—CO\end{matrix}\right\rangle O+H_2O$$

無水グルタル酸

(c)　アジピン酸とピメリン酸は，加熱しても酸無水物の生成は困難（炭素の結合角より無理）なので，CO_2 と H_2O を失って環状ケトンになる。

$$\begin{matrix}CH_2—CH_2—COOH\\ |\\ CH_2—CH_2—COOH\end{matrix}$$

$$\xrightarrow[\triangle]{} \begin{matrix}CH_2—CH_2\\ |\\ CH_2—CH_2\end{matrix}\!\!\Big\rangle CO+CO_2+H_2O$$

シクロペンタノン

$$CH_2\left\langle\begin{matrix}CH_2—CH_2—COOH\\ CH_2—CH_2—COOH\end{matrix}\right.$$

$$\xrightarrow[\triangle]{} CH_2\left\langle\begin{matrix}CH_2—CH_2\\ CH_2—CH_2\end{matrix}\right\rangle CO+CO_2+H_2O$$

シクロヘキサノン

シュウ酸　〔oxalic acid〕 HOOC—COOH

「かたばみ」(oxalis)，「すいば」等の植物体中にシュウ酸水素カリウムの形で，ダイオウ（大黄）等の植物体中にはシュウ酸カルシウムとなって存在している。

工業的には，ギ酸ナトリウムに少量の水酸化ナトリウムを加えて加熱すると，脱水素がおこってナトリウム塩を生じる。

$$\begin{matrix}H\,COONa\\ H\,COONa\end{matrix} \longrightarrow \begin{matrix}COONa\\ |\\ COONa\end{matrix}+H_2$$

シュウ酸ナトリウムに CaO を作用し，いったんカルシウム塩（水に難溶）として沈殿させてとり，これに硫酸を加えて作る。

$$\begin{matrix}COONa\\ |\\ COONa\end{matrix}+CaO+H_2O \longrightarrow \begin{matrix}COO\\ |\\ COO\end{matrix}\!\!\Big\rangle Ca+2NaOH$$

$$\begin{matrix}COO\\ |\\ COO\end{matrix}\!\!\Big\rangle Ca+H_2SO_4 \longrightarrow \begin{matrix}COOH\\ |\\ COOH\end{matrix}+CaSO_4$$

シュウ酸の結晶は，2分子の結晶水をもち $C_2H_2O_4\cdot2H_2O$ 白色針状である。熱すると約100℃で結晶水を失い，187℃で CO_2 を失ってギ酸になる。シュウ酸は酸であり還元剤でもある，いずれも1モルは2グラム当量である。とくに，硫酸酸性の過マンガン酸カリウム

（カメレオン）と定量的に反応するので，過マンガン酸カリウムの標準溶液の力価検定に用いられる。

$$\begin{matrix}COO^-\\|\\COO^-\end{matrix} \longrightarrow 2CO_2+2e^- \quad \cdots\cdots①$$

$$M_nO_4^-+8H^++5e^- \longrightarrow M_n^{2+}+4H_2O \quad \cdots\cdots②$$

①×５＋②×２より

$$2M_nO_4^-+16H^++5\begin{matrix}COO^-\\|\\COO^-\end{matrix} \longrightarrow 2M_n^{2+}+8H_2O+10CO_2$$

または，

$$2KM_nO_4+3H_2SO_4 \longrightarrow K_2SO_4+2M_nSO_4+3H_2O+5(O) \quad \cdots\cdots①$$

$$\begin{matrix}COOH\\|\\COOH\end{matrix} +(O) \longrightarrow 2CO_2+H_2O \quad \cdots\cdots②$$

①＋②×５より

$$2KM_nO_4+3H_2SO_4+5C_2H_2O_4 \longrightarrow K_2SO_4+2M_nSO_4+8H_2O+10CO_2$$

この反応は温時（60～70℃）で行う。

シュウ酸に濃硫酸を加えて加熱すると，脱水され，二酸化炭素と一酸化炭素の混合気体を生じるので一酸化炭素の実験室的製法（CO_2 はアルカリに吸収）として用いられる。

$$\begin{matrix}COOH\\|\\COOH\end{matrix} \longrightarrow CO_2+CO+H_2O$$

また，シュウ酸イオンは，Ca^{2+} の沈殿試薬として用いられ，この目的には通常シュウ酸アンモニウムが使用される。

$$\begin{matrix}COO^-\\|\\COO^-\end{matrix} +Ca^{2+} \longrightarrow \begin{matrix}COO\\|\\COO\end{matrix}\!\!>Ca\downarrow$$

マロン酸〔malonic acid〕 HOOC—CH_2—COOH

はじめリンゴ酸（malic acid）を酸化して得られたので，この名がある（malonic のOは酸化の意）

コハク酸〔succinic acid〕

HOOC—CH_2—CH_2—COOH

はじめコハク（琥珀）succinum を乾留して得られたのでこの名がある。

マレイン酸〔maleic acid〕と**フマール酸**〔fumaric acid〕HOOC—CH＝CH—COOH

マレイン酸とフマール酸は，互いに幾何異性体であることは既に述べた（p.42）。

$$\begin{matrix}H & & H\\ & C=C & \\ HOOC & & COOH\end{matrix}$$

マレイン酸（シス型）

$$\begin{matrix}H & & COOH\\ & C=C & \\ HOOC & & H\end{matrix}$$

フマール酸（トランス型）

マレイン酸もフマール酸も，リンゴ酸を約130℃に加熱して得られる。

$$HOOC\text{-}CH_2\text{-}\underset{OH}{CH}\text{-}COOH \xrightarrow{130^\circ C} \begin{matrix}H & & H\\ & C=C & \\ HOOC & & COOH\end{matrix} \;\;,\;\; \begin{matrix}H & & COOH\\ & C=C & \\ HOOC & & H\end{matrix}$$

マレイン酸はベンゼンを V_2O_5 を触媒にして400℃で空気で酸化して得られるからシス型である。

$$C_6H_6 \xrightarrow[V_2O_5]{O_2} \begin{matrix}H & & COOH\\ & C & \\ & \| & \\ & C & \\ H & & COOH\end{matrix} \xrightarrow{-H_2O} \begin{matrix}H-C-CO\\ \| \quad\quad\; >O\\ H-C-CO\end{matrix}$$

無水マレイン酸

マレイン酸は加熱により容易に脱水して酸無水物をつくるから，シス型である。フマール酸は脱水して酸無水物をつくらないから，トランス型である。また，トランス体はシス体よりも融点が高い（フマール酸・融点287℃，マレイン酸・融点 130℃），これはトランス体では—COOH が逆の側にある結果，分子の形が対称性をもっているが，シス体では同じ側にあるので非対称性になって前者の方が分子相互が密になりやすいため融点が高いと考えられる。ただし，マレイン酸やフマール酸のような簡単な構造のものはあてはまるが，複雑な分子になると他の種々な要素が関係してくるので融点の高低でシス・トランスの判断は困難になる。

マレイン酸は極性分子だが，フマール酸は無極性分子である。したがって，マレイン酸は水によく溶けるがフマール酸は難溶である。

次にそれらの結晶にX線をあて，X線回折像より２個の—COOH の距離を測定すると，トランス体では大きくシス体では小さい。

フマール酸を閉管中で140℃に加熱すると，一部分水がとれて酸無水物をつくる。これはフマール酸の一部がマレイン酸に変わり，これから無水マレイン酸が生じたのである。また，マレイン酸を閉管中で200℃に熱すると，フマール酸を生じる。また，ハロゲン化水素と加熱（約100℃）してもフマール酸に変わる。一方フマール酸にX線や紫外線をあてるとマレイン酸を生じる。また，その水溶液の液性はマレイン酸のほうが強い酸である。

マレイン酸	フマール酸
$K_1=1.2\times10^{-2}$	$K_1=9.1\times10^{-4}$
$K_2=2.0\times10^{-7}$	$K_2=2.2\times10^{-5}$

これはマレイン酸では —COOH が近いため互いに強く反発して，H^+ を出しやすいと考えられる。しかし，H^+ が１個とれたあとは —COO^- と —COOH の H との間に水素結合がおこり，H^+ がとれにくくなるから第二電離はマレイン酸の方が少ない。

8. ヒドロキシカルボン酸

一分子中に —OH と —COOH を有する化合物をヒドロキシカルボン酸，またはオキシ酸という。これらは—OHを有するからアルコールの性質をもち—COOHを有するからカルボン酸の性質をもっている。合成法は，(a) ハロゲン脂肪酸にアルカリを作用する。

$$\mathrm{R{-}\underset{\displaystyle X}{CH}{-}COOH \xrightarrow{NaOH} R{-}\underset{\displaystyle OH}{CH}{-}COOH + NaX}$$

例えば，

$$\mathrm{\underset{\displaystyle Cl}{CH_2}{-}COOH \xrightarrow{NaOH} \underset{\displaystyle OH}{CH_2}{-}COOH + NaCl}$$

モノクロロ酢酸　　グリコール酸

(b) アルデヒドまたはケトンにHCNを付加させてシアノヒドリンとし，これを加水分解する。

$$\mathrm{R{-}\underset{\displaystyle O}{\overset{}{C}}{=}\,{-}H \xrightarrow{HCN} R{-}\underset{\displaystyle OH}{CH}{-}CN \xrightarrow{加水分解} R{-}\underset{\displaystyle OH}{CH}{-}COOH}$$

例えば

$$\mathrm{CH_3{-}\underset{\displaystyle O}{C}{-}H \xrightarrow{HCN} CH_3{-}\underset{\displaystyle OH}{CH}{-}CN \xrightarrow{加水分解} CH_3{-}\underset{\displaystyle OH}{CH}{-}COOH}$$

アセトアルデヒド　　乳　酸

性質は，(a) 水酸基を有するため炭素数の等しいカルボン酸より水に溶けやすい。逆にエーテル，ベンゼンなどの有機溶媒に溶けにくい。

(b) —OH, —COOH による水素結合のため沸点高く，加熱すると分子内または分子間で脱水するため蒸留することが困難なものが多い。

(c) —OH, —COOH との両基を有するため，—OHにより酸とエステルを作り，—COOH により他のアルコールとエステルを作る。また,分子内で —OH と —COOH の近いものは分子内エステルを作ることもある。すなわち，

(i)α-ヒドロキシカルボン酸は，加熱により2分子間で脱水して6角形の環状エステルをつくる。これを**ラクチド** (lactide) という。

$$\mathrm{R{-}\underset{\displaystyle OH}{CH}{-}CO\,OH + H\,O{-}\underset{}{}\;HO\,OC{-}CH{-}R \xrightarrow{\triangle} R{-}CH{-}CO{-}O,\ O{-}CO{-}CH{-}R}$$

ラクチド

(ii)β-ヒドロキシカルボン酸は，α-位のHが—COOHの影響でとれやすく，加熱により脱水されて α, β-不飽和酸になりやすい。

$$\mathrm{R{-}\underset{\displaystyle OH}{CH}{-}\underset{\displaystyle H}{CH}{-}COOH \xrightarrow{\triangle} R{-}CH{=}CH{-}COOH}$$

(iii) γ および δ-ヒドロキシカルボン酸は分子内で，—OH と —COOH の間で脱水して分子内エステル，すなわち**ラクトン** lactone をつくる。

$$\mathrm{R{-}\underset{\displaystyle OH}{CH}{-}CH_2{-}CH_2{-}\underset{}{COOH} \longrightarrow R{-}CH{-}CH_2{-}CH_2{-}CO\ (O\ 環)}$$

γ-ラクトン

$$\mathrm{R{-}\underset{\displaystyle OH}{CH}{-}CH_2{-}CH_2{-}CH_2{-}COOH \longrightarrow R{-}CH{-}CH_2{-}CH_2{-}CH_2{-}CO{-}O\ (環)}$$

δ-ラクトン

グリコール酸〔glycolic acid〕 $\mathrm{\underset{\displaystyle OH}{CH_2}{-}COOH}$

最も簡単なヒドロキシカルボン酸で，天然には未熟なブドウの中に含まれている。酢酸に塩素を作用させて，モノクロロ酢酸とし，これにアルカリを作用してつくる。

$$\mathrm{CH_3COOH \xrightarrow{Cl_2} \underset{\displaystyle Cl}{CH_2}{-}COOH \xrightarrow{NaOH} \underset{\displaystyle OH}{CH_2}{-}COOH}$$

また，グリシン（アミノ酢酸）に亜硝酸を作用しても得られる。

$$\mathrm{H_2N{-}CH_2{-}COOH + ONOH \longrightarrow HO{-}CH_2{-}COOH + N_2 + H_2O}$$

乳　酸〔lactic acid〕 $\mathrm{CH_3{-}\underset{\displaystyle OH}{\overset{*}{C}H}{-}COOH}$

α-ヒドロキシプロピオン酸である。不斉炭素原子を有し，光学活性で *d*-体と *l*-体とがある。乳の中の糖すなわち乳糖が乳酸菌により醱酵して生成される。*d*-乳酸は筋肉中のグリコーゲンより解糖作用でつくられるので肉乳酸とも呼ばれる。乳より乳酸菌醱酵により生じたものは *dl*- および *d*-乳酸であり，醱酵乳酸ともいわれる。アセトアルデヒドから合成される。乳酸は清酒醸造の際の防腐剤とし，また清涼飲料水や医薬品のほか，皮革工業や染色工業に多く使われる。

リンゴ酸〔malic acid〕 $\mathrm{HOOC{-}\underset{\displaystyle OH}{\overset{*}{C}H}{-}CH_2{-}COOH}$

ヒドロキシコハク酸で未熟なリンゴの中に*l*-リンゴ酸として含まれている。リンゴ (Malum) にちなんで名付けられた。マレイン酸に希アルカリを作用し，加熱して作られる。

$$HOOC-CH=CH-COOH \xrightarrow{H_2O} HOOC-CH(OH)-CH_2-COOH$$

l-リンゴ酸は針状結晶，融点は100℃で潮解性に富み水やアルコールに溶ける。合成した *dl*-リンゴ酸（ラセミ体）は融点130°，潮解性なく比較的水には溶けにくい。リンゴ酸を加熱するとフマール酸とマレイン酸になることは既に述べた。

酒石酸〔tartaric acid〕 $HOOC-\overset{*}{C}H(OH)-\overset{*}{C}H(OH)-COOH$

ジヒドロキシコハク酸で2個の不斉炭素原子を有するから，$2^2=4$ 種の異性体が存在する可能性があるが，対称的なので次の3種がある (p.46)。

COOH	COOH	COOH
H—C—OH	HO—C—H	H—C—OH
HO—C—H	H—C—OH	H—C—OH
COOH	COOH	COOH
d-酒石酸	*l*-酒石酸	メソ酒石酸

ブドウの中に多量に *d*-酒石酸が存在する。酒石酸は柱状結晶で約170℃に熱すると分解しながら融解する。水に可溶である。*dl*-酒石酸はブドウ酸ともいわれ，融点は206℃である。糖類の分析に用いるフェーリング試液は酒石酸カリウムナトリウム（ロッシェル塩，セニエット塩）を含んでいる。

$$HO-CH(COOK)-CH(COONa)-OH \cdot 4H_2O$$

クエン酸〔citric acid〕 $HO-C(COOH)(CH_2-COOH)_2$

植物界に広く存在し，特にオレンジ，レモン，夏ミカン等に存在する。クエン酸は清涼飲料水用とし，クエン酸鉄アンモニウム $(C_6H_5O_7)_2Fe(NH_4)_2H$ は日光により $Fe^{3+} \longrightarrow Fe^{2+}$ の還元がおこり，青写真に用いられる。

【問題】 同一の分子式 $C_5H_{10}O_2$ で表される3種類のエステルⅠ，Ⅱ，Ⅲについて，下記の(1)～(3)の問に答えよ。

ただし，原子量は H=1，C=12，O=16 を用いよ。

(1) エステルⅠを加水分解して得られるカルボン酸の0.264 g をとり，0.10規定の水酸化ナトリウム水溶液で中和したところ，30.00 m*l* を必要とした。Ⅰについて考えられる構造式をすべて記せ。

(2) エステルⅡを加水分解して得られるアルコールⅣの0.23 gをとり，乾燥したエーテル中で金属ナトリウムと反応させたところ，0℃，1気圧で 56.00 m*l* の水素が発生した。Ⅳと金属ナトリウムとの化学反応式，およびⅡの構造式を記せ。

(3) エステルⅢを加水分解すると，酢酸とアルコールⅤが生成する。Ⅴを硫酸酸性の重クロム酸カリウム水溶液で酸化して得られる物質Ⅵは，酸性を示さず，また銀鏡反応も示さない。Ⅲ，ⅤおよびⅥについて，それぞれ構造式を記せ。

静岡大

【解説】 一般式 $C_nH_{2n}O_2$ で表されるものに，飽和脂肪酸 $C_nH_{2n+1}COOH$ とその飽和一価アルコールのエステル $C_nH_{2n+1}COOC_mH_{2m+1}$ とがあることは憶えていなければならない。$C_nH_{2n}O_2$ からOを取ってみると C_nH_{2n} となり，C_nH_{2n+2} よりHが2個少ないから不飽和度 U=1 であるが，これはカルボキシル基の中に使われているからその他の部分には不飽和結合も環状構造も含まれていないことがわかる。$C_5H_{10}O_2$ がもしカルボン酸なら C_4H_9-COOH，すなわち，吉草酸で次の異性体（立体異性を含む）がある。

$CH_3-CH_2-CH_2-CH_2-COOH$

$(CH_3)_2CH-CH_2-COOH$

$(CH_3)(CH_3-CH_2)\overset{*}{C}H-COOH$

$(CH_3)_3C-COOH$

エステル RCOOR′ であれば，一応次の4種のタイプが考えられる。

(a) $C_3H_7COOCH_3$　(b) $C_2H_5COOC_2H_5$
(c) $CH_3COOC_3H_7$　(d) $HCOOC_4H_9$

CH_3 基，C_2H_5 基には異性基がないが，C_3H_7 基には2種，C_4H_9 基には4種の異性基があるから全部かいてみよう。

1) $CH_3-CH_2-CH_2-COOCH_3$
2) $(CH_3)_2CH-COOCH_3$
3) $CH_3-CH_2-COO-CH_2-CH_3$
4) $CH_3-COO-CH_2-CH_2-CH_3$
5) $CH_3-COO-CH(CH_3)_2$
6) $H-COO-CH_2-CH_2-CH_2-CH_3$
7) $H-COO-CH_2-CH(CH_3)_2$
8) $H-COO-\overset{*}{C}H(CH_3)(CH_2-CH_3)$

9) $H-COO-C(CH_3)_3$

この操作が素早くできるよう日頃訓練しなければならない。さて，【問題】(1)よりこのエステルを加水分解して得られるカルボン酸 RCOOH は一塩基酸だから，1モルは1グラム当量に等しい。だから中和滴定により分子量が得られる。RCOOH 0.264 g を中和するのに 0.10N—NaOH 水溶液 30.00 ml を要した。中和は酸のグラム当量数と塩基のグラム当量数を等しく加えることである。0.10N とは 1l 中，すなわち，1000 ml 中にアルカリ0.10グラム当量含んでいるから，1 ml 中には $\frac{0.10}{1000}$ グラム当量含まれている。これが30.00 ml 要したのであるから要した NaOH は

$$\frac{0.10}{1000}\times 30.00=\frac{3.00}{1000}\quad(\text{グラム当量})$$

したがって，この酸0.264 g は $\frac{3.00}{1000}$ グラム当量であるから1グラム当量は，

$$0.264\times\frac{1000}{3.00}=88\ (\text{g})$$

であるから RCOOH=88 である。これは C_3H_7COOH であるからこのエステルは 1)または 2)である。

(2) アルコールⅣの0.23 g より H_2 が標準状態で56.00 ml 生じた。

$$R-OH+Na \longrightarrow R-ONa+\frac{1}{2}H_2$$

アルコール1モルから H_2 が1/2モル，すなわち，標準状態で $22400\times\frac{1}{2}=11200$ ml 発生するから，アルコールⅣの分子量をMとすれば，

M ——11200　　∴ $M=46$
0.23——56.00

したがって，アルコールⅣはエタノールでエステルⅡは 3) である。

(3) エステルⅢを加水分解すると CH_3COOH が生じるからⅢは4)か5)である。これより生ずるアルコールは4)から $CH_3-CH_2-CH_2-OH$　5)からは

$(CH_3)_2CH-OH$

が生じる。このアルコールⅤは第1アルコールではないからエステルⅢは5)である。

【問題】 次の問(a)(b)の解答は，いずれも答だけでなく，途中の計算式や，考え方のすじみちも簡単に書け。

ただし，H=1，C=12，O=16 とする。

(a) C，H，O からなる化合物がある。25.8mg をとり，酸素を通じながら完全に燃焼させたら CO_2 52.8mg と H_2O 16.2mg を生じた。この実験結果から考えられる分子式のなかで，分子量の最も小さい化合物の分子量を求めよ。

(b) C，H，O からなる化合物AおよびBがある。A，Bそれぞれ 8.6 g を別々に容器にとり，触媒を加えて水素と振り混ぜたところ，いずれも水素0.1モルを吸収して，それぞれ化合物A′および B′ になった。

A′ を加水分解した溶液の中には エタノールが，B′ を加水分解した溶液の中にはメタノールが含まれていることがわかった。

AおよびBは，いずれも分子量100以下のエステルであるとして，A，Bの構造式をそれぞれ書け。　東大

【解説】 (a) $C：52.8\times\frac{12}{44}=14.4$mg,

$H：16.2\times\frac{2}{18}=1.8$mg,

$O：25.8-14.4-1.8=9.6$mg,

$C：H：O=\frac{14.4}{12}：\frac{1.8}{1}：\frac{9.6}{16}=2：3：1$

組成式は C_2H_3O である。O をとってみると C_2H_3 となりHの数が奇数になるものはあり得ないから最小分子量のものは $C_4H_6O_2$ で分子量は86である。

(b) A，B の 0.1 モルは H_2 0.1 モルを付加し，そして A′，B′になり，A′ はエチルエステル，B′ はメチルエステルである。A，Bは分子量100以下のエステルだから $C_4H_6O_2$(=86) であり，不飽和度Uは2であり，1つは R—COOR′ の中の —CO— 中に他の1つの不飽和度は R または R′ にあり，H_2 を付加するから R または R′ 中に2重結合が存在することがわかる。A′ がエチルエステルであるから，$CH_3COOCH_2CH_3$ であり A は $CH_3COO-CH=CH_2$（酢酸ビニル）であり，B′ はメチルエステルだから $CH_3CH_2-COOCH_3$ であり，B は $CH_2=CH-COOCH_3$（アクリル酸メチル）である。

【問題】 つぎの文章の□を，それぞれの指示に従い満たしなさい。また，分子模型図の□には，適当な原子または原子団を入れなさい。

マレイン酸，または，ある化合物 (ア)[構造式] に臭化水素を (イ)[反応様式名] 反応させると，(ウ)[数字] 種の光学異性体より成る化合物 (エ)[示性式] が得られる。これを，アルカリ水溶液と反応させると，(オ)[反応様式名] 反応が起こり，リンゴ酸の塩が得られる。

下記の，リンゴ酸の不斉炭素原子を中心とした光学異性体の分子模型図を完成しなさい。

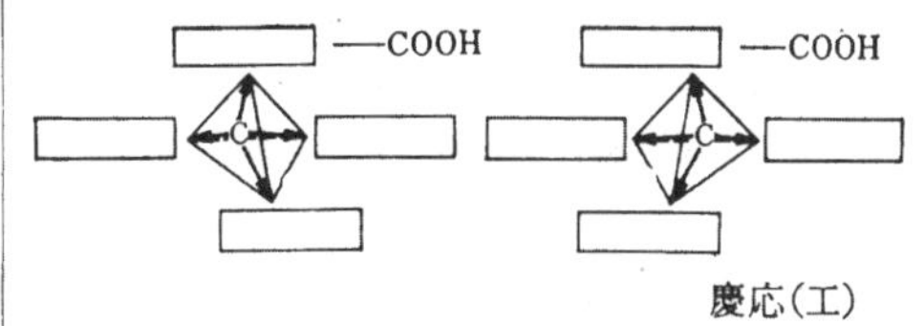

慶応（工）

【解説】 マレイン酸とフマール酸についての出題であることは容易に分かる。マレイン酸もフマール酸もその C=C に HBr を付加して一重結合になれば自由回転ができるから，いずれも α-ブロモコハク酸になる。

$$\mathrm{HOOC{-}CH{=}CH{-}COOH + HBr \longrightarrow HOOC{-}CH_2{-}\overset{*}{C}H(Br){-}COOH}$$

これにアルカリを作用させると —Br が —OH に変わり，リンゴ酸になる。

$$\mathrm{HOOC{-}CH_2{-}\overset{*}{C}H(Br){-}COOH + NaOH \longrightarrow HOOC{-}CH_2{-}\overset{*}{C}H(OH){-}COOH + NaBr}$$

もちろん，アルカリ性で行うからそのナトリウム塩が得られる。リンゴ酸には不斉炭素原子があるから，*d*-体と *l*-体が存在する。

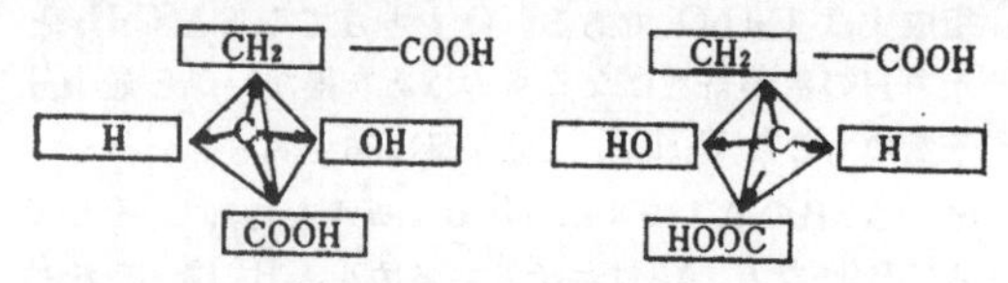

【問題】 次の文中のA～Fには化合物の構造式をア～コには適切な用語または記号を入れ，さらに図のu～zに該当する原子団を化学式で示せ。

分子式 $C_4H_4O_4$ で表される二塩基酸には，3種の異性体 [A]，[B]，[C] が考えられる。A，Bはそれぞれ触媒の存在下で等モルの水素と反応し，同一の化合物 [D] を与える。Aは比較的おだやかな条件下で脱水反応を起こして [E] になるが，同じ条件下でBは脱水反応を起こさない。

Aは [ア] 形，Bは [イ] 形とよんで互いに区別される幾何異性体であり，これは，炭素—炭素結合軸のまわりの自由な回転が制限されているために生ずるものである。この炭素原子間の結合は，炭素原子の sp^2 混成軌道の重なりによる [ウ] 結合と，[エ] 軌道の重なりによる [オ] 結合とから成り立っており，前者では軌道が結合軸方向にのびて重なり合っているのに対して，後者では結合軸に対して直角方向にのびた軌道が重なり合っている。したがって，結合軸のまわりの回転をさまたげているのは [カ] 結合である。一方Dでは中心のC—C結合が [キ] 軌道の重なりによる [ク] 結合のみからなっているので，結合軸のまわりの自由回転が可能である。

Aあるいは Bに水分子が付加すると，リンゴ酸 [F] が得られる。リンゴ酸には，次図に示すように [ケ] 炭素原子を中心として互いに異なる立体構造があるので，旋光性を異にする一組の [コ] 異性体が存在する。

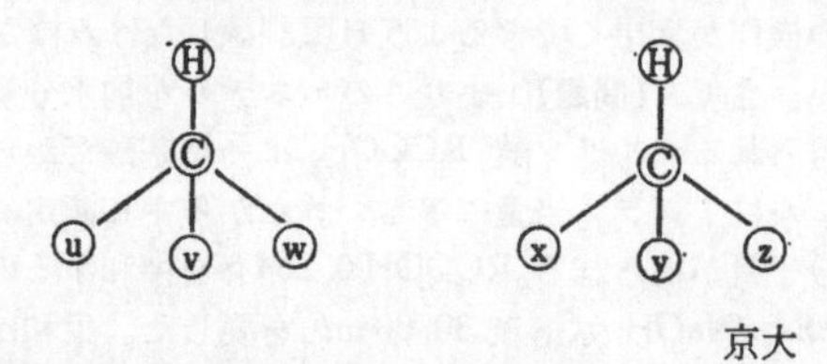

京大

【解説】 諸君が組成式を出した場合に， CHO であったとしたら分子式は $C_4H_4O_4$ しかなく，これには3種の異性体が考えられる。

$$\mathrm{(H)(HOOC)C{=}C(H)(COOH)}$$

マレイン酸……………………………(A)

$$\mathrm{(H)(HOOC)C{=}C(COOH)(H)}$$

フマール酸……………………………(B)

$$\mathrm{(HOOC)_2C{=}CH_2}$$

1,1-エチレンジカルボン酸……(C)

マレイン酸とフマール酸は H_2 を付加させると，ともにコハク酸(D)になる。

$$\mathrm{HOOC{-}CH{=}CH{-}COOH \xrightarrow{H_2} HOOC{-}CH_2{-}CH_2{-}COOH} \quad \cdots\text{(D)}$$

マレイン酸はシス体だから脱水され，無水マレイン酸(E)になる。

$$\mathrm{(H)(HOOC)C{=}C(H)(COOH) \xrightarrow{-H_2O} \underset{CO{-}O{-}CO}{HC{=}CH}} \quad \cdots\text{(E)}$$

マレイン酸またはフマール酸に水分子が付加するとリンゴ酸(F)になる。

$$\mathrm{HOOC{-}CH{=}CH{-}COOH \xrightarrow{H_2O} HOOC{-}CH_2{-}\overset{*}{C}H(OH){-}COOH} \quad \cdots\text{(F)}$$

【解答】 A～Fは解説参照。

ア. シス　イ. トランス　ウ. σ　エ. $2p$　オ. π
カ. π　キ. sp^3 混成　ク. σ　ケ. 不斉　コ. 光学
u. —COOH　v. —OH　w. $-CH_2-COOH$
x. $-CH_2-COOH$　y. —OH　z. —COOH
(uとz，vとy，wとxが互いに等しくかけていればよい)。

有機化学特講

■内容■

●油脂について

第8章　油　脂

1.　概　説

バター，豚脂，牛脂，ナタネ油，大豆油などは，化学的には高級脂肪酸 R-COOH とグリセリンのエステルである。グリセリンは3価のアルコールであるからグリセリン1分子と高級脂肪酸3分子とがエステル結合したもので，高級脂肪酸のトリグリセリドという。

$$
\begin{array}{lll}
CH_2\text{-}OH & HOOC\text{-}R_1 & CH_2OOC\text{-}R_1 \\
CH\text{-}OH & HOOC\text{-}R_2 \longrightarrow & CHOOC\text{-}R_2 + 3H_2O \\
CH_2\text{-}OH & HOOC\text{-}R_3 & CH_2OOC\text{-}R_3
\end{array}
$$

グリセリン　高級脂肪酸　　トリグリセリド

トリグリセリドの中で，常温で固体であるものを**脂肪** (fat)，液体であるものを**油**（または**脂肪油** oil）といい，両者をまとめて**油脂** (oil and fat) という。

脂肪酸は，3つとも異なる場合，2つは同じで1つが異なる場合，3つとも同じ場合のものがある。例えば，グリセリンと3種の脂肪酸 R_1-COOH, R_2-COOH, R_3-COOH のつくりうるトリグリセリドは何種類可能かを考えてみよう。（ただし，立体異性は考えないものとする）。次の3つのタイプに分けてみよう。

(1)　3つとも同じ脂肪酸からなるもの………3種

次に示すように3種類ある。

$$
\begin{array}{lll}
CH_2OOCR_1 & CH_2OOCR_2 & CH_2OOCR_3 \\
CHOOCR_1 & CHOOCR_2 & CHOOCR_3 \\
CH_2OOCR_1 & CH_2OOCR_2 & CH_2OOCR_3
\end{array}
$$

(2)　2つは同じで他の1つがこれと異なるもの…12種

まず，R_1COOH と R_2COOH の2種よりなるものは次の4通りがある。

$$
\begin{array}{llll}
CH_2OOCR_1 & CH_2OOCR_1 & CH_2OOCR_2 & CH_2OOCR_2 \\
CHOOCR_2 & CHOOCR_1 & CHOOCR_1 & CHOOCR_2 \\
CH_2OOCR_1 & CH_2OOCR_2 & CH_2OOCR_2 & CH_2OOCR_1
\end{array}
$$

かくして3種の脂肪酸より2種とり出す組合せの数は $_3C_2=3$ 通りであるから，合計3× 4=12 種ある。

(3)　3つとも異なるもの………3種

次に示すように3通りある。

$$
\begin{array}{lll}
CH_2OOCR_1 & CH_2OOCR_1 & CH_2OOCR_2 \\
CHOOCR_2 & CHOOCR_3 & CHOOCR_1 \\
CH_2OOCR_3 & CH_2OOCR_2 & CH_2OOCR_3
\end{array}
$$

したがって全部で18種類が存在しうることになる。

一般に，n 種の脂肪酸によって生じることができるトリグリセリドの数Nは，次のようにして求めることができる。

(1)　3つとも同じ脂肪酸からなるトリグリセリドの数は，$_nC_1=n$　である。

(2)　2つは同じで他の1つがこれと異なるトリグリセリドの数は，

$$4\times {}_nC_2=\frac{4n(n-1)}{2}\quad \text{である。}$$

(3)　3つとも異なる脂肪酸からなるトリグリセリドの数は，$3\times {}_nC_3=\dfrac{3n(n-1)(n-2)}{3!}$　である。

したがって，全部の数Nは次の式で表される。

$$N=n+\frac{4n(n-1)}{2}+\frac{3n(n-1)(n-2)}{3!}$$

$n=3$ のときは，$N=18$ 種だが，$n=10$ では $N=550$，$n=50$ では $N=63750$ 種と驚くべき数になる。

天然の油脂にふくまれる脂肪酸は，ほとんど全部が直鎖の偶数個の炭素原子からなる飽和，または，不飽和カルボン酸で，主なものを次頁の表に示す。

2.　性　質

天然の油脂は，種々のグリセリドの混合物であるため一定の融点を示さない。また，含んでいる脂肪酸の

飽和脂肪酸

酸	炭素数	式	融点℃.
酪(butyric)酸	4	$CH_3(CH_2)_2COOH$	- 4.7
イノバレリアン(isovaleric)酸	5	$(CH_3)_2CHCH_2COOH$	-51
カプロン(caproic)酸	6	$CH_3(CH_2)_4COOH$	- 1.5
カプリル(caprylic)酸	8	$CH_3(CH_2)_6COOH$	16.5
カプリン(capric)酸	10	$CH_3(CH_2)_8COOH$	31.3
ラウリン(lauric)酸	12	$CH_3(CH_2)_{10}COOH$	43.6
ミリスチン(myristic)酸	14	$CH_3(CH_2)_{12}COOH$	58.0
パルミチン(palmitic)酸	16	$CH_3(CH_2)_{14}COOH$	62.9
ステアリン(stearic)酸	18	$CH_3(CH_2)_{16}COOH$	69.9
アラキジン(arachidic)酸	20	$CH_3(CH_2)_{18}COOH$	75.2
ベヘン(behenic)酸	22	$CH_3(CH_2)_{20}COOH$	80.2
リグノセリン(lignoceric)酸	24	$CH_3(CH_2)_{22}COOH$	84.2
セロチン(cerotic)酸	26	$CH_3(CH_2)_{24}COOH$	87.7

不飽和脂肪酸

酸	炭素原子	式	融点℃.
△^{9,10}-デシレン酸[2] (△^{9,10}-decylenic)	10	$CH_2=CH(CH_2)_7COOH$	
△^{9,10}-ドデシレン酸[2] (△^{9,10}-dodecylenic)	12	$CH_3CH_2CH=CH(CH_2)_7COOH$	
パルミトレイン酸 (palmitoleic)	16	$CH_3(CH_2)_5CH=CH(CH_2)_7COOH$	
オレイン酸 (oleic)	18	$CH_3(CH_2)_7CH=CH(CH_2)_7COOH$	13.16
リシノレイン酸 (ricinoleic)	18	$CH_3(CH_2)_5CH(OH)CH_2CH=CH(CH_2)_7COOH$	50
ペトロセリン酸 (petroselinic)	18	$CH_3(CH_2)_{10}CH=CH(CH_2)_4COOH$	30
バクセン酸 (vaccenic)	18	$CH_3(CH_2)_5CH=CH(CH_2)_9COOH$	39
リノール酸 (linoleic)	18	$CH_3(CH_2)_4CH=CHCH_2CH=CH(CH_2)_7COOH$	- 5
リノレン酸 (linolenic)	18	$CH_3CH_2CH=CHCH_2CH=CHCH_2CH=CH(CH_2)_7COOH$	-11
エレオステアリン酸 (eleostearic)	18	$CH_3(CH_2)_3(CH=CH)_3(CH_2)_7COOH$	49
リカン酸 (licanic)	18	$CH_3(CH_2)_3(CH=CH)_3(CH_2)_4$-$CO(CH_2)_2COOH$	75
パリナリン酸 (parinaric)	18	$CH_3CH_2(CH=CH)_4(CH_2)_7COOH$	86
タリリン酸 (tariric)	18	$CH_3(CH_2)_7C\equiv C(CH_2)_7COOH$	
ガドレイン酸 (gadoleic)	20	$CH_3(CH_2)_9CH=CH(CH_2)_7COOH$	
アラキドン酸 (arachidonic)	20	$CH_3(CH_2)_4(CH=CHCH_2)_4$-$(CH_2)_2COOH$	
セトレイン酸[3] (cetoleic)	22	$CH_3(CH_2)_9CH=CH(CH_2)_9COOH$	
エルカ酸 (erucic)	22	$CH_3(CH_2)_7CH=CH(CH_2)_{11}COOH$	33.5
セラコレイン (selach-oleic) またはネルボン酸[4] (nervonic)	24	$CH_3(CH_2)_7CH=CH(CH_2)_{13}COOH$	39

1) △記号は二重結合を示す

2) この二つの酸はそれぞれ，△^{9,10}-デセン(△^{9,10}-decenoic)酸及び△^{9,10}-ドデセン(△^{9,10}-dodecenoic)酸とも呼ばれる。3) 一名鯨油酸。4) 一名鮫油酸。

種類によっても性状が異なる。一般に高級飽和脂肪酸を多く含むものは白色，ロウ状の固体である脂肪で，高級不飽和脂肪酸を多く含むもの，または低級飽和脂肪酸を多く含むものは，無色または淡黄色の液体である油である。また，油脂自体にはにおいはないが，天然の油脂が特有なにおいをもつのは，油脂に含まれている不純物か油脂が変化して生じた生成物によるものである。

油脂は水には溶けない。また，アルコールにも溶けにくいがエーテル，石油ベンジン，クロロホルム，四塩化炭素，ベンゼン等の有機溶媒には溶ける。油脂は水より軽く（比重0.91～0.97）で水に浮く。

油脂はエステルであるから，加水分解するとグリセリンというアルコールと脂肪酸になる。油脂に 250°～300℃ の水蒸気を作用させると加水分解がおこる。このとき，酸化亜鉛 ZnO などが触媒として用いられる。

$$\begin{array}{l} CH_2OOCR_1 \\ CHOOCR_2 \\ CH_2OOCR_3 \end{array} + 3H_2O \longrightarrow$$

油　脂

$$\begin{array}{l} CH_2OH \\ CHOH \\ CH_2OH \end{array} + \begin{array}{l} R_1COOH \\ R_2COOH \\ R_3COOH \end{array}$$

グリセリン　　脂肪酸

また，水酸化ナトリウム溶液を加えて熱すると，グリセリンと脂肪酸ナトリウムに分解される。

$$\begin{array}{l} CH_2OOCR_1 \\ CHOOCR_2 \\ CH_2OOCR_3 \end{array} + 3NaOH \longrightarrow$$

$$\begin{array}{l} CH_2OH \\ CHOH \\ CH_2OH \end{array} + \begin{array}{l} R_1COONa \\ R_2COONa \\ R_3COONa \end{array}$$

このようにして得られる高級脂肪酸ナトリウムをセッケン（硬セッケン）といい，一般にカルボン酸エステルをアルカリで加水分解することを**ケン化** (saponification) という。

ケン化価 (saponification value)

油脂 1g をとり，これをケン化するに要する水酸化カリウムの mg 数をその油脂のケン化価という。

例えば，オレイン酸トリグリセリドのケン化価を求めてみよう。オレイン酸トリグリセリドの分子量は，884 であるから，その 1 モルをケン化するには 3 モルの KOH (=56) を必要とする。

$$\begin{array}{l}CH_2OOC\text{-}C_{17}H_{33}\\ |\\ CHOOC\text{-}C_{17}H_{33}+3KOH \longrightarrow\\ |\\ CH_2OOC\text{-}C_{17}H_{33}\end{array}\begin{array}{l}CH_2OH\\ |\\ CHOH+3C_{17}H_{33}COOK\\ |\\ CH_2OH\end{array}$$

884　　　3×56

したがって，オレイン酸トリグリセリド 1g をケン化するに要する KOH の mg の数，すなわち，ケン化価を a とすれば，$884:3\times56=1:a\times10^{-3}$

∴ $a=190$ となる。どんな油脂でもその 1 モルをケン化するに要する KOH は，3 モル必要となる。一般に油脂の分子量をM，その油脂のケン化価を a とすれば $M:3\times56=1:a\times10^{-3}$

$$\therefore\quad a=\frac{3\times56\times10^3}{M}=\frac{168000}{M}\qquad\cdots\cdots\cdots①$$

で表される。この式より，その油脂の分子量とケン化価は反比例することがわかる。したがって，ケン化価が大きい油脂とは，分子量の小さい油脂であり，結局，グリセリンと低級脂肪酸のエステルであることがわかる。逆にケン化価が小さい油脂は分子量は大きく，高級脂肪酸がその油脂形成にあたっていることがわかる。

> **【例題】** ある脂肪 1.5g をとり，これに 0.5N-KOH のエタノール溶液 25 ml を加え，30 分間加熱したのちフェノールフタレインを指示薬として 0.5N-HCl で滴定したら 15 ml を要した。この脂肪のケン化価を求めよ。

【解説】 油脂は水に溶けないから 0.5N-KOH のエタノール溶液を加えて加熱し，充分反応させた後，0.5 N-HCl で過量の KOH を滴定する。RCOOK が存在しているから中和の指示薬はフェノールフタレインでなければならない。さて，この脂肪 1.5g をケン化するに要した KOH は，0.5N-KOH $(25-15)=10$ ml で，この中に含まれている KOH は，

$\frac{0.5}{1000}\times10=\frac{5}{1000}$ モルである。したがって，この脂肪 1 g をケン化するには，

$\frac{5}{1000}\times\frac{1}{1.5}$ モルであるから，ケン化価は

$$\frac{5}{1000}\times\frac{1}{1.5}\times56\times1000=187$$

となる。

ヨウ素価 (iodine value)

油脂 100 g をとり，これに付加しうるヨウ素の g 数をその油脂のヨウ素価という。

ハロゲンが付加するのは，脂肪酸が不飽和であることを示している。例えば，オレイン酸トリグリセリドのヨウ素価を求めてみよう。

オレイン酸 $CH_3\text{-}(CH_2)_7\text{-}CH=CH\text{-}(CH_2)_7\text{-}COOH$ は，1 分子中にハロゲンを付加する C と C の間の不飽和結合である二重結合を 1 個もっているから，その 1 モルは 3 モルの $I_2(=2\times127)$ を付加することができる。ゆえに，

$$\begin{array}{l}CH_2OOC\text{-}(CH_2)_7\text{-}CH=CH\text{-}(CH_2)_7\text{-}CH_3\\ |\\ CHOOC\text{-}(CH_2)_7\text{-}CH=CH\text{-}(CH_2)_7\text{-}CH_3\quad+\ 3I_2\\ |\\ CH_2OOC\text{-}(CH_2)_7\text{-}CH=CH\text{-}(CH_2)_7\text{-}CH_3\end{array}$$

$$\longrightarrow\begin{array}{l}CH_2OOC\text{-}(CH_2)_7\text{-}\underset{I}{CH}\text{-}\underset{I}{CH}\text{-}(CH_2)_7\text{-}CH_3\\ |\\ CHOOC\text{-}(CH_2)_7\text{-}\underset{I}{CH}\text{-}\underset{I}{CH}\text{-}(CH_2)_7\text{-}CH_3\\ |\\ CH_2OOC\text{-}(CH_2)_7\text{-}\underset{I}{CH}\text{-}\underset{I}{CH}\text{-}(CH_2)_7\text{-}CH_3\end{array}$$

だから，オレイン酸トリグリセリド 1 モル (=884 g) は 3 モルの $I_2(=254)$ を付加し，その 100 g は，$3\times254\times\frac{100}{884}=86.2$ g のヨウ素を付加しうるから，この油脂のヨウ素価は 86.2 である。

ヨウ素価を実際に測定するときは，ヨウ素を用いることはできない。既に述べたように (p.29)，I_2 は不活性で不飽和結合への付加は反応速度も遅く，かつ，定量的ではないため，用いることはできない。実際には，I_2 の替わりに臭化ヨウ素 IBr を作用させるのである。これは不飽和結合に定量的に付加する。そこで，油脂の一定量をとり，クロロホルムに溶かし，一定過量の IBr を加える。

$$-\overset{|}{C}=\overset{|}{C}-\ +\ IBr\ \longrightarrow\ -\underset{I}{\overset{|}{C}}-\underset{Br}{\overset{|}{C}}-$$

残っている IBr を定量するため，KI を作用させると

$$IBr+KI\longrightarrow KBr+I_2$$

なる反応により，定量的にヨウ素を遊離するから，これをデンプン試液を指示薬として 0.1N-$Na_2S_2O_3$ 溶液で滴定する。

$$I_2+2Na_2S_2O_3\longrightarrow 2NaI+Na_2S_4O_6$$

このようにして付加した IBr の量を知り，これを I_2 の量に換算してヨウ素価を求めるのである。この方法を**ハヌス (Hanus) 法**と呼んでいる。また，IBr の代わりに塩化ヨウ素を用い，全く同様にしてヨウ素価を求める方法を**ウィース (Wijs) 法**と呼んでいる。

次に主な油脂の分子量，ケン化価，ヨウ素価を示す。

名称	カプロン酸トリグリセリド	カプリル酸トリグリセリド	カプリン酸トリグリセリド	ラウリン酸トリグリセリド	ミリスチン酸トリグリセリド
示性式	$CH_2OOC-C_5H_{11}$ $CHOOC-C_5H_{11}$ $CH_2OOC-C_5H_{11}$	$CH_2OOC-C_7H_{15}$ $CHOOC-C_7H_{15}$ $CH_2OOC-C_7H_{15}$	$CH_2OOC-C_9H_{19}$ $CHOOC-C_9H_{19}$ $CH_2OOC-C_9H_{19}$	$CH_2OOC-C_{11}H_{23}$ $CHOOC-C_{11}H_{23}$ $CH_2OOC-C_{11}H_{23}$	$CH_2OOC-C_{13}H_{27}$ $CHOOC-C_{13}H_{27}$ $CH_2OOC-C_{13}H_{27}$
分子量	386	470	554	638	722
ケン化価	435.2	357.4	303.2	263.3	232.7
ヨウ素価	0	0	0	0	0
名称	パルミチン酸トリグリセリド	ステアリン酸トリグリセリド	オレイン酸トリグリセリド	リノール酸トリグリセリド	リノレン酸トリグリセリド
示性式	$CH_2OOC-C_{15}H_{31}$ $CHOOC-C_{15}H_{31}$ $CH_2OOC-C_{15}H_{31}$	$CH_2OOC-C_{17}H_{35}$ $CHOOC-C_{17}H_{35}$ $CH_2OOC-C_{17}H_{35}$	$CH_2OOC-C_{17}H_{33}$ $CHOOC-C_{17}H_{33}$ $CH_2OOC-C_{17}H_{33}$	$CH_2OOC-C_{17}H_{31}$ $CHOOC-C_{17}H_{31}$ $CH_2OOC-C_{17}H_{31}$	$CH_2OOC-C_{17}H_{29}$ $CHOOC-C_{17}H_{29}$ $CH_2OOC-C_{17}H_{29}$
分子量	806	890	884	878	872
ケン化価	208.4	188.8	190.0	191.3	192.7
ヨウ素価	0	0	86.2	173.6	262.2

3. 油の乾燥

表面に塗って空気にさらすと，乾燥した硬い耐久性のある被膜を形成する油がある。例えば，和紙に亜麻仁油を塗って空気にさらして乾燥したものを「あぶら紙」(亜麻仁油紙）といい，また,「から傘」をつくるとき用いる油は桐油である。これは，水分で湿ったものが空気中で乾燥するのとは意味がちがう。

乾燥する油は，不飽和な高級脂肪酸を多く含んでいる。そのため，空気中に放置しておくと不飽和結合の手が開き，空気中の酸素により酸化的重合して液体が固化し乾燥したように見える。

$$\begin{array}{l} \text{-CH=CH-} \\ \text{-CH=CH-} \end{array} + O_2 \longrightarrow \begin{array}{c} \text{-CH-CH-} \\ | \quad | \\ O \quad O \\ | \quad | \\ \text{-CH-CH-} \end{array}$$

油をこのように固化しやすいかどうかによって，次の3種に分類する。

乾性油（ヨウ素価：130～200）
　アマニ(亜麻仁)油，大麻油，桐油，エノ油
半乾性油（ヨウ素価：95～130）
　大豆油，綿実油，ナタネ油，ゴマ油
不乾性油（ヨウ素価：　～95）
　オリーブ油，椿油，落花生油，ヤシ油，ヒマシ油

乾性油は，油紙やから傘に用いられる外に印刷用インクや塗料（油性ペンキ）の溶剤として用いられる。アマニ油の乾燥には3～5日を要するが，これに少量(1～2%）の酸化鉛 PbO を加えると，これが触媒となって5～8時間で固化する。このように乾性油に触媒として，鉛，コバルト，マンガン等の化合物を入れ早く乾燥するように処理したものを**ボイル油** (boiled oil) といい油性ペイント，印刷用インキの製造に用いられている。

不飽和脂肪酸を多く含む脂肪油に，Ni 等を触媒にして H_2 を付加し，成分脂肪酸を飽和脂肪酸にすると常温で固体になる。このような操作を油の硬化といい，得られた油脂を**硬化油**という。とくに，魚油，例えばイワシ油はその主成分がイワシ酸 $C_{21}H_{33}COOH$ と不飽和度 (U=6) の高い脂肪酸であるため，空気中で酸敗しやすく，いやなにおいをもつが，これを水素付加して硬化油にすると白色でかたく，融点も高いので，人造バター（マーガリン)，ロウソク，セッケンなどの原料として用いられる。

4. 油脂の消化

我々が油脂を食べると，リパーゼという酵素によりグリセリンと脂肪酸に分解される。リパーゼは動物の膵臓，肝臓，胃，血清等に含まれ，その存在場所によって性質が異なっている。膵リパーゼは膵臓内にあっ

油脂のおもな成分脂肪酸

脂肪酸 ＼ 油脂		植物性						動物性		
		ヤシ油	オリーブ油	綿実油	ゴマ油	ダイズ油	アマニ油	豚脂	牛脂	バター
飽和脂肪酸	カプリル酸 $C_7H_{15}COOH$	8	—	—	—	—	—	—	—	0.5
	カプリン酸 $C_9H_{19}COOH$	8	—	—	—	—	—	—	—	2.3
	ラウリン酸 $C_{11}H_{23}COOH$	45	—	—	—	—	—	—	—	2.5
	ミリスチン酸 $C_{13}H_{27}COOH$	18	1	1.5	—	0.1～0.4	—	1	2	11
	パルミチン酸 $C_{15}H_{31}COOH$	9	10	23	9	10	8	30	32	29
	ステアリン酸 $C_{17}H_{35}COOH$	2	1	1	4.3	2.5	7	18	15	9
不飽和脂肪酸	オレイン酸 $C_{17}H_{33}COOH$	5～6	68～86	18～36	37～49	22～34	18～42	41	48	27
	リノール酸 $C_{17}H_{31}COOH$	1.5～2.6	4～15	34～57	38～47	44～56	17～22	6	3	4
	リノレン酸 $C_{17}H_{29}COOH$	—	—	—	—	3～7	20～65	—	—	—
凝固点(℃)		14～25	0～6	−6～4	−6～−3	−8～−7	−27～−18	33～46	40～48	15～26
ヨウ素化		7～10	75～90	100～120	100～116	120～142	170～200	50～75	40～50	25～45
乾性		不乾性		半乾性		乾性		(不乾性)		
ケン化価		246～264	187～196	189～198	187～194	188～195	189～196	190～200	190～200	220～235

て膵液中にも分泌される。高級脂肪酸からなる脂肪，例えば，オリーブ油などをよく分解する。このリパーゼの作用は胆汁の中に含まれている胆汁酸塩で促進される。肝リパーゼは胆汁酸塩により阻害され，低級の脂肪酸からなる油脂をよく分解する。胃リパーゼも低級脂肪をよく分解する，至適 pH は，膵リパーゼでは7～9，肝リパーゼでは7附近，胃リパーゼでは約5である。

【例題】 ヨウ素価180の魚油1トンに付加する水素は 27℃，750 mmHg で何 m³ か。(I=127)

【解説】 ヨウ素価の定義より，この魚油 100 g に付加する I_2 が 180 g である。すなわち，180/(2×127) モルである。ここで大切なことは，この油脂に付加する I_2 と H_2 のモル数は等しいということであるから，1トン=1.0×10⁶ g 当りに付加する H_2 は，

$$\frac{180}{2\times127}\times\frac{1.0\times10^6}{100}=7.09\times10^3 \text{ モル}$$

$pv=nRT$ より

$$\frac{750}{760}\times v=7.09\times10^3\times0.082\times(273+27)$$

$$v=1.77\times10^5\ (l)$$

$$=1.77\times10^2\ (\mathrm{m}^3)$$

【問題】 飽和脂肪酸Aとグリセリンから成る油脂 3.56 g に 0.5 N の水酸化カリウムの含水アルコール溶液 50 ml を加えて加水分解し，反応終了後に過剰の水酸化カリウムを 1.0 N 塩酸で中和したところ 13 ml を要した。飽和脂肪酸Aの炭素数はどれか。

(a) 6　(b) 10　(c) 14　(d) 18　(e) 22

富山医薬大

【解答】 この飽和脂肪酸は，$C_nH_{2n+1}COOH$ で表されるから，この油脂の分子量を M とすれば

$$\begin{array}{l} CH_2OOC\text{-}C_nH_{2n+1} \\ | \\ CHOOC\text{-}C_nH_{2n+1} \\ | \\ CH_2OOC\text{-}C_nH_{2n+1} \end{array} + 3KOH \longrightarrow \begin{array}{l} CH_2OH \\ | \\ CHOH \\ | \\ CH_2OH \end{array}$$

$$+\ 3C_nH_{2n+1}COOK$$

M (g)	3 (モル)	
3.56 g	$\frac{12}{1000}$ モル	∴ $M=890$

この油脂 3.56 g をケン化するに要した KOH は,

$$\frac{0.5}{1000}\times 50-\frac{1.0}{1000}\times 13=\frac{12}{1000}\ (\text{モル})$$

であるから，上のようにして分子量 M を求めることができる。したがって

$(C_nH_{2n+1}COO)_3C_3H_5=890$ より

$n=17$, であるから, この飽和脂肪酸は $C_{17}H_{35}COOH$（ステアリン酸）で炭素数は18である。〔答〕 (d)

【問題】 次の文を読んで問に答えよ。

一種類だけの脂肪酸から成る常温で固体の油脂（脂肪）がある。この油脂1.000 g をけん化するのに0.1規定水酸化ナトリウム 33.70 ml を必要とした。ここでできたセッケンに硝酸銀を作用させると，水に溶けない脂肪酸銀塩になる。この銀塩 0.586 g を空気中で強熱すると，炭酸ガスと水とになり，あとに銀 0.162 g が残った。

(1) 油脂の分子量はいくらか。
(2) 脂肪酸の分子量はいくらか。
(3) (2)の値から，この脂肪酸の炭素数を求めよ。
(4) この油脂を化学式で示せ。

ただし，Ag=108 とする。 大阪工大

【解答】 (1) この油脂1.000 g ケン化するのに NaOH は $\frac{0.1}{1000}\times 33.70=3.370\times 10^{-3}$ モル必要であるから，この油脂の分子量を M とすれば，1モル（$=M$g）をケン化するには NaOH が3モルが必要だ。

油　脂	NaOH
1.000 g	3.370×10^{-3} モル
Mg	3 モル

$$\therefore\ M=\frac{1.000\times 3}{3.370\times 10^{-3}}=890$$

(2) この脂肪酸を RCOOH とすれば,

$$RCOOAg \xrightarrow{\text{強熱}} Ag$$

RCOOAg	Ag
0.586 g	0.162 g
M'	108

したがって，銀塩の分子量 M' は

$$M'=\frac{0.586\times 108}{0.162}=391$$

ゆえに脂肪酸の分子量は，391−108+1=284 である。RCOOH=284 より，R- の式量は 284−45=239, $R=C_nH_{2n+1}$ とすれば，$n=17$ となり，この脂肪酸は $C_{17}H_{35}COOH$（ステアリン酸）である。

【答】 (1) 890 (2) 284 (3) 18 (4) $C_3H_5(OOCC_{17}H_{35})_3$

【問題】 次の文中の［　］の中に適当な数値を入れよ。

ただし，C=12.0, H=1.0, O=16.0, K=39.0, I=127.0 とせよ。

1種類の高級脂肪酸からなる油脂がある。この油脂1 g をケン化するのに 0.25 規定の水酸化カリウム溶液 13.75 ml を要した。また，この油脂 1 g にヨウ素を付加させたところ，2.616 g の I_2 を必要とした。

この油脂の分子量は a［　］で，この油脂1分子中には b［　］個の炭素炭素二重結合がある。この油脂を構成する高級脂肪酸の化学式は，$C_{(c)}H_{(d)}COOH$ である。 東京理大

【解答】 この油脂の分子量を M とすれば,

油　脂	KOH
1.0 g	$\frac{0.25}{1000}\times 13.75$ モル
Mg	3モル

∴ $M=872.7$

またヨウ素を付加するから，不飽和脂肪酸であることがわかる。この油脂1分子中にm個の炭素炭素に二重結合があるとすれば，この油脂1モル（Mg）はmモルの I_2 を付加することができる。

油　脂	I_2
1 g	2.616 g
M(=872) g	$m\times(2\times 127)$ g

∴ $m=9$ となり，脂肪酸1分子の中にはC=Cを3個もっていることがわかる，したがって，その化学式は $C_nH_{2n-5}COOH$ で表される。またこの油脂，$(C_nH_{2n-5}COO)_3C_3H_5=872$ より $n=17$ となり，この脂肪酸は $C_{17}H_{29}COOH$（リノレン酸）であることがわかる。

【答】 a. 872 b. 9 c. 17 d. 29

【問題】 次の文中の［　］内に適当な語句あるいは数字を入れて文を完結せよ。

分子中に a［　］をもつ化合物をカルボン酸という。酢酸は代表的なカルボン酸で，アセトアルデヒドを b［　］するか，c［　］を酢酸菌により d［　］して得られる。カルボン酸のなかのあるものは油脂の構成成分となる。すなわち，脂肪酸 e［　］分子とグリセリン f［　］分子とが g［　］結合したものが油脂である。室温で液状の h［　］にニッケルを触媒として i［　］を行うと，j［　］点が上昇して固体状となる。これを k［　］油といいマーガリンなどの原料として用いる。脂肪油のなかには空気中に放置するだけで固化するものがあり，これを l［　］油という。これはアルキル基に m［　］を2個または3個をもった脂肪酸部を多く含むもので，ペイントの原料などに使用される。油脂に水酸化ナトリウム液を加えて加熱すると n［　］ができるが，これは

o□のナトリウム塩である。油脂はその構成脂肪酸の平均分子量が大きいほどケン化価はp□なる。ケン化価230の油脂1gを完全にケン化するには，水酸化ナトリウムのq□gが必要である。r□は油脂100gに付加しうるヨウ素の量を示したもので，s□油はこの数値が比較的低い。(計算にあたっては，H，O，Na，Kの原子量をそれぞれ1，16，23，39とせよ。)

弘前大

【答】 a. カルボキシル基(COOH) b. 酸化 c. エチルアルコール(またはエタノール) d. 発酵 e. 3 f. 1 g. エステル h. 脂肪油 i. 水素付加(水素添加，接触還元) j. 融 k. 硬化 l. 乾性 m. 不飽和結合 n. セッケン o. 脂肪酸 p. 小さく q. 0.164 r. ヨウ素価 s. 不乾性

【問題】 下に書いた(A)のような形のグリセリンエステル A_1 と A_2 がある。R と R′ はいずれもアルキル基である。次の(1)と(2)の実験結果から A_1 と A_2 はそれぞれどのような構造であるか。可能性のあるものをすべて考えなさい。ただし解答はRとR′の示性式のみを書きなさい。たとえば(A)の構造が

$$\begin{array}{l} RCOOCH_2 \\ R'COOCH \\ RCOOCH_2 \end{array} \quad (A)$$

$$\begin{array}{r} CH_3CH_2COOCH_2 \\ CH_3CH_2CH_2COOCH \\ CH_3CH_2COOCH_2 \end{array}$$

と考えられる場合は，解答欄の例(省略)のように書きなさい。またそれらの構造を推定した理由を簡単に書きなさい。なお原子量は C=12，H=1，O=16，Na=23とする。〔例；$R=CH_3CH_2$，$R'=CH_3CH_2CH_2$〕

(1) 29gの A_1 をけん化したところ，11.5gのグリセリンを生じた。

(2) 6.15gの A_2 をけん化するのに3.0gの水酸化ナトリウムが必要であった。

慶応(医)

【解答】 (1) A_1 の分子量を M とすれば，

$$\begin{array}{lcl} A_1+\text{アルカリ} & & \text{グリセリン} \\ CH_2OOCR & & CH_2OH \\ CHOOCR'+3OH^- & \longrightarrow & CHOH\ +2RCOO^-+R'COO^- \\ CH_2OOCR & & CH_2OH \\ 1\text{モル}\ (=M\,g) & & 1\text{モル}\ (=92\,g) \\ 29\,g & & 11.5\,g \end{array}$$

$$\therefore\quad M=\frac{29\times92}{11.5}=232$$

R-，R′- はアルキル基であるから，

$\left.\begin{array}{l} R-=C_mH_{2m+1}- \\ R'-=C_nH_{2n+1}- \end{array}\right\}$ とおけば，

$2(C_mH_{2m+1})+C_nH_{2n+1}+173=232$

$\therefore\quad 2m+n=4$

m，n は正の整数であるから，$m=1$，$n=2$ となり，$R-=CH_3-$　$R'-=C_2H_5-$ となる。

したがって

$$\begin{array}{r} CH_3COOCH_2 \\ CH_3CH_2COOCH \\ CH_3COOCH_2 \end{array}$$

(2) A_2 の分子量を M とすれば

$$\begin{array}{ll} A_2 & 3\,NaOH \\ 6.15\,g & 3.0\,g \\ M\,g & 3\times40\,g \end{array} \quad \therefore\quad M=246$$

(1)と同様にして

$2(C_mH_{2m+1})+C_nH_{2n+1}+173=246$

$\therefore\quad 2m+n=5$

m，n は正整数より次の2通りが考えられる。

(a) $m=1$，$n=3$　(b) $m=2$，$n=1$

(a) $m=1$，$n=3$ のとき，

$R-=CH_3-$，$R'-=CH_3-CH_2-CH_2-$ または，

$\begin{array}{l} CH_3 \\ CH_3 \end{array}\!\!>\!CH-$ であるから，次の2つがかける。

$$\begin{array}{r} CH_3COOCH_2 \\ CH_3CH_2CH_2COOCH \\ CH_3COOCH_2, \end{array} \quad \begin{array}{r} CH_3COOCH_2 \\ \begin{array}{l} CH_3 \\ CH_3 \end{array}\!\!>\!CH\ COOCH \\ CH_3COOCH_2 \end{array}$$

(b) $m=2$，$n=1$ のとき

$R-=CH_3CH_2-$，　$R'-=CH_3-$

$$\begin{array}{r} CH_3CH_2COOCH_2 \\ CH_3COOCH \\ CH_3CH_2COOCH_2 \end{array}$$

【問題】 下記の文章を読んで設問1～6に答えよ。ただし設問3，4，6の解答は小数点以下1けた目で四捨五入した値で示せ。

牛脂(脂肪酸とグリセリン $C_3H_5(OH)_3$ のエステル)431.5mgを0.1規定水酸化ナトリウム溶液30.0 ml とともに加熱してケン化し，エステル結合を完全に分解した。ここで水酸化ナトリウムはエステルのケン化だけについやされたものとする。得られた溶液を0.15規定塩酸で滴定したところ，10.0 ml を加えたとき中和点に達した。一方，この牛脂を加水分解して得られる脂肪酸混合物を分析したら(ア)パルミチン酸($C_{15}H_{31}COOH$，分子量256)，(イ)ステアリン酸($C_{17}H_{35}COOH$，分子量284)，(ウ)オレイン酸($C_{17}H_{33}COOH$，分子量282)だけが含まれていた。この脂肪酸混合物550mgを完全に水素添加するために要する水素は，0℃，1気圧の下で20.16 ml である。

1. この牛脂431.5mgは何molに相当するか。$a\times10^b$ のような形で書け(a，b は整数)。
2. この牛脂には分子量の異なるトリグリセリドが何種類存在するか。次のなかから選んで記号

で答えよ。

(a) 1種類　(b) 3種類　(c) 6種類
(d) 9種類以上

3. この牛脂の平均分子量はいくらか。

4. この牛脂を加水分解して得られる脂肪酸混合物の平均分子量はいくらか。

5. この3種類の脂肪酸のうち，不飽和脂肪酸はどれか，(ア)，(イ)，(ウ)の記号で答えよ。

6. この牛脂の脂肪酸組成をモル百分率で求めよ。

産業医大

【解答】 1. 牛脂 431.5 mg をケン化するに要した NaOH は，

$$\frac{0.1}{1000}\times30.0-\frac{0.15}{1000}\times10.0=1.5\times10^{-3}\text{ モル}$$

である。油脂1モルをケン化するには3モルのNaOHが必要であるから，牛脂 431.5 mg は，

$1.5\times10^{-3}\times\frac{1}{3}=5.0\times10^{-4}$ モルである。

2. 3種の脂肪酸とグリセリンよりなる油脂は既に述べたように18種類あるが，分子量の異なるトリグリセリドとなると，10種類になる。

3. 5.0×10^{-4} モルの重さが 431.5×10^{-3} g であるから分子量は，

$$\frac{431.5\times10^{-3}}{5.0\times10^{-4}}=863$$

4 脂肪酸の平均分子量を求めるのだから，一種類の脂肪酸RCOOHのトリグリセリドと考えて，RCOOHの分子量を求めればよい。

$$\begin{matrix}CH_2OOCR \\ | \\ CHOOCR \\ | \\ CH_2OOCR\end{matrix} + 3H_2O \longrightarrow \begin{matrix}CH_2OH \\ | \\ CHOH \\ | \\ CH_2OH\end{matrix} + 3\,RCOOH$$

863　　3×18　　92　　$3\times M$

$$M=\frac{863+3\times18-92}{3}=275$$

5. 不飽和脂肪酸は，C=C を1つもつオレイン酸である。

6. パルミチン酸，ステアリン酸は飽和脂肪酸であるから H_2 を付加しない。オレイン酸1モルは1モルの H_2 を付加するから，脂肪酸混合物 550 mg，すなわち，

$\frac{550\times10^{-3}}{275}=2.0\times10^{-3}$ モルの混合物に含まれているオレイン酸は，

$\frac{20.16}{22400}=9.0\times10^{-4}$ モルである。

したがって，この脂肪酸混合物1モル中のオレイン酸のモル数は，

$\frac{9.0\times10^{-4}}{2.0\times10^{-3}}=0.45$ モルである。

そこで，この脂肪酸混合物1モル中に含まれているパルミチン酸，および，ステアリン酸の量をそれぞれ x モルおよび y モルとすれば

$x+y+0.45=1$ ……………………………①

次の平均分子量が275であるから，この脂肪酸混合物1モルの重さが275 g である。ゆえに，

$256\times x+284\times y+0.45\times282=275$ …………②

①および②式より

$x=0.289$ (モル)，$y=0.261$ (モル)

したがって，各脂肪酸のモル％は

パルミチン酸　$0.289\times\frac{100}{1}=28.9\%$

ステアリン媒　$0.261\times\frac{100}{1}=26.1\%$

オレイン酸　$0.45\times\frac{100}{1}=45.0\%$

【答】 1. 5.0×10^{-4} mol　2. (d)　3. 863　4. 275　5. (ウ)　6. (ア) 28.9 mol％　(イ) 26.1 mol％　(ウ) 45.0 mol％

□ 有機化学特講 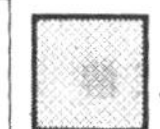 ……………〈鎖式化合物〉

■内容■

●炭水化物について

第 9 章　炭水化物

1.　概　説

われわれが食用とする砂糖 (sucrose) $C_{12}H_{22}O_{11}$ やブドウ糖 $C_6H_{12}O_6$ は，一般に $C_m(H_2O)_n$，すなわち，水の幾分子と炭素の幾原子とが結合した組成を有するので，これを**炭水化物**または**含水炭素** (carbohydrate) という。また，デンプンやセルロースは非常に大きい分子であるが，これらはブドウ糖の分子が脱水縮合して多数集り，$(C_6H_{10}O_5)_n$，すなわち $[C_6(H_2O)_5]_n$ で示すことができ，やはり炭水化物に属する。このことは，デンプンやセルロースを徹底的に加水分解すると，最後にはブドウ糖を生ずることから実証される。

$$(C_6H_{10}O_5)_n + nH_2O \longrightarrow nC_6H_{12}O_6$$

しかし，ホルムアルデヒド CH_2O，酢酸 $C_2H_4O_2$，乳酸 $C_3H_6O_3$ などは，$C_m(H_2O)_n$ の形をしていてもそれらの性質上，炭水化物とは考えられないものもあり，また，メチルペントース（例えばラムノース）は，$C_6H_{12}O_5$ という分子式をもち，$C_m(H_2O)_n$ の形にはあてはまらないが，その性質上，炭水化物であるので炭水化物はその化学的性質から定義するのが適当とされる。現在では，多価アルコールの最初の酸化生成物と呼ぶことになっている。

多価アルコールの中で，一番簡単なものはエチレングリコールである。これを 1 回だけ酸化すると，

$$\begin{array}{c} CH_2OH \\ | \\ CH_2OH \end{array} \longrightarrow \begin{array}{c} CHO \\ | \\ CH_2OH \end{array}$$

エチレングリコール　　グリコールアルデヒド

グリコールアルデヒド $C_2H_4O_2(=C_2(H_2O)_2)$ を生じ，これが一番低級な炭水化物である。炭水化物はまた，**糖類** (saccharide) ともいわれる。糖類は語尾に -ose をつける。グリコールアルデヒドのように炭素が 2 個の糖を**二炭糖** (biose) という。

次に，多価アルコールとして三価のアルコールであるグリセリンを，1 回だけ酸化してできる**三炭糖** (triose) について考えてみよう。

$$\begin{array}{l} ^1CH_2\text{-}OH \\ \quad | \\ ^2CH\text{-}OH \\ \quad | \\ ^3CH_2\text{-}OH \end{array} \begin{array}{l} \rightarrow \begin{array}{l} CHO \\ | \\ CH\text{-}OH \\ | \\ CH_2\text{-}OH \end{array} \text{グリセリン・アルデヒド} \\ \\ \rightarrow \begin{array}{l} CH_2\text{-}OH \\ | \\ C=O \\ | \\ CH_2\text{-}OH \end{array} \text{ジハイドロオキシアセトン} \end{array}$$

グリセリン

1 の C の部分が 1 回だけ酸化されると，第 1 アルコールだからアルデヒドになり，これをグリセリンアルデヒドという。もし 2 の C の部分が酸化されると，第 2 アルコールだからケトンになり，これをジハイドロオキシアセトンという。いずれも $C_3H_6O_3$ という分子式をもち炭水化物 $(C_3(H_2O)_3)$ である。このようにアルデヒド基をもつ糖類とケトン基をもつ糖類とがあり，前者を**アルドース** (aldose)，後者を**ケトース** (ketose) という。

次に炭素数が 4 個，5 個，6 個の炭水化物をそれぞれ**四炭糖**（テトロース tetrose），**五炭糖**（ペントース pentose），**六炭糖**（ヘキソース hexose）と呼び，天然に存在するものは，ほとんど五炭糖か六炭糖である。これらの糖は炭水化物の最小単位で，単糖類 (monosaccharide) という。単糖類 2 分子から水がとれて結合した糖を**二糖類** (disaccharide)，3 分子が脱水縮合した糖を**三糖類** (trisaccharide)，4 分子が脱水縮合した糖を**四糖類** (tetrasaccharide) などという。デンプンやセルロースのように多数の単糖類が脱水縮合したものを**多糖類**（ polysaccharide) という。なお，二糖類から六糖類までを**少糖類**〔またはオリゴ糖 (oligosaccharide)〕と総称する。

単糖類，少糖類は，一般に無色の結晶で水によく溶けて甘味を有するが，多糖類は水に不溶で甘味を有しない。単糖類の中では六炭糖が最も重要であるので以下に六炭糖について述べよう。

2. 六炭糖 (hexose)

6価のアルコールを1回だけ酸化した場合

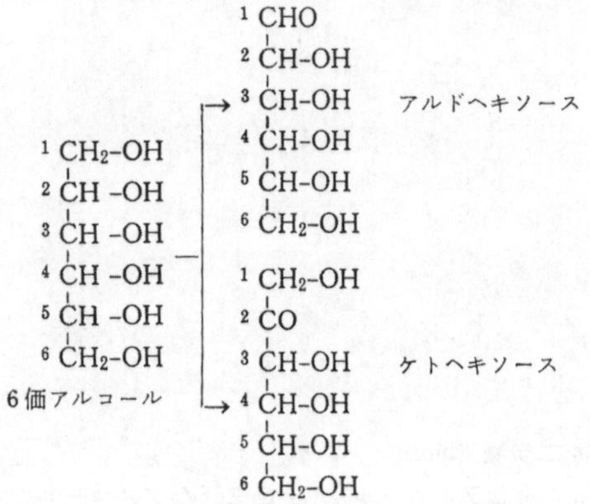

```
                     1 CHO
                     2 CH-OH
               ┌→   3 CH-OH        アルドヘキソース
 1 CH2-OH      │     4 CH-OH
 2 CH -OH      │     5 CH-OH
 3 CH -OH      │     6 CH2-OH
 4 CH -OH    ──┤
 5 CH -OH      │     1 CH2-OH
 6 CH2-OH      │     2 CO
 6価アルコール  │     3 CH-OH        ケトヘキソース
               └→   4 CH-OH
                     5 CH-OH
                     6 CH2-OH
```

1のCの部分が酸化された形の六炭糖をアルドヘキソース，2のCの部分が酸化された形の六炭糖をケトヘキソースと呼んでいる。アルドヘキソースの2，3，4，5の4個の炭素が不斉炭素原子である。分子内に n 個の不斉炭素原子があれば最大 2^n 個の光学異性体が存在する。したがって，アルドヘキソースには $2^4=16$ 個の異性体が存在することになるが，それらはすべて存在する。(表1参照)

ケトヘキソースには，3，4，5の3個の不斉炭素原子を有するから $2^3=8$ 個の光学異性体が生じる。その中では，果糖（フルクトース）が最も重要である。アルドヘキソースの中では，*d*-グルコース（*d*-ブドウ糖）が最も重要であるのでグルコースについて考察を加えることにする。

d-グルコースは次の化学式で示される。これらの6個の炭素にアルデヒド基をつくる炭素から番号をつける。

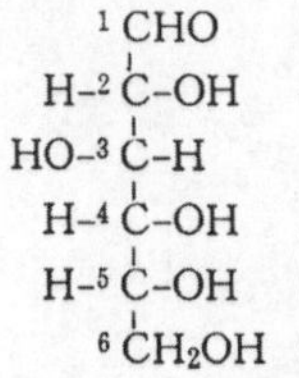

```
     1 CHO
  H-2 C-OH
 HO-3 C-H
  H-4 C-OH
  H-5 C-OH
     6 CH2OH
```

実は，この式ではブドウ糖の性質を十分説明できないことが分かってきた。まず第一は，ブドウ糖はこの化学式でみるとアルデヒドであり，アルデヒドは還元性があり，その還元性をみる試液は既に述べたように（p.78），フェーリング試液，トーレンス試液，シッフの試液に反応する。しかし，ブドウ糖は前の2つの試液とは作用するが，シッフの試液とは発色しない。

またアルデヒドは，亜硫酸水素ナトリウムを付加するが，ブドウ糖はその反応性は極めて弱い，また，空気中の酸素によって酸化されない。すなわち，アルデヒド性が弱いということであり，この式ではブドウ糖はアルデヒドの性質を有しているはずである。

第二は光学的性質である。光学的に活性というのは偏光面を回転させる旋光性をもつことであることも既に述べた（p.44）が，ここで比旋光度［α］につい

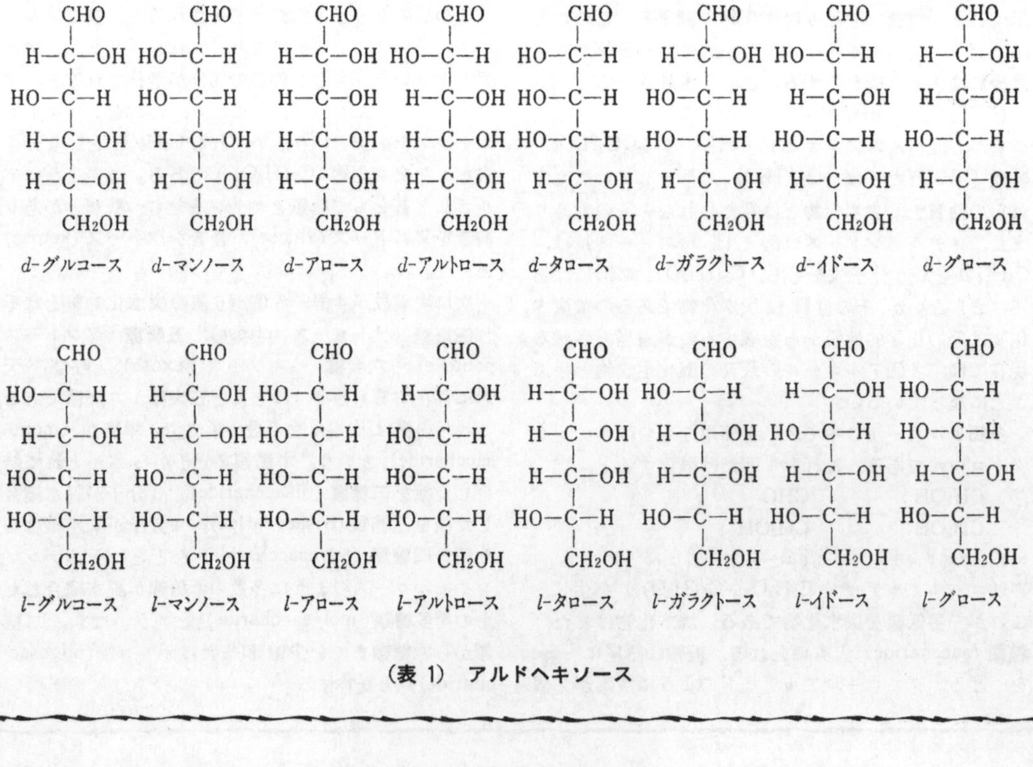

	d-グルコース	*d*-マンノース	*d*-アロース	*d*-アルトロース	*d*-タロース	*d*-ガラクトース	*d*-イドース	*d*-グロース
	CHO	CHO	CHO	CHO	CHO	CHO	CHO	CHO
	H—C—OH	HO—C—H	H—C—OH	HO—C—H	HO—C—H	H—C—OH	HO—C—H	H—C—OH
	HO—C—H	HO—C—H	H—C—OH	H—C—OH	HO—C—H	HO—C—H	H—C—OH	H—C—OH
	H—C—OH	H—C—OH	H—C—OH	H—C—OH	HO—C—H	HO—C—H	HO—C—H	HO—C—H
	H—C—OH	H—C—OH	H—C—OH	H—C—OH	H—C—OH	H—C—OH	H—C—OH	H—C—OH
	CH2OH	CH2OH	CH2OH	CH2OH	CH2OH	CH2OH	CH2OH	CH2OH

	l-グルコース	*l*-マンノース	*l*-アロース	*l*-アルトロース	*l*-タロース	*l*-ガラクトース	*l*-イドース	*l*-グロース
	CHO	CHO	CHO	CHO	CHO	CHO	CHO	CHO
	HO—C—H	H—C—OH	HO—C—H	H—C—OH	H—C—OH	HO—C—H	H—C—OH	HO—C—H
	H—C—OH	H—C—OH	HO—C—H	HO—C—H	H—C—OH	H—C—OH	HO—C—H	HO—C—H
	HO—C—H	HO—C—H	HO—C—H	HO—C—H	H—C—OH	H—C—OH	H—C—OH	H—C—OH
	HO—C—H	HO—C—H	HO—C—H	HO—C—H	HO—C—H	HO—C—H	HO—C—H	HO—C—H
	CH2OH	CH2OH	CH2OH	CH2OH	CH2OH	CH2OH	CH2OH	CH2OH

(表 1) アルドヘキソース

てちょっと説明しておこう。

旋光角を偏光計 (polarimeter) を用いて測定するとき，同じ物質でも測定管の長さと，それに入れるその物質の濃度によって旋光角は変わる。すなわち，濃度が一定なら，測定管の長さが長い程，偏光面はよく曲げられ旋光角は大きくなる。まず測定管の長さが一定なら，その物質の濃度が高いほどよく偏光面を回転させる。そこで，いろいろな光学活性物質の旋光性を比較するには，その旋光角を測るときの物質の濃度と，測定管の長さを決めておかなければ，勝手な濃度で，いろんな長さの測定管で測った旋光角をみて，互いに旋光性を比較しても無意味である。

そこで測定管の長さを 10 cm (1 dm)，その濃度を 1 g/m*l* にして測ったときの旋光角を，その物質の比旋光度 (specific rotation) といい [α] で表し，種々な光学活性物質の旋光性はそれらの比旋光度を比較して行われる。

比 旋 光 度 [α]

化 合 物	[α]
d-アラニン	+ 2.7
l-アラニン	− 2.7
d-ブドウ糖	+52.7
l-ブドウ糖	−52.7
d-乳　酸	+ 3.8
l-乳　酸	− 3.8
d-果　糖	+92.4
l-果　糖	−92.4
麦 芽 糖	+102.2
シ ョ 糖	+66.5
乳　糖	+52.4
転 化 糖	−23.3

さて，ブドウ糖を水または含水アルコールに溶かし，比較的低温で濃縮し，再結晶して得られるブドウ糖を水に溶かした直後の比旋光度 [α] は +112.2 であるが，放置して長時間たったときの比旋光度を測定すると +52.7となり，その後は一定となる。一方，ブドウ糖をピリジンから再結晶するか，高温の水から再結晶して得られたブドウ糖を水に溶かした直後の溶液の比旋光度は +18.7 と小さいが，これも長時間放置後に比旋光度を測定すると，これまた +52.7 となり，以後一定になることが観察される。このように時間とともに旋光度が変わることを**変旋光** (mutarotation) とか**多旋光** (multirotation) という。これはブドウ糖に2種類あって，水に溶かすと互いに平衡に到達して一定値になると考えられる。

このようにブドウ糖はアルデヒドの性質が弱いことと変旋光現象を示すことは，前記の化学式からは説明できない。さて，ブドウ糖のアルデヒド基は遊離していれば一人前のアルデヒドとして作用するが，そうでないのはアルデヒド基が5の炭素につくアルコール性 -OH と作用して半アセタール（p.78）を形成しているためと考えられる。

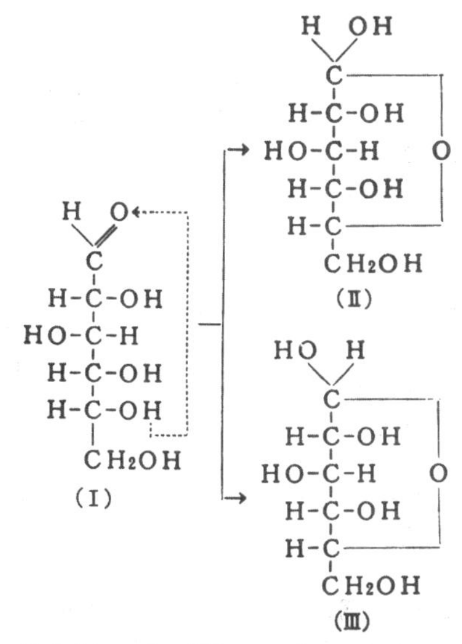

5のCにつく -OH のHが1のCのカルボニル基が開いてOにつき，1のCと5のCがOを介してエーテル状に結合して半アセタールを形成した途端に1のCが不斉炭素原子になり，しかもHと OH のつき方により2種の異性体が生じる。まずアルデヒド性が弱いのは，アルデヒドである(I)の形のものが少ないからであり，ほとんどのものが(II)または(III)の形になるためと考えられる。また，(II)および(III)の2種のブドウ糖があるため変旋光現象が見られるのである。(II)の形のブドウ糖を **α-ブドウ糖** (α-glucose)，(III)の形のブドウ糖を **β-ブドウ糖** (β-glucose) と呼んでいる。

すなわち，水または含水アルコール溶液から再結晶して得られたブドウ糖は，α-ブドウ糖で水に溶かすと大きな旋光性 [α]=+112.2を示すが，ピリジンまたは高温の水から再結晶したブドウ糖は，β-ブドウ糖で小さい旋光性 [α]=+18.7 である。ところが α-ブドウ糖も水に溶かすと，やがて一たんアルデヒド型（I）になり，それからその一部が β-ブドウ糖に変わる。また，β-ブドウ糖だけを水に溶かしてもアルデヒド型（I）を経て，α-ブドウ糖になり，結局いずれを溶かしても，水溶液中で

(II) ⇄ (I) ⇄ (II)

の平衡が存在する。このとき(I)は(II)，(III)に比してごく僅かしか存在しないのでアルデヒドの性質は弱い。

この平衡を立体的にかくと次のページのようになる。

鎖式型のものでは不斉炭素原子が 2-，3-，4-，5-のCであるから4個で光学異性体は $2^4=16$ 個だが，環状型になると1のCも不斉炭素原子となるから光学異性体は $2^5=32$個となる。

次にブドウ糖溶液中，平衡時に存在する α-ブドウ糖と β-ブドウ糖の割合いはどのくらいであろうか。

^{1}CHO
H-^{2}C-OH
HO-^{3}C-H
H-^{4}C-OH
H-^{5}C-OH
$^{6}CH_2OH$

α-ブドウ糖	鎖 式 型	β-ブドウ糖
融点 146℃	(アルデヒド型)	融点140～150℃
$[\alpha]=+112.2$		$[\alpha]=+18.7$

この平衡を考える場合，中間体である(I)の量は非常に少ないので無視してもよい。まず最初に α-ブドウ糖1モルを水に溶かしたとする。そして，その中の x モルが β-ブドウ糖になって平衡に到達したとする。すなわち，

	α-ブドウ糖 ⇄	β-ブドウ糖
最 初	1モル	0モル
平衡時	$(1-x)$モル	xモル

それぞれの比旋光度は，それらの濃度に比例し，全体の比旋光度 $[\alpha]$ は $+52.7$ となるから

$$\frac{(1-x)\times112.2+x\times18.7}{1}=52.7$$

これより $x=0.636$ となる。したがって，溶液中 α-ブドウ糖は $1-x=1-0.636=0.364$ であるから，平衡時に存在する α-ブドウ糖は36.4%，β-ブドウ糖は63.6%であるから4捨5入して，α-ブドウ糖は36%，β-ブドウ糖は64%とおぼえておくとよい。

3. オサゾンの生成

アルドヘキソースにフェニルヒドラジン ⟨○⟩-NH-NH_2 を作用させると，鎖式型の形のものの1および2位の炭素にフェニルヒドラゾン（p.79）の形で結合した物質を生ずる。これを**オサゾン** (osazone) という。例えばブドウ糖にフェニルヒドラジンを作用すると，まず1位の -CHO と縮合してフェニルヒドラゾン(p.79 参照)となる。

H
^{1}C=O H_2N-NH-⟨○⟩
H-^{2}C-OH
HO-^{3}C-H
H-^{4}C-OH
H-^{5}C-OH
$^{6}CH_2OH$

$\xrightarrow{-H_2O}$

H
C=N-NH-⟨○⟩
H-C-OH
HO-C-H
H-C-OH
H-C-OH
CH_2OH

次に，第2番目のフェニルヒドラジンにより2位のCのアルコール性 -OH（第2アルコール）が酸化されてケトンになる。

H
C=N-NH-⟨○⟩
H-C-OH　NH_2NH-⟨○⟩
HO-C-H
H-C-OH
H-C-OH
CH_2OH

⟶

H
C=N-NH-⟨○⟩
C=O
HO-C-H + ⟨○⟩-NH_2+NH_3
H-C-OH
H-C-OH
CH_2OH

かくして生じたカルボニル基と第3番目のフェニルヒドラジンとが縮合する。

H
C=N-NH-⟨○⟩
C=O H_2N-NH-⟨○⟩
HO-C-H
H-C-OH
H-C-OH
CH_2OH

$\xrightarrow{-H_2O}$

H
C=N-NH-⟨○⟩
C=N-NH-⟨○⟩
HO-C-H
H-C-OH
H-C-OH
CH_2OH

ここで生じたオサゾン（水，アルコールなどに難溶性の黄色の結晶でブドウ糖のオサゾン)を，グコサゾンと呼んでいる。次にケトヘキソースにフェニルヒドラジンを作用しても同様にオサゾンをつくることができる。例えば果糖にフェニルヒドラジンを作用させた場合について考察してみよう。まず最初のフェニルヒドラジンは2位のケトンと縮合してフェニルヒドラゾンをつくる。

CH_2OH
C=O H_2N-NH-⟨○⟩
HO-C-H
H-C-OH
H-C-OH
CH_2OH

$\xrightarrow{-H_2O}$

CH_2OH
C=N-NH-⟨○⟩
HO-C-H
H-C-OH
H-C-OH
CH_2OH

第2番目のフェニルヒドラジンは1位のCのアルコール性 -OH（第1アルコール）を酸化し，アルデヒドとする。

CH_2OH　H_2N-NH-⟨○⟩
C=N-NH-⟨○⟩
HO-C-H
H-C-OH
H-C-OH
CH_2OH

⟶

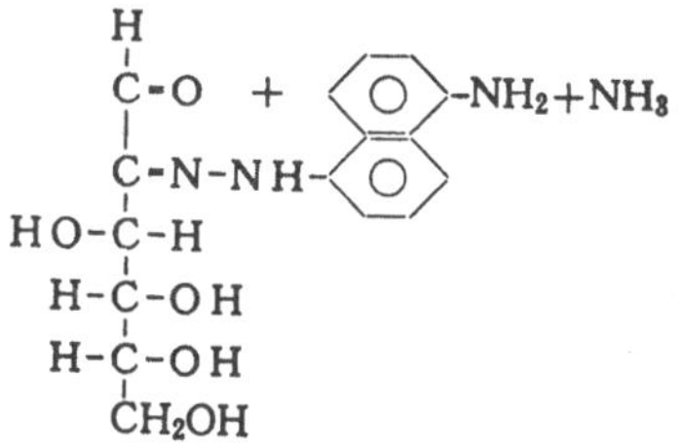

```
      H
      |
      C=O  +  (C6H4)-NH2+NH3
      |
      C=N-NH-(C6H5)
      |
  HO-C-H
      |
   H-C-OH
      |
   H-C-OH
      |
      CH2OH
```

かくして生じたカルボニル基と第3番目のフェニルヒドラジンとが縮合してオサゾンを作る。

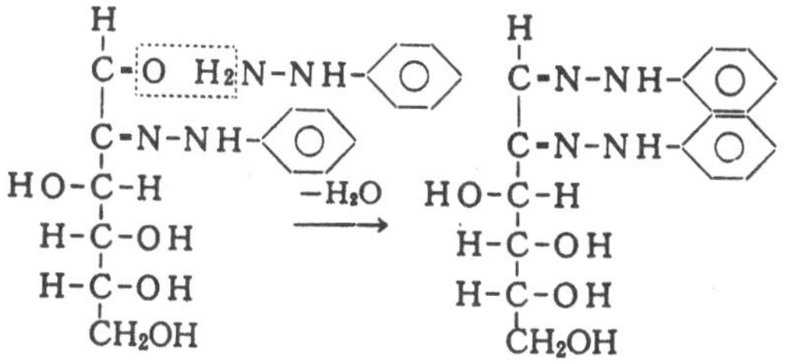

```
     H                                  H
     |                                  |
     C=O  H2N-NH-(C6H5)                 C=N-NH-(C6H5)
     |                                  |
     C=N-NH-(C6H5)                      C=N-NH-(C6H5)
     |                   -H2O           |
 HO-C-H                 ------>     HO-C-H
     |                                  |
  H-C-OH                             H-C-OH
     |                                  |
  H-C-OH                             H-C-OH
     |                                  |
     CH2OH                              CH2OH
```

ところが果糖より生じたオサゾンと，ブドウ糖より生じたオサゾンは同じものである。これは3位以下の炭素の空間的構造がブドウ糖と果糖では全く同一であることを物語っている。

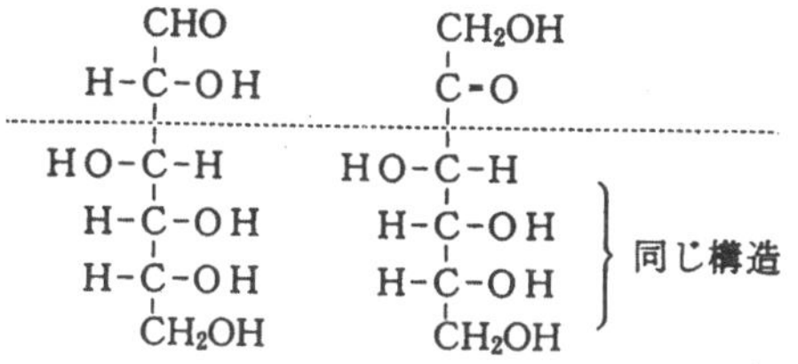

```
      CHO              CH2OH
      |                |
   H-C-OH              C=O
 ..............................
      |                |
  HO-C-H           HO-C-H
      |                |
   H-C-OH           H-C-OH   }
      |                |       } 同じ構造
   H-C-OH           H-C-OH   }
      |                |
      CH2OH            CH2OH
   ブドウ糖           果 糖
```

このようにオサゾンは一般に水，アルコールに難溶性であるから糖の分離，精製，確認に用いられる。

4. 単糖類の性質

(1) -OH を多くもつので，水に極めてよく溶ける。エタノールには溶けやすいものも溶けにくいものもある。エーテル，ベンゼン，クロロホルムのような極性のない溶媒には溶けない。

(2) 単糖類はそれがアルドースであろうと，ケトースであろうと還元性を有する。したがって，フェーリング試液により赤色の酸化銅（Ⅰ）Cu_2O を沈殿し，トーレンス試液により銀鏡反応を行う。これはケトースはアルカリ性では還元性を示すからで，この性質は一般に α-ヒドロオキシケトンに見られる。酸性では還元性を示さない。例えば酸化剤として臭素水を用いるとアルドースは酸化されるが，ケトースは酸化されない。これは α-ヒドロオキシケトンはアルカリ性では次の平衡が成立しているからである。

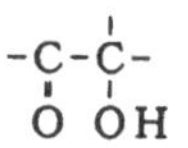

```
   |  |
 -C--C-
   ‖  |
   O  OH
```

α-ヒドロオキシケトン

```
   H                       H                     H
   |                       |                     |
   C=O   エノール化 →      C-OH   ケト化 →    H-C-OH
   |     ← ケト化          ‖      ← エノール化   |
H-C-OH                     C-OH                  C=O
   |                       |                     |
H-C-OH                  H-C-OH                H-C-OH
   |                       |                     |
```

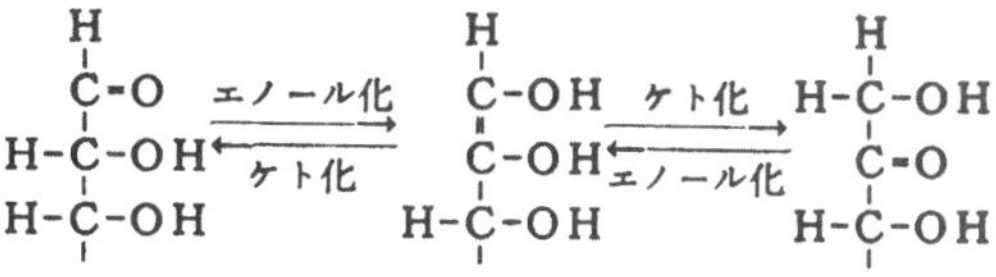

アルドースを酸化してできるカルボン酸をグリコン酸 (glyconic acid) という。ブドウ糖を酸化してできるグリコン酸を**グルコン酸**という。

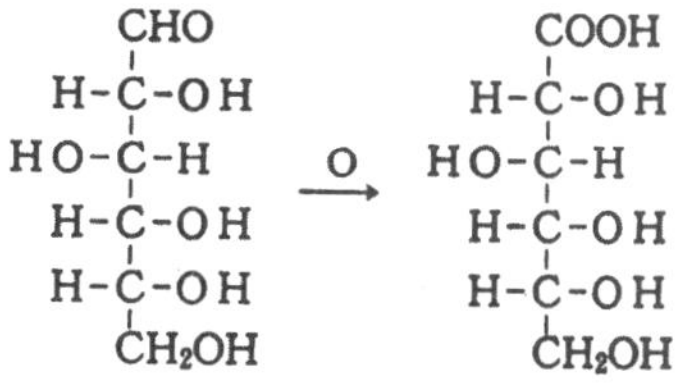

```
     CHO                  COOH
     |                    |
  H-C-OH               H-C-OH
     |                    |
 HO-C-H       O       HO-C-H
     |      ---->         |
  H-C-OH               H-C-OH
     |                    |
  H-C-OH               H-C-OH
     |                    |
     CH2OH                CH2OH
   ブドウ糖             グルコン酸
```

また，アルドースを硝酸で酸化すると，-CHO だけでなく -CH_2OH も酸化されて，共に -COOH に変わる。このようなジカルボン酸を**グリカル酸** (glycaric acid) という。ブドウ糖を HNO_3 で酸化して得られるグリカル酸を**グルカル酸**という。

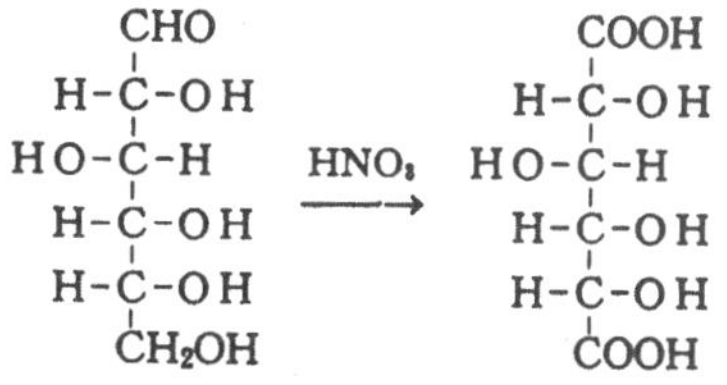

```
     CHO                  COOH
     |                    |
  H-C-OH               H-C-OH
     |                    |
 HO-C-H      HNO3     HO-C-H
     |      ---->         |
  H-C-OH               H-C-OH
     |                    |
  H-C-OH               H-C-OH
     |                    |
     CH2OH                COOH
   ブドウ糖             グルカル酸
```

(3) 水酸基はエステルやエーテルになる。たとえば，ブドウ糖を無水酢酸および少量の濃硫酸と共に加熱すると5個の水酸基はすべてアセチル化される。

5. 二 糖 類

単糖類2分子から水がとれて脱水結合した化合物が，二糖類 (disaccharide) である。ヘキソース2分子から生ずる二糖類は，$2C_6H_{12}O_6 - H_2O \longrightarrow C_{12}H_{22}O_{11}$ なる分子式を有する。

(1) **ショ糖** (sucrose, saccharose, cane sugar)

われわれの日常食品として最も親しみ深い砂糖であり，サトウキビ，テンサイ（サトウダイコン）等に多量に存在する。ショ糖は希硫酸または希塩酸を加えるか，**インベルターゼ** (invertase <または**サッカラーゼ**>) という酵素で加水分解すると，*d*-ブドウ糖と *l*-果糖に分解される。

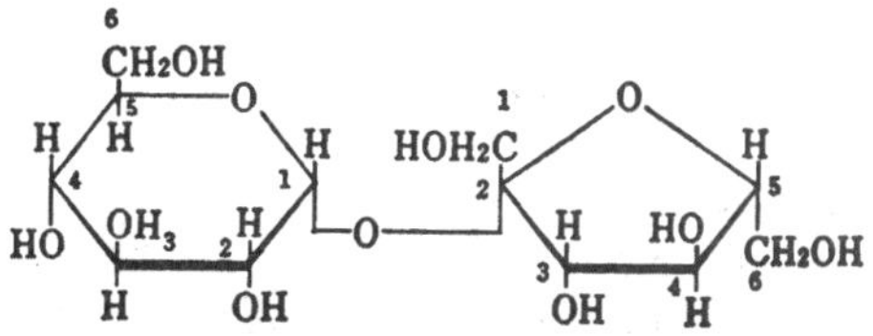

```
       6                           1
       CH2OH                              O
   H  5|      O              HOH2C              H
   | H           H               2             5
 4 \ OH  H   1 /--O--            \  H      HO  /  CH2OH
 HO   3    2                       3        4      6
   H       OH                      OH       H
```

ショ糖は右旋性であるが，加水分解して生じるブドウ糖と果糖の等モル（したがって等重量）混合物は，ブドウ糖の右旋性より果糖の左旋性のほうが大きいため差引き左旋性となる。すなわち，ショ糖を加水分解すると右旋性が左旋に逆転するからショ糖の加水分解を**転化** (inversion) といい，生じたブドウ糖と果糖の等モル混合物を**転化糖** (invert sugar) という。そして用いられる酵素を**インベルターゼ** (invertase)， または**サッカラーゼ** (saccharase) という。

$$\underset{\substack{\text{ショ糖} \\ [\alpha]=+66.5}}{C_{12}H_{22}O_{11}} + H_2O \xrightarrow{\text{転化}} \underset{\substack{d\text{-ブドウ糖} \\ [\alpha]=+52.7}}{C_6H_{12}O_6} + \underset{\substack{l\text{-果糖} \\ [\alpha]=-92.4}}{C_6H_{12}O_6}$$

転化糖の比旋光度は $\dfrac{+52.7-92.4}{2}=-19.9$ となる。

ショ糖はブドウ糖の還元性を示す1位のCと，果糖の還元性を示す2位のCで，互いにエーテル結合しているため還元性を示さないし，フェニルヒドラジンとも反応しない。ショ糖を加水分解（転化）すればブドウ糖と果糖になるから還元性を示す。

(2) 麦芽糖， マルトース (maltose)

デンプンに希硫酸または希塩酸を加えて部分的に加水分解するか，デンプンに**アミラーゼ** (amylase, **ジアスターゼ**ともいう) を加えて加水分解して生ずる二糖類である。アミラーゼは特に発芽した大麦，すなわち麦芽に多く存在し，デンプンを分解するのに多量に用いられる。このようにして製せられた糖というので麦芽糖という。これはショ糖の約2/3の甘さをもち，これを更に希酸を加えて加熱するか，酵素**マルターゼ** (maltase) を用いて加水分解すると，*d*-ブドウ糖が生じ，麦芽糖は α-ブドウ糖が2分子脱水結合したものである。1つのブドウ糖の1位のCと他のブドウ糖の4位のCとの間で結合しているのでこの結合を 1-4 結合と呼ぶことにする。

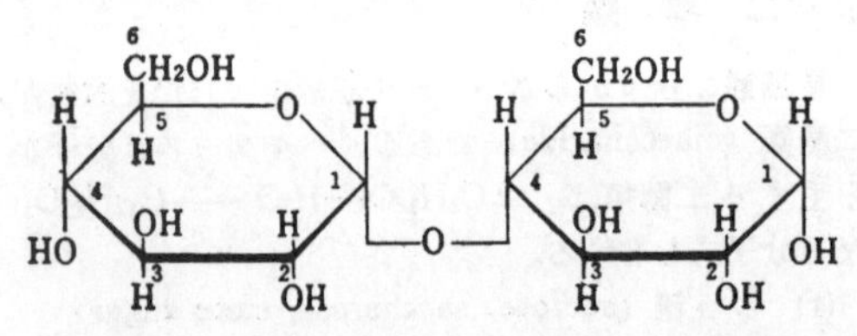

麦芽糖の右に書いたブドウ糖の1位のCは結合に使われていないから，切れてアルデヒドに開くことができる。そのため麦芽糖は還元性を有する。

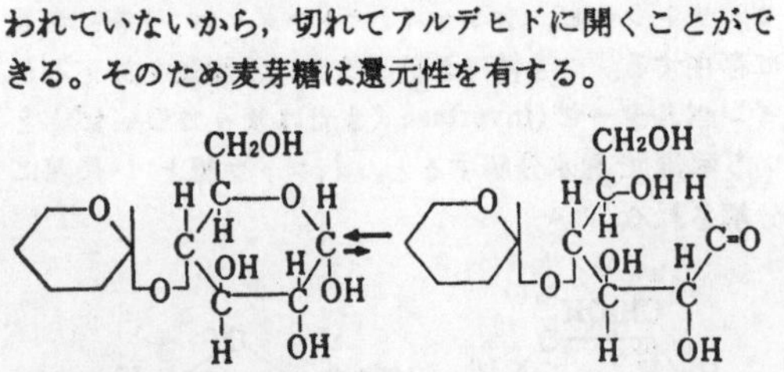

(3) 乳糖， ラクトース (lactose)

哺乳動物の乳汁に含まれているのでこの名がある。人乳には約7%，牛乳には約5%である。乳糖はチーズを製造するときの副産物として得られる。乳糖を希酸または**ラクターゼ** (lactase) という酵素を用いて加水分解すると *d*-ブドウ糖と *d*-ガラクトースになる。

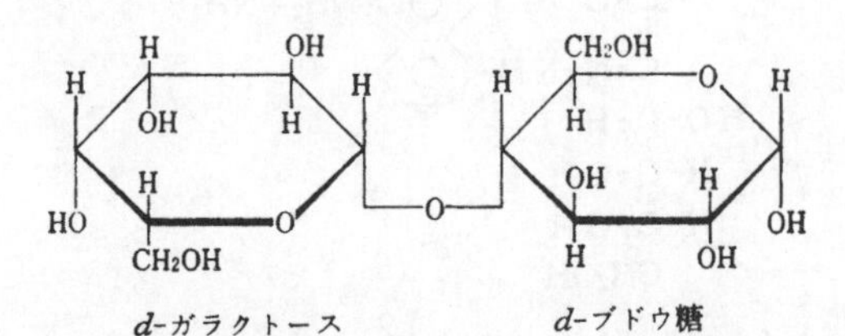

乳糖はブドウ糖の1位のCがアルデヒドになることができるから還元性がある。乳糖はショ糖の約1/3の甘さを有している。

(4) セロビオース (cellobiose)

セルロース（通常，綿から得られる）を注意深く加水分解すると生ずる二糖類で，麦芽糖に非常に似ているが， 麦芽糖は α-ブドウ糖2分子が 1-4 結合しているのに対し，セロビオースは β-ブドウ糖2分子が 1-4 結合したものである。

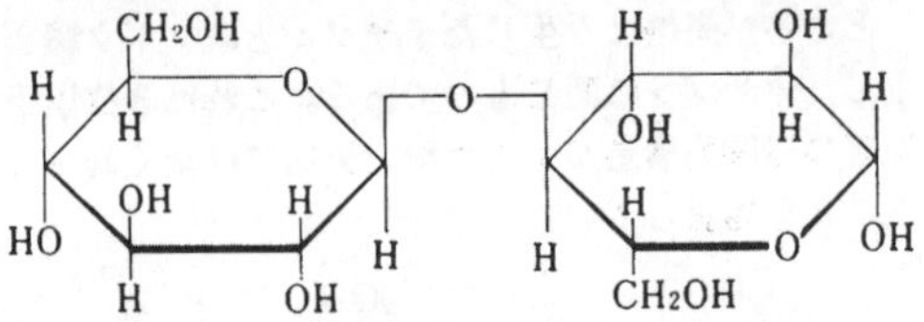

セロビオースも一方のブドウ糖の1位のCはアルデヒドになれるので還元性を有する。麦芽糖と化学的によく似ているが，麦芽糖は甘いがセロビオースは甘味はない。

6. 多糖類 (polysaccharide)

単糖類が2個結合して二糖類ができるのと同じ結合の仕方で，多数の単糖類が脱水結合した高分子化合物が多糖類である。

(1) デンプン (starch)

デンプンは，緑葉植物が空気中の二酸化炭素と地中から吸収した水分を原料とし，光のエネルギーをかりて光合成した植物の貯蔵物質で植物の種子，塊根，果実，その他の貯蔵器官に多量に含まれている。例えばコメ (75〜85%)，コムギ (70〜77%)， カラスムギ (60%)，トウモロコシ (64〜75%)， コウリャン (60〜70%)，アワ (49〜53%)，ジャガイモとサツマイモ (25%) の割合で含まれている。 デンプンは水より重く（比重 1.65)，上に記した材料をすりつぶし水とともに攪拌して放置すると，まずデンプンからいち早く沈殿するからデンプン（澱粉）という名がついた。

デンプンは水に難溶であるが，温湯に入れると粒子が膨潤して糊になる（糊化という）。希酸で十分に加水分解するとブドウ糖になるので構成単位はブドウ糖であるが，アミラーゼという酵素で加水分解すると麦芽糖を生ずるから α-ブドウ糖が結合した多糖類であることがわかる。デンプンは性質の異なる２つの部分からなり，その内，熱湯に可溶な部分を**アミロース**(amylose) と呼び，分子全体の約10〜20%を占め，他の不溶な部分は**アミロペクチン** (amylopectine) といい全体の約80〜90%占める。前者はヨウ素で青色を呈し，後者は紫赤色を呈するのでデンプンとヨウ素の反応は青〜紫色である。アミロースは α-ブドウ糖が１-４結合をくり返してできた高分子である。

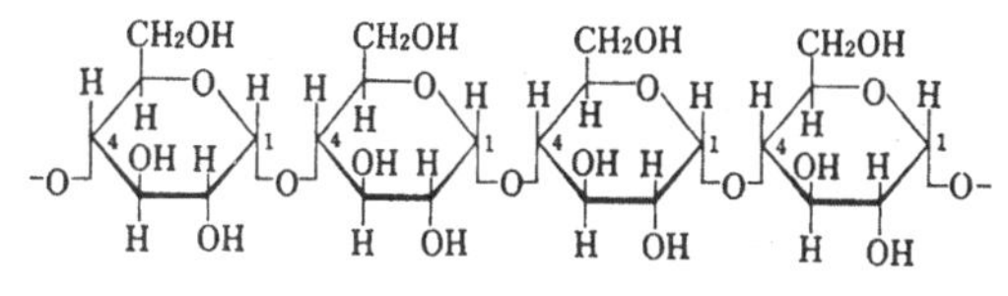

アミロース(amylose)の構造

これに対し，アミロペクチンは枝分かれの多い構造をしている。

アミロペクチンの構造

分枝点は１つのブドウ糖の１位のＣの -OH と，他のブドウ糖の６位のＣにつく -OH とから水がとれてできた1-6結合である。アミロースは，α-ブドウ糖が1-4結合して300〜400個連結したもので，アミロペクチンは α-ブドウ糖が約25個1-4結合した短い単位が $-O-CH_2-$ という1-6結合で橋状に連結し，幾重にも分岐し，全体としてラセン状になった複雑な構造のもので，これがアミロースの外側を包んだ形になっているものと考えられる。

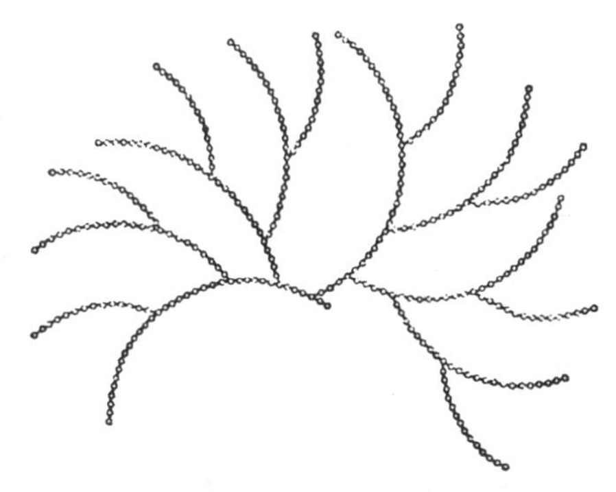

アミロペクチンの分子模型

アミロースは，酵素アミラーゼにより麦芽糖まで分解されるが，アミロペクチンはこの酵素で50〜60%が分解される。デンプン溶液にヨウ素試液（ヨウ素とヨウ化カリウムの混合物に水を加えて溶かしてつくる）を加えると呈色するが，これは長いデンプンのラセン状分子の中にヨウ素分子が吸着されて色を出す。

したがって，これを加熱するとヨウ素がとび出して無色となり，再び冷却すると紫色を呈する。だからヨウ素デンプン反応は冷時に行わなければならない。デンプンを希塩酸に常温で数日間浸しておくと鎖の一部分が切れて分子量がやや小さくなり，冷水にも可溶なものになる。これを可溶性デンプン (soluble starch) という。また，酸あるいは酵素で麦芽糖にまで分解される途中のいろいろな大きさの分子の混合物を**デキストリン** (dextrine 〈糊精〉) といい，これは強い右旋性 (dextro) $[\alpha]=+150\sim+180$ をもっているのでこの名がある。デキストリンは混合物であるから化学的組成は決まらないが，ヨウ素試液によって赤色を呈する。

デンプンを水に懸濁し，よくかきまぜながら加熱すると，いわゆる糊（のり）ができる。これは約60℃でデンプン粒はこわれ，アミロースは水に溶け，アミロペクチンは水を吸って著しく膨潤し，濃度によっては糊状に固まることもあれば，また粘稠なコロイド溶液となる。これを**デンプンの糊化**という。天然のデンプンにＸ線をあてて回折写真をとると，結晶であることを示すＸ線の回折写真が得られる。しかし，これを糊化させたあとは微結晶の存在を示すような明確なＸ線干渉図形は得られない。すなわち，糊化に際して無晶質 (amarphous) デンプンに変わったことがわかる。

結晶性Ｘ線回折像を与えるような天然のままのデンプンを **β-デンプン**といい，糊化してできた無晶質デンプンを **α-デンプン**という。β-デンプンから α-デンプンに転移する最低温度はデンプンの種類により多少異なり，コムギでは54℃，ジャガイモでは59℃，コメでは60〜65℃である。コメの β-デンプンを α-デンプンに変えるには65℃では10数時間かかるが，70℃では数時間，90℃では２〜３時間，100℃では20分ぐらいで充分である。α-デンプンはこれを長時間，低い温度で放置すると，また β-デンプンに戻る。例えば，いったん炊いた米飯は低温で保存すると，次第に固くもろくなる。このとき水は一種の $\alpha \rightleftarrows \beta$ の変化の触媒作用をもち，乾燥した水の少ない状態では速度がおそい。そこでいったん生じた α-デンプンを高温のまますみやかに乾燥しておくことにより α-デンプンを比較的永く保存することができる。この原理はいろいろな食品に利用され，せんべい，コーンフレークス，即席餅などはそれである。β-デンプンは結晶質だから消化されにくく，α-デンプンは消化されやすい。

デンプンのような多糖類には還元性はない。これを加水分解すると還元性が生じる。

(2) **グリコーゲン** (glycogen)

グリコーゲンは動物の貯蔵多糖類で，化学的にはデンプンにきわめてよく似ているので，一名動物デンプンともいわれる。動物の肝臓や筋肉中に多く存在し，ブドウ糖が1-4結合し，それから1-6結合により枝分かれしているが，ヨウ素反応は赤かっ色であるからグリコーゲンの分子の分岐は非常に多く，アミロペクチンより多い。水で膨潤してコロイド溶液をつくり，アミラーゼにより加水分解されて麦芽糖になり，これはさらに酸またはマルターゼによりブドウ糖になる。

動物の消化管から吸収されたブドウ糖は，一部は，そのまま血液に溶けたまま肝蔵を通過するが，大部分は肝蔵でグリコーゲンになって貯えられ，必要に応じて分解（解糖）されて血液中に溶けてくる。一方，筋肉内では血液中のブドウ糖を用いてグリコーゲンを合成し，これが解糖してエネルギーを出す。

(3) **セルロース** (cellulose)

セルロースは繊維素とも呼ばれ，ブドウ糖を構成単位とする多糖類で植物繊維の主成分をなし，地球上に存在する有機化合物のうち量において第一位を占める。これはデンプンとは異なり，β-ブドウ糖が1-4結合した真線的分子である。

セロビオース単位

セルロース

綿は天然物のうちでは最も純粋なセルロースであるが木材の繊維を化学的および機械的処理してセルロースを純粋な形でとり出したものがパルプである。セルロースを徹底的に加水分解するとブドウ糖になるが，その中間に二糖類であるセロビオースが得られる。

X線を用いた研究でセルロース分子の微細構造が明らかにされているが，それによると，セルロースは直線的分子で，その大きさは必ずしも一定はしていないで多少の長短はあるが，平均分子量は25,000〜1,000,000 程度でブドウ糖分子が1,500〜6,000個が上記のように結合している。セルロースは **セルラーゼ** (cellulase) という酵素によって加水分解され，セロビオースを生じる。セロビオースは**セロビアーゼ**(cellobiase)で加水分解してブドウ糖となる。

X線回析および電子顕微鏡を用いて研究した結果，これらの長いセルロース分子が数多く隣接する他のセルロース分子の間に -OH 基間の水素結合によって結び合って束になっていることを示している。これらの束はねじれてロープのような構造をしており，これらが集まってわれわれが見ている繊維になっている。木材中ではこのセルロースのロープがリグニン中に埋まっていて強化されている。

人体はセルロースの加水分解酵素を分泌しないから食品中にセルロースが含まれていたら，それを不消化のまま排泄させる。草食動物は盲腸が発達し，そこに寄生する細菌類の出すセルラーゼにより約50%のセルロースが加水分解を受け，さらに発酵により有機酸に変えられ，吸収利用される。

7.　レーヨンとセロハン

天然繊維を再生したものを再生繊維というが，その代表的なものが**レーヨン** (rayon) である。レーヨンにはビスコースレーヨン，銅アンモニアレーヨン，ステープルファイバーなどがある。

(i) **ビスコースレーヨン** (viscous rayon)

パルプを17.5%の水酸化ナトリウムに浸してセルロースをアルカリセルロースにする。

$$[C_6H_7O_2(OH)_3]_n + nNaOH \longrightarrow [C_6H_7O_2(OH)_2(ONa)]_n + nH_2O$$

次に過剰の溶液をしぼって除去し，熟成させたのち，二硫化炭素を加えると，黄色〜赤かっ色のゼラチン状のセルロースキサントゲン酸ナトリウム（ジチオ炭酸エステルのナトリウム塩）となる。

$$[C_6H_7O_2(OH)_2(ONa)]_n + nCS_2 \longrightarrow [C_6H_7O_2(OH)_2(OCSSNa)]_n$$

セルロースキサントゲン酸ナトリウム

これを薄い水酸化ナトリウムの水溶液に溶かすと，ねばりの強いコロイド液となる。これを**ビスコース** (viscous) という。これを細孔，またはスリットを通して凝固液（硫酸と硫酸ナトリウムの混合溶液）中に押し出して凝固させると，セルロースキサントゲン酸ナトリウムは加水分解し，セルロースになる。これを糸として巻き取る。

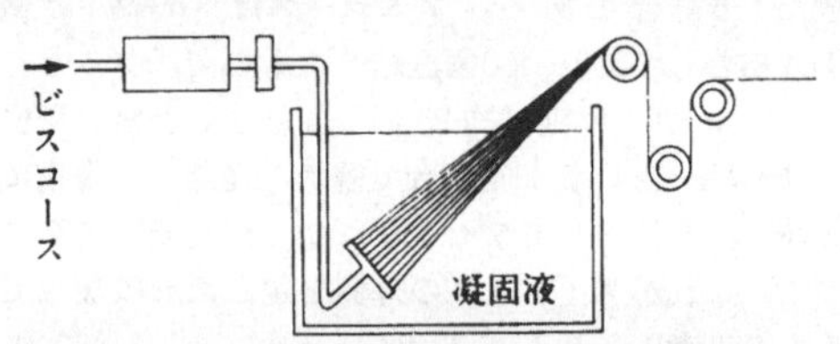

$$[C_6H_7O_2(OH)_2(OCSSNa)]_n + nH_2SO_4 \longrightarrow [C_6H_7O_2(OH)_3]_n + nCS_2 + nNaHSO_4$$

これを水洗して，イオウを硫化ナトリウムで落とし，漂白，水洗，乾燥する。これがビスコースレーヨンである。これはパルプ中のセルロースと分子の配列が異なり，衣料用とし，他の合成繊維などと交織して用いられる。またビスコースを細長いすき間から希硫酸の中に押し出し薄い膜とし，グリセリンの中をくぐらしてから乾燥させると透明な膜となる。これが**セロハン** (cellophane) で，包装などに用いられる。

(ii) **銅アンモニアレーヨン**

綿くず（5 mm 以下の長さの短い綿の繊維でリンターという）をシュバイツァ試液（水酸化銅アンモニア $[Cu(NH_3)_4](OH)_2$ の溶液で濃青色を呈し，セルロースを溶かす）に溶かし，これを細孔のあるノズルから希硫酸中に押し出しセルロースを再生し凝固，紡糸したものが銅アンモニアレーヨン（キュプラ），またはドイツのベンベルグ社で初めて成功したので**ベンベルグレーヨン**とも云われるものである。銅アンモニアレーヨンはビスコースレーヨンに比べ，耐久力や耐摩耗性が大きく，優雅な光沢をもつ絹に似た繊維として用いられる。

(iii)　ステープルファイバー

長いレーヨンを切断し，短い繊維にしたものをステープルファイバー（staple fiber〈スフ〉）といい，これはフィラメント（長繊維）に対する語である。通常ビスコースレーヨンが多く用いられる。レーヨンは一般に強い光沢をもち別名，人造絹糸（人絹）とも呼ばれるが，レーヨンの繊維を短く切ってつむぎ合わせてステープルファイバーにすると外観が木綿に似てくる。

(iv)　アセテートレーヨン

セルロースに，硫酸を触媒として無水酢酸または氷酢酸を作用すると，セルロースのアルコール性 OH とエステルを形成して三酢酸セルロースができる。

$$[C_6H_7O_2(OH)_3]_n + 3n(CH_3CO)_2O \longrightarrow [C_6H_7O_2(OCOCH_3)_3]_n + 3nCH_3COOH$$

三酢酸セルロース

この三酢酸セルロースはアセトンに不溶で不燃性なので，薄膜にして映画のフィルムなどに用いられる。三酢酸セルロースに酢酸水溶液を加えて，加水分解すると二酢酸セルロースになる。

$$[C_6H_7O_2(OCOCH_3)_3]_n + nH_2O \longrightarrow [C_6H_7O_2(OH)(OCOCH_3)_2]_n + nCH_3COOH$$

二酢酸セルロース

この二酢酸セルロースはアセトンに可溶なので，アセトンに溶かし，これを細孔のついたノズルから押し出し，これに熱風をあててアセトンを蒸発させて凝固，紡糸したレーヨンがアセテートレーヨン（acetate rayon）である。アセテートレーヨンは，ビスコースレーヨンや銅アンモニアレーヨンなどに比して高価であるが，比重が小さく，したがって軽く，吸湿性が少なく耐水性が大きい。

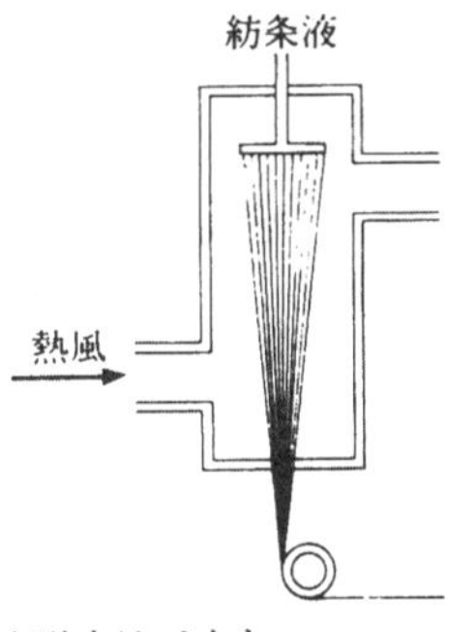

(v)　セルロースの硝酸エステル

セルロースに濃硝酸と濃硫酸（混酸）を作用させると，外観は変わらないが，セルロースのアルコール性 OH と HNO_3 がエステルをつくる。これをニトロセルロースと呼ぶが，ニトロ化合物（硝酸のNが直接Cについている）ではなく，硝酸エステルである。

$$[C_6H_7O_2(OH)_3]_n + 3nHNO_3 \longrightarrow [C_6H_7O_2(ONO_2)_3]_n + 3nH_2O$$

この反応のように -OH が全部エステル化されたものを三硝酸エステルといい，別名，綿火薬といい爆発性が大きい（発火温度約 230℃）ので無煙性火薬に用いられる。

また，水酸基の 2/3 がエステル化された二硝酸エステル $[C_6H_7O_2(OH)(ONO_2)_2]_n$ をピロキシリンという。ピロキシリンはエーテルとアルコールの混合溶液に溶ける。これを**コロジオン**（collodion）といい，半透膜や液体バンソーコーに使用される。また写真感光膜もつくられる。

ピロキシリンを酢酸ブチルなどの溶媒に溶かし，着色料などを加えたものはニトロセルロース・ラッカーと呼ばれ，自動車や電車の車体の塗装に用いられる。またピロキシリンにショウノウを加えてエタノールでよく練り合わせてつくった合成樹脂が，**セルロイド**（celluloid）である。これは引火性が強く，爆発的に燃えるので現在ではほとんど用いられない。

(vi)　イヌリン（inulin）

イヌリンは菊科植物のダリヤ，キクイモなどに含まれる多糖類で，加水分解すると主として果糖を生ずるので，従来は果糖だけを構成要素とする多糖類とされていたが，分子の一部にブドウ糖も含まれていることが分かった。工業的には果糖の原料として用いられる。

【問題】　ブドウ糖を室温で水溶液から結晶させたものは下図(a)であるが，これを水に溶かすとその一部は徐々に(b)をへて(c)になり，一定時間後には(a)(b)(c)が平衡状態になる。ブドウ糖について問1～4に答えよ。

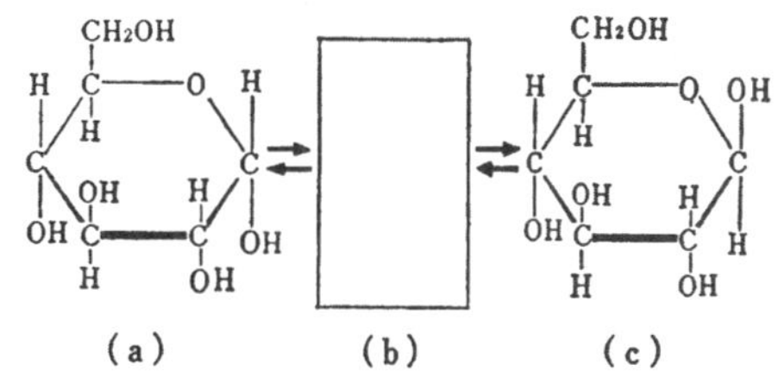

問1　(b)の構造式を記せ。

問2　(b)は何型と呼ばれているか。

問3　ブドウ糖は銀鏡反応を示す。これは(a)(b)(c)のうち，いずれの構造をとった場合におこると考えるか。またそう判断した理由も記せ（20字程度）。

問4　ブドウ糖は水によく溶ける。これはブドウ糖分子中のいかなる基に起因するか。

島根医大

【解答】　問1

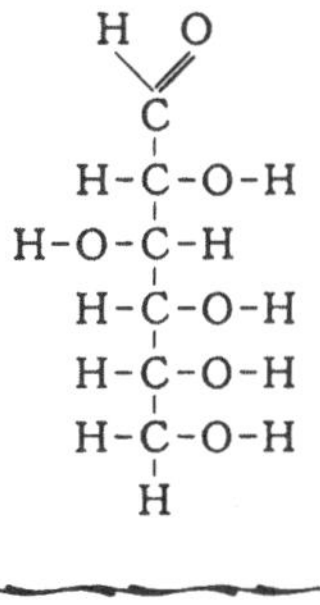

```
    H   O
     \ //
      C
      |
  H-C-O-H
      |
H-O-C-H
      |
  H-C-O-H
      |
  H-C-O-H
      |
  H-C-O-H
      |
      H
```

問2　鎖式（アルデヒド）型

問3　(b)（理由）アルデヒド基を有するため還元性を有し，銀鏡反応を示す。

問4　水酸基

【問題】 次の文を読み，下記の各問に答えよ。

セルロース $(C_6H_{10}O_5)_n$ は植物の細胞壁の主成分で，植物のおよそ30～50％を占めている。綿，パルプ，ろ紙などは比較的純粋なセルロースである。セルロースは β-グルコース（β-ブドウ糖）が 3×10^3～6×10^3 個縮重合した構造をもっていて，ほとんどの溶媒に溶けにくい。(イ)セルロースは希硫酸または希塩酸と長時間煮沸すると，加水分解してグルコースになり，また，酵素で加水分解するとグルコースが2個縮合した構造のセロビオースを生ずる。(ロ)セルロース，セロビオースともにフェーリング溶液を還元しない。

問1　β-グルコースの異性体ででん粉やマルトース（麦芽糖）を構成するものは何か。その物質名を書け。

問2　β-グルコースには不斉（不整）炭素が何個含まれるか。

問3　グルコースが水に溶け易い理由を述べよ。

問4　下線の部分(イ)の化学反応式を書け。（50字以内）

問5　セルロースでは，β-グルコースが次のどの結合または分子間力でつながっているか。最も適当なものを番号で記入せよ。

1. π（パイ）結合　2. エステル結合
3. エーテル結合　4. 水素結合
5. 金属結合　6. ファンデルワールス力

問6　セロビオースの分子式を書け。

問7　下線の部分(ロ)に誤りがある。正しい文章に直せ。

熊本大

【解答】 問(1)　α-グルコース　　問(2)　5個

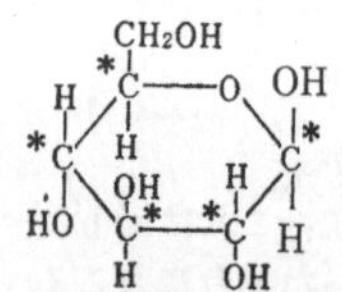

問(3)　水酸基が一分子中に5個もあり，水と水素結合をつくってよく溶ける。

問(4)　$(C_6H_{10}O_5)_n + nH_2O \longrightarrow nC_6H_{12}O_6$

問(5)　1-4結合はエーテル結合だから，3.

問(6)　$C_{12}H_{22}O_{11}$

問(7)　セルロースは多糖類で還元性をもたないが，セロビオースは還元性があり，フェーリング溶液を還元する。

【問題】 次にあげた炭水化物の組合せのうち，両方ともフェーリング液を還元しない炭水化物である組はどれか。

(イ)　ブドウ糖，ショ糖　　(ロ)　果糖，デンプン
(ハ)　乳糖，ショ糖　　(ニ)　麦芽糖，デンプン
(ホ)　ショ糖，デンプン

慶応大(医)

【解答】 (ホ)

【問題】 次の文章1～14の中に適当な語句を下の用語群より選び，ア～ナの記号で記入せよ。またAおよびBには数値を記入せよ。

セルロースとデンプンは（ 1 ）であり，同じ（ 2 ）で表わすことができる。これらを加水分解すればともに（ 3 ）だけを生じる。水溶液中で（ 3 ）は（ 4 ）が63％，（ 5 ）が37％で平衡状態にあることが知られている。従って（ 4 ）$\rightleftarrows$（ 5 ）の平衡定数は A［　　］である。平衡反応は鎖状中間体を経て行われていると考えられ，その鎖状の（ 3 ）は，その中に含まれる（ 6 ）基のためにフェーリング溶液を（ 7 ）する。また，鎖状の（ 3 ）は4個の不整炭素原子を含むので B［　　］種の異性体が考えられる。

セルロースは（ 4 ）の1,4-結合によってできた長い鎖状分子である。一方，デンプンは温水に可溶なアミロースと，不溶なアミロペクチンに分離することができる。アミロースは（ 5 ）の1,4-結合によってできた長い鎖状分子であるが，アミロペクチンは（ 5 ）の 1,4-結合でできた鎖状分子に，1,6-結合でできる枝分れが存在する。（ 4 ）と（ 5 ）は（ 8 ）であり，これらを単量体として（ 9 ）によって生成した重合体が，それぞれセルロースおよびデンプンとみることができる。

セルロースは，その構造単位に含まれている3個の（ 10 ）基で，分子内および分子間に強い水素結合をつくり，これによって（ 11 ）が70％以上存在する。デンプンの冷溶液はヨウ素によって着色し，アミロース鎖の長いものほど（ 12 ）色が濃い。アミロースを酸または酵素で（ 13 ）すれば，ヨウ素による呈色はしだいに（ 12 ）から（ 14 ）に変り，最後は呈色しなくなる。

用語群：

ア　光学異性体　イ　構造異性体　ウ　幾何異性体　エ　分子式　オ　組成式　カ　構造式　キ　結晶部分　ク　非結晶部分　ケ　ブドウ糖　コ　α-ブドウ糖　サ　β-ブドウ糖　シ　付加重合　ス　縮重合　セ　加水分解　ソ　還元　タ　酸化　チ　青　ツ　赤　テ　緑　ト　水酸　ナ　アルデヒド

ただし，Aは小数点以下第1位まで求めよ。

横国大

【解答】 1―イ　2―オ　3―ケ　4―サ　5―コ　6―ナ　7―ソ　8―ウ　9―ス　10―ト　11―キ　12―チ　13―セ　14―ツ　A―0.6　B―16

【解説】 水溶液中では α-グルコースと β-グルコースが平衡状態に達して存在している。

α-グルコースが37％，β-グルコースが63％

であるから β-グルコース ⇄ α-グルコースの平衡定数Kは

$$K=\frac{[\alpha-C_6H_{12}O_6]}{[\beta-C_6H_{12}O_6]}=\frac{37}{63}=0.587$$

【問題】 次の文を読み，問(1)〜(9)に答えよ。ただし文中の1)，2)，3)，……は，それぞれ問(1)，(2)，(3)，……に関連する部分である。

グルコース（ブドウ糖）$C_6H_{12}O_6$ は分子量がかなり大きいにもかかわらず水溶性で，また水溶液は中性であるから，複数の水酸基を持っていると考えられる[1]。そこで水酸基が何個含まれているかを知るために，グルコースをあるモノカルボン酸（1分子中にカルボキシル基が1個あるカルボン酸）XとのエステルYにかえたところ，Yの分子量は390であり，水酸基は残っていなかった。Y 390 mg を 1.0 規定水酸化ナトリウム 15.0 ml とともに加熱して，エステルを完全に加水分解した。ここで水酸化ナトリウムはエステルの加水分解にだけついやされたものとする。得られた溶液を1.0規定塩酸で滴定したところ，10.0 ml を加えたときに当量点に達した[2][3][4]。グルコースはマルトース(麦芽糖)，デンプン，セルロースなどの構成単位として天然に広く存在している。これらの天然物の中でグルコース単位は6個の原子からなる環状構造をとっている[5]。マルトースは形式的にはグルコース2分子から水1分子がとれて縮合した構造を[6][7][8]，セルロースは多数のグルコースが縮重合した構造を持っている[9]。

問(1) (ア) 水酸基を持つ有機化合物には水に溶けないものもあるが，水に溶けるものが多いのはなぜか。また，(イ) 炭素数が等しいのに，シクロヘキサノールにくらべて，グルコースの方が著しく水に溶けやすいのはなぜか。おのおの1行以内で書け。

$H_2C\langle{}^{CH_2-CH_2}_{CH_2-CH_2}\rangle CHOH$ シクロヘキサノール

問(2) グルコースには水酸基が何個含まれているか。計算と考え方のすじ道を記せ。原子量は H＝1.0，C＝12.0，O＝16.0 とする。

問(3) カルボン酸Xの名称を記せ。計算と考え方のすじ道を記せ。

問(4) 分子式とこの実験結果だけから考えると，グルコースはどのような示性式で表わされるか。(例)のアミノ基のように，水酸基の数が明示されている形で書け。

(例) ヘキサメチレンジアミン $C_6H_{12}(NH_2)_2$

問(5) これらの天然物の中で，グルコースはどのような環状構造をとっているか。例にならって，環を構成している原子だけを書け。

(例)
```
C—C
|  |
C—C
```

問(6) マルトース1分子が加水分解されてグルコース2分子を生じるとき，(ア) 切れる結合，(イ) 新たに生じる結合，のすべてを例にならって書け。

(例) (ウ) Si-Cl, S-Hg, ……

問(7) 反応物（反応式の左辺の物質）としては炭素数1個の化合物のみを用い，反応の際切れる結合および新たに生じる結合が問(6)の解答に等しい縮合反応の例を化学反応式を用いて示せ。反応物，生成物のすべてを価標を省略しない構造式で表わせ。

問(8) マルトースの示性式を問(4)の例と同じ形式で書け。

問(9) セルロースの基本構造を表わす示性式を，問(4)の例と同じ形式で下に示す例を参照して書け

(例) 6-ナイロン $[-HNC_5H_{10}CO-]_n$

ポリアクリロニトリル $[-C_2H_3(CN)-]_n$

東大

【解答】 問(1) (ア)水酸基と水分子の間に水素結合ができるからである。(イ)1分子中の炭素数が6個で等しいが，水酸基がシクロヘキサノールは1個，グルコースは5個と多いから。

問(2) ブドウ糖には水酸基がn個あるとし，ブドウ糖を $R(OH)_n$ で表し，モノカルボン酸を R′-COOH とすれば，そのエステルYは $R(OCOR')_n$ で表される。次にこのエステルを加水分解するにはエステル1モルに水酸化ナトリウムは n モル必要である。Y(＝390) 390 mg は1/1000モルだから，これを加水分解するには n/1000 モルの NaOH を必要とする。

$$R(OCOR')_n+nNaOH \longrightarrow R(OH)_n+nR'COONa$$

1モル(＝390 g)　　n モル

1/1000モル(＝390 mg)　n/1000モル

1.0N-NaOH 15.0 ml 中エステルの加水分解に使用されたのは 15.0−10.0＝5.0 ml でこの中に含まれる NaOH は $\frac{1.0}{1000}\times 5.0=\frac{5.0}{1000}$ モル

したがって n＝5 となる。(答) 5個

問(3) グルコースは $[C_6H_7O(OH)_5]$ で示すことができるから，そのエステルYは $[C_6H_7O(OCOR')_5]$ で表され，その分子量が390であるから，

$[C_6H_7O(OCOR')_5]=390$　　∴ R′＝15

すなわち，カルボン酸Xは CH_3COOH である。(答) 酢酸

問(4) OH が5個あるから $C_6H_7O(OH)_5$

問(5)
```
  C—O
C<     >C
  C—C
```

問(6)

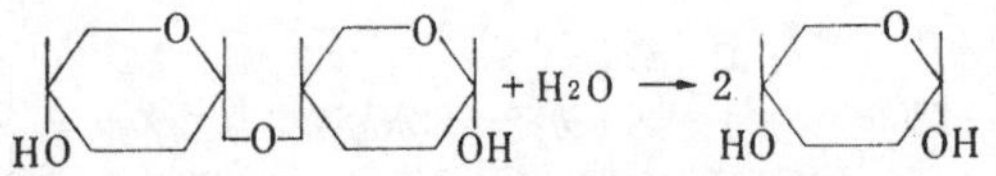

HO◯(環)−O−◯(環)OH + H_2O ⟶ 2 HO◯(環)OH

(答) (ア) C-O, O-H (イ) C-O, H-O

問(7) $H-\underset{H}{\overset{H}{C}}-O-H + H-O-\underset{H}{\overset{H}{C}}-H \longrightarrow H-\underset{H}{\overset{H}{C}}-O-\underset{H}{\overset{H}{C}}-H$

$+H-O-H$

問(8) マルトースの分子式は $C_{12}H_{22}O_{11}$ でその成分であるグルコースが1-4結合してできている。

(答) $[C_6H_7O(OH)_4]_2O$

問(9) (答) $[-C_6H_7O_2(OH)_3-]_n$

【問題】 次の文章中の［　］に適当な語句または化学式を記入し，下線で示した化学反応(1)と(2)について解答せよ。

いも類や米，麦，そばなどに含まれているデンプンや植物細胞膜に含まれているセルロースを希硫酸とともに加熱すると加水分解され，中間生成物としておのおのから麦芽糖と[a]［　］の[b]［　］類をとりだすことができる。しかし，最終生成物としてはどちらの場合にも組成が[c]［　］であらわされるブドウ糖がえられるので，デンプンもセルロースも多数のブドウ糖が結合してできている点では同じであるといえる。両方とも組成は[d]［　］であらわされるが，その結合のしかたや性質には大きな違いがある。デンプンは温水に溶けて[e]［　］溶液をつくり，[f]［　］と反応して青紫色を呈する。食物として摂取されると消化液の中の(1)アミラーゼにより麦芽糖に，ついで[g]［　］によりブドウ糖にまで分解されて，吸収される。一方，セルロースは温水にも溶けず，デンプンの場合と異なり[f]［　］を加えても呈色反応は起こらない。

(2)[h]［　］を触媒としてセルロースに無水酢酸と[i]［　］を作用させると，組成が[j]［　］であらわされる三酢酸セルロースができる。これはアセテートレーヨンの原料となる。

(1) デンプン78gに温水を加えて1.2l の溶液をつくり，これにアミラーゼを充分量加えてしばらく放置した。その後，この溶液 120 ml をとり，多量のフェーリング液を加えて煮沸したら2.76gの赤色沈殿が得られた。デンプンの何%が麦芽糖に変化したか。ただし，フェーリング液を還元するものは麦芽糖のみとし，麦芽糖1モルは Cu_2O 1モルに相当する。

(2) セルロース243g を三酢酸セルロースにするには少くとも何gの無水酢酸が必要か。

旭川医大

【解答】 a. セロビオース　b. 二糖　c. $C_6H_{12}O_6$　d. $(C_6H_{10}O_5)_n$　e. コロイド　f. ヨウ素　g. マルターゼ　h. 濃硫酸　i. 氷酢酸　j. $[C_6H_7O_2(OCOCH_3)_3]_n$　また組成が，とあるから $C_6H_7O_2(OCOCH_3)_3$ でもよい。

(1) デンプン78g 1.2l に含む液を，120ml とった（アミラーゼを加えることによる体積変化は無視することにする）から，もとのデンプン7.8gが含まれていたことになる。これより生じた麦芽糖 $C_{12}H_{22}O_{11}(=342)$ は $Cu_2O(=143)$ 2.76g 生じたから，$\frac{2.76}{143}$ モルである。いまこのデンプン分子が n 個のブドウ糖分子が脱水縮合してできているとすれば，その分子式は $(C_6H_{10}O_5)_n(=162n)$ で表されるから，7.8g のデンプンは $\frac{7.8}{162n}$ モルで，それを形成しているブドウ糖は $\frac{7.8}{162n} \times n = \frac{7.8}{162}$ モルである。一方，$\frac{2.76}{143}$ モルの麦芽糖を形成しているブドウ糖は $\frac{2.76}{143} \times 2$ モルであるから，分解されたデンプンは

$$\frac{\frac{2.76}{143} \times 2}{\frac{7.8}{162}} \times 100 = 80.2(\%)$$

……答

(2) $(C_6H_{10}O_5)_n$ ―― $3n(CH_3CO)_2O$

$162n$ 　　 $3n \times 102$

243g 　　 xg

$$x = \frac{243 \times 3n \times 102}{162n} = 459(g)$$ ……答

【問題】 次の文を読み，問1～3に答えよ。

ある炭水化物Xの元素分析値は炭素42.05%，水素6.51%であった。また，Xの分子量を測定したところ，342.3の値が得られた。これより，Xの分子式は（ イ ）であることがわかる。Xの水溶液は光の偏光面を右に回転させる性質（右旋性）をもつ。これに[a]［　］と呼ばれる酵素を作用させて[b]［　］すると，化合物YとZが等モル生じ，溶液は光の偏光面を左に回転させる性質（左旋性）に変わる。化合物Yはデンプンの[b]［　］によっても得られる。化合物Yの溶液にフェーリング溶液を加えると，（ ロ ）の赤色沈殿が生じる。これはフェーリング溶液中の（ ハ ）が化合物Yの[c]［　］基を[d]［　］基に[e]［　］した結果である。なお，炭水化物Xが光の偏光面を回転させる性質は，分子中に（ ニ ）が存在するためである。

問1 上の文中，イ～ハの（ ）内には適当な化学式を，ニの（ ）内には適当な語を入れよ。ただし，原子量はH=12.0，C=16.0とする。

問2 上の文中，a～eの［　］内に該当する語を下の語群から選び，その番号を記せ。

(1)エステル化　(2)酸化　(3)付加　(4)けん化
(5)加水分解　(6)還元　(7)脱離　(8)スルホン化
(9)縮合　(10)エノール化
(11)ホルミル(アルデヒド)　(12)カルボキシル
(13)水酸　(14)アミノ　(15)フェニル
(16)アセチル　(17)メチル　(18)ペプシン
(19)インベルターゼ　(20)ペプチダーゼ
(21)トリプシン　(23)キモトリプシン

問3　化合物Yにはα型とβ型の異性体があり，水溶液中では両者が平衡混合物として存在する。α型，β型の水溶液はともに右旋性を示し，その 1mol/l 溶液は偏光面をそれぞれ 19.98° と 3.42°回転させ，両者の平衡混合物の回転角度は 9.36° である。偏光面の回転角度の大きさは溶液の濃度に比例するものとして，この平衡混合物中に存在するα型は何パーセントであるか計算せよ。答は小数点以下２桁目を四捨五入せよ。

青山学院大

【解答】 問１，問２，C，H，Oの原子数の比は

$$C:H:O=\frac{42.05}{12}:\frac{6.51}{1}:\frac{(100-42.05-6.51)}{16}$$

$=12:22:11$

組成式は $C_{12}H_{22}O_{11}$(＝342)，分子量が342.3だから分子式も $C_{12}H_{22}O_{11}$ であり，炭化水素Xは二糖類である。これにインベルターゼで加水分解するとYとZが等モル生じるから，Xはショ糖でYとZはブドウ糖と果糖である。Yはデンプンを加水分解しても得られるからYがブドウ糖，Zは果糖である。

問３　１モルのブドウ糖のうちxモルがα型であるとすれば β-型は $(1-x)$ モルである。したがって，

$19.98x+3.42(1-x)=9.36$

$\therefore\ x=0.3586\fallingdotseq 0.359$

(答)　問１　イ. $C_{12}H_{22}O_{11}$　ロ. Cu_2O　ハ. Cu^{2+}
ニ. 不斉炭素原子（アシメ炭素）
問２　a―(19)　b―(5)　c―(11)　d―(12)
e―(2)　　問３　35.9%

メ　モ

有機化学特講 ……………〈鎖式化合物〉

■内容■

●アミノ酸とタンパク質について

第10章 アミノ酸とタンパク質

第1節 総 説

タンパク質 (protein) という名称は，ギリシア語で第一位という意味の Proteios からつけられたもので，これはタンパク質が生命をつくる物質で，すべての化合物で第一位に置かれるべきであるという意味である。

タンパク質は，動物体の大部分を構成し（セルロースが植物体の構成物質であるように），皮膚，筋肉，腱，神経および血液の主物質であり，酵素を形成し，抗体ともなる。また，ある種のホルモンもタンパク質である。また，あるものは単に栄養としてエネルギー源ともなる。タンパク質は高分子化合物で，その分子量は約10000から数百万で，加水分解すると塩基性のあるアミノ基$-NH_2$と，酸性を示すカルボキシル基$-COOH$を同一分子内に有する化合物であるアミノ酸 (amino acid) または，アミノカルボン酸になる。

アミノ基およびカルボキシル基はそれぞれ1個ずつのときもあるが，2個以上のものもあり，タンパク質を構成するアミノ酸では，1個のアミノ基は，必ずカルボキシル基に対して α 位の炭素に結合した α-アミノ酸である。そして1つのアミノ酸のアミノ基$-NH_2$と他のアミノ酸のカルボキシル基の間から水がとれて，アミド型 (-CONH-) に結合して高分子をつくる。この結合をペプチド結合といい，ペプチド結合してできたものをペプチド (peptide) という。

$$\underset{\displaystyle NH_2}{R-\overset{}{C}H-COOH}$$

α-アミノ酸

$$-COOH+NH_2- \xrightarrow{-H_2O} -CONH-$$

ペプチド結合

2つのアミノ酸がペプチド結合したものをジペプチド，3つのアミノ酸がペプチド結合したものをトリペプチド，多くのアミノ酸がペプチド結合したものをポリペプチド (polypeptide) といい，タンパク質とは，アミノ酸が100個から約50000個くらいがペプチド結合したポリペプチドである。タンパク質を加水分解すると，このペプチド結合が切れて個々の α-アミノ酸になるから，タンパク質の部分構造と加水分解の形式は次の一般式で表される。

$$-NH-\overset{R_1}{C}H-CO-NH-\overset{R_2}{C}H-CO-NH-\overset{R_3}{C}H-CO-$$

$$\longrightarrow \cdots + H_2N-\overset{R_1}{C}H-COOH + H_2N-\overset{R_2}{C}H-COOH + H_2N-\overset{R_3}{C}H-COOH + \cdots$$

天然のタンパク質の種類は多いが，それらを加水分解して得られるアミノ酸は現在までに30余種が知られているが，普通にみられるものはその内の**約20種**である。タンパク質の種類により含まれるアミノ酸の種類や含有率および結合順序は異なるが，タンパク質はおよそC:45～55%，H:6～8%，O:19～25%，N:14～20%，S:0～4% の割合で各元素を含む。特に窒素Nは平均**16%**が含まれているので，Nをキェルダル法で定量し，Nの量を$\frac{100}{16}=6.25$倍してタンパク質の量を求めることができる。またタンパク質にはアミノ酸だけがペプチド結合してできたもの，したがって加水分解により，α-アミノ酸だけを生ずる**単純タンパク質** (simple protein) と，アミノ酸とアミノ酸以外の化合物からなる**複合タンパク質** (conjugated protein) がある。

第2節 アミノ酸

1. 概 説

タンパク質を構成するアミノ酸は，すべて α-アミノ酸で，脂肪族系，芳香族系，複素環系があり，そのど

脂肪族系中性アミノ酸		
名　　称	略記号	構　造　式
グ リ シ ン Glycine	Gly	H_2NCH_2COOH
ア ラ ニ ン Alanine	Ala	$CH_3-CH(NH_2)-COOH$
*バ リ ン Valine	Val	$(CH_3)_2CH-CH(NH_2)-COOH$
*ロ イ シ ン Leucine	Leu	$(CH_3)_2CH-CH_2-CH(NH_2)-COOH$
*イソロイシン Isoleucine	Ileu	$(CH_3)(CH_3CH_2)CH-CH(NH_2)-COOH$
セ リ ン Serine	Ser	$HOCH_2CH(NH_2)-COOH$
*ス レ オ ニ ン Threonine	Thr	$CH_3-CH(OH)-CH(NH_2)-COOH$
シ ス テ イ ン Cysteine	Cy−SH	$HS-CH_2-CH(NH_2)COOH$
シ ス チ ン Cystine	Cys−Cys	$S-CH_2-CH(NH_2)COOH$ / $S-CH_2-CH(NH_2)-COOH$
*メ チ オ ニ ン Methionine	Met	$CH_3S-CH_2CH_2-CH(NH_2)-COOH$

芳香族系中性アミノ酸		
名　　称	略記号	構　造　式
*フェニルアラニン Phenylalanine	Phe	$-CH_2-CH(NH_2)COOH$
チ ロ シ ン Tyrosine	Try	$HO-\ -CH_2CH(NH_2)COOH$

複素環系中性アミノ酸		
名　　称	略記号	構　造　式
プ ロ リ ン Proline	Pro	CH_2-CH_2, CH_2, $CH-COOH$, N, H
オキシプロリン Hydroxyproline	Hypro	$HO-CH-CH_2$, CH_2, $CH-COOH$, N, H
*トリプトファン Tryptophane	Try	$-CH_2CH(NH_2)COOH$, N, H

脂肪族系塩基性アミノ酸		
名　　称	略記号	構　造　式
ア ル ギ ニ ン Arginine	Arg	$(H_2N)(HN=)C-NHCH_2CH_2CH_2-CH(NH_2)COOH$
*リ ジ ン Lysine	Lys	$H_2N-CH_2CH_2CH_2CH_2-CH(NH_2)COOH$

複素環系塩基性アミノ酸		
名　　称	略記号	構　造　式
ヒ ス チ ジ ン Histidine	His	$HC=C-CH_2-CH(NH_2)-COOH$, N, NH, CH

脂肪族系酸性アミノ酸		
名　　称	略記号	構　造　式
アスパラギン酸 Aspartic acid	Asp	$HOOC-CH_2-CH(NH_2)-COOH$
グルタミン酸 Glutamic acid	Glu	$HOOC-CH_2CH_2-CH(NH_2)-COOH$

れもが塩基性を示すアミノ基$-NH_2$と酸性を示すカルボキシル基$-COOH$を少なくとも1個ずつもっている。このためアミノ酸は塩基性と酸性の両方をもつ両性化合物であるが，2種の基が1個ずつのときはそれらの性質が分子内で中和していると考えられるので中性アミノ酸 (neutral amino acid) という。

次にα-位のアミノ基以外にアミノ基を有するものは塩基性が勝っているので，塩基性アミノ酸 (basic amino acid)，それに対しカルボキシル基を2個，アミノ基が1個のアミノ酸では酸性が勝っているので酸性アミノ酸(acidic amino acid)という。タンパク質に一般に広く含まれているアミノ酸をp.121の表に示す。これらの内，＊印のついた8種のアミノ酸は人体に不可欠な**必須アミノ酸** (essential amino acid) である。

$R\text{-}CH(NH_2)\text{-}COOH$ 中性アミノ酸

$H_2N\text{-}\square\text{-}CH(NH_2)\text{-}COOH$ 塩基性アミノ酸

$HOOC\text{-}\square\text{-}CH(NH_2)\text{-}COOH$ 酸性アミノ酸

人体を構成する種々のタンパク質には通常のアミノ酸が含まれているが，8種の必須アミノ酸は人体の正常な発育に十分な量，または十分な速度で体内で合成することができない。したがって，成人はこれらの化合物を1日に1～2gを動植物タンパク質の形で摂取しなければならない。かなりのタンパク質がアミノ酸を全部含んでいるが，すべてのタンパク質がそうであるわけではない。カゼイン (casein)〔牛乳中のタンパク質〕には20種の通常アミノ酸のうち19種と，必須アミノ酸の全部が含まれている。ゼラチン (gelatin)〔動物の結合組織から得られるタンパク質であるコラーゲン(collagen)からつくる〕には19種のアミノ酸が含まれているが，必須アミノ酸のトリプトファンが欠けている。またゼイン (zein)〔トウモロコシのタンパク質〕にはリジンとトリプトファンが欠けている。したがって，バランスのとれた食事をするには，通常，数種のタンパク源を用い，全部の必須アミノ酸を必要量摂取するようにすべきである。

2. 合成法

タンパク質を構成しているα-アミノ酸は，タンパク質の加水分解によって得られる。次に合成法で簡単なものについて述べる。

(a)ハロゲンカルボン酸にアンモニアを作用する。

ハロゲンカルボン酸に大過剰のアンモニア水を作用させる。

$$Cl\text{-}CH_2\text{-}COOH + NH_3 \longrightarrow H_2N\text{-}CH_2COOH + HCl$$

モノクロロ酢酸　　　　グリシン

(b)アルデヒドにシアン化水素とアンモニアを作用させてアミノニトリルとし，次いで加水分解してニトリル基をカルボキシル基に変える。(Strecker 法)

$$R\text{-}C(=O)\text{-}H \xrightarrow{HCN} R\text{-}CH(OH)(CN) \xrightarrow{NH_3} R\text{-}CH(NH_2)(CN) \xrightarrow{\text{加水分解}} R\text{-}CH(NH_2)\text{-}COOH$$

シアノヒドリン　アミノニトリル

3. アミノ酸の性質

アミノ酸は塩基性を示すアミノ基と，酸性を示すカルボキシル基を少なくとも1個ずつもっているから，両性を示す。すなわち，酸とも塩基とも塩を形成する。アミノ酸は，結晶中または水溶液ではカルボキシル基からのH^+がアミノ基のNのローンペアに配位結合して，陽電荷と陰電荷の両方をもつ両性イオン〔双性イオン，双極イオン，(zwitter ion)〕となって存在している。

$$H_2N\text{-}CHR\text{-}COOH \longrightarrow H_3\overset{\oplus}{N}\text{-}CHR\text{-}COO^{\ominus}$$

非イオン化アミノ酸　　アミノ酸両性イオン

したがって，アミノ酸の融点は有機化合物であるにもかかわらずそれが高いのは，普通の有機化合物は分子性結晶であるがアミノ酸の結晶はイオン性結晶であるからである。事実，アミノ酸の結晶を加熱すると150℃～300℃の間で融解しないで分解してしまうものが多い。また極性をもっているからアミノ酸は水によく溶けるものが多く，無極性の有機溶媒にはほとんど溶けない。

したがって，エステル化して$-COOH \longrightarrow -COOR$としてその酸性をなくすと，アミノ基による塩基性のみを示し，またアミノ基をアセチル化したり，($-NH_2 \longrightarrow -NHCOCH_3$)ホルマル化したり($-NH_2 \xrightarrow{HCHO} -N{=}CH_2$)して，その塩基性をなくすとふつうのカルボン酸として作用し，いずれの場合も有機溶媒に可溶になる。

アミノ酸を水に溶かすと次のような電離平衡が存在する。すなわち，

$$H_3\overset{\oplus}{N}\text{-}CHR\text{-}COO^{\ominus} + H_2O \rightleftarrows H_3\overset{\oplus}{N}\text{-}CHR\text{-}COOH + OH^- \cdots ①$$

両性イオン(Ⅰ)　　陽イオン(Ⅱ)

および

$$H_3\overset{\oplus}{N}\text{-}CHR\text{-}COO^{\ominus} + H_2O \rightleftarrows H_2N\text{-}CHR\text{-}COO^{\ominus} + H_3O^+ \cdots ②$$

両性イオン(Ⅰ)　　陰イオン(Ⅲ)

のように2種の電離平衡が存在する。①はアミノ酸が塩基として，②はアミノ酸が酸として電離平衡に到達しているが，アミノ酸は酸としても塩基としても弱いので①および②の平衡はほとんど右に進行せず，溶液中ではアミノ酸は両性イオン(Ⅰ)の形で存在する。アミノ酸の水溶液に酸を加えるとアミノ酸は塩基として作用し，①の平衡は右へ移動しアミノ酸は陽イオンと

なる。

そのため，この溶液に2枚の電極を入れ電圧をかけると，アミノ酸は陽イオンだから陰極に向って移動する。また，アミノ酸の水溶液にアルカリを加えるとアミノ酸は酸として作用し，②の平衡は右へ移動しアミノ酸は陰イオンとなるから，電解するとアミノ酸は陽極へ移動する。このようにアミノ酸は溶液中，その pH によって移動する極が異なる。すなわち，pH が小さいと（酸性では）陰極へ，pH が大きいと（アルカリ性では）陽極へ移動する。また両性イオンとして存在するときは，どちらの極にも移動せず電気を導かない。以上をまとめると次のようになる。

$$\overset{\oplus}{H_3N}\text{-}\underset{}{\overset{R}{\overset{|}{C}}}H\text{-}COOH \underset{H^+}{\overset{OH^-}{\rightleftarrows}} \overset{\oplus}{H_3N}\text{-}\overset{R}{\overset{|}{C}}H\text{-}CO\overset{\ominus}{O} \underset{H^+}{\overset{OH^-}{\rightleftarrows}} H_2N\text{-}\overset{R}{\overset{|}{C}}H\text{-}CO\overset{\ominus}{O}$$

陽イオン(Ⅱ)　　両性イオン(Ⅰ)　　陰イオン(Ⅲ)

したがって酸性ではⅡの形であり，アルカリ性ではⅢの形で存在するが，適当な pH にするとⅠの形の両性イオンとなり，電極を入れて電圧をかけてもいずれの極へも移動しなくなる。

このときの pH をそのアミノ酸の**等電点**(isoelectric point) といい，pHi または pI で表し，各アミノ酸に固有な値を有し，中性アミノ酸の pHi はほとんど中性に近いが，塩基性のアミノ酸は塩基性の側に，酸性アミノ酸は酸性の側にある。

さて，アミノ酸は弱酸であり弱塩基であるから，それぞれに対する電離定数を求めることができる。まず酸としての電離定数 K_a は次のように表される。

$$\overset{\oplus}{H_3N}\text{-}\overset{R}{\overset{|}{C}}H\text{-}CO\overset{\ominus}{O} + H_2O \rightleftarrows H_2N\text{-}\overset{R}{\overset{|}{C}}H\text{-}CO\overset{\ominus}{O} + H_3\overset{\oplus}{O}$$

または

$$\overset{\oplus}{H_3N}\text{-}\overset{R}{\overset{|}{C}}H\text{-}CO\overset{\ominus}{O} \rightleftarrows H_2N\text{-}\overset{R}{\overset{|}{C}}H\text{-}CO\overset{\ominus}{O} + \overset{\oplus}{H}$$

$$K_a = \frac{[H_2NCHRCOO^-]\ [H^+]}{[^+H_3NCHRCOO^-]} \quad \cdots\cdots③$$

また，塩基としての電離定数 K_b は，次のように表される。

$$\overset{\oplus}{H_3N}\text{-}\overset{R}{\overset{|}{C}}H\text{-}CO\overset{\ominus}{O} + H_2O \rightleftarrows \overset{\oplus}{H_3N}\text{-}\overset{R}{\overset{|}{C}}H\text{-}COOH + OH^-$$

$$K_b = \frac{[^+H_3NCHRCOOH]\ [OH^-]}{[^+H_3NCHRCOO^-]} \quad \cdots\cdots④$$

等電点では酸としての電離度と，塩基としての電離度は共に等しいから，

$$[H_2NCHRCOO^-] = [^+H_3NCHRCOOH]$$

ゆえに③式を④式で辺々割ると，

$$\frac{K_a}{K_b} = \frac{[H^+]}{[OH^-]} \quad \cdots\cdots⑤$$

しかるに水のイオン積を K_w とおけば

$K_w = [H^+][OH^-]$，$[OH^-]$ を消去すれば⑤式は次のようになる。

$$\frac{K_a}{K_b} = \frac{[H^+]}{\frac{K_w}{[H^+]}} = \frac{[H^+]^2}{K_w}$$

したがって，等電点における溶液中の $[H^+]$ は次のようになる。

$$[H^+] = \sqrt{\frac{K_a}{K_b} K_w} \quad \cdots\cdots⑥$$

両辺の対数をとれば

$$\log[H^+] = \frac{1}{2}(\log K_a - \log K_b + \log K_w)$$

$$\therefore \quad pHi = -\log[H^+] = \frac{1}{2}(-\log K_a + \log K_b - \log K_w)$$

$$= \frac{1}{2}(pK_a - pK_b + pK_w) \quad \cdots\cdots⑦$$

となる。ただし $pK_a = -\log K_a$，$pK_b = -\log K_b$，$pK_w = -\log K_w$ とする。

例えば，グリシン H_2N-CH_2-COOH の K_a および K_b は　$K_a = 2.52 \times 10^{-10}$ mol/l

$K_b = 2.19 \times 10^{-12}$ mol/l

であるから，

$pK_a = -\log K_a = 9.60$，$pK_b = -\log K_b = 11.66$

したがって，グリシンの等電点は⑦式より，

$$pHi = \frac{1}{2}(pK_a - pK_b + pK_w)$$

$$= \frac{1}{2}(9.60 - 11.66 + 14.00) = 5.97$$

となる。

等電点はまた次のようにして求められる。アミノ酸の塩酸塩 $[^+H_3NCHRCOOH]Cl^-$ を水に溶かすと，ほとんど完全に電離して陽イオン(Ⅱ)を生じる。これは次のように2段階に電離して2価の弱酸として反応する。

$$\overset{+}{H_3N} - \overset{R}{\overset{|}{C}}H - COOH \rightleftarrows \overset{+}{H_3N} - \overset{R}{\overset{|}{C}}H - COO^- + H^+$$

(Ⅱ)　　(Ⅰ)

$$\overset{+}{H_3N} - \overset{R}{\overset{|}{C}}H - COO^- \rightleftarrows H_2N - \overset{R}{\overset{|}{C}}H - COO^- + H^+$$

(Ⅰ)　　(Ⅲ)

それぞれの電離平衡に対する電離定数をそれぞれ K_1，K_2 とすれば，K_1，K_2 は次のように表される。

$$K_1 = \frac{[^+H_3NCHRCOO^-]\ [H^+]}{[^+H_3NCHRCOOH]}$$

$$K_2 = \frac{[H_2NCHRCOO^-]\ [H^+]}{[^+H_3NCHRCOO^-]}$$

ここで K_2 と K_a は等しい。さてこれに塩基，例えば水酸化ナトリウムの水溶液を滴加していくと，上の平衡はいずれも右へ進行し，ついに等電点になる。そのときは $[^+H_3NCHRCOOH] = [H_2NCHRCOO^-]$ となるから，上の2つの電離定数をかけると，

$$K_1K_2 = [H^+]^2$$

$$\therefore \quad [H^+] = \sqrt{K_1K_2}$$

両辺の対数をとって -1 を掛けると，

$$-\log[H^+] = -\frac{1}{2}(\log K_1 + \log K_2)$$

左辺はそのアミノ酸の等電点 pHi であり，
$pK_1=-\log K_1$，$pK_2=-\log K_2$ とすれば

$$pHi=\frac{1}{2}(pK_1+pK_2) \quad \cdots\cdots⑧$$

となる。たとえばグリシン H_2N-CH_2-COOH の $K_1=4.58\times10^{-3}$ mol/l，$K_2=2.52\times10^{-10}$ mol/l であるから，$pK_1=2.34$，$pK_2=9.60$ したがってグリシンの等電点は，⑧式より次のようになる。

$$pHi=\frac{1}{2}(2.34+9.60)=5.97$$

いまグリシン塩酸塩を水に溶かして，これを水酸化ナトリウムで滴定すると，次のような中和滴定曲線が得られる。

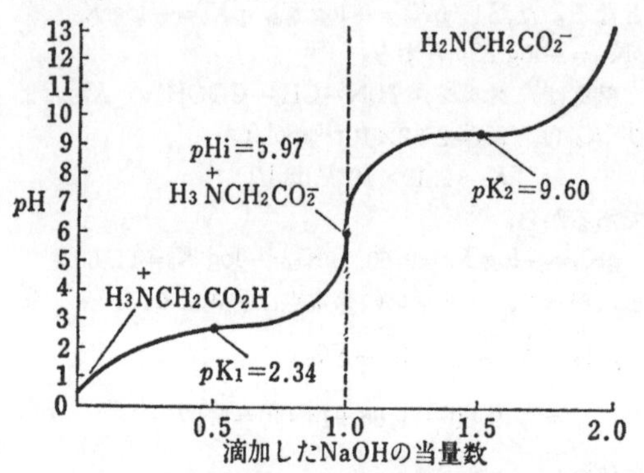

また，グリシンを水に溶かして酸の標準溶液で滴定すると，この図の点線より左部分の滴定曲線が得られ，アルカリ標準溶液で滴定すると点線より右部分の滴定曲線が得られる。次に主なアミノ酸の K_1，K_2，pHi を示す。

アミノ酸	pK_1	pK_2	pHi
グリシン	2.34	9.60	5.97
アラニン	2.34	9.69	6.00
バリン	2.32	9.62	5.96
ロイシン	2.36	9.60	5.98
イソロイシン	2.36	9.68	6.02
セリン	2.21	9.15	5.68
プロリン	1.99	10.60	6.30
オキシプロリン	1.92	9.73	5.83
フェニルアラニン	1.83	9.13	5.48
トリプトファン	2.38	9.39	5.89

次にカルボキシル基を2個含んでいるアミノ酸の場合について考察してみよう。これに属するものはグルタミン酸，アスパラギン酸などがある。ではグルタミン酸 $HOOC-CH_2-CH_2-CH(NH_2)-COOH$ について説明してみよう。グルタミン酸は(Ⅱ)の形で水に溶けているが(分子内塩)，これに酸やアルカリを加えると次のように変化する。

$$\underset{(\text{I})}{HOOC-CH_2-CH_2-CH(NH_3^+)-COOH} \underset{H^+}{\overset{OH^-}{\rightleftarrows}} \underset{(\text{II})}{HOOC-CH_2-CH_2-CH(NH_3^+)-COO^-} \underset{H^+}{\overset{OH^-}{\rightleftarrows}} \underset{(\text{III})}{{}^-OOC-CH_2-CH_2-CH(NH_3^+)-COO^-} \underset{H^+}{\overset{OH^-}{\rightleftarrows}} \underset{(\text{IV})}{{}^-OOC-CH_2-CH_2-CH(NH_2)-COO^-}$$

いま，グルタミン酸の塩酸塩
$(HOOC-CH_2-CH_2-CH(NH_3)-COOH)^+Cl^-$ を水に溶かすと，電離して(Ⅰ)の陽イオンが生ずる。これは次に示すように3段階に電離して水素イオンを出す弱三塩基酸と考えられる。

$$\underset{(\text{I})}{HOOC-CH_2-CH_2-CH(NH_3^+)-COOH}$$
$$\rightleftarrows \underset{(\text{II})}{HOOC-CH_2-CH_2-CH(NH_3^+)-COO^-}+H^+ \quad \cdots\cdots⑨$$

$$\underset{(\text{II})}{HOOC-CH_2-CH_2-CH(NH_3^+)-COO^-}$$
$$\rightleftarrows \underset{(\text{III})}{{}^-OOC-CH_2-CH_2-CH(NH_3^+)-COO^-}+H^+ \quad \cdots\cdots⑩$$

$$\underset{(\text{III})}{{}^-OOC-CH_2-CH_2-CH(NH_3^+)-COO^-}$$
$$\rightleftarrows \underset{(\text{IV})}{{}^-OOC-CH_2-CH_2-CH(NH_2)-COO^-}+H^+ \quad \cdots\cdots⑪$$

⑨，⑩，⑪の電離定数をそれぞれ K_1，K_2，K_3 とおくと，グルタミン酸の等電点 pHi は同様に⑧式

$pHi=\frac{1}{2}(pK_1+pK_2)$ で表される。

	pK_1	pK_2	pK_3	pHi
アスパラギン酸	1.88	3.65	9.60	2.77
グルタミン酸	2.17	4.28	9.81	3.23

0.1mol/l グルタミン酸塩酸塩 20 ml を 0.1 N-NaOH で滴定すると，次のような中和滴定曲線が得られる。

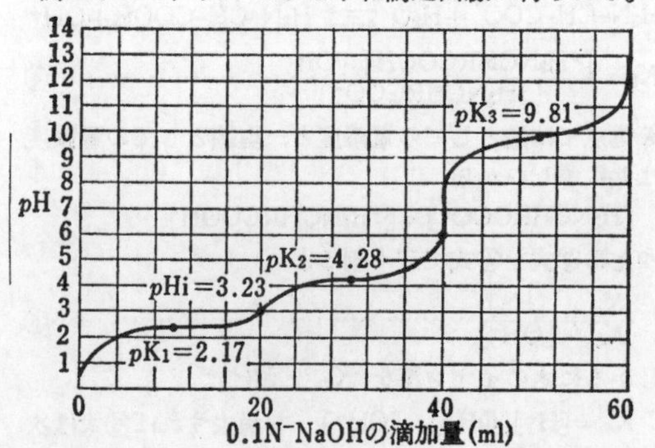

次に，カルボキシル基は1個でアミノ基を2個もつ

アミノ酸について考察を加えよう。例としてリジン

$$H_2N\text{-}CH_2\text{-}CH_2\text{-}CH_2\text{-}CH_2\text{-}\underset{\displaystyle NH_2}{CH}\text{-}COOH$$

について説明しよう。

リジンを水に溶かし，酸や塩基を加えると次のように変化する。

$$\begin{array}{ccccccc} COOH & & COO^- & & COO^- & & COO^- \\ CHNH_3^+ & & CHNH_3^+ & & CHNH_2 & & CHNH_2 \\ CH_2 & \underset{H^+}{\overset{OH^-}{\rightleftarrows}} & CH_2 & \underset{H^+}{\overset{OH^-}{\rightleftarrows}} & CH_2 & \underset{H^+}{\overset{OH^-}{\rightleftarrows}} & CH_2 \\ CH_2 & & CH_2 & & CH_2 & & CH_2 \\ CH_2 & & CH_2 & & CH_2 & & CH_2 \\ CH_2NH_3^+ & & CH_2NH_3^+ & & CH_2NH_3^+ & & CH_2NH_2 \\ (\mathrm{I}) & & (\mathrm{II}) & & (\mathrm{III}) & & (\mathrm{IV}) \end{array}$$

等電点において，リジンは(Ⅲ)の形をしている。これは２つのアミノ基の塩基性の強さを比較してみるとわかる。α-位の C につく$-NH_2$ の N と末端（ω-位）についている$-NH_2$ の N とどちらが H^+ をより配位結合させやすいかを考えるために，Nの負の帯電量を比較する。

α-位の$-NH_2$ はカルボキシル基の影響で α-位の炭素は＋に帯電し，そのためNの電子は引かれ塩基性は末端の$-NH_2$ に比して弱いのである。さてリジンの塩酸塩

$(^+H_3N\text{-}CH_2\text{-}CH_2\text{-}CH_2\text{-}CH_2\text{-}CHNH_3^+COOH)2Cl^-$

を水に溶かすと電離して（Ⅰ）の２価の陽イオンを生じ，これは次に示すよう３段階に電離して H^+ を生ずる弱三塩基酸と考えられる。

$$^+H_3N\text{-}CH_2\text{-}CH_2\text{-}CH_2\text{-}CH_2\text{-}\underset{\displaystyle NH_3^+}{CH}\text{-}COOH \quad (\mathrm{I})$$

$$\rightleftarrows {}^+H_3N\text{-}CH_2\text{-}CH_2\text{-}CH_2\text{-}CH_2\text{-}\underset{\displaystyle NH_3^+}{CH}\text{-}COO^- + H^+ \quad (\mathrm{II})$$

$$^+H_3N\text{-}CH_2\text{-}CH_2\text{-}CH_2\text{-}CH_2\text{-}\underset{\displaystyle NH_3^+}{CH}\text{-}COO^- \quad (\mathrm{II})$$

$$\rightleftarrows {}^+H_3N\text{-}CH_2\text{-}CH_2\text{-}CH_2\text{-}CH_2\text{-}\underset{\displaystyle NH_2}{CH}\text{-}COO^- + H^+ \quad (\mathrm{III})$$

$$^+H_3N\text{-}CH_2\text{-}CH_2\text{-}CH_2\text{-}CH_2\text{-}\underset{\displaystyle NH_2}{CH}\text{-}COO^- \quad (\mathrm{III})$$

$$\rightleftarrows H_2N\text{-}CH_2\text{-}CH_2\text{-}CH_2\text{-}CH_2\text{-}\underset{\displaystyle NH_2}{CH}\text{-}COO^- + H^+ \quad (\mathrm{IV})$$

上の３つの電離平衡に対する電離定数を上から順に K_1, K_2, K_3 とおくと，リジンの等電点 pHi は

$$pHi = \frac{1}{2}(pK_2 + pK_3) \quad \cdots\cdots ⑫$$

となる。リジンの $pK_1 = 2.18$, $pK_2 = 8.95$, $pK_3 = 10.53$ であるからリジンの等電点は,

$$pHi = \frac{1}{2}(8.95 + 10.53) = 9.74$$

となり，かなりアルカリ性側にある。

中性アミノ酸といえども，その等電点は７より少し小さい。これはアミノ基の塩基性よりカルボキシル基の酸性がいく分強いからである。このようなアミノ酸の結晶を水に溶かした場合，この溶液中では陽イオン $^+H_3NCHRCOOH$ の量より陰イオン $H_2NCHRCOO^-$ の量が多くなる。等電点にするためには，酸を少し加えて陽イオンを増やさないと陽イオンと陰イオンの量が等しくならない。そのため等電点は７(中性)よりいくぶん酸性側に片寄っている。

通常アミノ酸は，等電点で溶解度は最低である。これはこの点で両性イオンの濃度が最高となるためである。溶液が等電点よりアルカリ性または酸性になるにつれて，より溶解度の高い陰イオン(Ⅲ)または陽イオン(Ⅱ)のいずれか一方の濃度が増大する。

弱酸とその塩の混合溶液，または弱塩基とその塩の混合溶液は少量の酸や塩基を加えても pH がほとんど変化しない緩衝作用をもつ緩衝溶液 (buffer solution) である。(『入試化学で差を～』参照)。したがって，アミノ酸に少量の塩酸や水酸化ナトリウムを加えると溶液は緩衝溶液となる。

酢酸に少量の水酸化ナトリウムを加えると，生じた酢酸イオン CH_3COO^- と未反応の酢酸との間で緩衝溶液を形成し，そのときの溶液の水素イオン濃度 $[H^+]$ は酢酸の電離定数を K_a とすれば，次のように表される。

$$[H^+] = K_a \frac{[CH_3COOH]}{[CH_3COO^-]}$$

この両辺の対数をとり，さらに -1 をかけると

$$-\log[H^+] = -\log K_a + \log\frac{[CH_3COO^-]}{[CH_3COOH]}$$

$$\therefore \quad pH = pK_a + \log\frac{[CH_3COO^-]}{[CH_3COOH]}$$

一般に弱酸の電離定数を K_a, その濃度を C_a(mol/l), その塩の濃度を C_s(mol/l) とすれば，その緩衝溶液の pH は次のように表される。

$$pH = pK_a + \log\frac{C_s}{C_a} \quad \cdots\cdots ⑬$$

いまグリシン溶液に少量の塩酸を加えたとき，$^+H_3NCH_2COOH$ (酸) と $^+H_3NaH_2COO^-$ (その塩) の間に緩衝溶液を形成し，その溶液の pH は

$$pH = pK_1 + \log\frac{[^+H_3NCH_2COO^-]}{[^+H_3NCH_2COOH]}$$

で表される。

〔例題〕 0.1mol/l グリシン水溶液２体積と 0.1N-塩酸１体積を混合した溶液の pH を求めよ。ただしグリシンの $pK_1 = 2.34$ である。

この混合によりグリシンの1/2が塩酸塩，すなわち，$^+H_3NCH_2COOH$ になったから，

$$[^+H_3NCH_2COOH]=[^+H_3NCH_2COO^-]$$

$$\therefore\quad pH=pK_1=2.34$$

次に，グリシン溶液に少量の水酸化ナトリウム溶液を加えたとき，反応によって生じた $H_2N\text{-}CH_2\text{-}COO^-$（塩）と未反応の $^+H_3N\text{-}CH_2\text{-}COO^-$（酸）の間に緩衝溶液を形成するから，その溶液の pH は，

$$pH=pK_2+\log\frac{[H_2N\text{-}CH_2\text{-}COO^-]}{[^+H_3N\text{-}CH_2\text{-}COO^-]}$$

で表される。

〔**例題**〕 0.1 mol/l グリシン溶液と 0.1 N-NaOH を混ぜて $pH=10.6$ の緩衝溶液を作るためにはグリシン溶液と水酸化ナトリウム溶液をいかなる体積比に混合すればよいか。ただし，グリシンの $pK_2=9.60$ である。

$$10.6=9.60+\log\frac{[H_2N\text{-}CH_2\text{-}COO^-]}{[^+H_3N\text{-}CH_2\text{-}COO^-]}$$

$$\therefore\quad \log\frac{[H_2N\text{-}CH_2\text{-}COO^-]}{[^+H_3N\text{-}CH_2\text{-}COO^-]}=1$$

したがって $$\frac{[H_2N\text{-}CH_2\text{-}COO^-]}{[^+H_3N\text{-}CH_2\text{-}COO^-]}=10$$

ゆえに，0.1 mol/l グリシン溶液と 0.1 N-NaOH を体積比で11：10に混合すればよい。

以上述べたようにアミノ酸は両性電解質であるが，アミノ酸にアルコールと酸を作用してエステル化するとカルボキシル基の酸性はなくなり塩基性のみを示す。

$$R\text{-}\underset{NH_2}{CH}\text{-}COOH+C_2H_5OH\longrightarrow R\text{-}\underset{NH_2}{CH}\text{-}COOC_2H_5+H_2O$$

また，アミノ酸のアミノ基を無水酢酸または塩化アセチルによりアセチル化するか，ホルムアルデヒドを作用して N-メチレンアミノ酸にするとアミノ基はその塩基性を失い，カルボン酸としての酸性のみを呈する。

$$R\text{-}\underset{NH_2}{CH}\text{-}COOH+\begin{matrix}CH_3CO\\CH_3CO\end{matrix}\!\!>O\longrightarrow R\text{-}\underset{NHCOCH_3}{CH}\text{-}COOH+CH_3COOH$$

または，

$$R\text{-}\underset{NH_2}{CH}\text{-}COOH+HCHO\longrightarrow R\text{-}\underset{N=CH_2}{CH}\text{-}COOH+H_2O$$

特にホルムアルデヒドを作用させ，*N*-メチレンアミノ酸を酸としてフェノールフタレインを指示薬とし，アルカリ標準溶液を用いてアミノ酸を定量する方法を**ホルモル** (formol) **法**と呼んでいる。

次にアミノ酸に亜硝酸を作用させると，アミノ基は窒素を放出して水酸基に変わる。

$$R\text{-}\underset{NH_2}{CH}\text{-}COOH \;\; + \;\; HONO \longrightarrow R\text{-}\underset{OH}{CH}\text{-}COOH+N_2+H_2O$$

亜硝酸　　α-ヒドロオキシ酸

このとき発生する N_2 を気体ビューレットにとり，その量を求めることによりアミノ酸を定量する方法を，**バンスライク** (Van Slyke) **法**という。

次に，アミノ酸の水溶液にニンヒドリン(ninhydrin)のうすい水溶液を加えて加熱すると紫色を呈する。この呈色反応は，極めて鋭敏でニンヒドリン反応と呼ばれ，アミノ酸の検出や比色定量に用いられる。ニンヒドリン反応は次のような反応と考えられている。

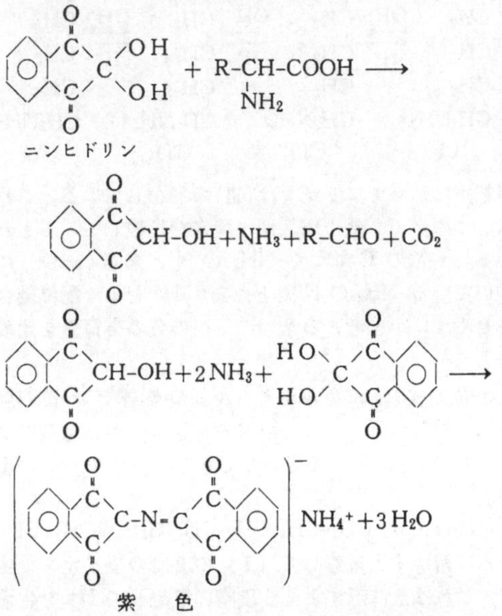

$$\text{ニンヒドリン}\;(C(OH)_2) + R\text{-}\underset{NH_2}{CH}\text{-}COOH\longrightarrow$$

$$CH\text{-}OH+NH_3+R\text{-}CHO+CO_2$$

$$CH\text{-}OH+2\,NH_3+\;\text{(HO)}_2C\;\longrightarrow$$

$$\left(C\text{-}N=C\right)^- NH_4^+ +3\,H_2O$$

紫　色

したがってニンヒドリンはアミノ酸だけではなく，アミン，アンモニア，タンパク質とも呈色反応を行う。

第3節　タンパク質

1. 分　類

タンパク質は通常約20種の α-アミノ酸がペプチド結合したポリペプチドで，分子量が一万から数百万におよぶ高分子であることは既に述べた。このようにきわめて高分子であるため不明の点も多い。しかし，タンパク質に関する研究は目覚ましく，次第にその不明の点も解明されつつある。さてタンパク質はそれを分解して生じる分解生成物の種類による分類と，分子の形から分類する方法と2種類がある。

(a) 分解生成物による分類

(i) **単純タンパク質** (simple protein)

(ii) **複合タンパク質** (conjugated protein)

単純タンパク質は，加水分解すると α-アミノ酸だけを生じるタンパク質だから，逆に α-アミノ酸がペプチド結合してできたタンパク質である。単純タンパク質のおもな例を次に示す。

アルブミン (albumin)

一般に水によく溶ける（タンパク質の分子は高分子であるから分子1個がコロイド次元の大きさを有して

いるから，水に溶けるというのはコロイド溶液になることを意味する)。また，塩類溶液，酸，アルカリ溶液に可溶である。例えば卵の白味に含まれている卵アルブミン，血液中にある血清アルブミン，乳汁中に含まれているラクトアルブミンなどがある。これらの多くは結晶として得られている。

グロブリン (globulin)

水に難溶であるが，食塩のような中性塩を少量加えると可溶性になる。また酸やアルカリ溶液に溶ける。結晶しやすいタンパク質である。血液中にある血清グロブリン (α, β, γ などがある)，乳汁中にあるラクトグロブリン，筋肉中にあるミオシン，豆の中にあるレグミン等がある。

グルテリン (glutelin)

主として穀類の種子に含まれているタンパク質で，水には溶けないが酸やアルカリ溶液には溶ける。コムギに含まれているグルテイン(味の素の原料)，コメに含まれているオリゼニン等がある。

プロラミン (prolamin)

70%アルコールに溶けるが，純水や純アルコールには溶けない。穀類中に含まれているものが多い，例えばコムギに含まれているグリアジン，オオムギにはホルデイン，トウモロコシにはチェインなどがある。

プロタミン (protamine)

分子量が約9000の比較的分子の小さいタンパク質で，塩基性の強いタンパク質で動物の精子に含まれている。例えばサルミン (サケ)，クルペイン (ニシン)，スチューリン (ちょうザメ)，イリジン (ニジマス) 等がある。

ヒストン (histone)

動物や植物の細胞核に存在する塩基性のタンパク質で，デオキシリボ核酸と結合してクロマチン (chromatin) をつくる。水に溶けるが希アンモニア水に難溶，塩酸には溶ける。

硬タンパク質 (scleroprotein)

アルブミノイド (albuminoid) ともいわれ，繊維状の水に溶けない動物性タンパク質である。羽毛，皮，爪，角，絹，結締組織，甲羅などの主成分である。コラーゲンは骨や筋肉などの結合組織中に広く分布する硬タンパク質で，動物体の全タンパク質の半分以上を占めている。これを水で長く加熱すると水溶性のゼラチンを生じる。毛髪，羽毛，ひずめなどにはケラチンという硬タンパク質を含んでいるが，これは含硫アミノ酸に富むタンパク質である，また絹にはフィブロインという硬タンパク質が含まれている。

*　　*　　*

次に複合タンパク質はアミノ酸とそれ以外の物質 α とからなるタンパク質で

複合タンパク質＝単純タンパク質＋α

この αを**補欠分子族**といい，それに応じて次のように分けられる。なお補欠分子族と単純タンパク質との結合は，水素結合，イオン結合などである。

色素タンパク質 (chromoprotein)

単純タンパク質＋色素　よりなるもので，色素によってヘモタンパク質，クロロフィルタンパク質，カロチノイドタンパク質，フラボタンパク質などがある。まず**ヘモタンパク質**は鉄イオン(Fe^{2+})とポルフィリン化合物が配位結合した赤い色素とタンパク質が結合したもので赤血球中にあって酸素を運搬するヘモグロビン，筋肉細胞にあって同じく酸素をオキシヘモグロビンより受けとるミオグロビン，生体内で各種の酸化反応にあずかるチトクロム，過酸物を分解する酵素であるカタラーゼ，ペルオキシダーゼなどがこれに属する。

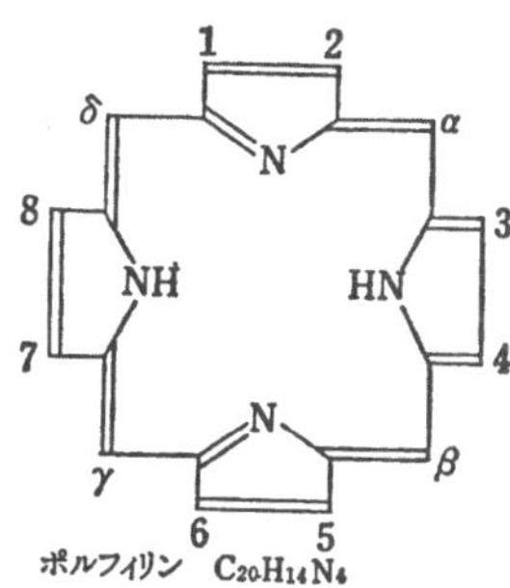

ポルフィリン　$C_{20}H_{14}N_4$

次に**クロロフィルタンパク質**はクロロフィル (葉緑素) とタンパク質が結合したものである。クロロフィルは Mg^{2+} がポルフィリン化合物と配位結合した緑の色素で，植物の細胞に含まれクロロフィルａ，ｂの２種が知られ，その存在比は約３：１である。また藻類などにはやや異なったクロロフィルｃ，ｄがある。

カルチノイドタンパク質は，カルチノイドという色素とタンパク質が結合したものであるが，この結合はあまり強いものではないので酸や熱などで処理すると容易に結合が切れてカロチノイドが遊離する。例えば，エビやカニを煮ると甲羅が赤色になるのはカロチノイドの一種であるアスタシンという色素が遊離されるためである。また眼の稈状細胞に存在する視紅 (ロドプシン) も一種のカロチノイドである。

フラボタンパク質はフラビンという黄色の色素をもつ複合タンパク質で生体内で酸化還元反応に関与している。

金属タンパク質 (metalloprotein)

金属とタンパク質が結合してできた複合タンパク質で鉄タンパク質，銅タンパク質，亜鉛タンパク質などがある。

鉄タンパク質は，$Fe(OH)_3$ とタンパク質が結合したフェリチンが代表的なもので，肝臓や脾臓に多く含まれていて，体内における鉄の貯蔵の役目をしている。

銅タンパク質ではイカ，タコ，カタツムリ，アワビホタテガイなどの軟体動物やエビ，カニなどの甲殻類の血液中に含まれるヘモシアニンが代表的である。これはヘモグロビンと同様，酸素運搬の役目をしている。ヘモシアニンは Cu２個と $O_2$１分子の割合いで結合すると青くなり，酸素を失うと無色になる。

亜鉛タンパク質は，体内にある脱水素酵素や膵臓ホルモンであるインシュリンなどが代表的である。

リンタンパク質 (phosphoprotein)

リン酸とタンパク質が結合したもので，アルカリとともに加熱すると簡単にリン酸ははずれる。一般に水に溶けにくいがアルカリ性にするとよく溶ける。牛乳に含まれているカゼイン，卵の黄味の中にあるビテリンもリンタンパク質である。

糖タンパク質 (glyccprotein)

糖とタンパク質が結合した複合タンパク質で卵白，血清，妊婦の尿の中などに存在している。これらは糖の分子中にアミノ基をもつアミノ糖（グルコサミン，ガラクトサミン等）とタンパク質が結合したものである。

リポタンパク質 (lipoprotein)

脂肪（トリグリセリド)，リン脂質，コレステロール等とタンパク質が結合した複合タンパク質である。動植物の細胞，とくに細胞核や血液，乳汁，卵黄などに含まれている。

核タンパク質 (nucleoprotein)

核酸とタンパク質が結合した複合タンパク質で，最初は細胞核の成分として発見され，そしてすべての生物の細胞核に含まれる物質であるからこの名で呼ばれるが，その後，細胞核以外にも存在することがわかった。さてここで核酸について述べておこう。

核酸は膿より分離された細胞核の中に見出されて，(1868年)，そののちサケの精虫の頭部（核）に塩基性物質と共存していることが分かり，その後，酵母，植物および動物細胞の核に広く存在することが明らかにされ，核の中に存在する酸性物質という意味で核酸 (nucleic acid) と名付けられた。しかしその後の研究によると核以外にも細胞中に広く分布していることが分かってきた。核酸の研究材料として動物では胸腺が植物では酵母がよく用いられた。ところが動物の胸腺から得られた核酸と植物の酵母から得られた核酸は全く同じではなく，その成分が少し違うことから核酸には2種あることが分かってきた。

初め酵母核酸，胸腺核酸という名称でよばれたことがあったがこの2種のちがいは糖成分としての五炭糖が一方では**D-リボース**であるのに対し，他は**D-デオキシリボース**であることが明らかになり，今日では**リボ核酸** (ribonucleic acid 〈RNA〉) および**デオキシリボ核酸** (deoxyribonucleic acid 〈DNA〉) の2種に分類される。その昔，胸腺核酸とよばれたものはDNAで，また酵母核酸とよばれたものはRNAにそれぞれ相当する。しかし胸腺にもDNAのほかにRNAが存在し，酵母にもDNAが存在することがわかった。DNAはもっぱら細胞核中にのみ存在すると考えられていたけれども，最近ミトコンドリアや葉緑体のような細胞質内顆粒成分中にもDNAの存在が報告され，またRNAはおもに細胞質部位に多いけれども，核の中にも存在し，特に核小体に多いことが明らかになっている。おそらく細胞内のRNAの大部分は初め核中でDNAを鋳型にして生合成され，細胞質に供給されるものと考えられる。最近核酸のもつ生物学的な意義が生化学的レベルで解明されるようになってきた。それによればDNAは核中の遺伝子の本体をなすものであって，細胞のもつ遺伝的情報の担い手であることが明らかにされた。RNAはタンパク質合成に直接密接に関与しており，その中には，DNAのもつ特定なタンパク質の一次構造を決定する情報をつたえる役割をもったm-RNA (**伝令 RNA** またはメッセンジャーRNA) と，20種のアミノ酸に結合し，タンパク質合成に際してそれぞれのアミノ酸を伸びていくポリペプチド上に運搬する役割をもったt-RNA (**運搬 RNA**，トランスファーRNA)（これは細胞ホモジェネート遠心上清に存在するので，可溶性RNAまたはs-RNAともよばれる)，およびタンパク質合成の場所であるリボゾーム顆粒を構成するリボゾームRNAの3種に大別される。DNAは $6 \sim 7 \times 10^6$ またはそれ以上の分子量をもつ非常に高分子性のものである。リボゾームRNAには28S, 18S, 5S（細菌ではこれよりやや小さい）の3種のRNAが知られており，m-RNAは数Sまたはそれ以上いろいろなものが存在する。t-RNAは比較的小さい（5S程度）がそれでも数万の分子量をもつ。細胞から核酸を抽出調製する際，操作如何によって，核酸はしばしば酵素の作用そのほかで部分的に加水分解され多少低分子化されることがある。核酸は完全加水分解によって含窒素塩基（プリンおよびピリミジン誘導体)，五炭糖，およびリン酸を生ずる。この際RNAとDNAでは含窒素塩基や糖に差異がある。

核酸の種類	完全加水分解産物
リボ核酸 (RNA)	アデニン・グアニン・チトシン・ウラシル・D-リボース・リン酸
デオキシリボ核酸 (DNA)	アデニン・グアニン・チトシン・チミン・D-2-デオキシリボース・リン酸

s-RNAには上記のほかに微量成分として種々のメチル化された塩基成分を含むことが知られている。人によってRNA, DNAをそれぞれペントース核酸，デオキシペントース核酸というが，現在まで知られているところではペントースとしてD-リボース，デオキシペントースとしてはD-2-デオキシリボース以外には知られていない。タンパク質はアミノ酸がペプチド結合により多数結合したものでポリペプチドとよばれるのと同じ意味で，核酸をポリヌクレオチドとよぶことができる。この際RNAはポリリボヌクレオチド，DNAはポリデオキシボヌクレオチドである。すなわち核酸は個々のヌクレオチドが構造単位となってこれが多数鎖状に結合してできあがったものと考えられ，ヌクレオチド間を連結するものはリン酸ジエステル構造である。

有機化学特講  ……………〈鎖式化合物〉

■内容■

●タンパク質のおもな反応について

第11章　タンパク質（続）

1.　タンパク質の形による分類

タンパク質は，その形状から２種類の重要な生物学的なはたらきをもっている。１つはアミノ酸がペプチド結合して長いペプチド鎖をつくり，これが互いに水素結合をして繊維状になる場合である。例えば毛髪，皮ふ，爪などの保護組織とか，腱のような結合組織とか，筋肉の収縮物質（ミオシン）などはこの**繊維状タンパク質**で水に不溶である。

タンパク質のもう一つの重要な作用は，生体内触媒としての酵素を形成するもので，この種のタンパク質は**球状**になりやすい。ライナス＝ポーリングはタンパク質の微細な構造を研究してノーベル化学賞を受けた。彼は天然タンパク質や合成ペプチドの形をX線を用いて研究し，理論的に最も安定な構造を提案した。この構造を **α-ヘリックス**と呼び，アミノ酸単位がらせん状につながっており，カルボニル基と３番目のイミド基が水素結合をつくっている。すなわち，カルボニル基のOは負にCは正に，その作用で隣接するNが正に，その結果，それにつくHが正に帯電し，このカルボニル基と>NHのHとの間に水素結合が形成されるのである。

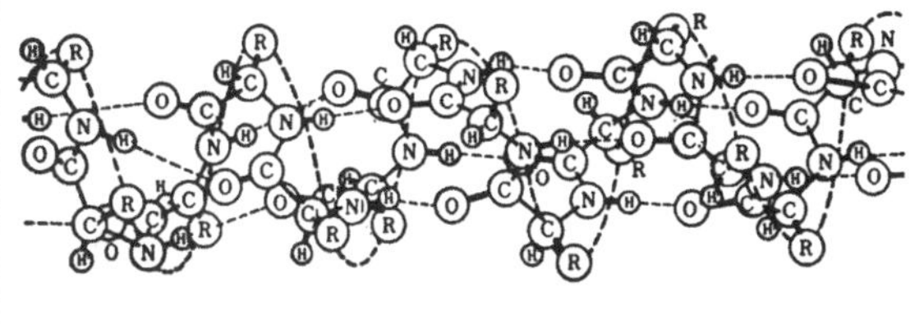

2.　タンパク質の反応

（1）　呈色反応

(a)　**ビウレット反応：**タンパク質に水酸化ナトリウムの溶液を加え，ついで硫酸銅の希薄溶液を滴加すると赤紫色～青紫色を呈する。これは尿素を加熱して生じるビウレット (biuret)

$$NH_2CONH_2+H_2NCONH_2 \longrightarrow NH_2CONHCONH_2 + NH_3$$

（$NH_2CONHCONH_2$：ビウレット）

が同様の呈色反応を示すのでこの名があり，結局，ペプチド結合 -CO-NH- に特異的なもので，ジペプチドではこの反応をやらないが，トリペプチド以上のポリペプチドはこの反応を行う。これはペプチド結合が Cu^{2+} と錯塩を形成して呈色するものと考えられている。

(b)　**ニンヒドリン反応：**タンパク質溶液に１%ニンヒドリン溶液を加えて，中性で加熱すれば，紫色を呈する。これは，酸化されやすいアミノ基の存在によるもので，タンパク質のみならずアミノ酸，アミンまたはアンモニアもこの反応を呈する。

$$C_6H_4(CO)_2C(OH)_2 + H_2N\text{-}CH(R)\text{-}COOH$$

（$C_6H_4(CO)_2C(OH)_2$：ニンヒドリン）

$$\longrightarrow C_6H_4(CO)_2CH\text{-}OH + R\text{-}CHO + NH_3 + CO_2$$

$$C_6H_4(CO)_2CHOH + RCHO$$

$$\longrightarrow C_6H_4(CO)_2C=C(OH)\text{-}R \quad (\text{呈色})$$

$$C_6H_4(CO)_2CHOH + NH_3 + (HO)_2C(CO)_2C_6H_4$$

$\longrightarrow$ (ベンゼン環)$\langle$CO, CO$\rangle$CH-N=C$\langle$CO, CO$\rangle$(ベンゼン環) (呈色)

(c) **ミロン反応**：水銀を濃硝酸に溶かして水で希釈した溶液をミロン試薬といい，これをタンパク質に加えると白色沈殿を形成する。これを煮沸すると紅色となる。

(d) **キサントプロテイン反応**：タンパク質に濃硝酸を加えて加熱すると黄色を呈し，冷後アンモニアでアルカリ性にすると橙黄色を呈する。これはチロシン，フェニルアラニン，トリプトファン等のベンゼン核を含むアミノ酸に基くもので，結局，ベンゼン核のニトロ化による呈色反応である。

（2） 凝固反応および沈殿反応

(a) 熱による凝固反応：タンパク質は加熱すると固まる。アルブミン，グロブリンは70～100℃に数分間保つと凝固する（タンパク質の熱変性），この変化は一般に不可逆的である。

(b) 紫外線，酸，アルカリ，尿素，純アルコール等により凝固沈殿する。

(c) 有機溶媒による沈殿：メタノール，アセトンのような水と混合する有機溶媒をタンパク質溶液に加えると沈殿する。

(d) 塩析：$(NH_4)_2SO_4$，$MgSO_4$，NaCl 等の飽和溶液を加えるとタンパク質が塩析される。

(e) 重金属塩類による沈殿：塩化第二水銀（昇汞），塩化第二鉄，硫酸銅，水酸化亜鉛等で沈殿する。

〔問題〕 次の文を読んで問1～問3に答えよ。

タンパク質は生物体の構造と機能に必須な物質であり，これまでに数百種以上の純粋なタンパク質が結晶の形で分離されている。これらすべてのタンパク質は炭素，水素，酸素及び [1]____ を含んでおり，ほとんどすべてが [2]____ を少量含んでいる。タンパク質の分子量は非常に大きいが，加水分解を行なうとアミノ酸を生じる。自然界には約 [A]____（ア：10，イ：20，ウ：30，エ：40，オ：50）種のアミノ酸がタンパク質の構成成分として見いだされている。

アミノ酸は酸性の [3]____基と塩基性の [4]____基をそれぞれ少なくとも一つずつ持っている。このような化合物を [5]____ 物質という。アミノ酸をアルコールで [6]____ 化すると酸の性質がなくなり，アミノ酸に無水酢酸を作用させると(4)基の水素原子が [7]____ 基で置換されて塩基の性質がなくなる。

タンパク質を構成している天然のアミノ酸は一般に，(3)基，(4)基，水素原子及びRで示される原子あるいは原子団と結合した炭素原子を持っている。Rが水素原子であればグリシンであり，メチル基であればアラニンである。

これらのアミノ酸は(3)基と(4)基で分子内塩をつくっており，一般に水に [B]____（ア：溶けやすい，イ：溶けにくい）ものが多く，融点あるいは分解点が [C]____（ア：高い，イ：低い）。

天然のアミノ酸はグリシンを除いてすべて光学的に活性である。光学活性は四つの異なった原子または基を持つ炭素原子，すなわち [8]____ 原子を持つ化合物に見られる。このことはこの炭素原子の [D]____（ア：s，イ：p，ウ：sp，エ：sp^2，オ：sp^3）軌道が正四面体の中心から四つの頂点の方向に向かっているので，四つの異なった原子または基が，この炭素原子のまわりの空間に2種類の異なった配置をとりうることに基づいている。したがって(8)原子の数をn個とすると，生じる立体異性体の数は最大 [E]____（ア：$2n$，イ：$2n+1$，ウ，2^n，エ：$4n$，オ：4^n）個である。

タンパク質はアミノ酸が分子間で(3)基と(4)基から水がとれて生じる [9]____ 結合とよばれる酸アミド結合でつながっており，このような高分子化合物は一般に [10]____とよばれる。

タンパク質は単純タンパク質と複合タンパク質に分けられ，前者は加水分解によってアミノ酸のみを生じるもので，通常(1)を約 [F]____（ア：8，イ：16，ウ：24，エ：32）％を含んでいる。一方，後者はアミノ酸以外に補欠族とよばれる成分を含み，その種類によって核酸を含む [11]____，脂質を含むリポタンパク質，鉄やマグネシウムなどを含む金属タンパク質，リン酸を含むリンタンパク質及び糖質を含む糖タンパク質などに分類されている。

生体内で特殊な触媒作用を持つタンパク質は [12]____とよばれ，これまでに2000種以上が知られている。(12)はそれぞれに最適な温度と [13]____濃度及びその他の限られた条件のもとで，触媒としてもっとも高い活性を示す。また，(12)を短時間でも高い温度にさらしたり，強酸や強塩基にひたしたりすると，いわゆるタンパク質の [14]____という現象が起こり，その活性が失われることがある。

問1 (1)～(14)には適当な用語を記入せよ。

問2 [A]____～[F]____については（　　）内から適当なものを選び記号で示せ。

問3 アラニンは水溶液中では主として分子内塩（次式の〔Ⅰ〕）の構造をとっている。この水溶液に酸または塩基を加えると，次式のようにそれぞれ〔Ⅱ〕または〔Ⅲ〕が増加する。〔Ⅰ〕～〔Ⅲ〕の構造式を書け。

$$〔Ⅱ〕 \underset{H^+}{\overset{OH^-}{\rightleftarrows}} 〔Ⅰ〕 \underset{H^+}{\overset{OH^-}{\rightleftarrows}} 〔Ⅲ〕$$

愛媛大

〔答〕 問1 (1)窒素 (2)硫黄 (3)カルボキシル (4)ア

ミノ (5)両性 (6)エステル (7)アセチル (8)不斉炭素 (9)ペプチド (10)ポリペプチド (11)核タンパク質 (12)酵素 (13)水素イオン (14)変性

問2 A. イ B. ア C. ア D. オ E. ウ F. イ

問3

〔I〕 $H_3\overset{+}{N}$-CH(CH_3)-COO^-

〔II〕 $H_3\overset{+}{N}$-CH(CH_3)-COOH 〔III〕 H_2N-CH(CH_3)-COO^-

〔問題〕 次の文中の空欄(イ)～(ワ)に最も適当な語句を記入せよ。また空欄(A)と(B)にはそれぞれ構造式を記せ。

(i) 動植物体に広く存在している イ［　　］は多数のα-アミノ酸が縮(合)重合により ロ［　　］結合を形成して高分子化合物となったものである。(イ)の水溶液に濃い水酸化ナトリウム水溶液を加えてアルカリ性にしたのち，薄い硫酸銅水溶液を数滴加えていくと赤紫色を呈する。この反応は ハ［　　］反応と呼ばれ(イ)の検出に利用されている。

(ii) (イ)の構成成分である α-アミノ酸はその分子中に酸性の ニ［　　］基と塩基性の ホ［　　］基とをもつ ヘ［　　］物質である。したがって α-アミノ酸は一般に次式で表わされるように酸性水溶液中では ト［　　］としての性質を示し，アルカリ性水溶液中では チ［　　］としての性質を示す。

$$ ^{A}[\quad] \underset{H^+}{\overset{OH^-}{\rightleftarrows}} H_3N^+\text{-}\underset{R}{CH}\text{-}COO^- \underset{OH^-}{\overset{H^+}{\rightleftarrows}} {}^{B}[\quad] $$

(iii) (イ)の一種で特殊な触媒作用をする物質を リ［　　］という。(リ)には，だ液中に含まれていて，でんぷんを加水分解してデキストリンや ヌ［　　］にする ル［　　］や胃液中に含まれていて種々の(イ)を加水分解する ヲ［　　］などがある。一般に(リ)のはたらきは，主として温度と ワ［　　］によって著しく影響を受け，それぞれの(リ)にはその作用に最適の温度と最適の(ワ)がある。

新潟大

〔答〕 (i) イ，タンパク質 ロ，ペプチド ハ，ビウレット (ii) ニ，カルボキシル ホ，アミノ ヘ，両性 (ト) 陽イオン (チ) 陰イオン

(A) H_2N-CH(R)-COO^- (B) $H_3\overset{+}{N}$-CH(R)-COOH

(iii) (リ) 酵素 (ヌ) 麦芽糖（マルトース） (ル) アミラーゼ (ヲ) ペプシン (ワ) pH

〔問題〕 次の実験結果を読み，下記の問に答えよ。

高等植物から抽出した中性の水溶液(A)について以下の実験を行なった。

(1) 溶液(A) 3 mlに2N水酸化ナトリウム溶液 1 mlを加え，さらに5%の硫酸銅水溶液1～2滴を加えてよく振りまぜると赤紫色となった。

(2) (ア)溶液(A)に多量の硫酸アンモニウムを加えると沈殿が生じた。(イ)この沈殿を集めて少量の蒸留水に溶かした無色の溶液を，セロファンチューブに入れて蒸留水中につりさげ，3時間ごとにその蒸留水を2回とりかえた。以後の実験はセロファンチューブの中の(B)溶液について行なった。

(3) (ウ)溶液 3 ml に濃硝酸を少量加えて加熱すると黄色になり，さらにアルカリが過剰となるまで水酸化ナトリウムを加えると橙黄色となった。また(B)溶液に6N水酸化ナトリウム溶液1 mlを加え煮沸した後，10%硫酸銅水溶液を数滴加えると(エ)黒色の沈殿が生じた。

(4) ショ糖水溶液を溶液(B)に加え，30℃で20分間放置した後，フェーリング溶液を加えて加熱すると(オ)赤色の沈殿が生じた。しかし，(カ)あらかじめ煮沸して冷却した溶液(B)を用いた場合には，このような沈殿ができなかった。

問1 (1)の反応の名称を答えよ。また，この反応はどのような結合によるものか。構造式で示せ。

問2 下線部(ア)，(イ)の操作はそれぞれ何と呼ばれるか。

問3 下線部(ウ)の反応の名称を答えよ。また，この反応に関係するアミノ酸の名称を2種記入せよ。

問4 下線部(エ)の黒色沈殿は何か。その名称と化学式を示せ。また，この沈殿が生じる反応に関係するアミノ酸の名称を2種記入せよ。

問5 下線部(オ)の赤色沈殿は何か。その名称と化学式を示せ。

問6 溶液(B)に含まれていて(4)の反応に関係した物質の名称を答えよ。

問7 下線部(カ)ではなぜ沈殿が生じなかったのか。その理由を説明せよ。

島根大

〔答〕 問1 ビウレット反応。ペプチド結合による反応で次の図で示される。

$$ \text{-NH-}\underset{}{\overset{R}{CH}}\text{-CO-NH-}\overset{R'}{CH}\text{-CO-NH-CH-}\overset{R''}{CO}\text{-} $$

問2 (ア) 塩析 (イ) 透析

タンパク質は高分子化合物であるため，分子1個がコロイド次元の大きさを有している。こういうコロイドを**分子コロイド**または**真膠質** (eucolloid) という。タンパク質コロイドは親水コロイドであるから多量の電解質を加えないと凝析しない。このように，親水コロイドに多量の電解質を加えて凝析させることを塩析 (salting out) という。次に，塩析されたタンパク質を水に溶かし（分散させ）半透膜であるセロファンの袋の中に入れ，低分子やイオンを半透膜を通して外に取り出しコロイドを精製する操作を**透析** (dialysis) という。

問3　キサントプロテイン反応

(xantho protein) キサントは黄色，プロテインはタンパク質という意味で，タンパク質を形成しているアミノ酸に含まれているベンゼン核のニトロ化による呈色反応であるから，ベンゼン核を含んでいるフェニルアラニン，チロシン，トリプトファン等のアミノ酸がタンパク質形成にあたっていると呈色する。

問4　濃水酸化ナトリウム溶液と加熱し分解し，これに硫酸銅溶液を加えると黒沈を生じるのはシスチン，システィン，メチオニンのように硫黄を含むアミノ酸(含硫アミノ酸)が含まれていると，アルカリ分解されて生じた硫化物イオン S^{2-} と銅イオン Cu^{2+} とが結合して，黒色の硫化銅（Ⅱ）CuS を生ずるからである。特に硫酸銅の代わりに酢酸鉛を用いると PbS の黒沈を生じ，硫化鉛反応といわれ，タンパク質の呈色反応の一つに用いられる。

問5　フェーリング試液が還元されて赤色の酸化銅（Ⅰ）Cu_2O の沈殿を生じる。

問6，問7　ショ糖には還元性はなく，これがインベルターゼ（またはサッカラーゼ）という酵素によって加水分解されて単糖類であるブドウ糖と果糖になると還元性を示し，フェーリング試液から Cu_2O の赤色沈殿を生じる。ところが酵素はタンパク質であるから，加熱により変性し，その作用を失うためショ糖が加水分解されず還元性を示さない。

〔問題〕　タンパク質を加水分解して得た分子量146の純物質Aを元素分析したところ，炭素41.1％，水素6.8％，酸素32.9％，窒素19.2％が含まれていた。

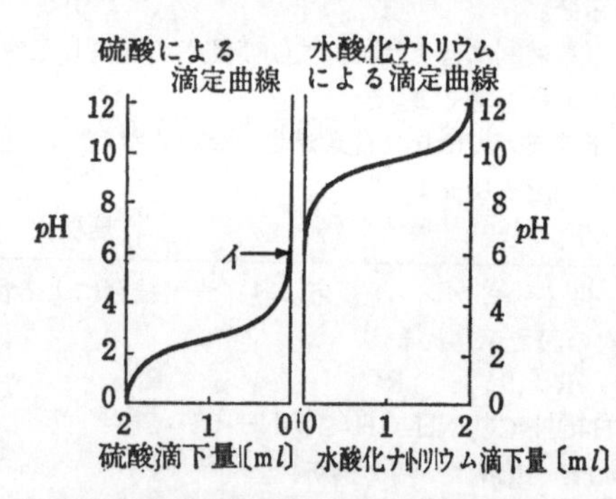

た。Aを更に加水分解したところB，Cの2成分が得られた。Bの0.08 mol/l 水溶液 50 ml を2規定硫酸と2規定水酸化ナトリウム水溶液でそれぞれ別々に滴定して図の結果を得た。Cの水溶液の滴定結果もBとほとんど同じであった。光学的性質を調べたところ，Bには光学異性体が存在しないが，Cには光学異性体が存在することが分かった。次の問に答えよ。

問1　Aの分子式を求めよ。

問2　1 mol のBを中和するのに必要な硫酸および水酸化ナトリウムのモル数を求めよ。

問3　上の図のイの点におけるBの状態を示す構造式を書け。

問4　Cを含めて，Cの異性体の構造式を3つ書け。

問5　Aを構成するB，C間の共有結合の名称を書け。

問6　問題文に書かれている事項の範囲内でAの構造はどこまで確定できるか。可能な構造式を書け。ただし光学異性体の区別はしなくてよい。

室蘭工大

〔答〕　問1　Aの元素分析値より組成式を求めると

$$C:H:O:N=\frac{41.1}{12}:\frac{6.8}{1}:\frac{32.9}{16}:\frac{19.2}{14}$$

$=5:10:3:2$

したがって，組成式（実験式）は $C_5H_{10}O_3N_2$ (＝146) となり，組成式と分子式は等しい。Aを加水分解すると酸にもアルカリにも作用する両性物質であるアミノ酸BおよびCを生じる。したがってAはジペプチドであり，

$H_2N\text{-}\underset{}{\overset{R}{CH}}\text{-}CO\text{-}NH\text{-}\overset{R'}{CH}\text{-}COOH$ で表され，Aの分子式より1つはグリシン $H_2N\text{-}CH_2\text{-}COOH$，他はアラニン $H_2N\text{-}\overset{*}{C}H\text{-}COOH$（$CH_3$）と考えられる。Bには光学異性体は存在しないがCには存在することより，Bはグリシン，Cはアラニンであることがわかる。

問2　B（グリシン）は酸としても，アルカリとしてもその1モルは1グラム当量に等しいから，H_2SO_4 は0.5モル，NaOH は1モルを必要とする。

問3　イの点ではBは両性イオンとなって存在する。すなわち，グリシンの等電点である。

$H_3\overset{+}{N}\text{-}CH_2\text{-}COO^-$

問4　Cはアラニン（α-アミノプロピオン酸）で不斉炭素原子を有するα-アラニンにはd体とl体があり，β-アラニン（β-アミノプロピオン酸）には不斉炭素原子がないので光学異性体はない。

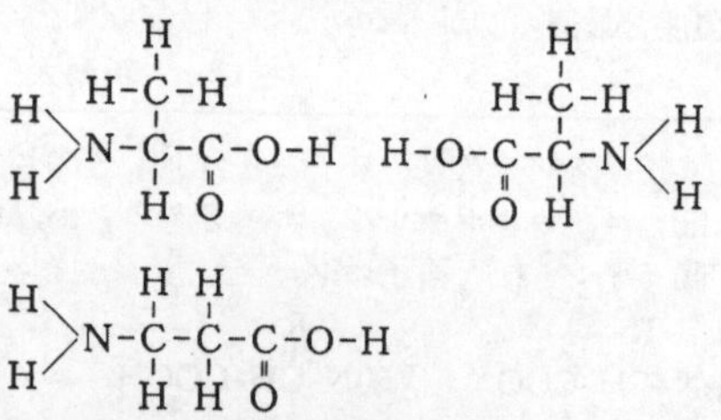

```
       H
     H-C-H                    H
H              H-C-H    H
 >N-C-C-O-H    H-O-C-C-N<
H    |  ‖           ‖ |   H
     H  O           O H

     H H
H    | |
 >N-C-C-C-O-H
H    | | ‖
     H H O
```

問5　ペプチド結合

問6　グリシン—アラニンとアラニン—グリシンの2種のジペプチドが考えられる。

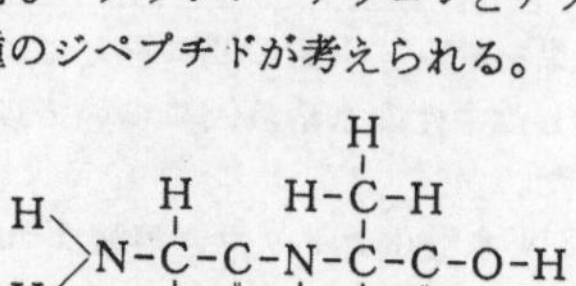

```
                 H
     H         H-C-H
H    |           |
 >N-C-C-N-C-C-O-H
H    | ‖ | | ‖
     H O H H O
```

$$
\begin{array}{l}
\quad\quad\quad\quad \text{H} \\
\quad\quad\quad\quad | \\
\quad\quad \text{H-C-H} \quad\quad \text{H} \\
\text{H} \quad\quad\quad | \quad\quad\quad\quad\quad | \\
\quad \rangle\text{N-C-C-N-C-C-O-H} \\
\text{H} \quad\quad | \;\; \| \;\; | \;\; | \;\; \| \\
\quad\quad\quad \text{H O H H O}
\end{array}
$$

〔問題〕 アミノ酸も生物圏で重要な物質である。アミノ酸の一種であるグリシンについて，$pH=2$, $pH=6$, $pH=12$に調製した水溶液中ではどのようなグリシンのイオン種が主に存在しているか，イオン記号で答えよ（ただし，グリシンの解離定数は $K(COOH)=8\times10^{-3}$, $K(^{+}NH_3)=2\times10^{-10}$ とせよ）.

札幌医大

〔答〕 $H_3\overset{+}{N}\text{-}CH_2\text{-}COOH \rightleftarrows H_3\overset{+}{N}\text{-}CH_2\text{-}COO^- + H^+ \cdots ①$

$H_3\overset{+}{N}\text{-}CH_2\text{-}COO^- \rightleftarrows H_2N\text{-}CH_2\text{-}COO^- + H^+ \cdots ②$

$$K_1 = \frac{[H_3\overset{+}{N}\text{-}CH_2\text{-}COO^-][H^+]}{[H_3\overset{+}{N}\text{-}CH_2\text{-}COOH]} = 8\times10^{-3}$$

$$K_2 = \frac{[H_2N\text{-}CH_2\text{-}COO^-][H^+]}{[H_3\overset{+}{N}\text{-}CH_2\text{-}COO^-]} = 2\times10^{-10}$$

等電点では$[H_3\overset{+}{N}\text{-}CH_2\text{-}COOH]=[H_2N\text{-}CH_2\text{-}COO^-]$

したがって，$K_1K_2=[H^+]^2$ ∴ $[H^+]=\sqrt{K_1K_2}$

等電点は

$$pHi=\frac{1}{2}\left(pK_1+pK_2\right)=5.9$$

$pH=2$ では等電点より酸性であるから，

$H_3N^+\text{-}CH_2\text{-}COOH$

$pH=6$ では等電点とみて，$H_3N^+\text{-}CH_2\text{-}COO^-$

$pH=12$ では等電点よりアルカリ性だから，

$H_2N\text{-}CH_2\text{-}COO^-$

〔問題〕 次の文章を読み，各問に答えよ。

タンパク質（P）を塩酸で加水分解する反応を 67℃(340K) で調べて，次の結果を得た。

時　間	0	1	3	6	8
Pの濃度	100	90	72	50	40

この場合，一定温度での反応速度Vは，Pおよび水の濃度をそれぞれ［P］，$[H_2O]$，反応速度定数をkとすると，$V=k[P]^a[H_2O]^b$ と表される。

今，水はこの反応系で大過剰あるので，近似的に(イ)$V=k[P]^a$ と考えることができる。

さきと同じ条件で，反応温度を 10℃ 上昇させると，kは 340 Kのときの 3 倍になった。一般に反応速度定数kと絶対温度Tとの関係は，

$$\log k = -\frac{E}{4.58T}+C \text{（ただし，}C\text{は定数）}$$

で表される。これから活性化エネルギー E(cal/モル) が計算できるので，任意の温度での反応速度を知ることができる。

さらに，(ロ)Pを完全に加水分解すると，分解物の一部に次の示性式で示される物質を得た。

（生成物群）

A. $HOOC\,CH_2\,CH_2\,CH(NH_2)COOH$

B. HO-⟨ベンゼン環⟩-$CH_2CH(NH_2)COOH$

C. $HS\,CH_2\,CH(NH_2)COOH$

必要ならば，$\log 2=0.301$, $\log 3=0.477$ を用いよ。

問1 (イ)の反応速度式の a はいくらか。

問2 Pが90%分解された時点での反応速度は濃度のそれの何倍か。

問3 活性化エネルギーはいくらか。

問4 今，温度 340 Kで反応を開始し，その後，反応温度を 373 Kに変更した場合，温度変更後タンパク質濃度が，最初の 1/3 に減少した時の反応速度は，反応開始時の速度の何倍か。

問5 (ロ)で，未分解のPが残っているかどうかを調べる方法と，その根拠を示せ。

問6 Pに濃い水酸化ナトリウムと酢酸鉛を加えて加熱すると，黒い沈殿を生じた。これは（生成物群）のどれに由来するかを記号で，また黒い沈殿物を化学式で示せ。

問7 今，Pが n 個のアミノ酸からなる高分子であるとすると，1モルのPが完全に加水分解するには何モルの水が必要か。

問8 この加水分解反応で，塩酸はどんな役割をしているか。

問9 Pの構造の一部に（生成物群）のAとBがとなり合って結合している場合の構造を示せ。

問10 （生成物群）のBは塩酸酸性溶液中ではどんな構造をしているか。

奈良県立医大

〔答〕 問1 反応速度Vは

$P+nH_2O \longrightarrow$ 生成物

$V=k[P]^a[H_2O]^b$ で表されるが，Pに比して H_2O が大過量にある場合は，水の濃度はその反応がおこっても一定とみてよい。すなわち，$[H_2O]^b=$一定，したがって $V=k[P]^a$ で表される。kは温度が一定ならばその反応に特有な速度定数である。さてこの反応が何次反応であるかは，反応速度がPの濃度の何乗に比例しているかをみればよい。いまPの濃度［P］をC (mol/l) とすれば

$$V=-\frac{dC}{dt}=kC^a$$

で表される。表より $-\frac{dC}{dt} \fallingdotseq -\frac{\Delta C}{\Delta t}$ とみなし，その反応速度を求めると

時 間	0	1	3	6	8
C	100	90	72	50	40
V		$\frac{100-90}{1-0}=10$	$\frac{90-72}{3-1}=9$	$\frac{72-50}{6-3}=7.3$	$\frac{50-40}{8-6}=5$
$\bar{C}$		95	81	61	45
$\frac{V}{\bar{C}}$		0.11	0.11	0.12	0.11

すなわち，V/Cが一定とみなすことができるから，この反応は1次反応である。よって　$a=1$

『入試化学で差を～』参照

1次反応では速度定数は次の式で表される。

$$k=\frac{2.303}{t}\log\frac{C_0}{C}$$

この例では　$C_0=100$ であるから

$t=1$ のとき，$C=90$

$$k=\frac{2.303}{1}\log\frac{100}{90}=0.105$$

$t=3$ のとき，$C=72$

$$k=\frac{2.303}{3}\log\frac{100}{72}=0.110$$

$t=6$ のとき，$C=50$

$$k=\frac{2.303}{6}\log\frac{100}{50}=0.116$$

$t=8$ のとき，$C=40$

$$k=\frac{2.303}{8}\log\frac{100}{40}=0.015$$

となり，kはtに関係なく一定となる。

問2　初速度は　$V=kC$ より

$V=k\times100$，90%分解されたとき $C=10$ であるからそのときの反応速度 $V'=k\times10$　したがって0.1倍となる。

問3　速度定数kの温度依存を示す式がアレニウスの式（『入試化学で差を～』を参照）である。

$$\log k=-\frac{E}{4.58}\cdot\frac{1}{T}+C$$

$T=340$ のときの速度定数をkとすると

$T=350$ のときの速度定数は $3k$ となる。これらを上のアレニウスの式に代入すると

$$\log k=-\frac{E}{4.58}\cdot\frac{1}{340}+C \quad \cdots\cdots①$$

$$\log 3k=-\frac{E}{4.58}\cdot\frac{1}{350}+C \quad \cdots\cdots②$$

②—①

$$\log 3=-\frac{E}{4.58}\left(\frac{1}{350}-\frac{1}{340}\right)$$

$$\therefore \quad E=2.6\times10^4 \ (\mathrm{cal/mol})$$

問4　kの値は温度が10° 上昇すると3倍になるから(373−340)=33℃上昇すると $3^{\frac{33}{10}}$ 倍になる。濃度は初めの1/3になっているから反応速度は最初の1/3になっている。

$$\frac{V'}{V}=\frac{k'[P']}{k[P]}=3^{\frac{33}{10}}\times\frac{1}{3}=3^{2.3}\ (倍)$$

またEの値が分かっているからアレニウスの式より373Kのときの速度定数 k' と340Kのときの速度定数の比は次のようにしても求められる。

$$\log k=-\frac{E}{4.58}\cdot\frac{1}{340}+C \quad \cdots\cdots③$$

$$\log k'=-\frac{E}{4.58}\cdot\frac{1}{373}+C \quad \cdots\cdots④$$

④—③

$$\log\frac{k'}{k}=-\frac{E}{4.58}\left(\frac{1}{373}-\frac{1}{340}\right)$$

$E=2.6\times10^4$ を代入して k'/k の値を求めることもできる。

問5　タンパク質を検出すればよいからビウレット反応をしてみるとよい。タンパク質が分解して生じるアミノ酸もやるニンヒドリンなどは用いられない。

問6　C，PbS

問7　$(n-1)$ モル

問8　触媒作用

問9

```
        CH2-CH2-COOH   CH2-<◯>-OH
        |              |
 —NH—CH — CO — NH — CH—CO—
```

問10

```
           CH2-<◯>-OH
     +     |
 Cl⁻H3N-CH-COOH
```

有機化学特講

……….〈芳香族化合物〉

■内容■

- 芳香族化合物とはなにか
- ベンゼン置換体
- 芳香族炭化水素
- 芳香族ニトロ化合物と芳香族アミン
- 芳香族スルホン酸
- フェノール
- ナフタリン

第2編　芳香族化合物

石炭を，空気を遮断して加熱すると多量のガス（石炭ガス）が発生するほかに，黒い粘稠なコール・タールが得られる。コール・タールは石炭の重さの約3％であるが，これを加熱し，沸点の差により次のような成分に分類される。

コール・タールの分留

留　分	蒸留温度	成　　分
軽　油	～170℃	ベンゼン，トルエン，キシレン
中　油	170～230℃	フェノール，ナフタリン
重　油	230～270℃	クレゾール，ナフタリン
アントラセン油	220～360℃	アントラセン，フェナントレン
ピッチ	残　渣	

ベンゼン C_6H_6，トルエン C_7H_8，キシレン C_8H_{10} などの炭化水素は，いずれも不飽和度 U=4 と不飽和性は高く，例えばベンゼンについては次のような構造式が考えられる。

```
      H              H              H
      |              |              |
      C              C              C
    /   \\         / | \          //   \
H-C       C-H  H-C   |   C-H  H-C       C=CH2
  ||      |      ||  |   ||       \     /
H-C       C-H  H-C   |   C-H       C = C
    \\   /         \ | /          |     |
      C              C            H     H
      |              |
      H              H
     (1)            (2)            (3)
```

(4)（C_6H_6 のプリズム型構造式）

$CH_3-C \equiv C-C \equiv C-CH_3$　(5)

$CH_2=CH-C \equiv C-CH=CH_2$　(6)

桃のいい香りの成分であるベンズアルデヒドは，分子式 C_7H_6O の液体で，アルデヒドの一般的性質を示し，アルデヒド基 -CHO をもっているから示性式は C_6H_5CHO と考えられる。これを酸化すると安息香酸という結晶性の酸が得られ，その分子式は $C_7H_6O_2$ でカルボキシル基を有しその示性式は C_6H_5COOH と考えられ，上の酸化反応は

$$C_6H_5CHO \xrightarrow{O} C_6H_5COOH$$

のように表すことができる。この場合 C_6H_5- は不飽和度が大きいにもかかわらず酸化されていない。

これはベンゼンが安定なことと考え合わせると，要するに，C_6 が安定な独特の原子団になっているということである。これよりトルエン（C_7H_8）やキシレン（C_8H_{10}）はそれぞれベンゼンのHを1個および2個をメチル基 CH_3- で置換したものとして $C_6H_5-CH_3$，$CH_3-C_6H_4-CH_3$ で表すといずれも独特の C_6 の原子団をもつベンゼンの同族体であり，実際にもそれら三者が互いに似た性質であるという事実が理解される。

ベンゼン C_6H_6 は1825年，ファラデーにより圧搾された照明用ガスの油状沈積物の中から発見された。既に述べたように，不飽和度が大きいにもかかわらずベンゼンは通常の不飽和脂肪族化合物に見られるような反応性を示さない。例えば，通常のCとCの間の不飽和結合には，水素，ハロゲン，ハロゲン化水素，硫酸等が容易に付加反応を行うが，ベンゼンは特殊な触媒や条件がないと付加反応は容易には行わず，また，不飽和結合は $KMnO_4$（バイヤーの試液）によって容易に酸化分解されるにもかかわらず，ベンゼンは沸騰アルカリ性 $KMnO_4$ によっても酸化されず，異常な安定性をもっている。

そして，不飽和度が大きいにもかかわらず種々な試薬と付加反応ではなく置換反応，すなわち，C_6H_6 の

Hは種々な原子または原子団で置換される。次にその主な置換反応を示す。

1. ニトロ化

$$C_6H_6+HNO_3 \xrightarrow{H_2SO_4} C_6H_5NO_2 + H_2O$$

ニトロベンゼン

2. スルホン化

$$C_6H_6+H_2SO_4 \longrightarrow C_6H_5SO_3H + H_2O$$

ベンゼンスルホン酸

3. ハロゲン化

$$C_6H_6+Cl_2 \xrightarrow{AlCl_3} C_6H_5Cl + HCl$$

モノクロロベンゼン

4. アルキル化（フリーデル・クラフツ反応）

$$C_6H_6+RCl \xrightarrow{AlCl_3} C_6H_5R + HCl$$

アルキルベンゼン

5. アシル化（フリーデル・クラフツ反応）

$$C_6H_6+RCOCl \xrightarrow{AlCl_3} C_6H_5COR + HCl$$

ケトン

次に，ベンゼンのH１個を他の原子，または原子団で置換したベンゼンの一置換体（モノ置換体）C_6H_5 は１種類しかないということである。これは C_6H_5 のH６個がすべて同格であることを物語っている。そこで1865年，ケクレ Kekulé はベンゼンに対して（1）の構造式を提唱した。これにより，ベンゼンの二置換体（ジ置換体が三種類）あることも説明できる。

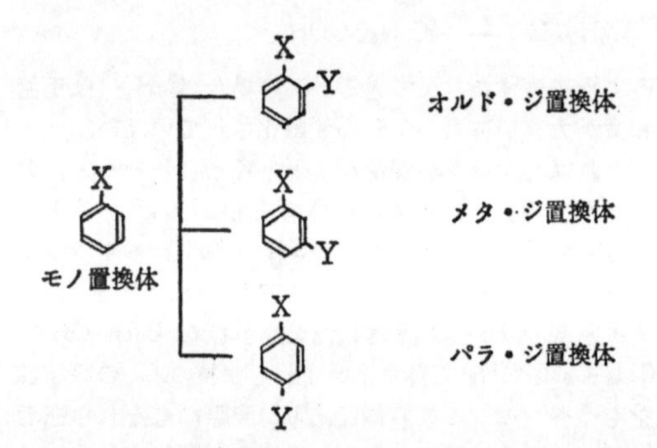

ところが，このケクレの構造式にもいくつかの矛盾が生じることが分かってきた。まず，オルト・ジ置換体は１種類しかないにもかかわらず，ケクレの式では２種類のオルト体が考えられる。

X Y　　　Y X

すなわち，上に示すようにCとCが１重結合をしているCに２個の置換基がついたもの（左）と，CとCが２重結合しているCに２個の置換基のついたジ置換体（右）の２種である。しかし，実際には１種しか存在しない。また，このように２重結合が３個も存在していれば容易に付加反応を行うし，また，$KMnO_4$ で容易に酸化されてしまう。また２重結合と１重結合が交互に存在しているとすればC-Cの核間距離は1.54 Å，C=Cでは1.34 Å であるから，ベンゼンは正六角形にはならない（A図）。

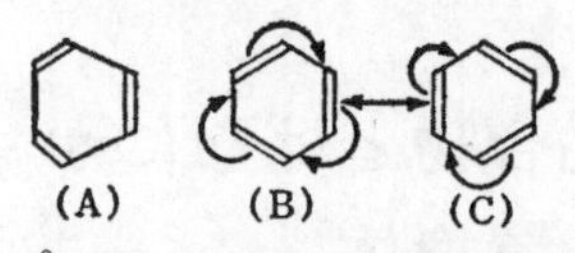

その後，X線を用いての研究の結果，ベンゼンは平面的で正六角形で一辺の長さは1.40 Å，すなわち，１重結合と２重結合の中間の長さの結合であることがわかった。すなわちCとCの間のπ電子が隣りのCとCの間に移動し，そのため次のπ電子が移動するということが繰り返されて，（B図）となったり，（C図）となったりしているという考えが生じてきた。それが極めて早い速さで行われているので各CとCの間は１重結合と２重結合の中間の結合をしていてベンゼン自体は（B図）と（C図）の重なったようなものだというのである。そして（B図）と（C図）は互いに共鳴（レゾナンス）しているといい，実際のベンゼンは（B図）および（C図）で表わされる構造よりも安定である。すなわちエネルギーは低いというのである。それを共鳴エネルギーと呼んだ。つまり，ベンゼン自体は（B図）および（C図）で示される構造より共鳴エネルギーだけ低い安定なものだというのである。

〔問題〕 次の文中の［　　］内に下の(ア)～(ク)のうちから適当なものを選び，その記号で答えよ。ただし，同じ記号を何回用いてもよい。

エチレンやベンゼンを構成している炭素原子は ¹［　　］により，　他の炭素原子や水素原子と結合している。このため，エチレンの水素原子二個を塩素原子にかえると ²［　　］種の異性体が得られる。また，ベンゼン核を含む分子式 C_7H_8O で示される化合物からは ³［　　］種の異性体が得られる。

二重結合を一つもったシクロヘキセン（Ⅰ）を水素で還元すると，次式で示すようにシクロヘキサン（Ⅱ）になる。

$$(\text{I}) + H_2 \longrightarrow (\text{II}) + 28.6\ \text{kcal}$$

（Ⅰ）　　　（Ⅱ）

ベンゼンは，通常一重結合と二重結合を交互に有する 1, 3, 5-シクロヘキサトリエンと同じように表わされる。1, 3, 5-シクロヘキサトリエンを水素で還元してシクロヘキサンにすると ⁴［　　］kcal/モル の反応熱が発生すると予想される。しかし，1, 3, 5-シクロヘキサトリエンは実在せずに，実在するのはベンゼンである。ベンゼンを水素で還元してシクロヘキサンにすると，49.8 kcal/モル の反応熱が発生する。したがって，ベンゼンの方が，1, 3, 5-シクロヘキサトリエンよりも ⁵［　　］kcal/モル だけ ⁶［　　］であることがわかる。また，ベンゼンの構造は正六角形で炭素－炭素の結合距離はすべて等しく 1.40 Å であることがわかっている。この値は，エチレンのそれにくらべて 7□ なっており，8□ 重結合距離と 9□ 重結合距離の中間にある。 これらのことよりベンゼンとエチレンの性質は著しく異なり，ベンゼンでは 10□ 反応が，エチレンでは 11□ 反応がおこりやすい。

ベンゼンに紫外線を照射しながら塩素を反応させると 12□ が得られる。また，鉄の存在下でベンゼンに塩素を反応させると 13□ が得られる。

(ア)付加　(イ)置換　(ウ)脱離　(エ)縮合　(オ)分解
(カ)不安定　(キ)等しく　(ク)安定　(ケ)長く　(コ)短く
(サ)クロルシクロヘキサン　(シ)BHC
(ス)クロルベンゼン　(セ)p 軌道　(ソ)sp 混成軌道
(タ)sp^2 混成軌道　(チ)sp^3 混成軌道　(ツ)1
(テ)2　(ト)3　(ナ)4　(ニ)5　(ヌ)6　(ネ)7　(ノ)36.0
(ハ)57.2　(ヒ)78.4　(フ)85.8

鳥取大

〔**解説**〕 シクロヘキセン1モルに1モルの H_2 が付加すると， 28.6kcal の発熱があってシクロヘキサンになる。すなわち，C=C が H_2 を付加して飽和すると1モルあたり 28.6kcal エネルギーが低くなることを示している。したがって，ベンゼンが 1, 3, 5-シクロヘキサトリエン（B図）とか（C図）の形をしていると，1モルに3モルの H_2 が付加するから， $28.6\times3=85.8$ kcal の発熱があってシクロヘキサンとなる。 すなわち，（B図）または（C図）の形だとシクロヘキサンより 85.8kcal エネルギーが高いのである。

ところが，実際のベンゼンは3モルの H_2 を付加してシクロヘキサンにすると， 49.8kcal の発熱しかない。というのは，実際のベンゼンはシクロヘキサンより 49.8kcal だけエネルギーが高い。したがって，1, 3, 5-シクロヘキサトリエンより実際のベンゼンは1モルにつき，36.0kcalエネルギーが低く，それだけ安定であることがわかる。

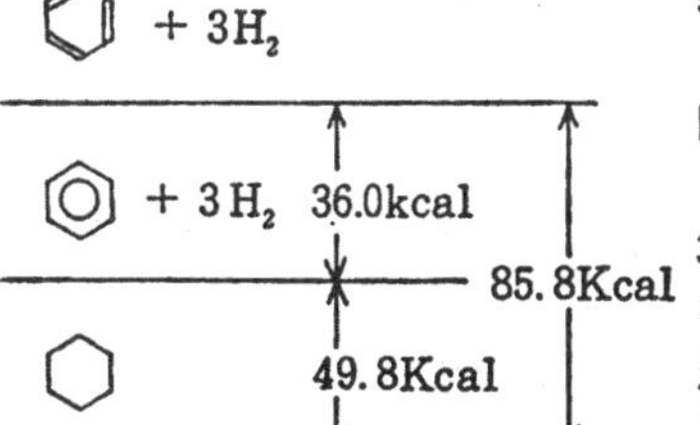

ベンゼンの共鳴エネルギーは 36.0kcal/mol である。

〔**答**〕 1―(タ)　2―(ト)　3―(ニ)　4―(フ)　5―(ノ)
6―(ク)　7―(ケ)　8―(ツ)　9―(テ)　10―(イ)　11―(ア)
12―(シ)　13―(ス)

さらに，研究が進むにつれ，共鳴の理論は改良された。すなわち，ベンゼンの6個のCは1個の p 電子を残し，sp^2 混成軌道によって6個のCと6個のHが σ 結合して正六角形状になり，その平面に対し各6個のCより p 電子が電子雲を出している。次にこの π 電子雲が互いに側面結合して π 結合をつくるのであるが，1個のC原子の p 電子雲は右とか左のいずれかのC原子の p 電子雲と π 結合するのではなく両隣りのCの p 電子雲と平等に π 結合をするため，電子雲は全体に拡がり，6個のCによる平面の上下に環状に拡がる。そして，π 電子雲がこの平面の上下にドーナツ状に拡がっているように示してある場合が多いが，これはよくない。電子は負に帯電し，Cの原子核は $+6e$ に帯電しているためCのまわりの電子密度が高いはずである。したがって，ベンゼンを

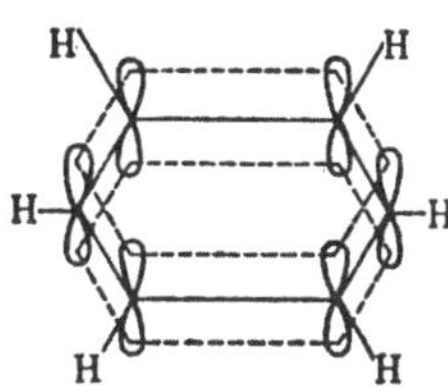

のように表すことにするが，電子雲は左図のように拡がっていると考えられる。

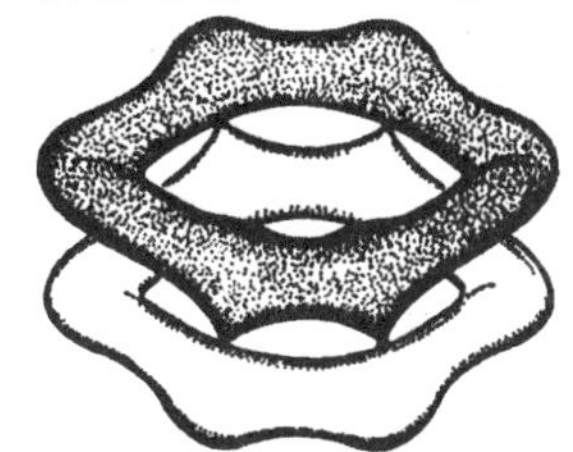

さて，芳香族化合物をベンゼン核（またはベンゼン環）を含む化合物というのは，これらの化合物のうちで最初に発見されたものに芳香をもつものが多かったため，この一群の化合物を**芳香族化合物**（aromatic compounds）という。たとえば，次のようなものがある。

CH_3O-⌬-$CH=CH-CH_3$　**アネトール（アニス油）**

⌬-$COCH_3$　**アセトフェノン（イリス油）**

⌬-CH_2OCOCH_3　**酢酸ベンジル（ジャスミン油）**

HO-⌬(-OCH_3)-CHO　**バニリン（バニラ）**

CH_2<(O)(O)>⌬-CHO　**ヘリオトロピン（ヘリオトロープ）**

このような芳香をもつ化合物の他に，悪臭をもつものや無臭のものも多く知られるようになり，現在ではベンゼン核を有する化合物を芳香族化合物と呼んでいる。

第1章　ベンゼン置換体と置換反応

1.　ベンゼン置換体の異性

(1)　モノ置換体には異性体は存在しない。

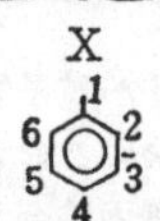

(2) ジ置換体には3種の異性体が存在する。

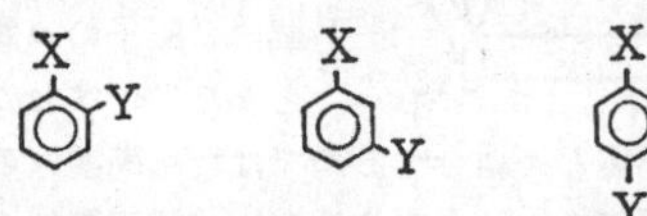

オルト（*ortho*）　メタ（*meta*）　パラ（*para*）
1, 2-（*o*）　1, 3-（*m*）　1, 4-（*p*）

(3) トリ置換体には置換基の種類によって次の3通りの場合がある。

(a) 置換基が1種の場合（3種）

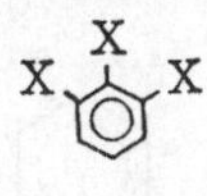
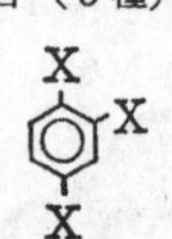
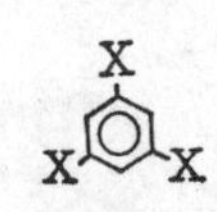

隣接型（*vic*）　非対称型（*asym*）　対称型（*sym*）
1, 2, 3-　1, 2, 4-　1, 3, 5-

(b) 置換基が2種の場合（6種）

(i) *vic* 型

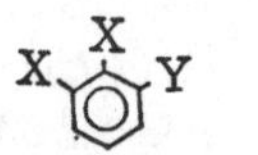
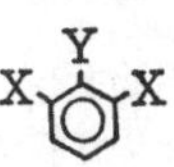

(ii) *asym* 型

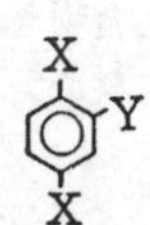
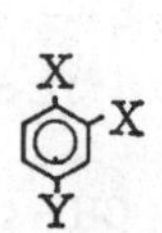
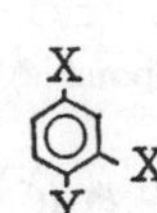

(iii) *sym* 型

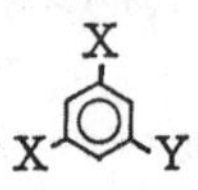

(c) 置換基が3種の場合（10種）

(i) *vic* 型

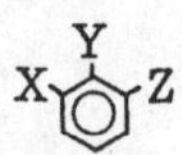
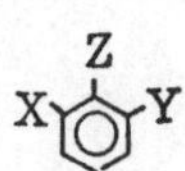
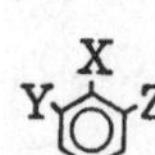

(ii) *asym* 型

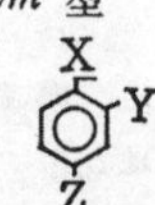
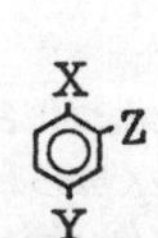
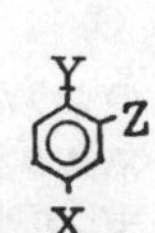

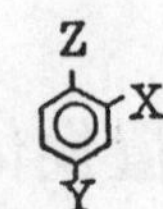
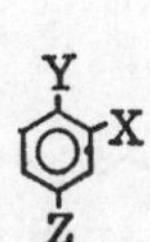
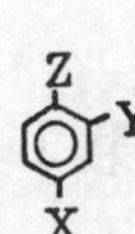

(iii) *sym* 型

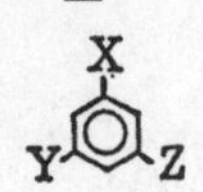

〔問題〕 芳香族炭化水素 C_8H_{10} に可能な示性式をすべて記せ。

〔解〕 不飽和度 U=4 であることをまず確認し，ベンゼン核につく側鎖には不飽度のないことが分かる。次にこのような問題では，ベンゼン核につく側鎖（または置換基）により分類するのがコツである。

(i) 置換基が1個の場合

C_6H_5-CH_2-CH_3

エチルベンゼン

(ii) 置換基が2個の場合

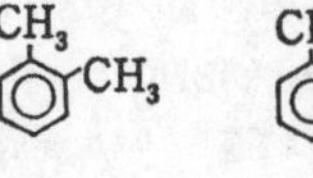
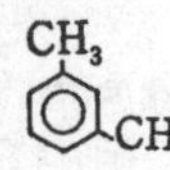
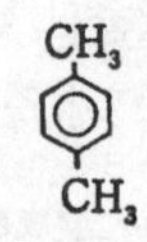

o-キシレン　*m*-キシレン　*p*-キシレン

〔問題〕 芳香族炭化水素 C_9H_{12} に可能な示性式をすべて記せ。

〔解〕 U=4 であるから側鎖に不飽和度はない。

(i) 置換基が1個の場合

C_6H_5-CH_2-CH_2-CH_3　C_6H_5-$CH(CH_3)_2$

(ii) 置換基が2個の場合

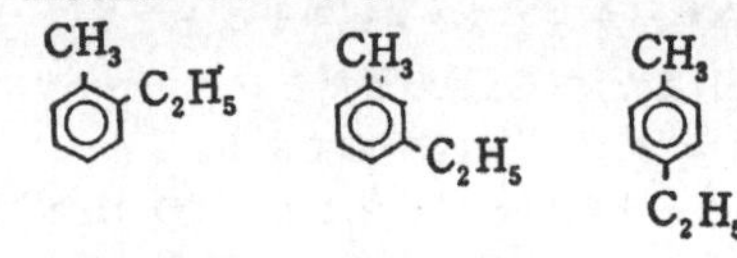

(iii) 置換基が3個の場合

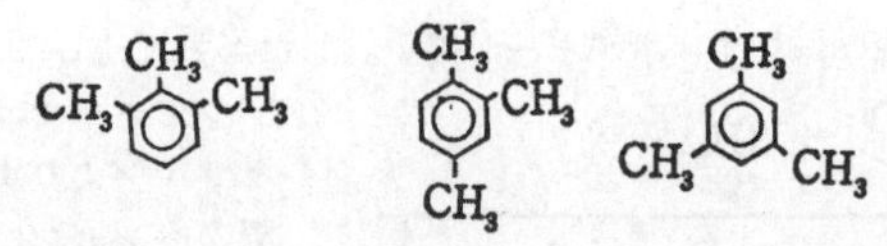

〔問題〕 分子式 C_7H_8O で表される芳香族化合物に可能なすべての示性式を記せ。

〔解〕 U=4 で置換基には不飽和度はない。

(i) 置換基が1個の場合

C_6H_5-CH_2OH　C_6H_5-O-CH_3

(ii) 置換基が2個の場合

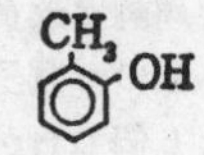
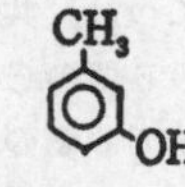

〔問題〕 分子式 $C_8H_{10}O$ で表される芳香族化合物に可能なすべての示性式を記せ。

〔解〕 U＝4 で置換基には不飽和度はない。

(i) 置換基が 1 個の場合

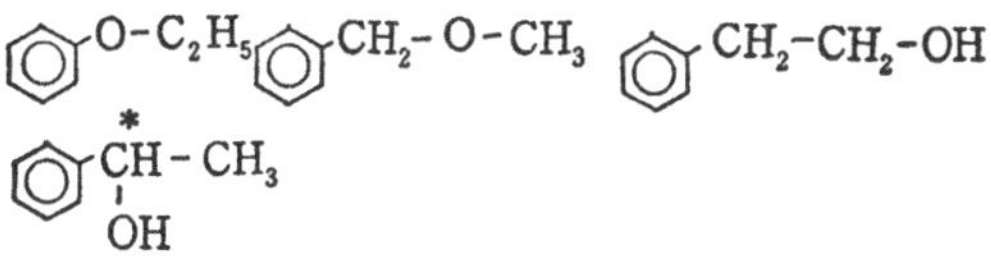

$-O-C_2H_5$　$-CH_2-O-CH_3$　$-CH_2-CH_2-OH$　$-\overset{*}{C}H(OH)-CH_3$

(ii) 置換基が 2 個の場合

(a)一方の置換基にCを含まないとき

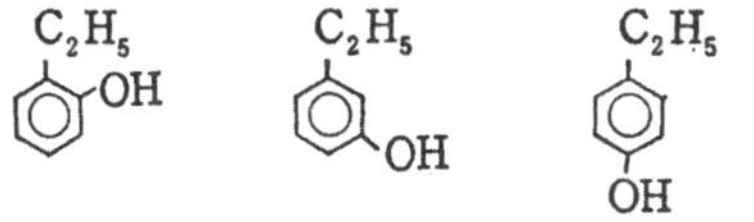

C_2H_5, OH（o-, m-, p-）

(b)両置換基にCが 1 個ずつ含まれるとき

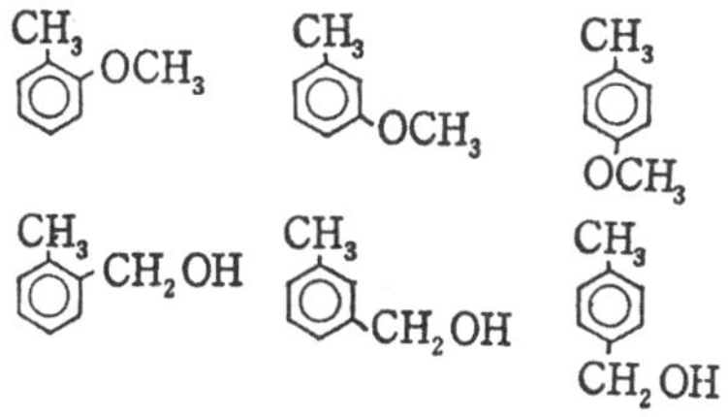

CH_3, OCH_3（o-, m-, p-）

CH_3, CH_2OH（o-, m-, p-）

(iii) 置換基が 3 個の場合

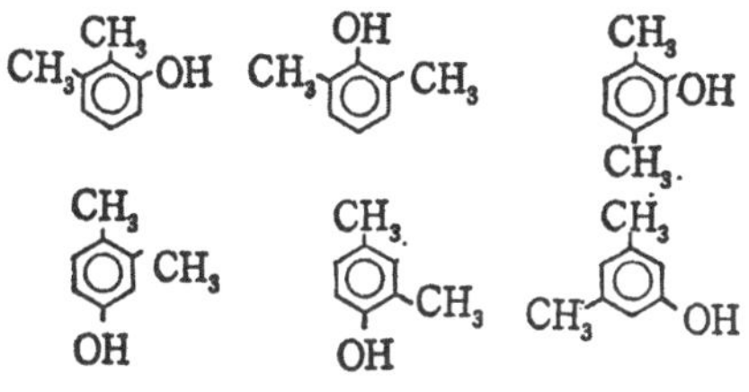

CH_3, CH_3, OH

2. ベンゼンの核置換反応

ベンゼン C_6H_6 のHを他の置換基で置換する場合には，ベンゼンの π 電子雲とよく反応する試薬，すなわち求電子試薬 (electrophilic reagent) を作用しなければならない。例えば，ベンゼンからモノクロロベンゼンを作りたいとき，ベンゼンに塩素イオン Cl^+ を作用させなければならない。陽イオンは正に帯電しているから，相手の負に帯電した電子密度の高い所を攻撃するであろう。ところが，ベンゼンの π 電子雲は，6 個のCでつくられる平面の上下にドーナツ状に拡がっていることは既に述べたが，これはそのドーナツ状の π 電子雲の断面積がどこも一定というのではなく，Cの原子核の陽電荷に引かれ，Cのまわりの電子密度が高く，求電子試薬はそこをねらって攻撃することになる。これを次のように 1, 3, 5-シクロヘキサトリエンの形で考えてみよう。いま求電子試薬を E^+ で示そう。もちろん E^+ だけをもってくることはできないので，陰イオンを X^- で表すことにする。

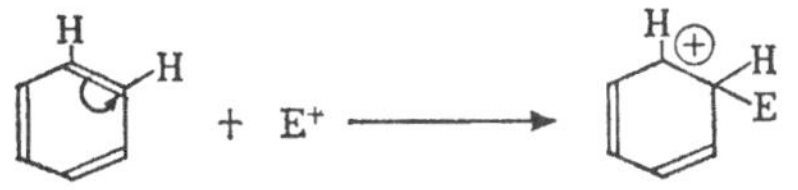

$$C_6H_6 + E^+ \longrightarrow [C_6H_6E]^+$$

E^+ はCの 1 個を攻撃し，そのまわりの電子雲を引き寄せるため π 電子雲をさらに引き寄せる結果，隣りのCが＋に帯電し，次に H^+ がとれて，置換反応は終わる。

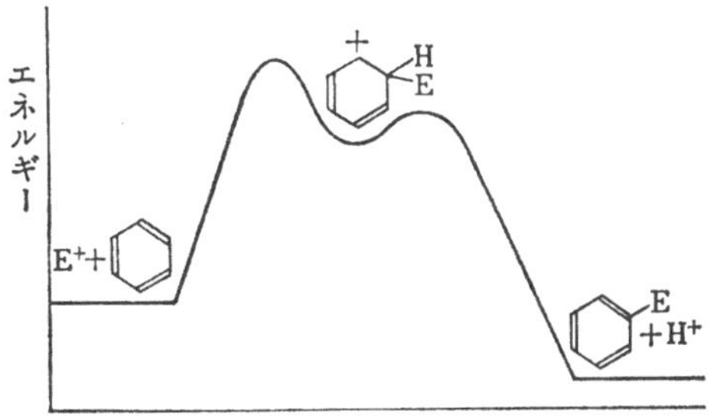

$$[C_6H_6E]^+ + X^- \longrightarrow C_6H_5E + H^+X^-$$

ベンゼンの求電子試薬による核置換のエネルギー準位図を示すと上のようになる。例えば，ベンゼンからモノクロロベンゼンを作るには，塩素イオン Cl^+ をまず Cl_2 から作ることが必要になる。そのため Cl_2 に，$AlCl_3$ や Fe を作用することになる。$AlCl_3$ は I-効

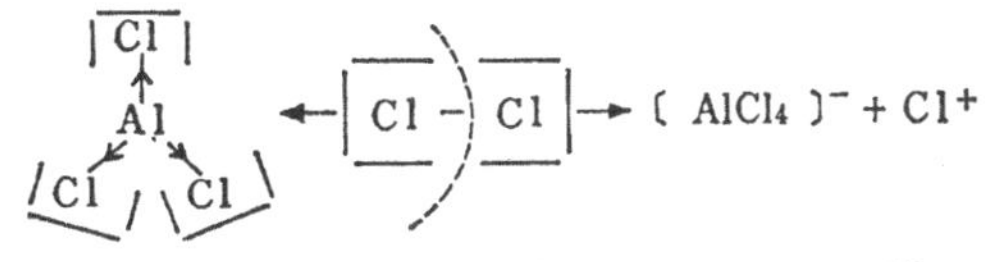

$$AlCl_3 \longleftarrow |Cl-Cl| \longrightarrow [AlCl_4]^- + Cl^+$$

果により Al はかなり⊕に帯電しているため，Cl_2 のローンペアが Al に引かれ，$Cl_2 \longrightarrow Cl^- + Cl^+$ と分解し，塩化物イオン Cl^- は $AlCl_3$ と配位結合して，$[AlCl_4]^-$ という錯イオン (X^- にあたる) をつくり，他方，Cl^+ はベンゼンを攻撃してモノクロロベンゼンをつくる。

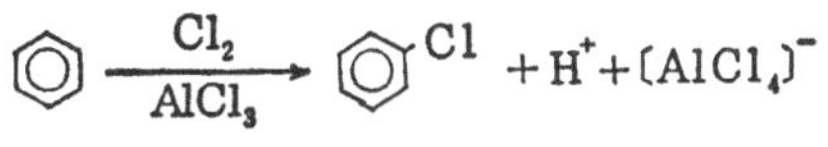

$$C_6H_6 \xrightarrow[AlCl_3]{Cl_2} C_6H_5Cl + H^+ + [AlCl_4]^-$$

鉄粉を用いた場合は，一たん $2Fe+3Cl_2 \longrightarrow 2FeCl_3$ が生じ，$AlCl_3$ と同じ役割をはたすと考えてよい。ベンゼンのハロゲン化と同様に Cl_2 の代わりに塩化アルキル RCl や塩化アシルと $AlCl_3$ を作用させると，Cl_2 の場合と同様に R^+ や RCO^+ が生じ，これがベンゼンを攻撃してベンゼン核にアルキル基やアシル基を入れるのが**フリーデル・クラフツ** (Friedel-Crafts) 反応である。

$Cl—Cl+AlCl_3 \longrightarrow Cl^+ + [AlCl_4]^-$
$R—Cl+AlCl_3 \longrightarrow R^+ + [AlCl_4]^-$
$RCOCl+AlCl_3 \longrightarrow RCO^+ + [AlCl_4]^-$

$$C_6H_6 \xrightarrow[AlCl_3]{RCl} C_6H_5R$$
$$C_6H_6 \xrightarrow[AlCl_3]{RCOCl} C_6H_5COR$$

次にベンゼンのニトロ化について考えてみよう。

$$C_6H_6 \xrightarrow[\text{混酸}]{\text{ニトロ化}} C_6H_5NO_2$$

したがって，ベンゼンに NO_2^+ を作用させればよい。そのためにベンゼンに混酸すなわち，濃硝酸と濃硫酸の混合物を作用させる。かくして NO_2^+ を作るわけである。そのときにおこる反応を考えてみよう。まず，

$HNO_3+H_2SO_4 \longrightarrow HNO_3H^+ + HSO_4^-$

のように硫酸から H^+ を出し，それを硝酸がとったことになる。すなわち，硫酸の方が硝酸より強い酸で，硫酸が酸，硝酸が塩基として作用したことになる。そのときにおこる反応は，

$$H—\underline{O}—N(=O)(\rightarrow O) + H_2SO_4 \longrightarrow H—\overset{\oplus}{O}(\rightarrow H)—N(=O)(\rightarrow O) + HSO_4^-$$

となり，次に水がとれて

$$H—\overset{\oplus}{O}(H)—NO_2 \longrightarrow H_2O + \oplus NO_2$$

となり，とれた水はさらに H_2SO_4 より H^+ をとりオキソニウムイオンになる。

$H_2O+H_2SO_4 \longrightarrow H_3O^+ + HSO_4^-$

以上の反応を１つの式にまとめると，

$HNO_3+2H_2SO_4 \longrightarrow NO_2^+ + H_3O^+ + 2HSO_4^-$

ここで生じた NO_2^+ を**ニトロニウムイオン**(nitronium ion) と呼んでいる（ニトリルイオン，ニトリルカチオン等という人もいる)。

次に，ベンゼンのニトロ化についての実験について述べておこう。100～200 ml の三角フラスコに濃硫酸（約90%）45 g を入れ，フラスコの外側をときどき冷水で冷やしながら濃硝酸（約65%）を加える。このとき発熱するから混合し終れば，フラスコを冷水でよく冷やし，これにベンゼン16 g を少しずつ加えてはよく振り，その都度冷水で冷やし，ときどき温度計を入れて60℃以上にならないように注意する。もし60℃以上に温度が上がると，ベンゼンにニトロ基が２つ入ったジニトロベンゼンや３つ入ったトリニトロベンゼンが生成する。これらは不純物として不都合であるばかりではなく，爆発性で危険であるから60℃以上にならないように極力冷却することが必要である。ベンゼンを加え終わったら60℃の湯浴上で30分間加温し，反応を完結させる。これを室温にまで放冷後，分液ロートに入れる。ここで分液して上層をとることに注意する。これはニトロベンゼンの比重は1.20（実際は未反応のベンゼンを含むから比重はこれより少し小さいと思われる）で，混酸の比重はこれより大きいから，ニトロベンゼンは上層にくる。もし反応後，冷やしながら水を加えていって未反応の混酸をうすめた後に分液ロートに入れるとニトロベンゼンは下層にくるから注意しなければならない。次にとり出したニトロベンゼンは最初水，次に２%の NaOH 溶液で，さらに水で洗い(ニトロベンゼンは下層）最後に分液し，とれたニトロベンゼンに粒状の塩化カルシウム約１ｇを入れて乾燥し油浴上で蒸留し沸点が206～207℃の部分を取る。このときフラスコ中の液がまだ 0.5 ml くらい残っているうちに蒸留をやめる。これはニトロ化をするとき温度が60℃以上にならないよう注意していても局部的には60℃以上に温度が上がって，ジニトロベンゼンやトリニトロベンゼン（沸点がニトロベンゼンより高い）が副生している可能性があり，これが爆発する危険性があるからである。

次にスルホン化について述べなければならない。

$$C_6H_6 \xrightarrow[\text{濃硫酸}]{\text{スルホン化}} C_6H_5SO_3H$$

ニトロ化と同様に次のような反応がおこってHSO_3^+という陽イオンを生じ，これがベンゼンを攻撃すると考えられる。

$H_2SO_4+H_2SO_4 \longrightarrow H_3SO_4^+ + HSO_4^-$

すなわち，一方の硫酸から生じた H^+ が他方の硫酸に配位結合し，次いで H_2O がとれたと考えられる。

$$H—\underline{O}—S(O)_2—\underline{O}—H + H^+ \longrightarrow H—\overset{\oplus}{O}(\rightarrow H)—S(O)_2—\underline{O}—H$$

$$H—\overset{\oplus}{O}(H)—S(O)_2—\underline{O}—H \longrightarrow H_2O + \oplus S(O)_2—\underline{O}—H$$

以上まとめると

$3H_2SO_4 \longrightarrow H_3O^+ + HSO_3^+ + 2HSO_4^-$

したがって，

$$C_6H_6 + HSO_3^+ \longrightarrow C_6H_5SO_3H + H^+$$
$$H^+ + HSO_4^- \longrightarrow H_2SO_4$$

しかし，一方スルホン化はベンゼンに三酸化イオウ SO_3 が攻撃を加えておこるという考えもある。

まず一方の H_2SO_4 から脱水がおこり，生じた H_2O と他方の硫酸が反応してオキソニウムイオンを作る。

$2H_2SO_4 \longrightarrow H_3O^+ + HSO_4^- + SO_3$……(1)

ここで生じた SO_3 は電気陰性度の大きい O 原子を３

個も有し，そのためSは，かなり⊕に帯電し求電子試薬として作用する。

$$\text{C}_6\text{H}_6 + SO_3 + HSO_4^- \longrightarrow \text{C}_6\text{H}_5SO_3H + H_2SO_4$$

濃硫酸の中には少量の SO_3 を含んでいるし，また濃硫酸に SO_3 を溶かし込んだ発煙硫酸がスルホン化によく用いられる。

3. 核置換の法則

ベンゼン核のH原子を置換する反応は求電子試薬によることを述べたが，ベンゼンのHを1個だけ置換する場合は，ベンゼン C_6H_6 の6個のHはどれも対等である。どのHが置換されてもモノ置換体は一種であるということは，どのHが攻撃されるかという確率はみな等しいが，すでにベンゼンに置換基が入っているとき，さらにベンゼン核のHを置換しようという場合はそうはいかない。例えばすでに1個の置換基をもつとき，それに第2の置換基を導入する場合，次のように3種の生成物ができる可能性がある。最初に入っている置換基をX，後から入る第2の置換基をYとすれば，

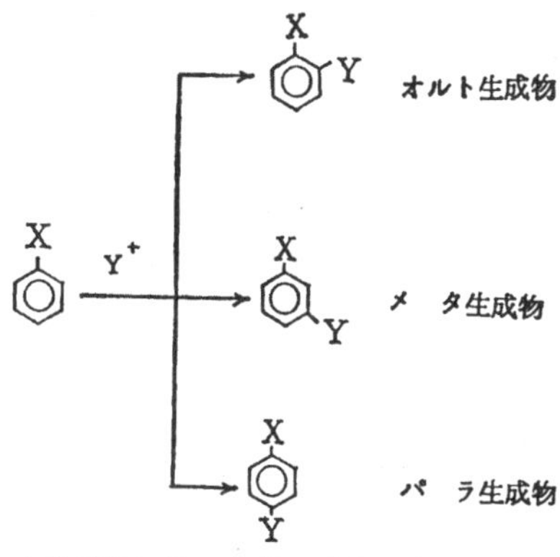

これを数学的にその生成の確率を求めると，オルト体では 2/5（置換できる5個の水素の中で2個がXに対してオルト位にあるから），メタ体も同様に2/5，パラ体は1/5でこれを％で表すと生成物の中40％はオルト位，40％はメタ位，20％はパラ位となる。しかし，実際にジ置換体をつくる実験をしてみると第1の置換基の種類によって（後から入る第2の置換基の種類には関係なく！）生成物中のオルト，メタ，パラ異性体の

OH — ニトロ化 → オルトニトロフェノール：53％（OH, NO_2）／パラニトロフェノール：47％（OH, NO_2）

生成％は数学的に求めたものとは異なる。例えば，フェノール（石炭酸）をニトロ化すると，左段下図のようになり，*m*-ニトロフェノールはほとんど生成しない。また，ニトロベンゼンをさらにニトロ化すると，

NO_2 — ニトロ化 → *o*-ジニトロベンゼン：5％／*m*-ジニトロベンゼン：94％／*p*-ジニトロベンゼン：1％

この場合はメタの位置に置換がおこり，*o*-体や *p*-体はほとんど生じない。このとき，-OH 基は自分に対してオルトとパラ位に第2の置換基が入るように命令するのでオルト・パラ配向性の基といい，$-NO_2$ 基は自分に対してメタ位に入れと命令するのでメタ配向性の基という。次に主なものを示そう。

オルト・パラ配向性の基
$-NH_2$, -OH, -OR, -R, -Cl, -Br, -I
メタ配向性の基
$-NO_2$, -CN, $-SO_3H$, -CHO, $-COCH_3$, -COOH, -COOR

なぜこのような現象を生じるかを電子論的に考察してみよう。最初にフェノールの置換反応を例にして $\overline{\text{O}}$-Hオルト・パラ配向性の説明をしてみよう。ベンゼン核の炭素に左に示すように番号をつけ，番号が1の炭素を C_1，2の炭素を C_2…… というように呼ぶことにする。さて水酸基のOと C_1 との間には明らかにOの電気陰性度が大きいので，$C_1 \rightarrow O$ という I-効果が考えられる。このI-効果が非常に強いとベンゼン核の π 電子雲を引き寄せて次に述べるメタ配向性となる。ところがオルト・パラ配向性の場合は，逆にベンゼン核の π 電子雲によってOのローンペアが引かれて C_1 とOの間に移動する。なぜそうなるかを共鳴の理論を使って説明しておこう（将来は波動方程式を立て，それを解いて電子密度を出せるように諸君がなってほしい）。$C_1 \rightarrow O$ の I-効果とは逆にOのローンペアがベンゼン核に引かれて移動するとOは⊕になり，C_1 原子は負に帯電しはじめるが，動きやすい C_1-C_2 間の π 電子をオルトの位置に押し上げ，その結果 C_2 は負に帯電する。また，そのとき，C_1-C_2 間の π 電子が押されて C_2-C_3 間に移動することもある。そのときはメタの C_3 が負に帯電しはじめ

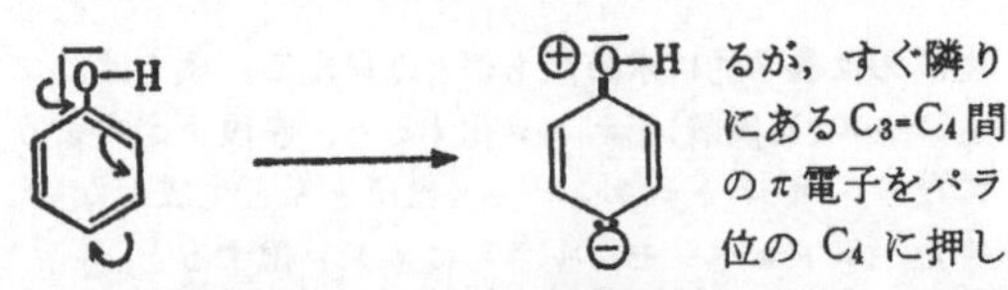

るが，すぐ隣りにあるC_3-C_4間のπ電子をパラ位のC_4に押し上げ，その結果パラ位は負に帯電する。また，このときC_3-C_4のπ電子がC_4-C_5結合間に移動すると，C_5は負に帯電をはじめ，そのためC_5-C_6間のπ電子をC_6に押し上げ，C_6が負に帯電する。

以上をまとめると，

これらの構造のものが互いに早く変化し，共鳴し，その分だけ安定化する。以上の共鳴混成を１つにまとめると左のように示すことが出来る。

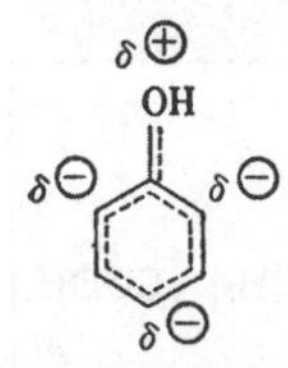

したがって，-OH に対してオルトまたはパラ位のCが負に帯電する。すなわち，オルトパラ位の電子密度が高く次に入ってくる求電子試薬は，オルトまたはパラに向かって引かれて置換反応をおこす。したがってベンゼンの置換反応より，*o*, *p*-配向性の基の入った化合物のほうが置換反応をよりおこし易いことも分かる。したがって前記の *o*, *p*-配向性の基はC_1に結合している原子にローンペアがあり，これがベンゼン核に引かれて落ちるため *o*, *p* 位が負に帯電する。

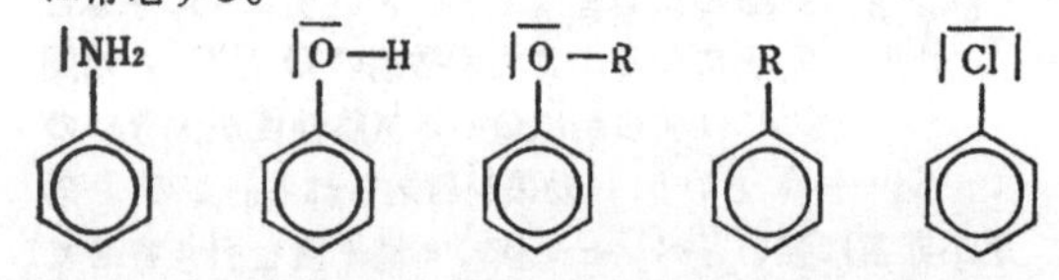

ところが，ベンゼンにアルキル基のついたアルキルベンゼンは例外である。すなわち，C_1と結合した原子Cにローンペアはない。これは**超共役** (hyperconjugation) という現象がおきるためであるが，この記載は大学へ入れてから調べてみたまえ。さて，次に *m*-配向性の基についてニトロベンゼンを例にとって説明してみよう。

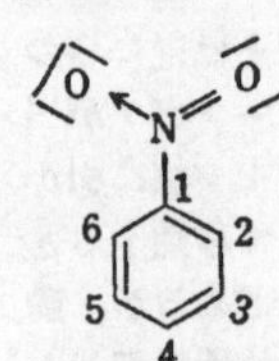

m-配向性の基はいずれも電子を強く引き寄せる基であるから，これらの基に -OH をつけるといずれも酸になる。例えば H-O-NO_2 硝酸，HO-SO_3H 硫酸，HO-CN シアン酸，HO-CHO ギ酸等である。

ニトロ基のN-Oのπ電子が電気陰性度の高いOに引かれOの方に移動し，Nは⊕に帯電し強い力でベンゼン核より電子を引き寄せる。そのためC_1は

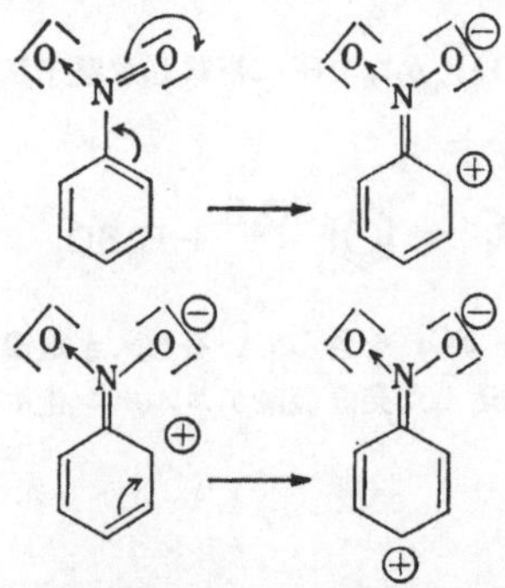

正に帯電しようとするが，隣りのC_1-C_2にある動き易いπ電子が引かれて移動しオルト位のC_2が⊕に帯電する。またこの⊕に引かれてC_3-C_4間のπ電子がC_2-C_3間に移動すると，パラ位のC_4が⊕に帯電する。次いでC_4の⊕に引かれてC_5-C_6間のπ電子がC_4-C_5間に移動してオルト位のC_6が⊕に帯電する。

以上より *o*, *p*-位が正に帯電した共鳴混成体を生じる。

そのため求電子試薬は，*o*, *p*-位から反撥され，仕方なく *m*-位に第２の置換基が入る。したがってベンゼン自身よりも *m*-配向性の基がつくと置換反応をおこしにくくなる。言い換えれば，ベンゼンに *o*, *p*-配向性の基がつくとベンゼン核は反応性に富み不安定となるが，*m*-配向性の基がつくとベンゼン核はより安定化することがわかる。たとえばベンゼンをニトロ化するときは混酸を用いたが，フェノールをニトロ化するには希硝酸を作用するだけでよい。

ピクリン酸

第２章　芳香族炭化水素

1. 概説

コールタールの分留により得られるものが多い。次に主な炭化水素を示す。mp は融点，bp は沸点 (℃) を示す。

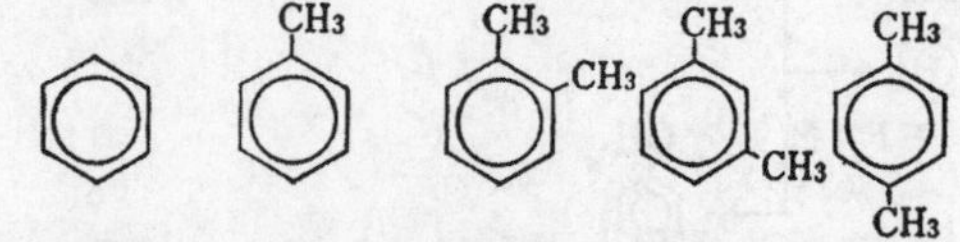

ベンゼン	トルエン	o—キシレン	m—キシレン	p—キシレン
mp 5.5	mp 95.0	mp 25.2	mp 47.9	mp 13.3
bp 80.1	bp 110.6	bp 144.4	bp 139.1	bp 138.4

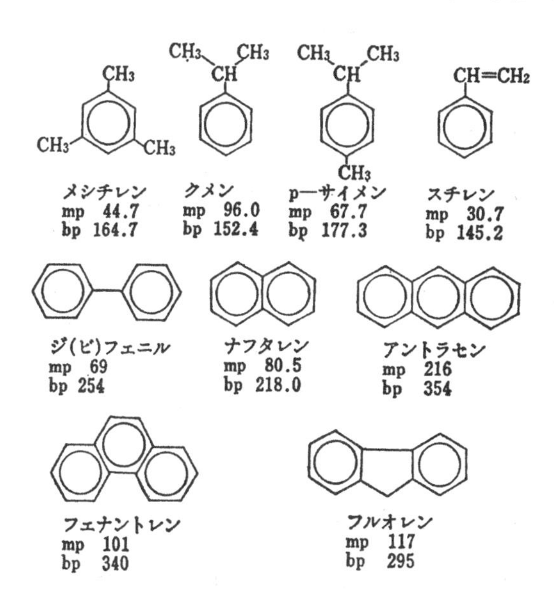

芳香族炭化水素のベンゼン核のHがとれてできる基の主なものを次に示す。

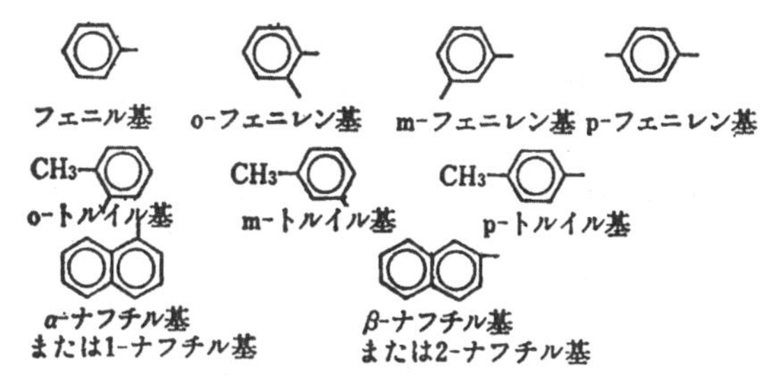

とくにベンゼンのHが1つとれてできる基を**アリル**(aryl)基(allyl 基と間違えるな）といい，*Ar*-で表すことがある。

2. 合成法

コールタールより得られるが次のような合成法がある。

(1) アセチレンおよびその同族体の重合

$$3\,H-C\equiv C-H \xrightarrow[\text{赤熱管}]{\text{付加重合}} C_6H_6 \ (\text{ベンゼン})$$

$$3\,CH_3-C\equiv C-H \xrightarrow{(\text{同　上})} C_6H_3(CH_3)_3 \ (\text{メシチレン})$$

(2) フリーデルクラフツ反応

$$C_6H_6 \xrightarrow[(AlCl_3)]{R-X} C_6H_5R$$

(3) ベンゼンにオレフィン（アルケン）を作用

$$C_6H_6 + CH_2=CH_2 \xrightarrow{AlCl_3} C_6H_5CH_2-CH_3$$

エチルベンゼン

$$C_6H_6 + CH_2=CH-CH_3 \xrightarrow[\left(\substack{H_2SO_4,\,HF\\ H_3PO_4,\,etc}\right)]{AlCl_3} C_6H_5CH(CH_3)_2$$

クメン

3. 化学的性質

ベンゼン環の安定性

付加反応をしにくく，置換反応をしやすい。次に酸化されにくい$KMnO_4$で酸化すると，側鎖が酸化されてカルボキシル基になる。

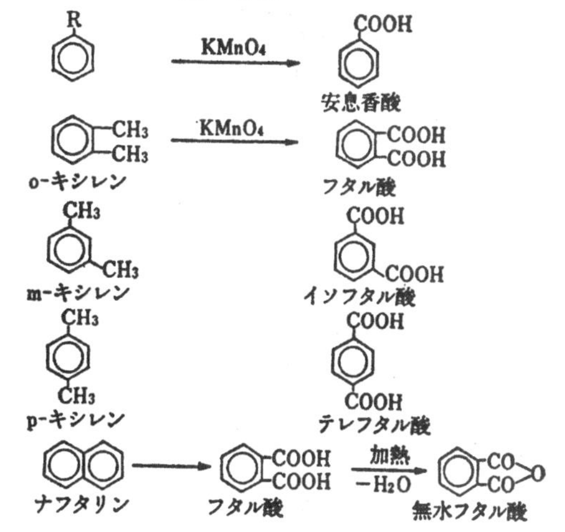

第3章　芳香族ニトロ化合物と芳香族アミン

1. 合成法

$$C_6H_6 \xrightarrow[\text{混　酸}]{\text{ニトロ化}} C_6H_5NO_2 \ (\text{ニトロベンゼン}) \xrightarrow{\text{ニトロ化}} C_6H_4(NO_2)_2 \ (\text{m-ジニトロベンゼン})$$

$$C_6H_5CH_3 \rightarrow \text{o-}/\text{p-}CH_3C_6H_4NO_2 \rightarrow CH_3C_6H_3(NO_2)_2 \rightarrow CH_3C_6H_2(NO_2)_3$$

2,4,6トリニトロトルエン
(TNT)

ニトロベンゼンを還元してアニリンを得ることができる。すなわち，ニトロベンゼンにスズまたは鉄と塩酸を作用して得られる。

$$C_6H_5-NO_2 + 6H \longrightarrow C_6H_5-NH_2 + 2H_2O \cdots (1)$$

Sn および Fe は2種の原子価をとる。すなわち，Sn は Sn^{2+} と Sn^{4+}，Fe は Fe^{2+} と Fe^{3+} である。スズまたは鉄の粉末を塩酸に入れると，共に水素よりもイオン化傾向が大きいので H_2 を発生して溶けるが，そのときの酸化剤は H^+（または H_3O^+）であるが，その酸化力は弱く，Sn も Fe も低い酸化数までしか酸化されない。

$$Sn+2HCl \longrightarrow SnCl_2+H_2$$
$$Fe+2HCl \longrightarrow FeCl_2+H_2$$

しかしそこにニトロベンゼンがあれば，この酸化力によりさらに高い酸化数まで酸化される。まずSnとHClの場合

$$Sn+4HCl \longrightarrow SnCl_4+4H \cdots\cdots(2)$$

このHにより(1)の反応がおこる。さて生じたアニリンは，アミンで塩基性で無色透明で水に不溶のいやな臭いのする液体だが，塩酸酸性のため生じたアニリンは塩酸と塩をつくって水に無色に溶ける。

$$C_6H_5-\ddot{N}H_2 + H^+ \longrightarrow \left[C_6H_5-NH_2 \rightarrow H\right]^+$$

アニリニウム・イオン

したがって，アニリンを塩酸に溶かし生じたものはアニリンの塩酸塩の溶液でアニリニウム・イオンと Cl^- とに電離して溶けているが，次のようにそれを書く。

$$C_6H_5-NH_2 + HCl \longrightarrow C_6H_5-NH_2 \cdot HCl \cdots\cdots (3)$$

以上 (1)×2＋(2)×3＋(3)×2 で1つの反応式にまとめると次のようになる。

$$2\,C_6H_5-NO_2 + 3Sn + 14HCl \rightarrow 2\,C_6H_5-NH_2 \cdot HCl + 3SnCl_4 + 4H_2O \cdots\cdots (4)$$

次に，反応終了後，アニリンをとり出すために濾過し，残っているスズを取り除き，これに NaOH 溶液を加えていく。まず過量の HCl が中和され，さらに NaOH 溶液を加えてアルカリ性にすると，アニリンが遊離されると同時に水酸化スズ(Ⅳ)の白沈が生じる。

$$C_6H_5-NH_2 \cdot HCl + NaOH \rightarrow C_6H_5-NH_2 + NaCl + H_2O \cdots (5)$$
$$SnCl_4 + 4NaOH \rightarrow Sn(OH)_4 + 4NaCl \cdots\cdots (6)$$

さらに NaOH 溶液を加えて，アルカリ性にすると，$Sn(OH)_4$ は両性水酸化物であるからアルカリと中和反応をおこし，スズ酸ナトリウム Na_2SnO_3 となって無色透明に溶ける。

$$Sn(OH)_4+2NaOH \longrightarrow Na_2SnO_3+3H_2O \cdots\cdots(7)$$

かくして生じたアニリンを水蒸気蒸留し，留出したアニリンと水の混合物にエーテルを加えてアニリンを抽出し，分液後エーテルを蒸留してアニリンが得られる。

2. 各論

ニトロベンゼン：微黄色の芳香のある液体で融点 5.7℃，沸点 211℃ の水に不溶の液体で比重は 1.203 で水より重い。これは香料として用いられる他に，還元してアニリン製造の原料として重要である。

***m*-ジニトロベンゼン**：ニトロベンゼンを発煙硝酸と濃硫酸でニトロ化（ニトロ化がしにくい）して得られる融点90℃の黄色の結晶で爆発性がある。

トリニトロトルエン（2，4，6-トリニトロトルエン，TNT）：融点81℃の黄色結晶で，爆薬として用いられる。

アニリン：融点 −6℃，沸点 184℃ 比重 1.02 の無色のいやな臭いのする水に不溶の液体。ベンゼンに *o*, *p*-配向性の特に強いアミノ基がついているためベンゼン核は不安定となり，空気中に放置すると徐々に酸化され黄褐色，赤褐色を経て最後には黒くなる。アニリンはアミンであるため塩基性を有するが，ベンゼン核が電子を引くためN原子の負電荷はアンモニアよりも少なく，したがってアンモニアより塩基性は弱い。しかし，強酸たとえば塩酸とは塩（アニリン塩酸塩または塩化アニリニウム）を形成し，これは水に無色に溶ける。アニリンの検出法は，まずサラシ粉 CaCl(ClO)・H_2O の溶液を加えると紫色（インドフェノールというもの）を生じ，さらに放置すると黒変する。次に2クロム酸カリウム（重クロム酸カリウム）と硫酸を加えると酸化され青色を経て，黒色のアニリンブラックを生じる。アニリンブラックは昔から木綿の染料として用いられている。

$$C_6H_5 \leftarrow \ddot{N}H_2$$

トルイジン：次の3種の異性体が存在する。

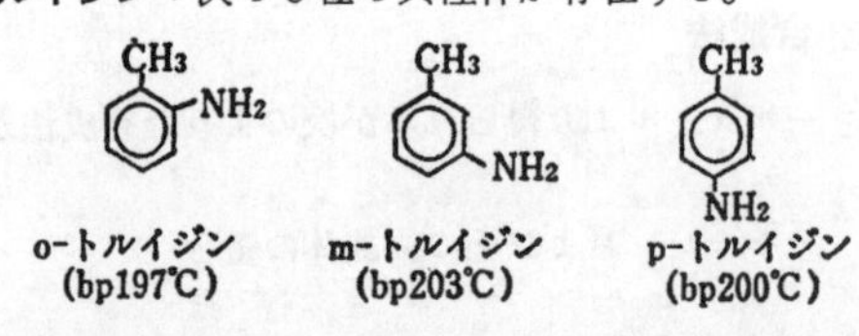

それぞれ対応するニトロトルエンを還元して得られ，性質はアニリンに似ている。

3. ジアゾ化反応

ベンゼン核に直接アミノ基が結合する芳香族1級アミンの塩酸または硫酸塩に，5℃ 以下で亜硝酸 HNO_2 を作用させるとジアゾ化合物を生じる。アゾ(azo)とは窒素を意味するから，ジアゾ (diazo) 化合物とは，1分子中に窒素を2個含む化合物をいう。では例としてアニリンのジアゾ化反応について述べてみよう。アニリンをビーカーにとり，これに塩酸を加えて溶かす。これを氷冷し，0～5℃でこれに亜硝酸ナトリウム

$NaNO_2$ の溶液を徐々にかきまぜながら加えていく。亜硝酸ナトリウムは弱酸である亜硝酸 HNO_2 と水酸化ナトリウム NaOH の塩であるから，それが塩酸とまず反応して亜硝酸が遊離される。

$$NaNO_2+HCl \longrightarrow HNO_2+NaCl$$

この亜硝酸 HONO がアニリン塩酸塩と反応して，塩化ベンゼンジアゾニウムという化合物をつくる。

$$C_6H_5-NH_2\cdot HCl + HONO \longrightarrow C_6H_5-N^+\equiv N + Cl^- + 2H_2O$$

塩化ベンゼンジアゾニウムは，水溶液中ではベンゼンジアゾニウムイオン $C_6H_5-N^+\equiv N$ と塩化物イオン Cl^- に電離して溶けているが，ベンゼンジアゾニウムイオンは決して安定なイオンではないので，5℃以下でなければ分離してしまう。しかし，5℃以下でも存在できるのは N≡N 間のπ電子とベンゼン核のπ電子の結合によりπ電子雲がイオン全体に拡がり，非局在化によりやっと存在できるのであって，これが脂肪族1級アミンやベンゼン核の側鎖につくアミノ基ではジアゾニウムイオンは不安定で生じない。次に亜硝酸によりアミノ基 $-NH_2$ は直ちに水酸基 -OH に変わる。

塩化ベンゼンジアゾニウム $C_6H_5-N_2Cl$ は無色，水に溶け，不安定である。そこでこの水溶液の温度を上げてみると，5℃を超えてくると発泡が見られると同時にフェノールの刺激臭を感じる。これは，

$$C_6H_5-N_2Cl + HOH \xrightarrow{\text{加熱}} C_6H_5-OH + N_2 + HCl$$

の反応がおき，窒素ガス N_2 の発泡が見られフェノールを生じる。これはフェノールの製法としては収量もよく，反応も簡単だが工業的には用いられない（原料より製品のほうが安い）ので，実験室的フェノールの製法として重要である。

ジアゾニウム塩のもう1つの重用な用途は**アゾカップリング（アゾ連結）**によるアゾ化合物の製造である。すなわち，ジアゾニウム塩の水溶液（5℃以上に温度を上げてはいけない，さもないと分解する）に，冷時フェノールとかアニリンのようにベンゼン核に *o*, *p*-配向性の強い基のついた化合物を作用させると，求電子試薬であるベンゼンジアゾニウムイオンが -OH や $-NH_2$ の *p*-位のHを置換する。*o*-位はベンゼンジアゾニウムイオンが大きく，立体的な障害のため置換しないと考えられる。

$$C_6H_5-N^+\equiv N\ Cl^- + C_6H_5-OH \longrightarrow C_6H_5-N=N-C_6H_4-OH + HCl$$

このとき HCl がとれるから（アゾ）カップリング (coupling) は，アルカリ性で行うことも分かるであろう。-N=N-基をアゾ基といい，これをもつ化合物をアゾ化合物という。そして，アゾ化合物は有色で水に不溶，かつ安定であるため，アゾ色素として多く用いられている。フェノールとカップリングさせたアゾ化合物は *p*-ヒドロオキシアゾベンゼンといい，赤橙色をしている。また，アニリンとカップリングしたアゾ化合物は *p*-アミノアゾベンゼンといい黄色を呈し，アニリンイエロー (aniline yellow) ともいわれる。

$$C_6H_5-N=N-C_6H_4-NH_2$$

次にベンゼンジアゾニウム塩と β-ナフトールや α-ナフトールとカップリングした場合に生ずるアゾ化合物は，どこで結合しているかおぼえてほしい。

$$C_6H_5-N^+\equiv N + Cl^- + \underset{\alpha\text{-ナフトール}}{C_{10}H_7-OH} \xrightarrow[\text{NaOH}]{\text{カップリング}} C_6H_5-N=N-C_{10}H_6-OH + NaCl + H_2O$$

$$C_6H_5-N^+\equiv N + Cl^- + \underset{\beta\text{-ナフトール}}{C_{10}H_7-OH} \xrightarrow[\text{NaOH}]{\text{カップリング}} C_6H_5-N=N-C_{10}H_6-OH + NaCl + H_2O$$

中和の指示薬として用いられるメチルオレンジもアゾ化合物である。

$$(CH_3)_2N-C_6H_4-N=N-C_6H_4-SO_3Na$$

第4章　芳香族スルホン酸

$$C_6H_6 \xrightarrow{\text{スルホン化}} \underset{\text{ベンゼンスルホン酸}}{C_6H_5-SO_3H}$$

$$C_6H_5-CH_3 \xrightarrow{\text{スルホン化}} \underset{o\text{-トルエンスルホン酸}}{o\text{-}CH_3C_6H_4SO_3H} + \underset{p\text{-トルエンスルホン酸}}{p\text{-}CH_3C_6H_4SO_3H}$$

ベンゼンに濃硫酸，または発煙硫酸を作用してスルホン化すると，ベンゼンスルホン酸を生じる。また，トルエンをスルホン化すると *o*, *p*-体が生成する。

スルホン酸は強酸で水溶性，吸湿性で Ca 塩も水溶性である。スルホン基は次に示すように容易に他の基と置換する。

(1) 過熱水蒸気，希硫酸または濃塩酸と加熱するとHで置換される。すなわちこれはベンゼン核につくスルホン基の脱却反応である。

$$C_6H_5\text{-}SO_3H + HOH \rightarrow C_6H_6 + H_2SO_4$$

(2) 水酸化アルカリ (NaOH, KOH) と溶融すると，-OH で置換されフェノールを生成する。

$$C_6H_5\text{-}SO_3H + KOH \rightarrow C_6H_5\text{-}SO_3K + H_2O$$

$$C_6H_5\text{-}SO_3K + KOH \rightarrow C_6H_5\text{-}OH + K_2SO_3$$

ここで生じたフェノールはもちろん酸性だから，さらにKOHと中和して K-塩，すなわちカリウムフェノラートになるが，これにフェノールより強い酸，例えば CO_2 を吹き込み (H_2CO_3 よりフェノールは弱い酸) フェノールを遊離してとる。この方法によるフェノール製法は，実験室的および工業的製法として重要である。

(3) シアン化カリウムと溶融すると -CN で置換され，ニトリルを生成する。

$$C_6H_5\text{-}SO_3K + KCN \rightarrow C_6H_5\text{-}CN + K_2SO_3$$

ベンズニトリル

(4) カルボン酸と同様にスルホン酸クロリド，スルホン酸アミド，エステルを作る。

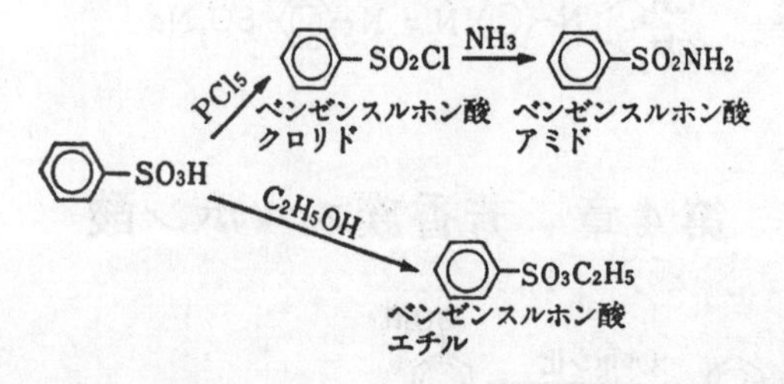

1. 各　論

スルファニル酸：アニリンをスルホン化して得られ，塩基性の $-NH_2$ と酸性の $-SO_3H$ を有し，両性で両性イオンを形成する点アミノ酸に似ている。アミノ基をジアゾ化，次いでカップリングして，アゾ色素をつくる原料として重要である。

$$H_2N\text{-}C_6H_4\text{-}SO_3H$$

〔問題〕　ベンゼンに濃硝酸と濃硫酸の混合物を作用させると，淡黄色の液体Aが得られる。Aを鉄またはスズと塩酸により還元し，反応後アルカリ性にすると，液体Bが得られる。Bに硫酸を加えて 190～200℃ に加熱すると，スルファニル酸 (a ＿＿) が得られる。(i)スルファニル酸に塩酸を加え，氷冷しながら亜硝酸ナトリウム水溶液を作用させると，b ＿＿ が生成する。一方，(ii)ナフタリンを硫酸と 65℃ 付近で反応させると，c ＿＿ が生成し，c ＿＿ に水酸化ナトリウムを加えて，300℃ で加熱融解し，冷却後酸性にすると d ＿＿ が得られる。d ＿＿ を水酸化ナトリウム水溶液に溶かし，b ＿＿ の冷水溶液と反応させると，橙色の染料であるオレンジⅠが得られる。

問1　空欄a～cには化合物の構造式を記せ。ただし，構造式は

$$HO\text{-}C_{10}H_6\text{-}N=N\text{-}C_6H_4\text{-}SO_3Na$$

(オレンジⅠ) のように記せ。

問2　空欄dには化合物の名称を記せ。

問3　下線部分(i)および(ii)の反応名を記せ。

問4　AとBの混合物からBを分離する方法を簡単に記せ。(40字以内)

神戸大

〔解答〕

$$C_6H_6 \xrightarrow{\text{混酸}} C_6H_5\text{-}NO_2 \xrightarrow{Sn+HCl} C_6H_5\text{-}NH_2$$

A(ニトロベンゼン)　　B(アニリン)

$$\xrightarrow{\text{スルホン化}} HO_3S\text{-}C_6H_4\text{-}NH_2 \xrightarrow{\text{ジアゾ化}} HO_3S\text{-}C_6H_4\text{-}N^{\oplus}{\equiv}N + Cl^-$$

a：スルファニル酸

$$\xrightarrow[\text{d：}\alpha\text{-ナフトール}]{\text{カップリング}} NaO_3S\text{-}C_6H_4\text{-}N=N\text{-}C_{10}H_6\text{-}OH$$

オレンジⅠ

このとき *β*-ナフトールとカップリングさせるとオレンジⅡというアゾ色素を生じる。

$$NaO_3S\text{-}C_6H_4\text{-}N=N\text{-}C_{10}H_6(OH)$$

オレンジⅡ

なお，後で述べるがナフタリンを低温でスルホン化すると *α*-ナフタリンスルホン酸を生じ，高温だと *β*-ナフタリンスルホン酸を生じる。

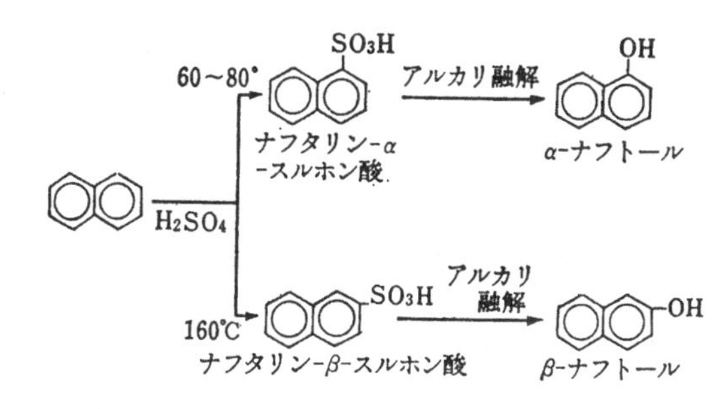

問1　a. $HSO_3-C_6H_4-NH_2$　b. $HO_3S-C_6H_4-N_2Cl$

c. （SO_3H 置換ナフタリン）

問2　α-ナフトール

問3　(i)ジアゾ化　(ii)スルホン化　　問4　塩酸を加えてアニリンを溶かしてAと分離後，NaOH溶液を加えてアニリンを遊離させる。

トルエンスルホン酸：*o*, *m*, *p*- の3種の異性体があるが，トルエンをスルホン化すると *o*-体と *p*-体を生じる。とくに，*o*-トルエンスルホン酸から次のようにして人工甘味剤である**サッカリン**がつくられる。

$CH_3-C_6H_5$ $\xrightarrow{\text{スルホン化}}$ $CH_3-C_6H_4-SO_3H$ $\xrightarrow{PCl_5}$ $CH_3-C_6H_4-SO_2Cl$ $\xrightarrow{NH_3}$

$CH_3-C_6H_4-SO_2-NH_2$ $\xrightarrow[\text{(酸化)}]{KMnO_4}$ $[COOH-C_6H_4-SO_2NH_2]$ $\xrightarrow[\text{直ちに}]{-H_2O}$

$C_6H_4(CO-NH-SO_2)$ $\xrightarrow{NaOH}$ $C_6H_4(CO-NNa-SO_2)$

サッカリン　　サッカリン酸ナトリウム(溶性サッカリン)

スルファミン：　$H_2N-C_6H_4-SO_2NH_2$

は融点 164.5～166.5℃ の白色の結晶で化膿性疾患に用いられる医薬品である。

合成法は次のようにする。

$H_2N-C_6H_5$ $\xrightarrow{\text{アセチル化}}$ $CH_3CONH-C_6H_5$ $\xrightarrow{\text{スルホン化}}$ $CH_3CONH-C_6H_4-SO_3H$ $\xrightarrow{PCl_5}$ $CH_3CONH-C_6H_4-SO_2Cl$ $\xrightarrow{NH_3}$ $CH_3CONH-C_6H_4-SO_2NH_2$ $\xrightarrow[\text{(HClaq または NaOHaq)}]{H_2O}$ $NH_2-C_6H_4-SO_2NH_2 + CH_3COOH$

アニリン　　アセトアニリド

第5章　フェノール

1. 概　説

ベンゼン核のHをOHで置換したもの，いいかえればベンゼン核に直接OHが結合している化合物を**フェノール**といい，アルコールと同様に1つの分子中にOHを1個もつフェノールを1価のフェノール，2個もつものを2価のフェノール，3個もつものを3価のフェノールという。

2. 合成法

(1)　ハロゲン誘導体からの合成：ベンゼン核に直結するハロゲンをOHで置換するのは脂肪族ハロゲン化合物の場合と異なり，ハロゲンのローンペアとベンゼン核のπ電子との結合のため強く結合してとれにくいので，加熱，加圧や触媒を加えるなど特別な操作が必要で，工業的フェノールの製法は，次のようなものである。

C_6H_5-Cl $\xrightarrow[\text{300℃, 加圧}]{NaOH}$ C_6H_5-ONa $\xrightarrow{HCl}$ C_6H_5-OH ---Dow法

C_6H_5-Cl $\xrightarrow[\text{400℃, Cu触媒}]{\text{水蒸気}}$ $C_6H_5-OH + HCl$ ----------Rashig法

(2)　スルホン酸のアルカリ融解

$$C_6H_5-SO_3H \xrightarrow{KOH} C_6H_5-OH$$

(3)　ジアゾニウム塩の加水分解

$$C_6H_5-NH_2 \xrightarrow{\text{ジアゾ化}} C_6H_5-N_2Cl \xrightarrow[\text{加　熱}]{H_2O} C_6H_5-OH+N_2+HCl$$

(4)　**クメン法**：これは工業的製法として重要である。まずベンゼンにプロピレンを90% H_2SO_4（または H_3PO_4，または HF，または $AlCl_3$）を用いて30～40℃で反応させてクメンをつくる。

$$C_6H_6 + CH_2=CH-CH_3 \longrightarrow C_6H_5-CH(CH_3)_2$$

ベンゼン　　プロピレン　　クメン

生じたクメンを界面活性剤（ラウリル硫酸ナトリウム等）を用いて水中で乳化し，これに空気を吹き込み，酸化し，クメンヒドロペルオキシド(クメン過酸化物)をつくる。

$$C_6H_5-CH(CH_3)_2 \xrightarrow[\text{乳　化}]{air(O_2)} C_6H_5-C(CH_3)_2-O-O-H$$

クメンヒドロペルオキシド

次にこれを10% H_2SO_4 中に加圧，加熱すると，アセトンがとれてフェノールを生じる。

$$C_6H_5-C(CH_3)_2-O-O-H \rightarrow C_6H_5-OH + CO(CH_3)_2$$

フェノール　　アセトン

3. 性　質

(a) 沸点，融点，溶解度

フェノールはOHをもつため，ベンゼンより水に溶けやすいが，1価より2価，3価…となるにしたがってさらに溶けるようになる。沸点，融点は対応する炭化水素よりOHによる水素結合のため高く，大部分のフェノールは常温で結晶している。2価以上の多価フェノールではOHが対称的についたものの融点が高い。

(b) フェノール性 -OH とアルコール性 -OH

まずフェノールは酸性を示し，アルコールは中性である。これはアルキル基は電子を押し，ベンゼン核は電子を引くことのために生じる違いである。

$$R \rightarrow \overline{\underline{O}} - H$$

$$C_6H_5 \leftarrow \overline{\underline{O}} - H \rightleftharpoons C_6H_5 - \overline{\underline{O}}|^- + H^+$$

したがってナトリウムを作用すると，いずれも H_2 を発生してアルコラートやフェノラートをつくるが，フェノラートは，アルカリを加えてもつくることができる。

$$2R\text{-}OH + 2Na \rightarrow 2RONa + H_2$$

$$2C_6H_5\text{-}OH + 2Na \rightarrow 2C_6H_5\text{-}ONa + H_2$$

$$C_6H_5\text{-}OH + NaOH \rightarrow C_6H_5\text{-}ONa + H_2O$$

次にウイリアムソン・エーテル合成法により，アルコラートとハロゲンアルキルと同様，フェノラートとハロゲンアルキルよりエーテルが合成される。

$$R\text{-}ONa + XR' \rightarrow R\text{-}O\text{-}R' + NaX$$

$$C_6H_5\text{-}ONa + XR' \rightarrow C_6H_5\text{-}O\text{-}R' + NaX$$

アルコールは有機酸と脱水剤（濃硫酸または乾燥塩化水素ガス）でエステルをつくるが，フェノールは有機酸とはつくらない。しかし酸無水物やカルボン酸クロリドとは作用してエステル（フェノールエステル）をつくる。これに関連してアセチル化反応について述べておこう。一般に $-NH_2$，-OH 等のHはアセチル基で置換される。

$$-NH_2 \xrightarrow{\text{アセチル化}} -NHCOCH_3$$

$$-OH \xrightarrow{\text{アセチル化}} -OCOCH_3$$

アセチル化され易い順は $-NH_2$ ＞アルコール性 -OH＞フェノール性 -OH である。例えばアニリンをアセチル化するにはアニリンと酢酸と加熱するだけでアセチル化され，アセトアニリド（アンチフェブリン：下熱鎮痛薬）を生じる。

$$C_6H_5\text{-}NH_2 + CH_3COOH \rightarrow C_6H_5\text{-}NHCOCH_3 + H_2O$$

さらに，無水酢酸や塩化アセチル，ケテンのような強力なアセチル化剤では極めて容易にアセチル化される。

$$C_6H_5\text{-}NH_2 + (CH_3CO)_2O \rightarrow C_6H_5\text{-}NHCOCH_3 + CH_3COOH$$

$$C_6H_5\text{-}NH_2 + CH_3COCl \rightarrow C_6H_5\text{-}NHCOCH_3 + HCl$$

$$C_6H_5\text{-}NH_2 + CH_2{=}CO \rightarrow C_6H_5\text{-}NHCOCH_3$$

次にアルコール性 -OH では，CH_3COOH と加熱するだけでは完全にアセチル化されず，脱水剤を必要とする。その他のアセチル化剤とではよく反応する。

$$R\text{-}OH + CH_3COOH \xrightarrow{\text{脱水剤}} ROCOCH_3 + H_2O$$

$$R\text{-}OH + (CH_3CO)_2O \longrightarrow ROCOCH_3 + CH_3COOH$$

$$R\text{-}OH + CH_3COCl \longrightarrow ROCOCH_3 + HCl$$

$$R\text{-}OH + CH_2{=}CO \longrightarrow ROCOCH_3$$

フェノール性 -OH は一番アセチル化されにくく，CH_3COOH とでは最早，反応しない。したがってその他のアセチル化剤を用いなければならない。

$$C_6H_5\text{-}OH + (CH_3CO)_2O \rightarrow C_6H_5\text{-}OCOCH_3 + CH_3COOH$$

$$C_6H_5\text{-}OH + CH_3COCl \rightarrow C_6H_5\text{-}OCOCH_3 + HCl$$

$$C_6H_5\text{-}OH + CH_2{=}CO \rightarrow C_6H_5\text{-}OCOCH_3$$

酢酸フェニル

フェノールの酸性は，通常，炭酸よりも弱く，ナトリウムフェノラートの水溶液に CO_2 を吹き込むとフェノールを遊離する。しかしフェノールをニトロ化してニトロ基が入るとニトロ基は強力に電子を引くため，ニトロフェノール類の酸性は強く，特に3つもニトロ基の入ったピクリン酸は強酸である。酸性の順番：

$$C_6H_5\text{-}OH < O_2N\text{-}C_6H_4\text{-}OH < (O_2N)_3C_6H_2\text{-}OH$$

フェノール　p-ニトロフェノール　ピクリン酸

(c) フェノールの縮合反応と核置換

-OH は，*o*, *p*-配向性の基であるから *o*, *p*-位に置換や縮合がおこりやすい。特に，無水フタル酸と脱水剤（濃硫酸または塩化亜鉛）と作用すると，中和の指示薬のフェノールフタレインをつくることができる。

フェノールフタレイン

(d) フェノール類の呈色反応

フェノール性 -OH を有する化合物に，塩化鉄(Ⅲ) $FeCl_3$ の水溶液を加えると，それぞれ特有な色を出すが大体紫色が多い。

フェノール(紫)，カテコール(緑)，レゾルシン(紫)，ハイドロキノン(青)

(e) フェノールの還元性

ベンゼンは酸化されにくいが，-OH 基がつけばつくほど還元性が強く，ハイドロキノンは写真の現象に，ピロガロールのアルカリ溶液は酸素の吸収剤として用いられる。

(f) コルベシュミット反応 (Kolbe-Schmidt 反応)

フェノールよりサリチル酸をつくる反応として重要である。フェノールに NaOH 溶液を加えて溶かし，Na-フェノラートをつくる。このままで CO_2 を吹き込むと炭酸より弱いフェノールを遊離するが，水を蒸発しNa-フェノラートをとり，乾燥粉末としてとり出しこれを加圧釜に入れ CO_2 を加圧して加え，120～140℃に加熱すると，次のような反応が生じ，サリチル酸ナトリウムを生じる。

サリチル酸ナトリウム

サリチル酸ナトリウム（腸内殺菌剤として用いられる）に塩酸を作用させると，サリチル酸が遊離されて白色沈殿となるから，濾過してとる。サリチル酸は融点158℃の白色結晶で保存剤（防腐剤）等に用いられるが，これをアセチル化して得られるアセチルサリチル酸（アスピリン）は解熱鎮痛薬として用いられる。これは融点135℃の白色結晶であり，また，サリチル酸にメタノールと濃硫酸を用いてエステル化して得られるサリチル酸メチル（サロメチール）は，沸点223℃の芳香のある無色の液体で消炎，鎮痛薬のため塗布剤として用いられる。

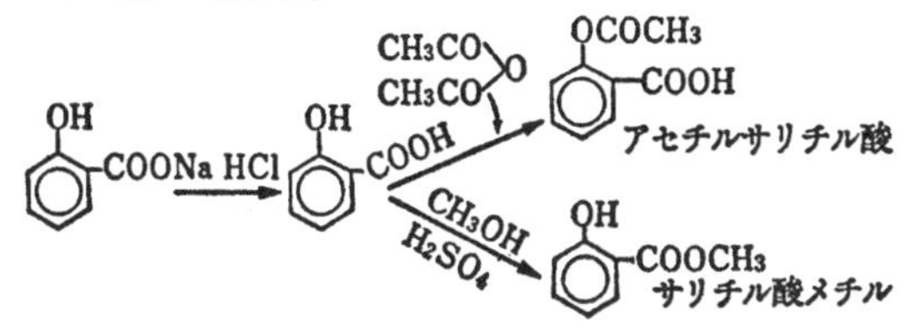

このとき Na-フェノラートを用いたが，K-フェノラートを用いるとサリチル酸（オルトヒドロオキシ安息香酸）ではなく，p-ヒドロオキシ安息香酸を生じるから注意しなければならない。その理由はいまだ分かっていない。

p-ヒドロオキシ安息香酸も，サリチル酸と同様に保存剤として用いられている。

第6章　ナフタリン

ナフタリン（またはナフタレン）は2個のベンゼンが縮合したものであり，コールタール中に含まれている融点80℃，沸点218℃の白色の結晶で，特有な臭いがあり防虫剤，防腐剤として用いられるほか，酸化してフタル酸になるので重要である。ナフタリンの1，4，5，8位を α-位，2，3，6，7位を β-位といい，ベンゼンと同様，求電子試薬を用いて置換反応を行うと，α-位に置換がおこり易いことはよく覚えておこう。

1. ニトロ化

ナフタリンに硝酸を作用させるだけで α-ニトロナフタリン（mp 61℃，黄色針状結晶）を生じ，これを還元すると，α-ナフチルアミン（mp 50℃，結晶）を生じる。

α-ニトロナフタリン　α-ナフチルアミン

2. スルホン化

ナフタリンは α-位に置換反応がおこり易く，ニトロ化ではニトロ基は α-位にしか入らなかったが，ナフタリンに硫酸を作用させてスルホン化をする場合，低温（60～80℃）では，入り易い α-位にスルホン基が入り mp 90℃の結晶であるナフタリン-α-スルホン酸を生じ，高温（約160℃）でスルホン化すると β-位に入り，mp 124℃の結晶であるナフタリン-β-スルホン酸を生じ，これらをアルカリ融解するとそれぞれ，α-ナフトールおよび β-ナフトールを生じる。

60～80℃　スルホン化　ナフタリン-α-スルホン酸　アルカリ融解　α-ナフトール

160°　ナフタリン-β-スルホン酸　アルカリ融解　β-ナフトール

索　　引

(あ)

(い)

(う)

(え)

(お)

(か)

(き)

(く)

(け)

(こ)

(へ)

(ほ)

(ま)

(み)

(む)

(め)

(も)

(ゆ)

(よ)

(ら)

(り)

あとがき

化学に関する大学入試問題の内容は，年々高度化し，かつその出題範囲も拡大の方向をたどっている。例えば，昭和30年頃の一流大学の入試問題は，現在では大抵の受験生なら容易に解答できる程度のものになってしまった。

ところが，共通一次試験が行われるようになってから，各大学の二次試験の内容はさらに難化し，高校の教科書程度の実力ではとても太刀打ちできないものになってしまっている。事実，諸君の中にも所定の時間内に解くことができず無念の涙を落とした人も多かろうと思う。したがって，諸君としてはどうしても実力を高校程度から大学入試レベルまで引き上げねばならない。

さて，受験生諸君からそのために適当な化学の参考書はないかとよく尋ねられるが，残念ながら現在の入試問題を解答するための実力をつけるに適した参考書はみあたらない。いずれも帯に短かしの例えに類するようなものばかりであった。その時，玄文社より雑誌『医歯薬進学』から連載執筆の依頼があり，私の年来の思いをこめて書いたものが『有機化学特講』である。これは，文中にも書いたように，化学入試問題の半ばを占める有機化学についての知識と理論を徹底的に分かりやすく説明したもので，同時に諸君に有機化学に興味をもってもらいたいと思って書いたものである。

幸い連載中より好評を博し，連載終了後も新しい受験生たちからコピーやテキストにしてほしいという要望も多くいただいた。そこで今回これをまとめて一冊のテキストとした次第である。一年間の連載という制約もあって，内容に幾つか補足したい部分もあったがいずれ機会をみて改訂していきたいと思っている。なお，執筆期間中，再三の催促をもって熱心に親切に激励をいただいた玄文社編集部の宗宮弘昌氏にこの紙面をかりて感謝の言葉を述べさせていただくものである。

【著者略歴】 第六高等学校（現 岡山大学）・明治薬科大学・東京大学理学部化学科，ラジオアイソトープ（ＲＩ）スクール基礎課程及び高級課程を経て，理化学研究所核化学研究室嘱託及び明治薬科大学助教授を歴任後，現在に至る。また，長年にわたり，大学受験生および薬剤師国家試験受験生を指導，多くの合格者を出している。薬剤師，専門書多数。ＴＧＢ化学ゼミ主宰。

有機化学特講　**理科特論シリーズ**

初　版　昭和57年4月1日
第14刷　令和6年2月26日

著者名　大西　憲昇
発行者　後尾　和男
発行所　株式会社　玄文社
〒162-0811 東京都新宿区水道町2－15
電　話　03(5206)4010
印刷所　新灯印刷㈱